计算机类技能实战系列丛书

互联网+创新型“十四五”精品教材

网络设备调试与应用

（华为）

主　编　郭海刚　吴翠华　顾显明

主　审　岳喜良

哈爾濱工程大學出版社
Harbin Engineering University Press

内 容 简 介

本书注重理论和实践的有机统一，强化学生的技能训练和职业能力。本书共 8 个单元，主要包括网络互连设备、交换机配置与应用、路由器配置与应用、网络安全与管理技术、无线局域网搭建、网络故障诊断、网络设备维护、网络设备技能练习。

本书可作为职业院校计算机网络技术专业或相关专业的教材，也可作为网络工程技术人员参考用书。

图书在版编目（CIP）数据

网络设备调试与应用 ：华为 / 郭海刚，吴翠华，顾显明主编. -- 哈尔滨 ：哈尔滨工程大学出版社，2024. 6. -- ISBN 978-7-5661-4447-8

Ⅰ. TN915.05

中国国家版本馆 CIP 数据核字第 2024D7A943 号

网络设备调试与应用（华为）

WANGLUO SHEBEI TIAOSHI YU YINGYONG（HUAWEI）

策划编辑 张林峰

责任编辑 章银武

出版发行 哈尔滨工程大学出版社

社　　址 哈尔滨市南岗区南通大街 145 号

邮政编码 150001

发行电话 0451-82519328

传　　真 0451-82519699

经　　销 新华书店

印　　刷 三河市中晟雅豪印务有限公司

开　　本 787 mm×1 092 mm　1/16

印　　张 23

字　　数 588 千字

版　　次 2024 年 6 月第 1 版

印　　次 2024 年 6 月第 1 次印刷

书　　号 ISBN 978-7-5661-4447-8

定　　价 56.80 元

http://www.hrbeupress.com

E-mail:heupress@hrbeu.edu.cn

前　言

党的二十大报告中指出，要建设现代化产业体系，要坚持把发展经济的着力点放在实体经济上，推进新型工业化，加快建设制造强国、质量强国、航天强国、交通强国、网络强国、数字中国。

自 2022 年起，山东春季高考专业类别由 18 类调整为 38 类，专业类别更加细化，有利于高校将招生专业更精准地与招生类别进行对应，还有利于中职学校更好开展专业教学及与中高职院校专业教学相衔接，更有利于高校选拔符合专业培养要求的高素质应用型和技术型人才。

针对网络技术类专业知识考试标准和技能考试标准，本书大纲目录与张凌杰主编的《网络设备安装与调试》知识结构大致相同，但技能考试又要求使用华为 ENSP 模拟器，因此编委又结合了张文库的《网络设备安装与调试》，将该教材设备修改为华为 VRP 平台。使用 ENSP 模拟器将网络技术原理及网络设备组网调试重新编译成册，以便网络技术类专业学生系统地学习专业知识与技能。纵观本书，体现了以下几个特点。

（1）理论与实践相结合。职业教育的目标是培养应用型人才，因此本书在结构和内容安排上理实一体，工作任务明确，工作过程流畅，在技能操作中涉及的知识用“知识链接”的形式写出，达到既训练工作技能，又掌握理论知识的目的。

（2）工作与学习相结合。单元项目来源于实际工作项目，经过认真分析，找出典型职业活动，并结合学生认知规律，转换成适合教学的基于工作过程的学习项目，然后将其分解成工作任务。在学习过程中，学生既学习了知识又完成了工作任务，真正体现了“做中学，学中做”。

（3）教与学相结合。本书形式新颖，内容多样，有利于教与学。本书有“任务分析”和“操作步骤”，对于工作过程中的安全注意事项和工作经验技巧进行提示和分享。单元后有单元检测，便于对整个单元知识技能点的学习情况进行梳理和检验。

本书由郭海刚、吴翠华、顾显明担任主编，由岳喜良担任主审。本书的相关资料和售后服务可扫封底微信二维码或登录 www.bjzzwh.com 下载获得。

编者在编写本书的过程中参考了大量资料，在此向相关人员表示感谢。由于编者水平有限，书中难免存在不足之处，恳请广大读者批评指正并提出宝贵意见。

编　者

本书编委会

主　审　岳喜良（菏泽工程技师学院）

主　编　郭海刚（菏泽工程技师学院）

吴翠华（菏泽工程技师学院）

顾显明（菏泽工程技师学院）

副主编　李　鑫（菏泽工程技师学院）

徐海丽（菏泽工程技师学院）

王圣苏（鄄城县职业中等专业学校）

楚克然（菏泽工程技师学院）

朱　鑫（菏泽工程技师学院）

牛富杰（菏泽工程技师学院）

杨宏宇（菏泽工程技师学院）

平培超（菏泽工程技师学院）

王建立（菏泽工程技师学院）

李雷生（菏泽工程技师学院）

伍子奇（菏泽工程技师学院）

牛晓阳（菏泽工程技师学院）

编　委　王会娟（菏泽工程技师学院）

张培培（菏泽工程技师学院）

曹　媛（菏泽工程技师学院）

吕　为（菏泽工程技师学院）

邓艺军（菏泽工程技师学院）

汤本科（菏泽工程技师学院）

目录
CONTENTS

第1单元　网络互连设备

第2单元　交换机配置与应用

第 5 单元　无线局域网搭建

第 6 单元　网络故障诊断

第 7 单元　网络设备维护

第 8 单元　网络设备技能练习

第 1 单元
网络互连设备

考纲要求

1. 认识 OSI 参考模型各层互连设备。
2. 了解网络传输介质的作用。

项目 1

网络传输介质与互连设备

学习目标

1. 基本知识

(1)了解网络传输介质的作用。

(2)了解网络传输介质互连设备。

2. 操作技能目标

(1)能够认识常见网络传输介质与互连设备。

(2)能够在不同的传输介质环境下使用相匹配的互连设备。

知识点精讲

任务　常见网络传输介质与互连设备

一、屏蔽(STP)或非屏蔽(UTP)双绞线连接器 RJ-45

RJ-45 非屏蔽双绞线连接器有 8 根连针，在 10Base-T 以太网、100Base-TX 以太网、1000Base-TX 以太网中都可以使用，传输介质都是双绞线。屏蔽和非屏蔽双绞线图，如图 1-1-1 所示。

图 1-1-1　屏蔽和非屏蔽双绞线图示

二、千兆以太网光纤网卡

千兆以太网光纤网卡一般采用 SC 光纤接口，通过光纤尾纤连接到千兆以太网上，可缓解主机拥塞，为高端设备提供更高的带宽。常见光纤接口及尾纤，如图 1-1-2 所示。

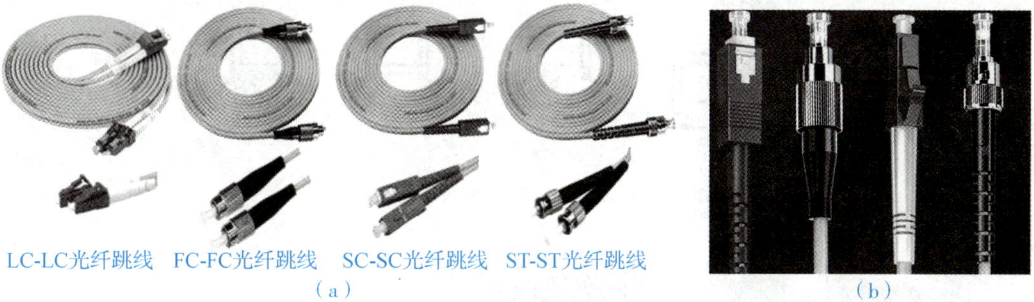

图 1-1-2　常见光纤接口及尾纤

三、BNC 接口

BNC 是专门用于与细同轴电缆连接的接口。10Base-2 以太网连接示意图，如图 1-1-3 所示，BNC 接口网卡、BNC 接头和 T 形连接器如图 1-1-4 所示。

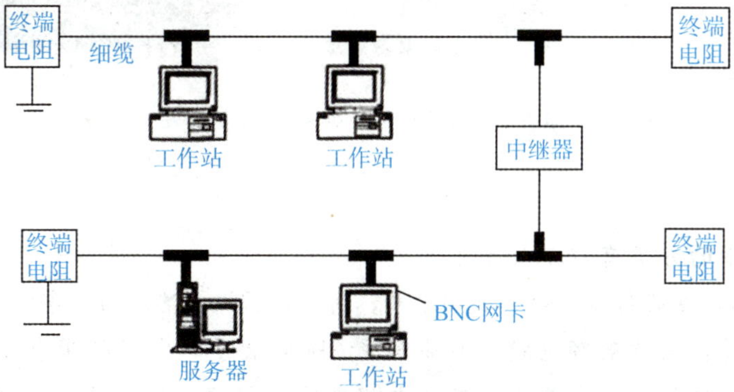

图 1-1-3　10Base-2 以太网连接示意图

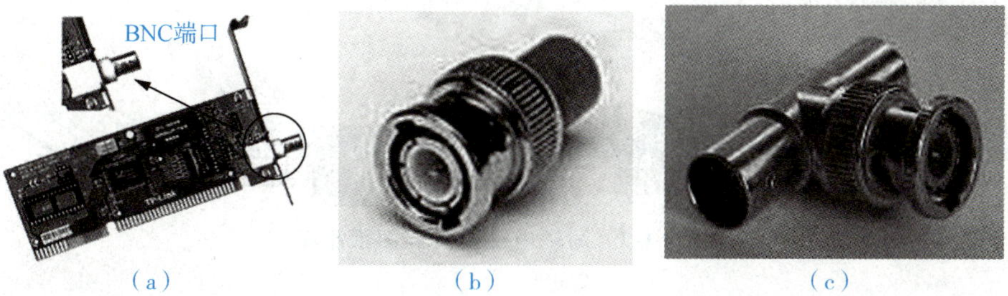

图 1-1-4　BNC 接口网卡、BNC 接头和 T 形连接器

四、AUI 接口

AUI 是专门用于与粗同轴电缆连接的接口。10Base-5 以太网连接，如图 1-1-5 所示，AUI 接口网卡和 AUI 接头，如图 1-1-6 所示。

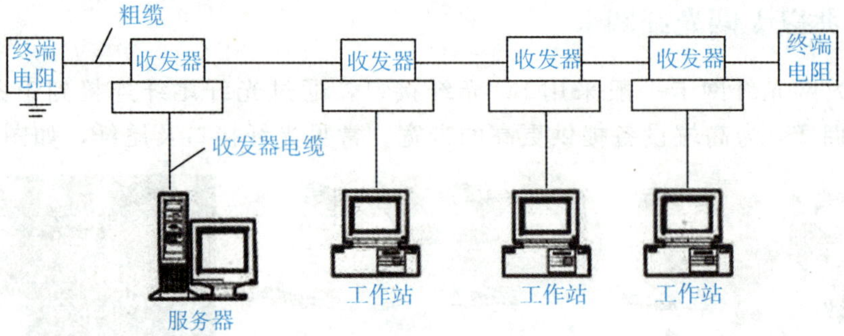

图 1-1-5 10Base-5 以太网连接示意图

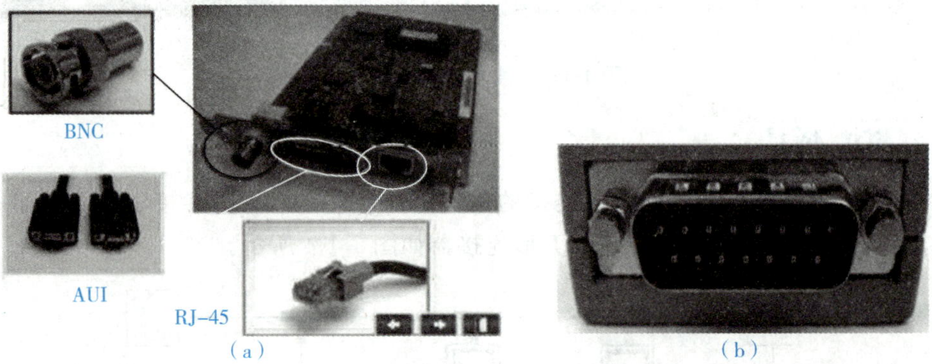

图 1-1-6 AUI 接口网卡和 AUI 接头

课堂拓展

根据电缆频带的分类有以下几个方面。

基带同轴电缆：基带传输(模拟/数字信号，用于计算机网络时为数字信号，阻抗为 50 Ω)

宽带同轴电缆：又称射频电缆，频带传输(模拟信号，采用频带复用技术在一条电缆中同时传输多路模拟信号，主要用于有线电视系统等领域，阻抗为 75 Ω)

同轴电缆及其剖面示意图，如图 1-1-7 所示，同轴电缆知识点，如图 1-1-8 所示。

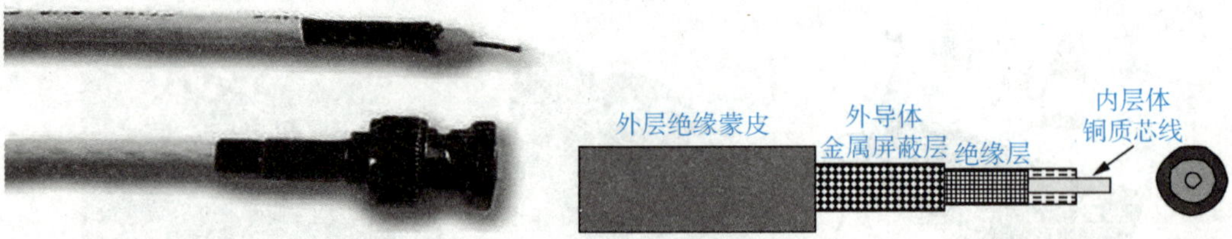

图 1-1-7 同轴电缆及其剖面示意图

同轴电缆
- 基带同轴电缆：50 Ω
  - 粗缆：10Base–5 ---------> AUI接口
  - 细缆：10Base–2 ---------> BNC接口
- 宽带同轴电缆：75 Ω　又称射频电缆，采用频带复用技术在一条电缆中传输多路模拟信号，主要用于有线电视领域。

图 1-1-8 同轴电缆知识点

五、RS-232

网络通信中通常会用到各种各样的串口电缆，串口电缆标准为 RS-232，同时也是推荐的标准。但是 RS-232 的传输速率有限，传输距离仅为 6 m。其他的串口电缆标准可以支持更长的传输距离，例如，RS-422 和 RS-485 的传输距离可达 1 200 m。RS-422 和 RS-485 串口电缆通常使用 V. 35 接头，这种接头在 20 世纪 80 年代已经淘汰，但是现在仍在帧中继、ATM 等传统网络上使用。V. 24 是 RS-232 标准的欧洲版。RS-232 本身没有定义接头标准，常用的接头类型为 DB-9 和 DB-25。现在，RS-232 已逐渐被 FireWire、USB 等新标准取代，新产品和新设备已普遍使用 USB 标准。V. 24、V. 35 的接口及速率，如图 1-1-9 所示。

（a）

线缆类别	速率
V.24	1.2 kbit/s~64 kbit/s
V.35	1.2 kbit/s~2.048 Mbit/s

（b）

图 1-1-9　V. 24 和 V. 35 接口及速率

1. RS-232(DB-25)串口

RS-232(DB-25)接口是以前微机与线路接口的常用方式，符合美国电子工业联盟(EIA)制定的串行数据通信的接口标准，用于连接电缆和机械、电气特性、信号功能及传送过程。RS-232(DB-25)接口，如图 1-1-10 所示。

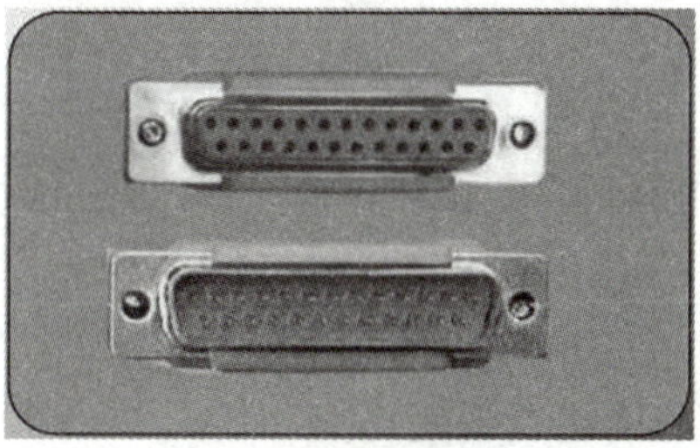

1.屏蔽地线
2.TXD 发送数据
3.RXD 接收数据
4.RTS 请求发送
5.CTS允许发送
6.DSR数据准备好
7.SG信号地
8.DGD 载波检测
9.发送返回（+）
10.未定义
11.数据发送（–）
12～17.未定义
18.数据接收（+）
19.未定义
20.数据终端准备好 DTR
21.未定义
22.RI振铃
23～24.未定义
25.接收返回（–）标准的细节

图 1-1-10　RS-232(DB-25)接口

2. RS-232(DB-9)串口

DB-9 串口可以用于连接鼠标，也可以用于交换机或路由器的 Console(控制台)端口。新购买的路由器或交换机设置参数时，Console 端口是最常用、最基本的管理和配置端口。DB-9 串口，如图 1-1-11 所示。

1.DCD 载波检测
2.RXD 接收数据
3.TXD 发送数据
4.DTR 数据终端准备好
5.SGND信号地线
6.DSR数据准备好
7.RTS 请求发送
8.CTS 清除发送
9.RI 振铃提示

图 1-1-11　DB-9 串口

当用计算机配置路由器或交换机时，必须使用反转线将路由器或交换机的 Console 端口与计算机的串口连接在一起。

例题解析

例 1　千兆以太网光纤网卡一般采用(　　)光纤接口

A. SC　　B. RJ45　　C. BNC　　D. AUI

解析：千兆以太网光纤网卡一般采用 SC 光纤接口，通过光纤尾纤连接到千兆以太网上，可缓解主机拥塞，为高端设备提供更高的带宽。故选 A。

例 2　(　　)接口用于连接细同轴电缆，(　　)接口用于连接粗同轴电缆。

A. BNC、AUI　　B. RJ45、AUI　　C. BNC、RS232　　D. BNC、DB-9

解析：BNC—细同轴电缆；AUI—粗同轴电缆；RS232—工业控制口；RJ45—8 根双绞线；RJ11—4 根双绞线；DB-9—连接 Console 口。故选 A。

巩固练习

一、选择题

1. 细同轴电缆的传输距离为(　　)。

A. 100 m　　B. 185 m　　C. 1 000 m　　D. 500 m

2. 粗同轴电缆的传输距离为(　　)。

A. 100 m　　B. 185 m　　C. 1 000 m　　D. 500 m

3. 双绞线的传输距离为(　　)。

A. 100 m　　B. 185 m　　C. 1 000 m　　D. 500 m

4. 单模光纤的传输距离为(　　)。

A. 100 m　　B. 185 m　　C. 100 km　　D. 500 m

5. 新买来的交换机需要配置才能使用，采用电脑上的哪种接口连接 Console 口(　　)。

A. RJ45　　B. DB-9(COM 口)或 RS232

C. USB　　D. BNC

6. 需要在电话线上传输数字信号，需要用的网络设备是(　　)。

A. 集线器　　B. 光收发　　C. 交换机　　D. 调制解调器

7. 100Base-Tx 以太网采用的传输介质为(　　)。

A. 同轴电缆　　B. 光纤　　C. 双绞线　　D. 微波

8. 1000Base-Fx 以太网采用的传输介质为(　　)。

A. 同轴电缆　　B. 光纤　　C. 双绞线　　D. 微波

9. 用于连接电脑主机 COM 口(RS232 口)和交换机 Console 口的线缆为(　　)。

A. 同轴电缆　　B. 直通线　　C. 交叉线　　D. 反转线

10. 以下说法正确的是(　　)。

A. FC 接口用于连接双绞线网卡　　B. 直通线用于连接同类型设备接口

C. 交叉线用于连接同类型设备接口　　D. 反转线用于连接同类型设备接口

二、简答题

1. 简述常见的网络传输介质及其对应接口类型。

2. 列举常见的光纤接口类型。

项目 2

物理层互连设备

学习目标

1. 基本知识

(1)了解中继器的功能。

(2)了解集线器的功能。

2. 操作技能目标

(1)能够认识中继器，会使用中继器。

(2)能够认识集线器，会使用集线器。

知识点精讲

任务 1　中继器

中继器(Repeater)是连接网络线路的一种装置，常用于两个网络节点之间物理信号的双向转发工作。中继器是最简单的网络互连设备，主要完成物理层的功能，负责在两个节点的物理层上按位传递信息，完成信号的复制、调整和放大，以此来延长网络的长度。

一般情况下，中继器的两端连接的是相同的媒体，但有的中继器也可以完成不同媒体的转换工作。从理论上讲中继器的使用是无限的，网络也因此可以无限延长。事实上这是不可能的，因为网络标准中都对信号的延迟范围作了具体的规定，中继器只能在此规定范围进行有效的工作，否则引起网络故障。以太网络标准中就约定了一个以太网上只允许出现 5 个网段，最多使用 4 个中继器，而且其中 3 个网段可以挂接计算机终端(5—4—3 原则)。

电信号中继器和光信号中继器，如图 1-2-1 所示。

(a)　　(b)

图 1-2-1　电信号中继器和光信号中继器

任务 2　集线器

集线器(HUB)是中继器的一种形式，区别在于集线器能够提供多端口服务，也称为多口中继器，如图 1-2-2 所示。

集线器产品发展较快，局域网集线器通常分为单中继网段集线器、多网段集线器、端口交换式集线器、网络互连集线器、交换式集线器五种类型，它将对 LAN 交换机技术的发展产生直接影响。

图 1-2-2　桌面式 HUB

1. 单中继网段集线器

第一类集线器是一种用于简单的中继式 LAN 网段的集线器，最好的例子是叠加式以太网集线器或令牌环网多站访问部件(Multistation Access Unit，MAU)。

2. 多网段集线器

多网段集线器是从单中继网段集线器直接派生而来的，采用集线器背板，这种集线器带有多个中继网段。多网段集线器的主要技术优点是可以将用户分布于多个中继网段上，以减少每个网段的信息流量负载，网段之间的信息流一般要求独立的网桥或路由器。

3. 端口交换式集线器

端口交换式集线器是在多网段集线器基础上将用户端口和多个背板网段之间的连接过程自动化，并通过增加端口交换矩阵(PSM)来实现。PSM 提供一种自动工具，用于将任何外来用户端口连接到集线器背板上的任何中继网段上。它不能代替网桥或路由器，并不提供不同 LAN 网段之间的连接性，其主要优点就是实现移动、增加和修改的自动化。

4. 网络互连集线器

端口交换式集线器注重端口交换，而网络互连集线器在背板的多个网段之间实际上提供一些类型的集成连接。这可以通过一台综合网桥、路由器或 LAN 交换机来完成。目前，这类集线器通常都采用机箱形式。

5. 交换式集线器

目前，集线器和交换机之间的界线已变得模糊。交换式集线器有一个核心交换式背板采用一个纯粹的交换系统代替传统的共享介质中继网段。应该指出，集线器和非网管型(没有网络管理功能)交换机之间几乎没有区别。

*任务 3　调制解调器

传统 PSTN 中用户终端线路传输的信号是模拟信号，而计算机处理的是数字/信号，必须在这两种信号间进行转换才可利用 PSTN 线路实现计算机联网，这个转换设备就是调制解调器。

调制解调器是两个设备的合成体，用于双向计算机网络通信。调制器(Modulator)：

把计算机需要传输的数字数据信号调制为适合 PSTN 线路的模拟信号。解调器(Demodulator)：把来自 PSTN 线路的模拟通信信号转换为数字信号并提取其中的通信数据。调制解调器工作原理，如图 1-2-3 所示。

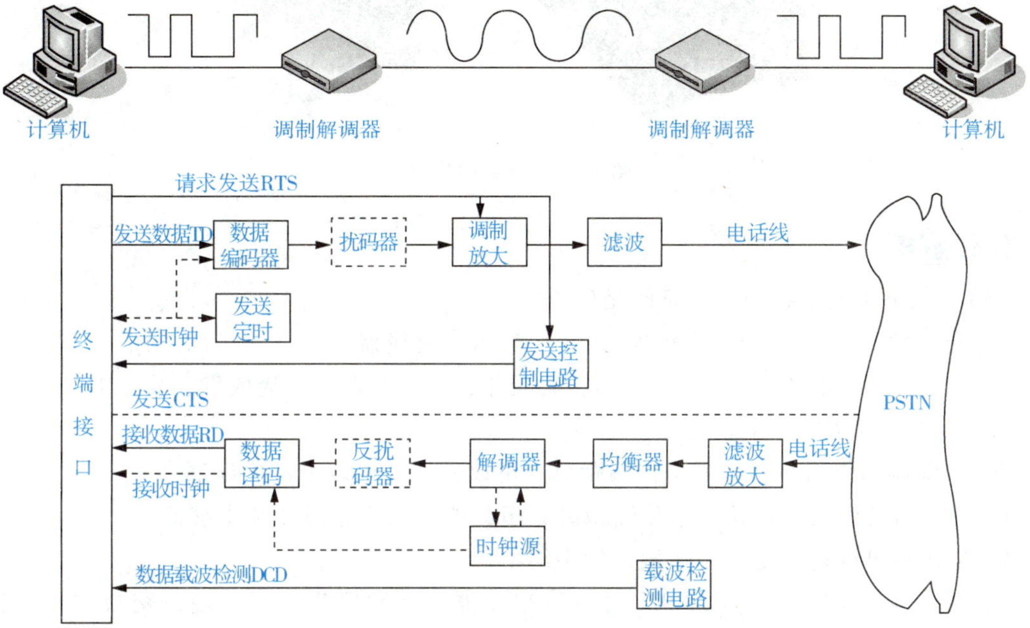

图 1-2-3　调制解调器工作原理

除了必要的信号转换之外，Modem 还须完成计算机通信所需的物理层和数据链路层的相关通信控制工作，这由相应的通信协议来实施。

Modem 不是纯粹的物理层设备。内置式和桌面式调制解调器，如图 1-2-4 所示。

(a)　　(b)

图 1-2-4　内置式和桌面式调制解调器

※任务 4　光纤收发器

光纤收发器是实现光、电的信号转换与通信的设备，因此又称为光电转换器。其作用也可理解为光信号和电信号的相互调制解调，因此也称为光 modem。光纤收发器如图 1-2-4 所示。

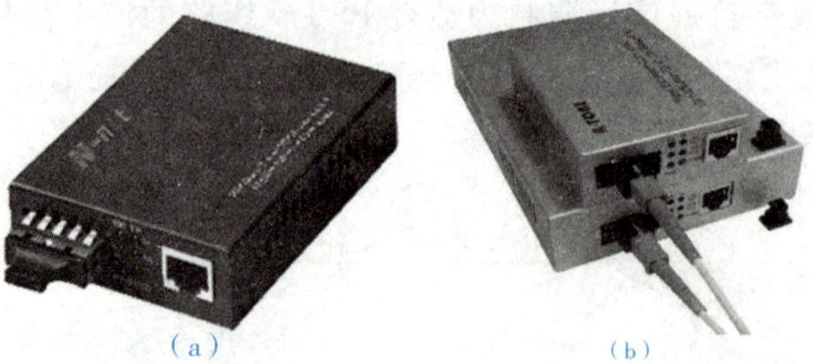

(a)　　(b)

图 1-2-4　光纤收发器

例题解析

例 1　以下不属于物理层设备的是(　　)。

A. 光收发　　B. 中继器　　C. 集线器　　D. 网卡

解析：常见的物理层设备：中继器、集线器、调制解调器、光收发。故选 D。

例 2　以下说法中不正确的是(　　)。

A. 中继器的作用是延长网络传输距离，可以使用 5 个以上的中继器

B. 中继器的作用是延长网络传输距离，但只能使用不超过 4 个中继器

C. 集线器可以认为是一个多端口的中继器

D. 局域网集线器可以分为单中继网段集线器、多网段集线器、端口交换式集线器、网络互连集线器、交换式集线器

解析：中继器不可以无限制使用，它遵循 5—4—3 原则。故选 A。

巩固练习

一、选择题

1. 下面哪种网络互连设备和物理层关系最密切(　　)。

A. 中继器　　B. 交换机　　C. 路由器　　D. 网关

2. 下面哪种说法是错误的(　　)。

A. 中继器可以连接一个以太网 UTP 线缆上的设备和一个在以太网同轴电缆上的设备

B. 中继器可以增加网络的带宽

C. 中继器可以扩展网络上两个节点之间的距离

D. 中继器能够再生网络上的电信号

3. 带宽是指(　　)。

A. 网络的规模　　B. 连接到网络中的节点数目

C. 网络所能携带的信息数量　　D. 网络的物理线缆连接的类型

4. 用一个共享式集线器把几台计算机连接成网，这个网是(　　)。

A. 物理结构是星型连接，而逻辑结构是总线型连接

B. 物理结构是星型连接，而逻辑结构也是星型连接

C. 实质上还是星型结构的连接

D. 实质上变成网状型结构的连接

5. 需要在电话线上传输数字信号，需要用的网络设备是(　　)。

A. 集线器　　B. 光收发　　C. 交换机　　D. 调制解调器

6. 在中继系统中，中继器处于(　　)。

A. 物理层　　B. 数据链路层　　C. 网络层　　D. 高层

7. 在采用双绞线作媒体的千兆位以太网中，配置一个中继器后网络跨距将(　　)。

A. 扩大　　B. 缩小　　C. 不变　　D. 为零

8. 下列哪种说法是正确的(　　)。

A. 集线器可以对接收到的信号进行放大　　B. 集线器具有信息过滤功能

C. 集线器具有路径检测功能　　D. 集线器具有交换功能

9. 下面不是设备选型原则的是(　　)。

A. 设备价格低廉　　B. 设备技术先进　　C. 设备售后服务　　D. 生产厂商信誉

10. 下列只能简单再生信号的设备是(　　)。

A. 网卡　　B. 网桥　　C. 中继器　　D. 路由器

11. 叠加式以太网(Ethernet)集线器属于(　　)。

A. 网络互连集线器　　B. 单中继网段集线器

C. 交换式集线器　　D. 多网段集线器

12. 关于集线器，下列说法不正确的是(　　)。

A. 集线器工作在物理层

B. 集线器及其所连接的所有主机都属于同一个冲突域

C. 使用集线器的星型以太网逻辑上仍然是一个总线型网

D. 集线器识别比特流里面的帧后，进行冲突检测，然后转发

13. 有一核心交换背板，采用纯粹的交换系统代替传统的共享介质中继网段的是(　　)。

A. 网络互连集线器　　B. 单中继网段集线器

C. 交换式集线器　　D. 多网段集线器

14. 通常都采用机箱形式的是(　　)。

A. 网络互连集线器　　B. 单中继网段集线器

C. 交换式集线器　　D. 多网段集线器

二、简答题

1. 组建 LAN 时，要为 HUB 配 IP 地址吗，为什么？

2. 列举常见的物理层设备，并简述其功能。

3. 列举常见的网络层设备，并简述其功能。

项目 3

数据链路层互连设备

学习目标

1. 基本知识

(1)掌握网桥的功能。

(2)掌握交换机的功能。

2. 操作技能目标

(1)能够认识网桥，会使用网桥。

(2)能够认识交换机，会使用交换机。

知识点精讲

任务 1　网桥

网桥能把两个物理网络(段)连接一个逻辑网络，使这个逻辑网络的行为看起来就像一个单独的物理网络一样。

网桥(Bridge)是早期的两端口二层网络设备，是一个局域网与另一个局域网之间建立连接的桥梁。网桥的两个端口分别有一条独立的交换信道，不是共享一条背板总线，可隔离冲突域。网桥比集线器(HUB)性能更好，集线器上各端口都是共享同一条背板总线的。后来，网桥被具有更多端口、同时也可隔离冲突域的交换机(Switch)所取代。

网桥像一个聪明的中继器，从一个网络电缆里接收信号，放大它们，将其送入下一个电缆。相比较而言，网桥对从关卡上传下来的信息更敏锐一些。网桥是一种对帧进行转发的技术，根据 MAC 分区块，可隔离碰撞。网桥将网络的同一网段在数据链路层连接起来，只能连接同构网络(同一网段)，不能连接异构网络(不同网段)。

网桥也叫作桥接器，属于数据链路层的一种设备，它的作用是扩展网络和通信手段，在各种传输介质中转发数据信号，扩展网络的距离，同时又有选择地将有地址的信号从一个传输介质发送到另一个传输介质，并能有效地限制两个介质系统中无关紧要的通信。

一、网桥的工作原理

网桥示意图，如图 1-3-1 所示。网络 1 和网络 2 通过网桥进行连接后，网桥将接收到的网络 1 发送的数据包，通过检查数据包中的地址，进行相应的转发。

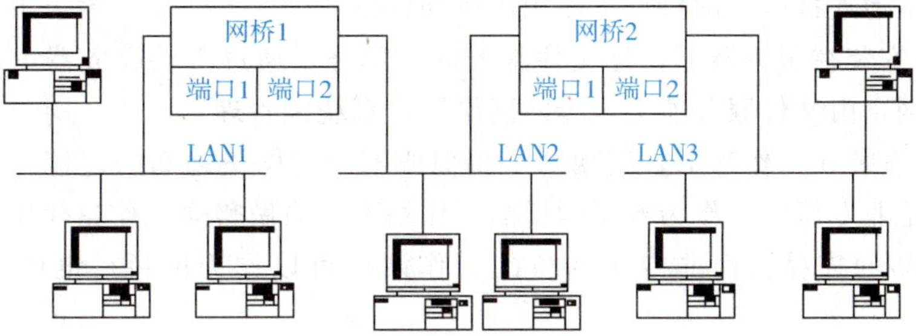

图 1-3-1　网桥示意图

(1)如果收到的是网络 1 的数据包，将其丢弃(不往网络 2 转发，因为在一个局域网中，即不通过端口 2 往外转发数据，直接丢弃，让其在局域网 1 内传输数据即可)。

(2)如果收到的是网络 2 的数据包，就继续发送给网络 2。

从而通过利用网桥实现隔离信息，将同一个网络号划分成多个网段(属于同一个网络号)，隔离出安全网段，防止其他网段内的用户非法访问。

由于网络的分段，各网段相应独立(各网段有自己独立的网络号)，一个网段的故障不会影响到其他网段的运行。

二、网桥的分类

网桥按照使用范围分类，可以分为本地网桥和远程网桥。

(1)本地网桥是指在传输介质允许长度范围内互联网络的网桥。

(2)远程网桥是指连接的距离超过网络的常规范围时使用的远程桥，通过远程桥互联的局域网将成为城域网或广域网。如果使用远程网桥，则远程桥必须成对出现。

网桥按照功能分类，可以分为透明网桥、源路由网桥、转换网桥、封装网桥。

(1)透明网桥：对于任何数据站来讲都是完全透明的，用户是感觉不到它的存在，也无法对网桥进行寻址。所有的路由器判决全部由网桥自己确定。当网桥连入网络时，它能自动初始化并对自身进行配置。用户不需要改动硬件和软件，无需设置地址开关，无需装入路由表或参数。只需要插入电缆即可，所以现有的局域网运行时完全不受网桥的任何影响。透明网桥一般用于连接以太网段，而源路由选择网桥则一般用于连接令牌环网段。

(2)源路由网桥：由选择网桥规定，发送帧的源工作站负责路由选择。所以，在每一个工作站中都配置一张路由选择表，在表中为本站所能到达的工作站都建立一个表目，其中列出来由本站到达目的站所途径的所有工作站和网桥的站址。此外，由本站发往该目的站的所有帧，都将沿着这条路径传输。

(3)转换网桥：是透明网桥的一种特殊形式。它在物理层和数据链路层使用不同协议的 LAN 提供网络连接服务。

(4)封装网桥：通常用于连接 FDDI 骨干网。与转换网桥不同，封装网桥是将接收的帧置于FDDI骨干网使用的信封内，并将封装的帧转发到FDDI骨干网，进而传递到其他封装网桥，拆除信封，送到预定的工作站。

二、网桥的实现

在网络的本地连接中，网桥可以使用内桥和外桥。

(1)内桥：安装在服务器上，是文件服务的一部分，通过文件服务器中的不同网卡连接起来的局域网，由文件服务器上运行的网络操作系统来管理。

(2)外桥：安装在工作站上，实现两个相似或不同的网络之间的连接。外桥可以是专用的，也可以是非专用的。作为专用网桥的工作站不能当做普通工作站使用，只能用于建立两个网络之间的连接。而非专用网桥的工作站既可以作为网桥，也可以作为工作站使用。

三、网桥的优缺点

网桥优点如下。

(1)过滤通信量。网桥可以使局域网的一个网段上各工作站之间的信息量局限在本网段的范围内，而不会经过网桥溜到其他网段去。

(2)扩大了物理范围，也增加了整个局域网上的工作站的最大数目。

(3)可使用不同的物理层，可互连不同的局域网。

(4)提高了可靠性。如果把较大的局域网分割成若干较小的局域网，并且每个小的局域网内部的信息量明显地高于网间的信息量，那么整个互连网络的性能就变得更好。

网桥缺点如下。

(1)由于网桥对接收的帧要先存储和查找站表，然后转发，这就增加了时延。

(2)在MAC子层并没有流量控制功能。当网络上负荷很重时，可能因网桥缓冲区的存储空间不够而发生溢出，以致产生帧丢失的现象。

(3)具有不同MAC子层的网段桥接在一起时，网桥在转发一个帧之前，必须修改帧的某些字段的内容，以适合另一个MAC子层的要求，增加时延。

(4)网桥只适合于用户数不太多(不超过几百个)和信息量不太大的局域网，否则有时会产生较大的广播风暴。

任务2 交换机

以太网交换机基于端口和数据帧实现数据包的交换，采用具有智能控制功能的硬件交换电路实现数据包交换。交换机内部硬件交换电路实际上是通过程序控制的复杂电子开关矩阵。在交换机内部有专门的地址缓冲器，用来存放MAC地址和端口号的映射关系，俗称MAC地址表。

局域网交换机拥有许多端口，每个端口有自己的专用带宽，并且可以连接不同的网段。交换机各个端口之间的通信是同时的、并行的，这就大大提高了信息吞吐量。

华为S3700交换机，如图1-3-2所示；华为S5700交换机，如图1-3-3所示。

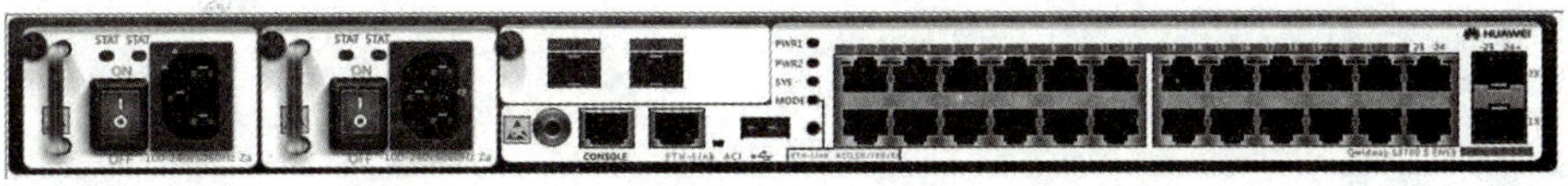

图 1-3-2　华为 S3700 交换机

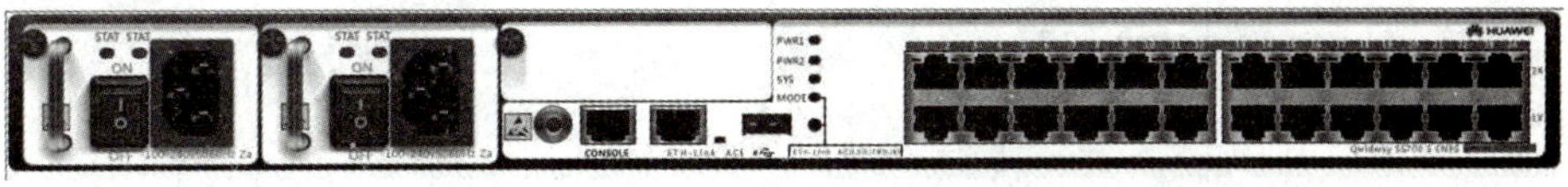

图 1-3-3　华为 S5700 交换机

一、交换机的功能

(1)通过支持并行通信，提高了交换机的信息吞吐量。

(2)将传统的一个大局域网上的用户分成若干工作组，每个端口连接一台设备或连接一个工作组，有效地解决拥挤现象。

(3)虚拟网(VLAN)技术的出现，给交换机的使用和管理带来了更大的灵活性。

(4)端口密度可以与集线器相媲美。

二、二层交换技术(工作流程)

二层交换机属数据链路层设备，可以识别数据包中的 MAC(media access control，介质访问控制)地址信息，根据 MAC 地址进行转发，并将这些 MAC 地址与对应的端口记录在自己内部的一个地址表中。交换机工作流程，如图 1-3-4 所示。

(1)当交换机从某个端口收到一个数据包，它先读取包头中的源 MAC 地址，这样它就知道源 MAC 地址的机器是连在哪个端口上的。

(2)再去读取包头中的目的 MAC 地址，并在地址表中查找相应的端口。

(3)如表中有与该目的 MAC 地址对应的端口，把数据包直接复制到该端口上。

(4)如表中找不到相应的端口则把数据包广播到所有端口上，当目的机器对源机器回应时，交换机又可以学习一个目的 MAC 地址与哪个端口对应，在下次传送数据时就不再需要对所有端口进行广播了。

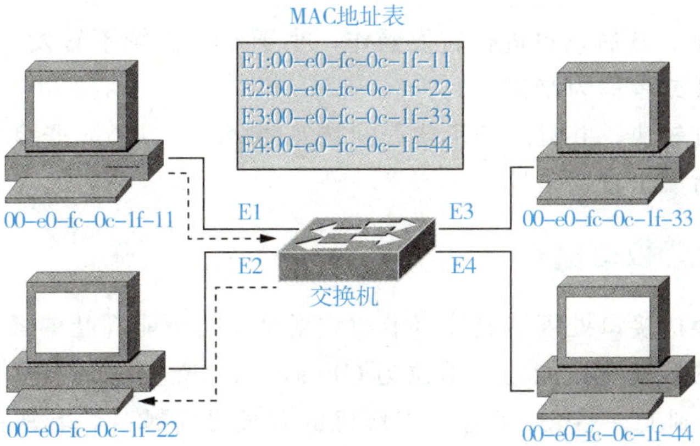

图 1-3-4　交换机工作流程

三、交换机的转发方式

1. 直通式转发

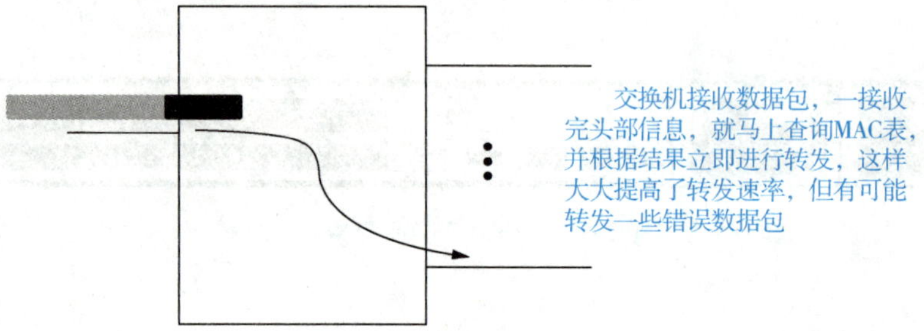
交换机接收数据包，一接收完头部信息，就马上查询MAC表，并根据结果立即进行转发，这样大大提高了转发速率，但有可能转发一些错误数据包

只要收到帧的前 14 个字节(目的 MAC 地址)，就开始进行转发操作。

优点：交换延迟小。缺点：无法进行差错校验，帧错误会扩散到目的网段。

2. 存储式转发

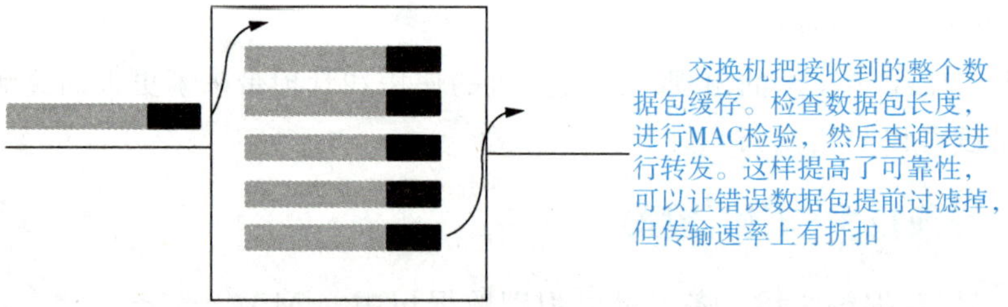
交换机把接收到的整个数据包缓存。检查数据包长度，进行MAC检验，然后查询表进行转发。这样提高了可靠性，可以让错误数据包提前过滤掉，但传输速率上有折扣

整个帧完整接收后，对帧进行差错检验，然后再进行转发操作。

优点：进行差错校验，错误不会扩散到目的网段。缺点：延迟比较大。

3. 无碎片直通式转发

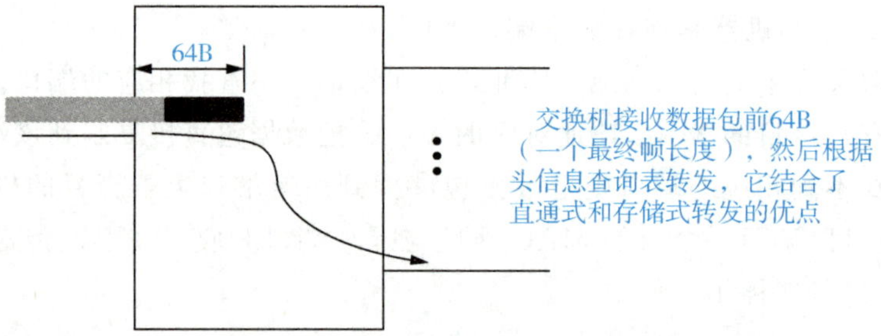
64B
交换机接收数据包前64B（一个最终帧长度），然后根据头信息查询表转发，它结合了直通式和存储式转发的优点

接收到一帧的前 64B 后，再进行转发操作，小于 64B 的帧不转发(小于 64B 的帧一般是冲突造成的帧碎片或者称为错误帧)。

优点：交换速度较快，并且降低了错误帧转发的概率。缺点：长度大于 64B 的错误帧仍会转发，转发延时大于直通转发。

四、交换机的背板带宽

背板带宽是交换机接口处理器或接口卡和数据总线间所能吞吐的最大数据量。背板带宽标志了交换机总的数据交换能力，单位为 Gbps，也称交换总线带宽，一般的交换机的背板带宽从几 Gbps 到上百 Gbps 不等。交换机的背板带宽越高，其所能处理数据的能力就越强，但同时设计成本也会越高。

例题解析

例 1　以下属于数据链路层设备的是(　　)。

A. 光收发　　B. 中继器　　C. 集线器　　D. 网卡

解析：常见的物理层设备：中继器、集线器、调制解调器、光收发。故选 D。网卡一般情况下归类为数据链路层设备，有些教材也把它归类为网络层设备。

例 2　在以太网中使用以太网交换机后，以下说法正确的是(　　)。

A. 广播域增加，广播减少　　B. 广播域增加，广播增加

C. 冲突域增加，冲突减少　　D. 冲突域增加，冲突增加

解析：C。交换机所有端口在一个广播域内，每个端口都是一个冲突域，所以相对于集线器而言，增加了冲突域的个数，但冲突减少了。

例 3　下列关于数据链路层设备的叙述中，错误的是(　　)。

A. 网桥可以隔离信息，将网络划分成多个网段，一个网段的故障不会影响另一个网段

B. 网桥可互连不同的物理层，不同的 MAC 子层以及不同速率的以太网

C. 交换机的每个端口节点所占用的带宽不会因为端口节点数目的增加而减少，且整个交换机的总带宽会随着端口节点的增加而增加

D. 利用交换机可以实现虚拟局域网 VLAN，VLAN 可以隔离冲突域，但不可以隔离广播域

解析：D。网桥可以隔离信息，将网络划分成多个网段，隔离出安全网段，防止其他网段内的非法用户访问。网桥隔离的各个网段的相对独立，一个网段的故障不会影响到另一个网段的运行。交换机的优点是每一个端口节点所占用的带宽不会因为端口节点数目的增加而减少，且整个交换机的总带宽会随着端口节点的增加而增加。另外利用交换机可以实现虚拟局域网 VLAN，VLAN 不仅可以隔离冲突域，也可以隔离广播域。

例 4. 网桥的功能是(　　)。

A. 网络分段　　B. 隔离广播　　C. LAN 之间的互连　D. 路径选择

解析：C。网桥工作在数据链路层，将两个 LAN 连起来，根据 MAC 地址来转发帧，可以看作一个“低层的路由器”(路由器工作在网络层，根据网络地址如 IP 地址进行转发)。网桥纳入存储、转发功能后，可用于连接使用不同 MAC 协议的两个 LAN，从而构成一个不同 LAN 互连在一起的混合网络环境。A 选项网络分段不是功能，B、D 是路由器的功能。

巩固练习

一、选择题

1. 一个无任何手动配置的全新交换机，当收到来自终端的数据帧，如何处理(　　)。

A. 不作任何处理，按照目的 MAC 地址进行转发

B. 不作任何处理，丢弃

C. 添加 VLAN 标签，VLAN ID 为 1，然后按目的 MAC 地址转发

D. 添加 VLAN 标签，VLAN ID 为 0，然后按目的 MAC 地址转发

2. 某单位的 10Base-T 网络新增加了 60 台工作站，用户抱怨说网络速度很慢，最经济的解决办法是(　　)。

A. 用 FDDI 适配卡取代所有的以太网卡

B. 用交换机取代所有的集线器

C. 用 100 Mbps ATM 组件代替所有的以太网组件

D. 以上解决方法都不妥

3. 下列关于直通式交换机和存储转发式交换机的论述中，正确的是

A. 直通式交换相对于存储转发式交换速度快，延时小，因而其可靠性高

B. 由于检查帧错误，存储转发式交换方式的延迟比直通式交换方式的大

C. 存储转发式交换又叫路由

D. 直通式交换是从交换机收到第 64 个字节时开始转发

4. 以太网交换器存在(　　)。

A. 矩阵交换结构　　B. 总线交换结构

C. 软件执行交换结构　　D. 以上都是

5. 以太网交换机可以堆叠主要是为了(　　)。

A. 将几台交换机难叠成一台交换机　　B. 增加端口数量

C. 增加交换机的带宽　　D. 以上都是

6. 一个快速以太网交换机的端口速率为 100 Mbit/s，若该端口可以支持全双工传输数据，那么该端口实际的传输带宽为(　　)。

A. 100 Mbit/s　　B. 150 Mbit/s　　C. 200 Mbit/s　　D. 1 000 Mbit/s

7. 网卡实现的主要功能是(　　)。

A. 物理层与网络层的功能　　B. 网络层与应用层的功能

C. 物理层与数据链路层的功能　　D. 网络层与表示层的功能

8. 以下关于交换以太网特征的描述中，错误的是(　　)。

A. 以太网交换机是利用“端口－MAC 地址表”进行数据交换的

B. 以太网交换机帧转发方式主要分为直通转发、存储转发和无碎片直通转发

C. 使用直接交换方式的交换机首先完整地接收发送帧，并先进行差错检测

D. 局域网交换机有以下几种技术特点：低交换延迟、支持不同的传输速率和工作模式

9. 从介质访问控制方法的角度，局域网可分为两类，即共享局域与(　　)。

A. 交换局域网　　B. 高速局域网　　C. 快速局域网　　D. 虚拟局域网

10. 在不同网络之间实现数据帧的存储转发，并在数据链路层进行协议转换的网络互连器称为(　　)。

A. 转换器　　B. 路由器　　C. 网桥　　D. 中继器

二、简答题

1. 以太网交换机有何特点？它与集线器有何区别？

2. 列举常见的数据链路层设备，并简述其功能。

3. 简述交换机的二层工作流程。

项目 4

网络层互连设备

学习目标

1. 基本知识

(1)掌握路由器的功能及其工作过程。

(2)掌握三层交换机和四层交换机的功能及其工作过程。

2. 操作技能目标

(1)能够认识路由器，了解路由器的工作过程。

(2)能够认识三层交换机，了解三层交换机的工作过程，了解常见协议的端口号。

知识点精讲

任务 1　路由器

路由器是连接互联网中各局域网和广域网的不可缺少的设备，它会根据整个网络的通信情况自动进行路由选择，以最佳的路径，按先后顺序发送信息给其他网络设备，从而实现信息的路由转发。目前路由器已经广泛用于各行各业，不同档次的产品已成为实现各种骨干网内部、骨干网间互连和骨干网与互联网互连互通业务的主力军。华为 NE40-X8A 数据中心路由器、锐捷 RSR7708-X 和华为 AR6140-16G4XG 企业级路由器，如图 1-4-1 所示。

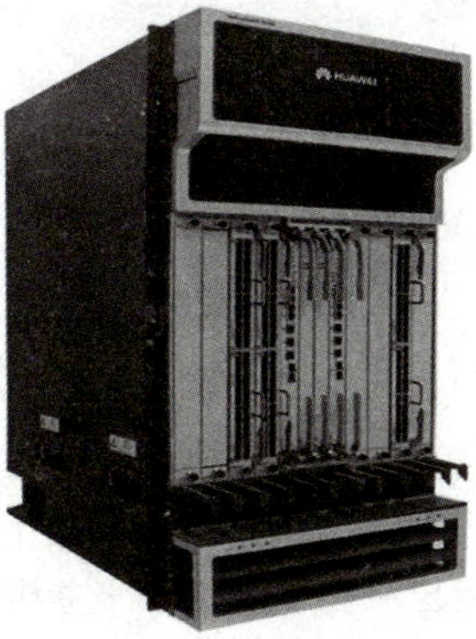

图 1-4-1　华为 NE40-X8A 数据中心路由器、锐捷 RSR7708-X 和华为 AR6140-16G4XG 企业级路由器

一、路由器的功能

路由器的工作原理是在路由器的内部也有一个表(路由表)，这个表所表述的是如果要去某一个地方，下一步应该向哪里走；如果能从路由表中找到数据包下一步往哪里走，把数据链路层信息加上并转发出去；如果不能知道下一步走向哪里，则将此包丢弃，然后返回一个信息交给源地址。

路由器内部可以分为控制部分和数据通道部分，而路由表的维护，也有两种不同的方式：距离矢量路由协议和链路状态路由协议。

二、路由器的工作原理

(1)在网络间截获发送到远地网段的报文，起转发的作用。

(2)选择最合理的路由，引导通信。

(3)路由器在转发报文的过程中，为了便于在网络间传送报文，按照预定的规则把大的数据包分解成适当大小的数据包，到达目的地后再把分解的数据包包装成原有形式。

(4)多协议的路由器可以连接使用不同通信协议的网络段，作为不同通信协议网络段通信连接的平台。

(5)路由器的主要任务是把通信引导到目的地网络，然后到达特定的节点站地址。

三、路由器的工作过程

如图 1-4-2 所示，主机 A 需要向主机 B 传送信息(并假定主机 B 的 IP 地址为 118.0.6.1)，它们之间将通过多个路由器的接力传递。

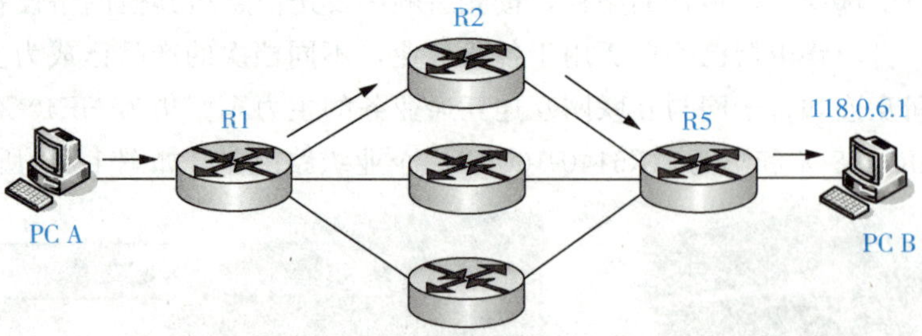

图 1-4-2　路由器的工作过程

(1)主机 A 将主机 B 的地址 118.0.6.1 连同数据信息以数据包的形式发送给路由器 R1。

(2)路由器 R1 接收到主机 A 的数据包后，先从报头中取出地址 118.0.6.1，并根据路径表计算出发往主机 B 的最佳路径：路由器 R1→路由器 R2→路由器 R5→主机 B，并将数据帧发往路由器 R2。

(3)路由器 R2 重复路由器 R1 的工作，并将数据包转发给路由器 R5。

(4)路由器 R5 同样取出目的地址，发现 118.0.6.1 就在该路由器所连接的网段上，于是将该数据帧直接交给主机 B。

(5)主机 B 收到工作站 A 的数据帧，宣告一次通信过程结束。

四、路由器的优、缺点

1. 优点

(1)适用于大规模的网络。

(2)适用于复杂的网络拓扑结构，能实现负载共享和最优路径。

(3)能更好地处理多媒体。

(4)安全性高。

(5)隔离不需要的通信量。

(6)节省局域网的带宽。

(7)减少主机负担。

2. 缺点

(1)它不支持非路由协议。

(2)安装复杂。

(3)价格高。

*五、集线器、交换机与路由器的特点

1. 集线器的特点

(1)所有端口同在一个广播域内。

(2)所有端口同在一个冲突域内。

(3)所有端口共享带宽。

(4)广播式转发数据。

2. 交换机的特点

(1)交换机的所有端口都在一个广播域内。

(2)交换机每个端口带宽是独立的。

(3)交换机每个端口都是独立的冲突域。

(4)交换机能够识别数据链路层的控制信息。

3. 路由器的特点

(1)路由器每个端口都是独立的广播域。

(2)路由器每个端口都是独立的冲突域。

(3)路由器能够识别网络层的控制信息。

任务 2　三层交换机

作为网络核心，起到网间互联作用的路由器技术却没有质的突破。在这种情况下，一种新的路由技术应运而生，这就是第三层交换技术。

一、三层交换机

三层交换(也称多层交换技术，或 IP 交换技术)是相对于传统交换概念而提出的。传统的交换技术是在 OSI 网络标准模型中的第二层——数据链路层进行操作的，而三层交换技术是在网络模型中的第三层实现了数据包的高速转发。简单地说，三层交换技术就是：二层交换技术+三层转发技术。华为 CE12804E 数据中心交换机，如图 1-4-3 所示；华为 S5720 三层交换机，如图 1-4-4 所示。

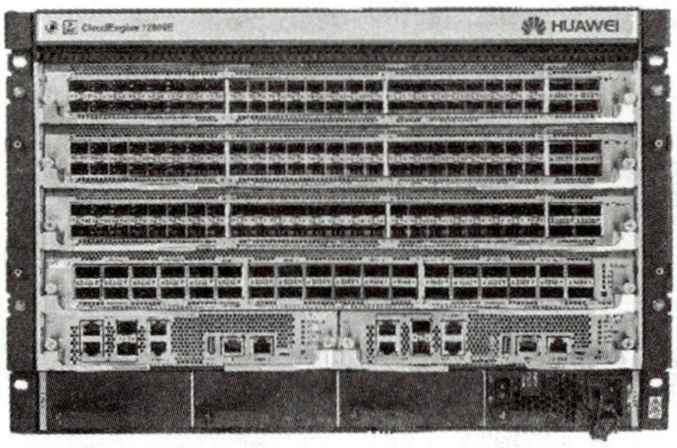

图 1-4-3　华为 CE12804E 数据中心交换机

图 1-4-4　华为 S5720 三层交换机

二、三层交换机原理

1. 结合硬件实现数据的高速转发

三层路由模块直接叠加在二层交换的高速背板总线上，突破了传统路由器的接口速率限制，速率可达几十吉比特。此项参数与背板带宽是三层交换机性能的两个重要参数。

2. 简洁的路由软件使过程简化

大部分的数据转发，除必要的路由选择由路由软件处理，其他的路由选择都由二层模块高速转发，路由软件大多都是经过处理的高效优化软件，并不是简单照搬路由器中的软件。

三、二层交换、三层交换、四层交换与路由器技术的区别

(1)二层交换机用于小型的局域网络。

(2)三层交换机的最重要的功能是加快大型局域网络内部的数据的快速转发，加入路由功能也是为了这个目的服务的。

(3)第四层交换的一个简单定义是：它是一种功能，它决定传输不仅仅依据 MAC 地址(第二层网桥)或源/目标 IP 地址(第三层路由)，而且依据 TCP/UDP(第四层)应用端口。

四、端口号

两台主机要进行远程通信就必须定义：本地主机、本地进程、远程主机、远程进程。

要定义进程，就要定义 IP 地址和端口号。本地主机和远程主机是用 IP 地址来定义的。端口号可以唯一区分每个数据包包含哪些应用协议(例如 HTTP、FTP 等)。在 TCP/IP 协议栈中，端口号是 0～65535 之间的整数。端口号如图 1-4-5 所示。

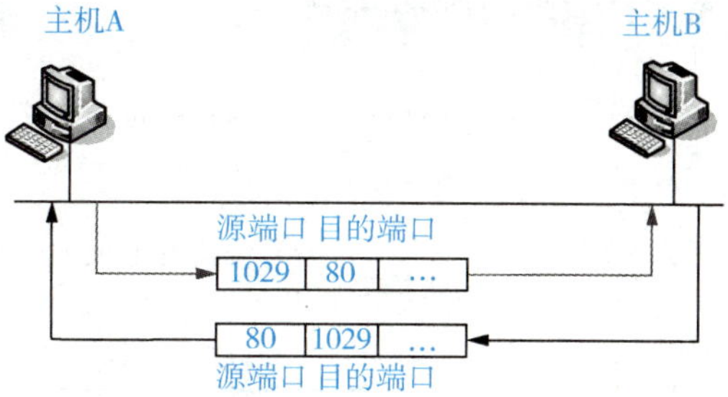

图 1-4-5　端口号

Internet 地址分配机构(IANA)将端口号划分为三个范围：熟知的、注册的和动态的。

(1)熟知端口号：0～1023，由 IANA 指派和控制，这些叫作熟知端口。表 1-4-1 和表 1-4-2 分别是 TCP 和 UDP 的熟知端口，TCP/IP 协议如表 1-4-3 所示。

表 1-4-1　TCP 的熟知端口

端口	协议	说明
7	Echo	将收到的数据包回送到发送端
20	FTP(Data)	文件传送协议(数据连接)
21	FTP(Control)	文件传送协议(控制连接)
23	Telnet	运程登录
25	SMTP	简单邮件传送协议
53	DNS	域名服务
80	HTTP	超文本传送协议

表 1-4-2　UDP 的熟知端口

端口	协议	说明
7	Echo	将收到的数据包回送到发送端
53	DNS	域名服务
69	TFTP	简单文件传输协议
161	SNMP	简单网络管理协议
162	SNMP	简单网络管理协议(陷阱)

表 1-4-3　TCP/IP 协议

OSI 七层模型	TCP/IP 模型	功能	协议
应用层	应用层	文件传输、电子邮件、文件服务、虚拟终端	TFTP/HTTP/SNMP/FTP/SMTP/DNS/Telnet
表示层		数据格式化、代码转换、数据加密	无协议
会话层		解除或建立与别的站点的联系	无协议
传输层	传输层	提供端对端的接口	TCP/UDP

（续表）

OSI 七层模型	TCP/IP 模型	功能	协议
网络层	网络层	为数据包选择路由	IP/ICMP/RIP/OSPF/BGP/IGMP
数据链路层	网络接口层	传输有地址的帧及错误检测功能	SLIP/CSLIP/PPP/ARP/RARP/MTU
物理层		以二进制形式在物理链路上传输数据	ISO2110，IEEE802，IEEE802.2

(2)注册端口：1024～49151，IANA 不指派也不控制。它们只能在 IANA 注册以防止重复。

(3)动态端口：49152～65535，既不用指派也不用注册。它们可以由任何进程来使用，是临时的端口。

巩固练习

一、选择题

1. 下面哪种网络互连设备和网络层关系最密切(　　)。

A. 中继器　　B. 交换机　　C. 路由器　　D. 网关

2. 路由选择协议位于(　　)。

A. 物理层　　B. 数据链路层　　C. 网络层　　D. 应用层

3. 具有隔离广播信息能力的网络互联设备是(　　)。

A. 网桥　　B. 中继器

C. 路由器　　D. L2 交换器

4. 以下哪个不是路由器的功能(　　)。

A. 安全性与防火墙　　B. 路径选择

C. 隔离广播　　D. 第二层的特殊服务

5. 在 IPv4 环境中，路由器根据什么信息在不同的路由器接口之间转发数据包(　　)。

A. 目的网络地址　　B. 源网络地址

C. 源 MAC 地址　　D. 公认端口目的地址

6. TFTP 服务端口号是(　　)。

A. 23　　B. 48　　C. 53　　D. 69

7. 数据在网络层时，称为(　　)。

A. 段　　B. 包　　C. 位　　D. 帧

8. 以下表述不正确的是(　　)。

A. 集线器所有端口同在一个广播域和冲突域内；共享带宽

B. 交换机每个端口在一个广播域内，但每个端口是独立的冲突域，端口带宽独立

C. 路由器每个端口都是独立的广播域和冲突域

D. 中继器每个端口都是独立的广播域和冲突域

9. TCP 协议通过(　　)来区分不同的连接。

A. IP 地址　　B. 端口号

C. IP 地址+端口号　　D. MAC 地址+IP 地址+端口号

10. (　　)应用既使用 TCP 又使用 UDP。

A. Telnet　　B. DNS　　C. HTTP　　D. WINS

二、填空题

1. 千兆以太网光纤网卡一般采用________光纤接口；________专门用于连接细同轴电缆；________专门用于连接粗同轴电缆。

2. 以太网交换机是根据接收到的数据包的________来学习 MAC 地址表的。

3. ________是交换机接口处理器或接口卡和数据总线间所能吞吐的最大数据量。

三、简答题

1. 为何在网络中路由器通常比网桥有更长的时延？

2. 简述路由器的主要功能。

3. 什么是第三层交换机？

4. 简述集线器、二层交换机和路由器的特点。

5. 简述三层交换机的主要作用。

6. 简述路由器的具体工作过程。

四、实训题

说出 6 种网络设备，并说明如何选购这些网络设备。

项目 5

应用层互连设备

学习目标

1. 基本知识

(1)了解网关的功能。

(2)了解防火墙的功能。

2. 操作技能目标

(1)能够认识网关。

(2)能够认识防火墙。

知识点精讲

任务 1　网关

在一个计算机网络中，当连接不同类型而协议差别有较大的网络时要选用网关(Gateway)设备。目前，网关已成为网络上每个用户都能访问大型主机的通用工具。锐捷 EG2000F 示意图，如图 1-5-1 所示。

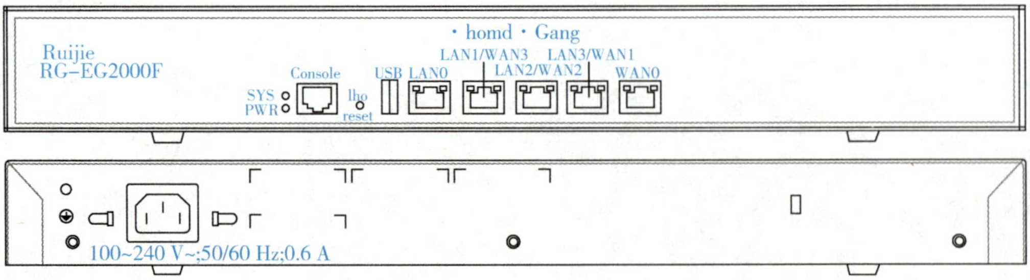

图 1-5-1　锐捷 EG2000F 示意图

网关的功能体现在 OSI 模型的最高层，它将协议进行转换，将数据重新分组，以便在两个不同类型的网络系统之间进行通信。由于协议转换是一个复杂的事，一般来说，网关只进行一对一转换，或是少数几种特定应用协议的转换，网关很难实现通用的协议转换。用于网关转换的应用协议有 SMTP、FTP 和 Telnet 等。

网关在概念上与网桥相似，它与网桥有以下几点不同之处。

(1)网关是用来实现不同局域网的连接。

(2)网关建立在应用层，网桥建在数据链路层。

(3)网关可以将具有不相容的地址格式的网络连接起来，而网桥则不能实现此功能。

任务 2　防火墙

防火墙(Firewall)是在两个网络之间实现访问控制的一个或一组软件或硬件系统。防火墙的最主要功能就是屏蔽或允许指定的数据通信，而该功能的实现又主要是依靠一套访问控制策略，由访问控制策略来决定通信的合法性。锐捷 RG-WALL-1600 防火墙产品示意图，如图 1-5-2 所示；华为 USG6530E 防火墙背面，如图 1-5-3 所示；华为 USG6530E 防火墙背面，如图 1-5-4 所示；防火墙的作用，如图 1-5-5 所示。

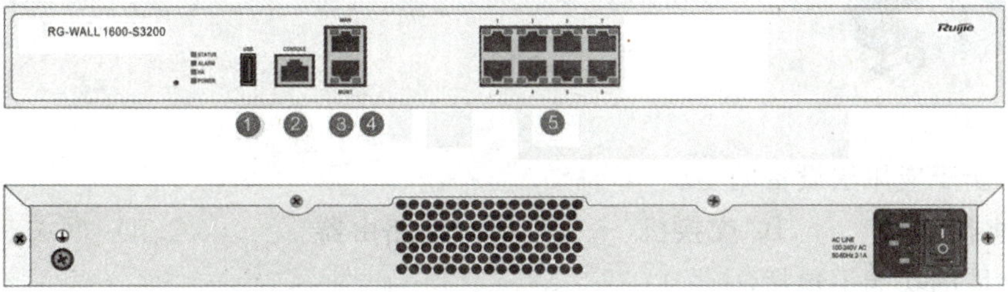

图 1-5-2　锐捷 RG-WALL-1600 防火墙产品示意图

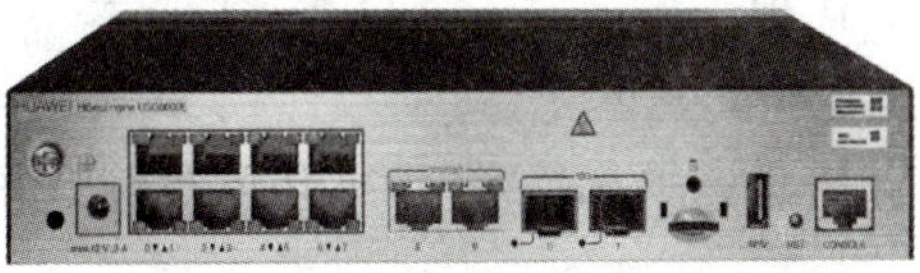

图 1-5-3　华为 USG6530E 防火墙背面

图 1-5-4　华为 USG6530E 防火墙背面

防火墙可以安装在一个单独的路由器中，用来过滤不想要的信息包，也可以安装在路由器和主机中，发挥更大的网络安全保护作用。

防火墙广泛用来让用户在一个安全屏障后接入互连网，还用来把一家企业的公共网络服务器和企业内部网络隔开。另外，防火墙还可以用来保护企业内部网络某一个部门的安全。例如，一个公司的会计子网可能很容易受到来自企业内部网络的窥视。

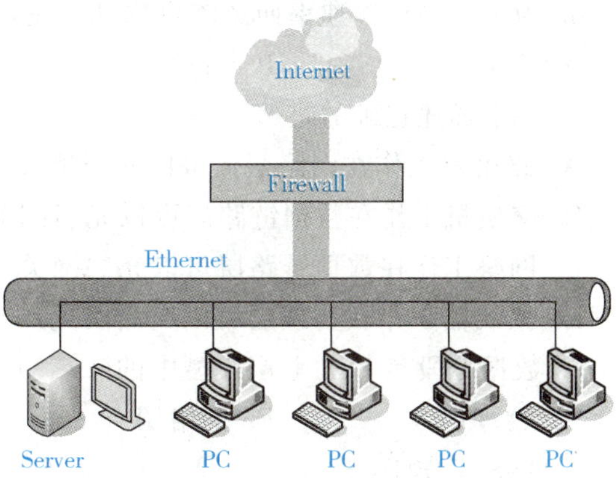

图 1-5-5　防火墙的作用

例题解析

例 1　目前，防火墙的功能不包括(　　)。

A. 过滤数据包　　B. 清除病毒　　C. 线路过滤　　D. 应用层代理

解析：B。防火墙技术有多种，如包过滤、应用网关、状态检测等。包过滤是运行在路由器中的一个软件，包过滤防火墙对收到的所有 IP 包进行检查，依据制定的一组过滤规则判定该 IP 包被正常转发还是被丢弃。线路过滤、应用层代理也是防火墙的功能，但目前的防火墙还没有清除病毒的功能。

例 2　Telnet 可以远程管理网络设备，它属于 TCP/IP 协议集的哪一层(　　)。

A. 应用层　　B. 网络层　　C. 传输层　　D. 数据链路层

解析：A。网关的功能体现在 OSI 模型的最高层，它将协议进行转换，将数据重新分组，以便在两个不同类型的网络系统之间进行通信。由于协议转换是一个复杂的事，一般来说，网关只进行一对一转换，或是少数几种特定应用协议的转换，网关很难实现通用的协议转换，用于网关转换的应用协议有 SMTP、FTP 和 Telnet 等。

巩固练习

一、选择题

1. 以下属于应用层设备的是(　　)。

A. 中继器　　B. 交换机　　C. 路由器　　D. 网关

2. 防火墙的功能不包括(　　)。

A. 物理层　　B. 数据链路层　　C. 网络层　　D. 应用层

3. 以下哪种技术不是实现防火墙的主流技术(　　)。

A. 包过滤技术　　B. 应用级网关技术　　C. 代理　　D. NAT 技术

4. 防火墙是建立在内外网络边界上的一类安全保护，它基于(　　)。

A. 流量控制技术　　B. 加密技术　　C. 信息流填充技术　　D. 访问控制技术

5. 以下不属于应用层协议的是(　　)。

A. SNMP　　B. POP3　　C. ICMP　　D. Telnet

6. 为了提高传输速率而忽略可靠性的是(　　)协议。

A. TCP　　B. UDP　　C. IP　　D. ICMP

7. 以下描述正确的是(　　)。

A. 路由器工作在网路层但可以充当网关

B. 交换机工作在数据链路层可以充当网关

C. 网桥工作在数据链路层可以充当网关

D. 集线器工作在物理层可以充当网关

8. 数据分段是 OSI 七层模型中的(　　)完成的。

A. 物理层　　B. 网络层　　C. 传输层　　D. 数据链路层

9. DNS 工作于(　　)。

A. 网络层　　B. 传输层　　C. 会话层　　D. 应用层

二、简答题

1. 简述常见的应用层设备？
2. TCP/IP 协议分几层？各层的功能是什么？
3. 请列举 3 种以上网络层协议。
4. 请列举 5 种以上应用层协议。

第 2 单元
交换机配置与应用

考纲要求

1. 了解交换机的分类。
2. 了解交换机的常用技术。
3. 理解 VLAN 的作用，掌握 VLAN 的配置方法。

技能要求

能够完成交换机的基本配置，会进行 VLAN、STP 和 DHCP 的配置。

项目 1

交换机基本配置管理

学习目标

1. 基本知识

(1)掌握交换机配置线的连接。

(2)掌握交换机配置的基本操作。

(3)掌握配置交换机支持 Telnet。

2. 操作技能目标

(1)能够连接交换机配置线。

(2)能够对交换机配置进行基本操作。

(3)能够配置交换机支持 Telnet。

知识点精讲

任务 1　交换机的启动和初始配置

任务描述

启动交换机电源，观察交换机的自检过程，观察交换机的 LED 指示灯工作状态，对交换机进行初始配置。

任务分析

对交换机进行初始配置，要准备好一台 PC 机、一根反转线(配置线)和一台有控制端口(Console 口)的网管型交换机。交换机管理方式有以下两种。

(1)本地管理：通过 Console 线连接 Console 或 mini USB 口，终端使用 Serial 协议，适合初始化，故障恢复，系统升级，同时只能支持一个会话。

(2)远程管理：通过 IP 地址或域名连接虚拟 VTY 口，使用 Telnet 或 SSH 协议，适合后期维护、异地管理，同时可以支持多个会话。

知识链接

一、交换机简介

网络交换机(Switch)是结合了集线器和网桥的优点而发明的具有革命性意义的网络设备，它不仅大幅度提高了网络的性能，同时组网的便捷性也很好。从外表看，交换机和集线器几乎没有差别，它们都能提供多个等同的网络端口，每个端口可以单独连接一个网络设备。最常见的端口都是RJ-45端口。从工作原理看，交换机和网桥有较大的相似性，可以认为交换机是一个更多端口(要求PHY物理层芯片一致)的复杂透明网桥，每个端口都可以桥接一个不同的物理网络。

交换机拥有一条很高带宽的内部总线和内部交换结构，所有端口都连接在内部总线上。如图2-1-6所示，A向B发送数据，控制电路收到数据帧以后，端口处理程序会查找内存中的地址对照表以确定目的MAC的NIC连接在哪个端口上，通过内部交换机构迅速将数据帧传送到目的端口。

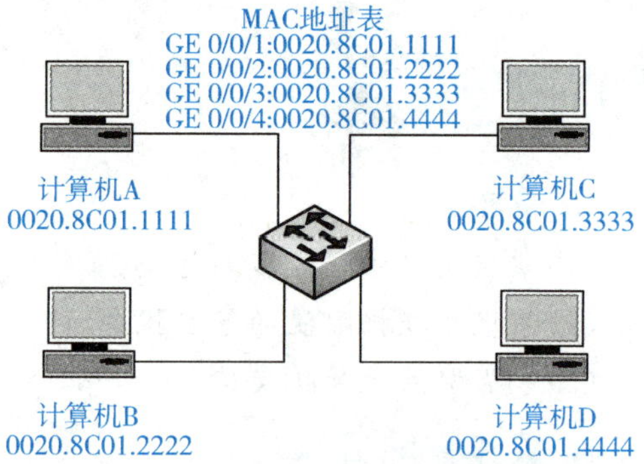

图 2-1-6　交换机内部数据传送

总之，交换机是一种基于MAC地址识别，能完成封装、解封及转发帧的数据链路层设备，它可以学习MAC地址，并把它存放在内部的地址表中，通过在数据帧的始发者和接收者之间建立临时的交换路径，使数据帧直接由源站到达目的站。

二、以太网交换机的体系结构

交换机是一台专用的特殊计算机，它包括中央处理器(CPU)、随机存储器(RAM)、接口(Interface)、闪存(Flash Memory)和操作系统等。

三、以太网交换机与分层网络设计

分层网路设计把以太网交换机在网络中的应用分为三个层次：核心层、汇聚层和接入层。分层网路设计能适应网络规模的不断扩展。在网络极小的变动下，向现有的网络中加入新的组件及应用，以满足新的网络需求。基于交换层次结构示意图如图2-1-7所示。

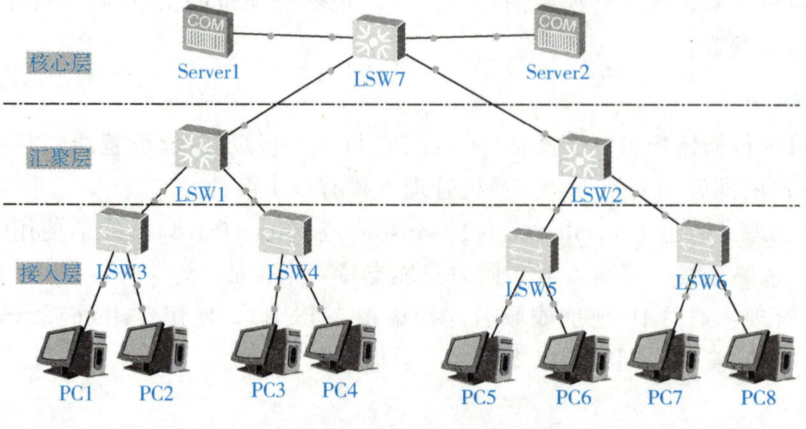

图 2-1-7　基于交换层次结构示意图

1. 核心层

核心层是网络高速交换的骨干，对协调通信至关重要。在该层中的设备不再承担访问列表检查、数据加密、地址翻译或者其他影响最快速率交换分组的任务。具有以下特点。

(1)提供高可靠性。

(2)提供冗余链路。

(3)模块化的设计，接口类型广泛。

(4)提供故障隔离。

(5)交换设备功能最强大。

2. 汇聚层

汇聚层介于核心层和接入层之间，它把核心层网络的其他部分区分开来，有以下特点。

(1)策略(处理某些类型通信的一种方法，包括路由选择更新、路由汇总、VLAN 通信以及地址聚合等)。

(2)安全。

(3)部门或工作组级访问。

(4)广播/多播域的定义。

(5)VLAN 之间的路由选择。

(6)介质转换(如在 Ethernet 和令牌环之间进行转换)。

(7)在路由选择之间重分布。

(8)在静态和动态路由选择协议之间的划分。

3. 接入层

接入层是用户工作站和服务器连接到网络的入口。接入层交换机的主要目的是允许最终端用户连接到网络，它具有以下特点。

(1)对汇聚层的访问控制和策略进行支持。

(2)建立独立的冲突域。

(3)建立工作组与汇聚层的连接。

四、交换机配置文件管理

VRP 设备中的配置文件分为两种类型：正在进行的配置文件(current-configuration)和保存的配置文件(saved-configuration)。很多初学者经常犯的错误就是配置完设备后没有 save，导致设备重新启动后为空配置。设备启动时，会从默认的存储路径加载保存的配置文件到 RAM 中。如果默认的存储路径中没有保存的配置文件，则设备会使用默认的参数进行初始化配置。交换机文件系统，如图 2-1-8 所示，常用快速验证配置命令，如表 2-1-1 所示。

图 2-1-8　交换层文件系统

表 2-1-1　常用快速验证配置命令

命令	功能
display current-configuration	显示当前配置文件
display saved-configuration	显示保存的配置文件
display this	显示当前模式的配置内容

操作步骤

1. 连接配置线

配置线连接示意图，如图 2-1-1 所示。

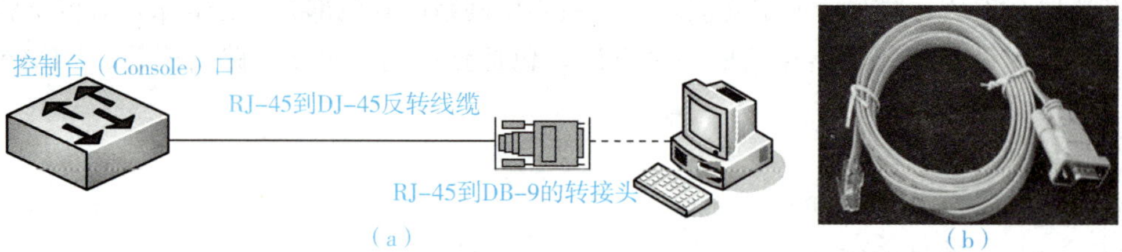

图 2-1-1　配置线连接示意图

2. 设置超级终端

配置线连接示意图，如图 2-1-2 所示。

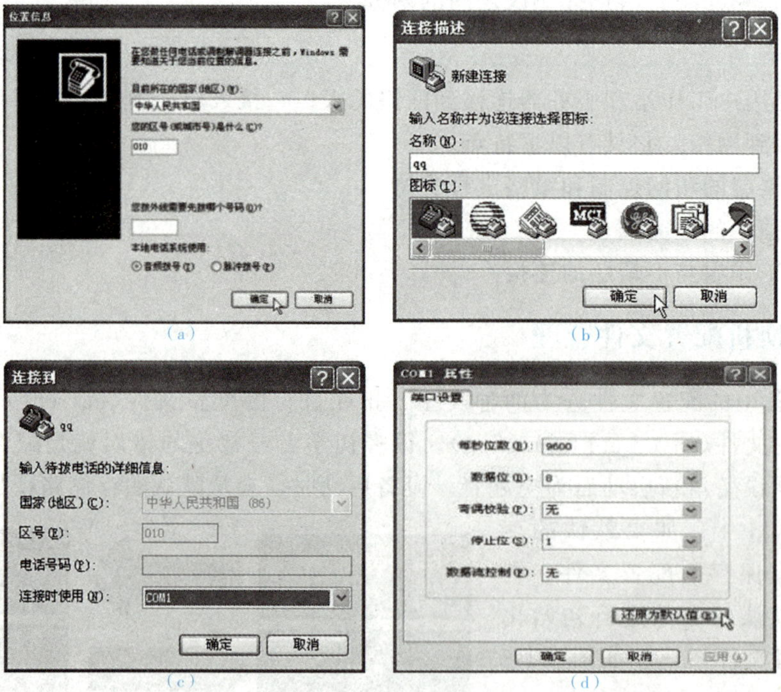

图 2-1-2　配置线连接示意图

说明：以上超级终端是 Windows XP 操作系统自带，从 Windows 7 操作系统开始，此功能组件已经取消，用户需自行下载超级终端软件，常见的超级终端软件为 secure CRT

和 XShell，轻量级的 putty 也可以胜任。

3. 交换机的初始配置

VRP(versatile routing platform)：通用路由平台，是华为公司数据通信产品的通用操作系统平台，它以 IP 业务为核心，采用组件化的体系结构，在实现丰富功能特性的同时，还提供了基于应用的可裁剪和可扩展功能，使得路由器和交换机的运行效率大大增加。VRP 系统应用示意图，如图 2-1-3 所示。

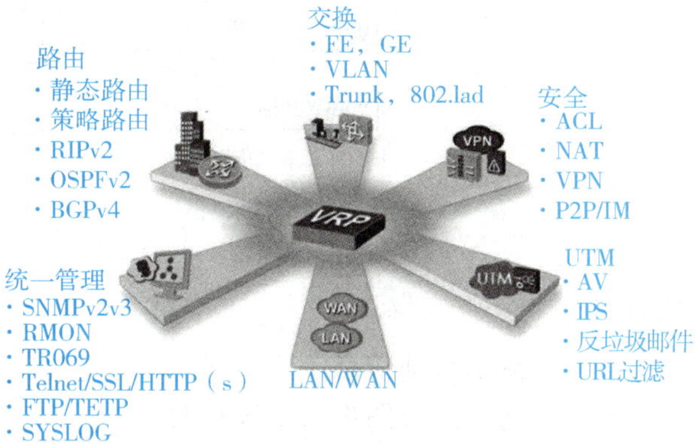

图 2-1-3　VRP 系统应用示意图

(1)用户视图：提示符为<HUAWEI>。

只允许有限数量的基本监视命令，不允许任何会改变配置的命令。可以查看交换机的软件，硬件，版本信息，可以对交换机的配置文件进行管理，查看配置信息，进行网络测试和调试。

(2)系统视图：提示符为[HUAWEI]，可以配置交换机的全局性参数(如主机名、登录信息等)。

① 接口视图子模式：提示符为[HUAWEI-GigabitEthernet0/0/1]，可以配置交换机的某个或某几个接口参数(如速率，半双工、全双工等)。

② VLAN 视图子模式：提示符为[HUAWEI-VLANid]，可以配置交换机的 VLAN 信息(如 VLAN 名称等)。

③ 线路视图子模式：提示符为[HUAWEI-ui-vty0]或[HUAWEI-ui-Console0]，配置使用 Console 线连接交换机时的登录权限。

④ 协议视图子模式：提示符为[HUAWEI-ospf-1]，配置路由协议等。

VRP 命令行视图，如图 2-1-4 所示。

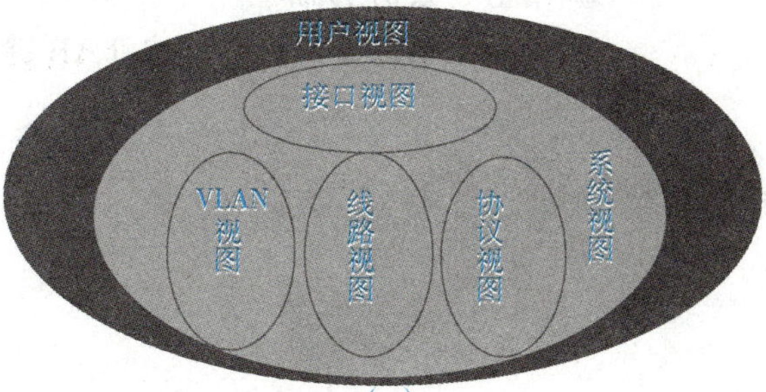

(a)

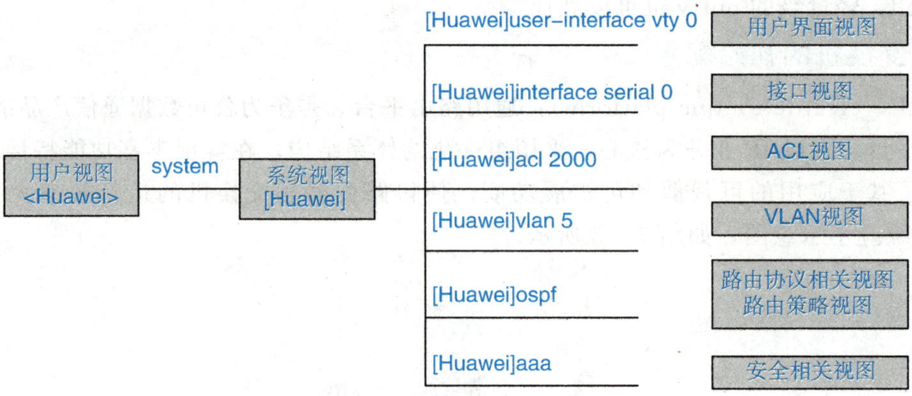

(b)

图 2-1-4　VRP 命令行视图

4. 常用命令及快捷键

?	显示帮助信息
system-view	从用户视图进入系统视图
quit	从系统视图返回用户视图
return	从任意的非用户视图返回用户视图
interface serial 0/0/0	从系统视图进入接口视图
display interface brief	查看接口摘要信息
display this	查看当前视图的运行配置
display version	显示系统版本信息
sysname	配置设备名称
Ctrl+A	将光标移动到当前命令行最前端
Ctrl+C	停止当前命令行的运行
Ctrl+Z	返回到用户视图
Ctrl+]	终止当前连接或切换连接
Backspace	删除当前光标左边的第一个字符
→	光标右移一位
←	光标左移一位
↓	调用下一条历史命令
↑	调用上一条历史命令
TAB	输入一条不完整的命令并按 TAB 键，就可以补全该命令

5. CLI 命令行

VRP 命令行配置步骤，如图 2-1-5 所示。

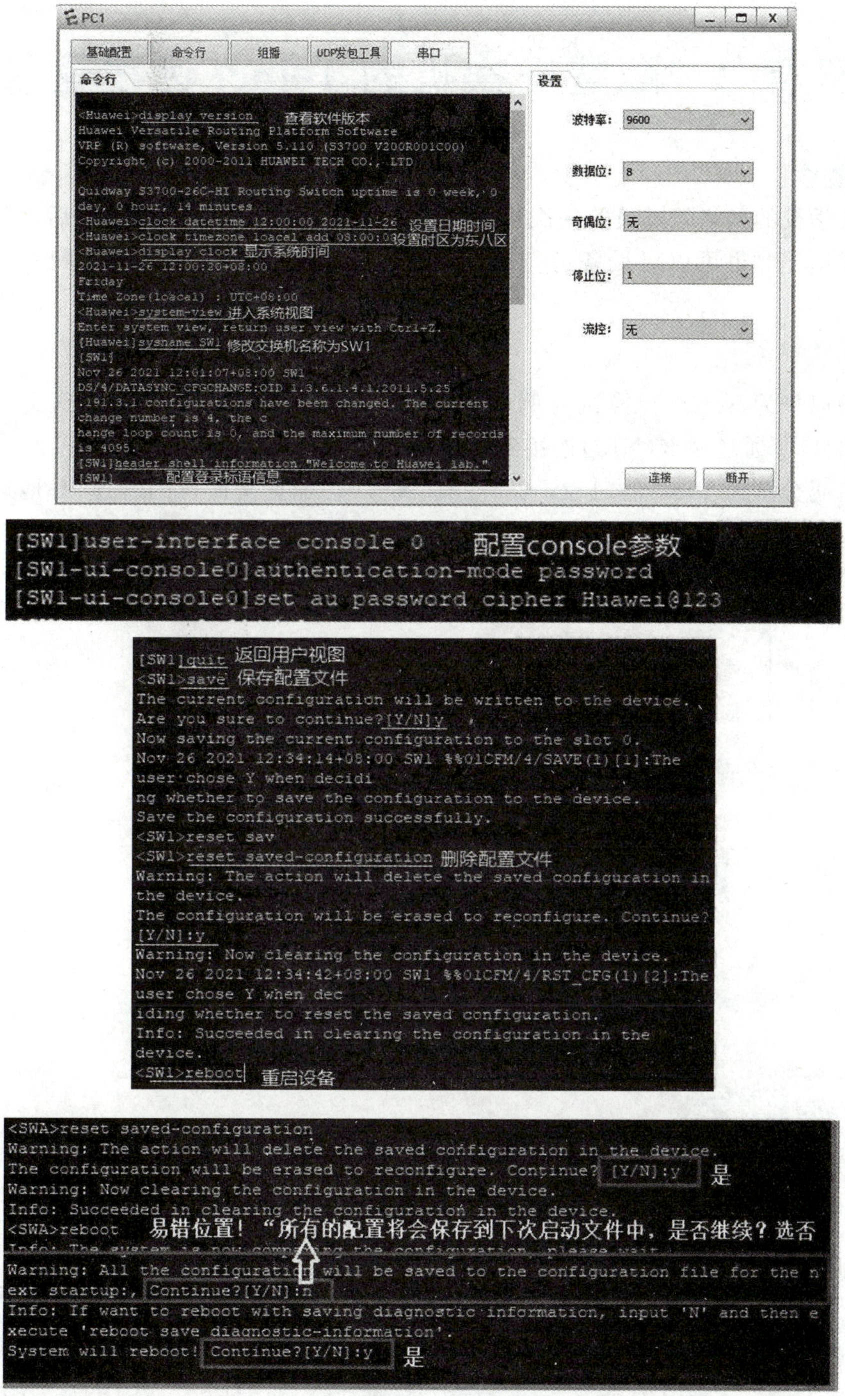
PC1
基础配置
命令行
组播
UDP发包工具
串口
命令行
<Huawei>display version 查看软件版本
Huawei Versatile Routing Platform Software
VRP (R) software, Version 5.110 (S3700 V200R001C00)
Copyright (c) 2000-2011 HUAWEI TECH CO., LTD
Quidway S3700-26C-HI Routing Switch uptime is 0 week, 0 day, 0 hour, 14 minutes
<Huawei>clock datetime 12:00:00 2021-11-26 设置日期时间
<Huawei>clock timezone loacal add 08:00:0 设置时区为东八区
<Huawei>display clock 显示系统时间
2021-11-26 12:00:20+08:00
Friday
Time Zone(loacal) : UTC+08:00
<Huawei>system-view 进入系统视图
Enter system view, return user view with Ctrl+Z.
[Huawei]sysname SW1 修改交换机名称为SW1
[SW1]
Nov 26 2021 12:01:07+08:00 SW1
DS/4/DATASYNC_CFGCHANGE:OID 1.3.6.1.4.1.2011.5.25.191.3.1 configurations have been changed. The current change number is 4, the change loop count is 0, and the maximum number of records is 4095.
[SW1]header shell information "Welcome to Huawei lab."
[SW1] 配置登录标语信息
设置
波特率：9600
数据位：8
奇偶位：无
停止位：1
流控：无
连接
断开
[SW1]user-interface console 0 配置console参数
[SW1-ui-console0]authentication-mode password
[SW1-ui-console0]set au password cipher Huawei@123
[SW1]quit 返回用户视图
<SW1>save 保存配置文件
The current configuration will be written to the device.
Are you sure to continue?[Y/N]y
Now saving the current configuration to the slot 0.
Nov 26 2021 12:34:14+08:00 SW1 %%01CFM/4/SAVE(l)[1]:The user chose Y when decidi
ng whether to save the configuration to the device.
Save the configuration successfully.
<SW1>reset sav
<SW1>reset saved-configuration 删除配置文件
Warning: The action will delete the saved configuration in the device.
The configuration will be erased to reconfigure. Continue?[Y/N]:y
Warning: Now clearing the configuration in the device.
Nov 26 2021 12:34:42+08:00 SW1 %%01CFM/4/RST_CFG(l)[2]:The user chose Y when dec
iding whether to reset the saved configuration.
Info: Succeeded in clearing the configuration in the device.
<SW1>reboot 重启设备
<SWA>reset saved-configuration
Warning: The action will delete the saved configuration in the device.
The configuration will be erased to reconfigure. Continue? [Y/N]:y 是
Warning: Now clearing the configuration in the device.
Info: Succeeded in clearing the configuration in the device.
<SWA>reboot 易错位置！“所有的配置将会保存到下次启动文件中，是否继续？选否
Warning: All the configuration will be saved to the configuration file for the next startup:, Continue?[Y/N]:n
Info: If want to reboot with saving diagnostic information, input 'N' and then execute 'reboot save diagnostic-information'.
System will reboot! Continue?[Y/N]:y 是

图 2-1-5　VRP 命令行配置步骤

默认情况下，通过 Console 口登录无密码，任何人都可以直接连接到设备，进行配置。为避免由此带来的风险，可以将 Console 接口登录方式配置为密码认证方式，密码为密文形式的“Huawei@123”。

空闲时间指的是经过没有任何操作的一定时间后，会自动退出该配置界面，再次登录会根据系统要求，提示输入密码进行验证。设置空闲时间为 20 分钟，默认为 10 分钟。

任务 2　配置交换机的 Telnet 远程登录

任务描述

假设某学校的网络管理员第一次在设备机房对交换机进行了初次配置后，他希望以后在办公室或出差时也可以对设备进行远程管理，现要在交换机上做适当配置，实现这一愿望。

任务分析

本实验以华为 S3700 交换机为例，一台 PC 机通过串口(Com)连接到交换机的控制(Console)端口，通过网卡(NIC)连接到交换机的 Ethernet0/0/1 端口。假设 PC 机的 IP 地址和子网掩码分别为 192.168.1.2，255.255.255.0，配置交换机的管理 IP 地址和子网掩码分别为 192.168.1.1，255.255.255.0。由于 eNSP 模拟器中的 PC 机不支持 Telnet 命令，因此使用交换机代替 PC 机。Telnet 配置如图 2-1-11 所示。

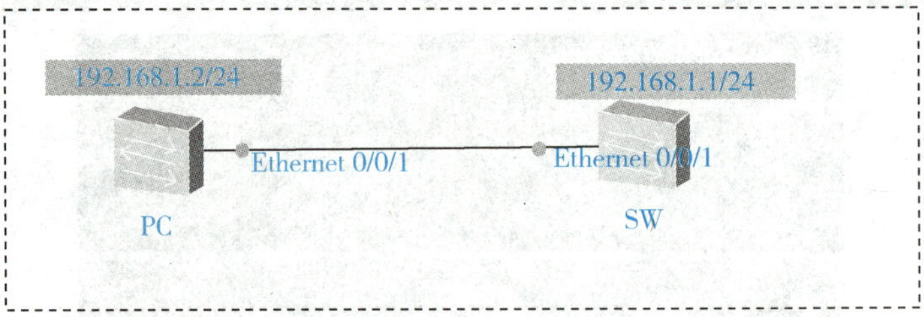

图 2-1-11　Telnet 配置

知识链接

配置以太网交换机的方法

1. Console 配置方式

在设备初始化或者没有进行其他方式的配置管理准备时，都只能利用配置线连接到 Console 口进行本地管理，属带外管理。

2. Telnet 配置方式

Telnet 配置是网络管理员使用最广泛的一种设备访问控制方式，属带内管理。

3. stelnet 配置方式

SSH 是 Secure Shell(安全外壳)的简称，标准协议接口号 22。SSH 是一个网络安全协议，通过对网络数据进行加密，在一个不安全的网络环境中，提供了安全的远程登录和其他安全网络服务，解决了远程 Telnet 的安全性问题。SSH 通过 TCP 进行数据交互，它在 TCP 之上构建了一个安全的通道。另外，除了支持标准接口 22，SSH 还支持其他服务接口，以提高安全性。

SSH 支持 Password 认证和 RSA 认证，对数据进行 DES、3DES、AES 等加密，有效防止对密码进行窃听，不仅保护了数据的完整性和可靠性，还保证了数据的安全传输。特别是对于 RSA 认证的支持，对称加密和非对称加密的混合应用，密钥的安全交换，SSH 最终实现了安全的会话过程。由于数据加密传输，认证机制更加安全，SSH 的使用已经越来越使用，成为当前最重要的网络协议之一。

Telnet 提供了一个交互式操作界面，允许终端远程登录到任何可以充当 Telnet 服务器的设备。Telnet 用户可以像通过 Console 口本地登录一样对设备进行操作。远端 Telnet 服务器和终端之间无需直连，只需保证两者之间可以互相通信即可。通过使用 Telnet，用户可以方便的实现对设备进行远程管理和维护。

Telnet 以客户端/服务器模式运行。Telnet 基于 TCP 协议，端口号默认是 23，服务器通过改端口与客户端建立 Telnet 连接。Telnet 运行模式，如图 2-1-9 所示。

注意，在配置 Telnet 登录用户界面时，必须配置认证方式，否则用户无法成功登录设备。网络设备作为 Telnet 服务器，通常使用密码认证机制来认证连接到 VTY 接口的用户。Telnet 认证模式，如图 2-1-10 所示。

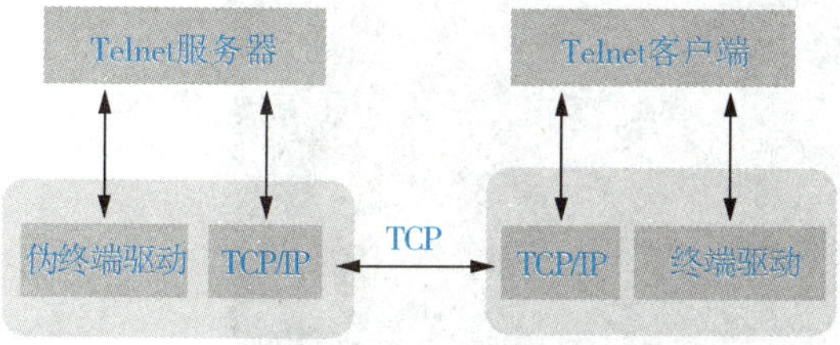

图 2-1-9 Telnet 运行模式

认证模式	描述
AAA	AAA认证
Password	登录时只通过密码实现认证

图 2-1-10 Telnet 认证模式

(1)AAA 认证：需要输入用户名和密码，只有输入正确的用户名及其对应的密码，才能登录设备。由于需要同时认证用户名和密码，因此安全性比 Password 认证方式高，并且该方式可以区分不同的用户，使用户之间互不干扰。所以，使用 telnet 登录时，一般采用 AAA 认证方式。

(2)Password 认证：只需要输入密码，在密码认证后即可登录设备。在默认情况下，设备使用的是 Password 认证方式。使用该方式时，如果没有设置密码，则无法登录设备。Password 认证有 simple 方式和 cipher 方式，前者明文设置密码，后者密文设置密码。

(3)命令级别：系统命令采用分级保护模式，命令的等级从低到高划分为参观级、监控级、配置级和管理级。

① 0 为参观级，主要包括网络诊断工具命令(ping、tracert)、从本设备出发访问外部设备命令(Telnet 客户端)、部分 display 命令等。

② 1 为监控级，主要用于系统维护、业务故障诊断等，主要包括部分 display 命令和 debugging 命令等。

③ 2 为配置级，主要用于业务配置，包括路由、各个网络层次的命令，可向用户提供直接网络服务。

④ 3～15 为管理级，该级别涉及系统基本运行、系统支撑模块的命令，这些命令对业务提供支撑作用，包括文件系统命令、FTP 命令、TFTP 命令、Xmodem 下载命令、配置文件切换命令、背板控制命令、用户管理命令、命令级别设置命令、系统内部参数设置命令等。

操作步骤

1. 设置 PC 端命令。

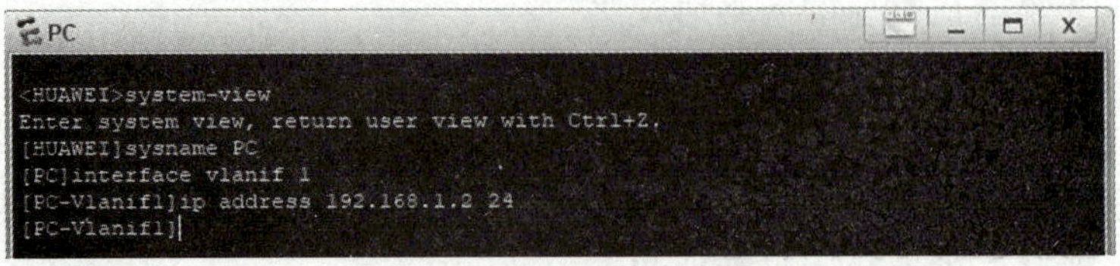
PC
<HUAWEI>system-view
Enter system view, return user view with Ctrl+Z.
[HUAWEI]sysname PC
[PC]interface vlanif 1
[PC-Vlanif1]ip address 192.168.1.2 24
[PC-Vlanif1]

2. 配置交换机端命令(Password 模式和 AAA 模式二选一)。

Password 模式

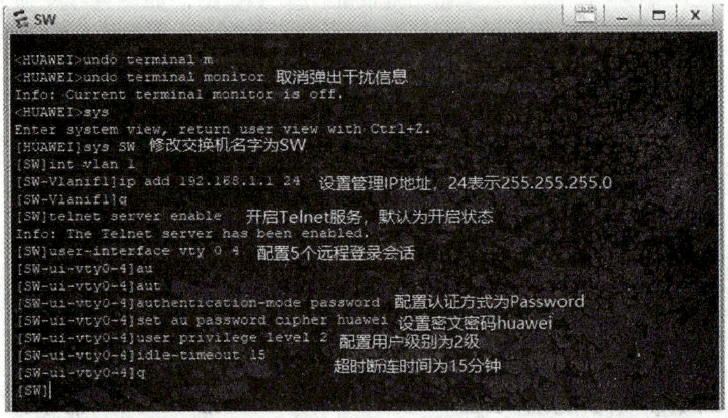
SW
<HUAWEI>undo terminal m
<HUAWEI>undo terminal monitor
取消弹出干扰信息
Info: Current terminal monitor is off.
<HUAWEI>sys
Enter system view, return user view with Ctrl+Z.
[HUAWEI]sys SW
修改交换机名字为SW
[SW]int vlan 1
[SW-Vlanif1]ip add 192.168.1.1 24
设置管理IP地址，24表示255.255.255.0
[SW-Vlanif1]q
[SW]telnet server enable
开启Telnet服务，默认为开启状态
Info: The Telnet server has been enabled.
[SW]user-interface vty 0 4
配置5个远程登录会话
[SW-ui-vty0-4]au
[SW-ui-vty0-4]aut
[SW-ui-vty0-4]authentication-mode password
配置认证方式为Password
[SW-ui-vty0-4]set au password cipher huawei
设置密文密码huawei
[SW-ui-vty0-4]user privilege level 2
配置用户级别为2级
[SW-ui-vty0-4]idle-timeout 15
超时断连时间为15分钟
[SW-ui-vty0-4]q
[SW]

AAA 模式

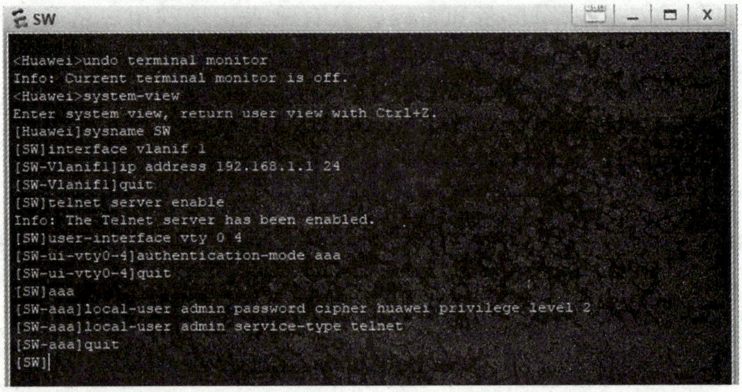
SW
<Huawei>undo terminal monitor
Info: Current terminal monitor is off.
<Huawei>system-view
Enter system view, return user view with Ctrl+Z.
[Huawei]sysname SW
[SW]interface vlanif 1
[SW-Vlanif1]ip address 192.168.1.1 24
[SW-Vlanif1]quit
[SW]telnet server enable
Info: The Telnet server has been enabled.
[SW]user-interface vty 0 4
[SW-ui-vty0-4]authentication-mode aaa
[SW-ui-vty0-4]quit
[SW]aaa
[SW-aaa]local-user admin password cipher huawei privilege level 2
[SW-aaa]local-user admin service-type telnet
[SW-aaa]quit
[SW]

3. PC 端测试。

Password 模式测试验证

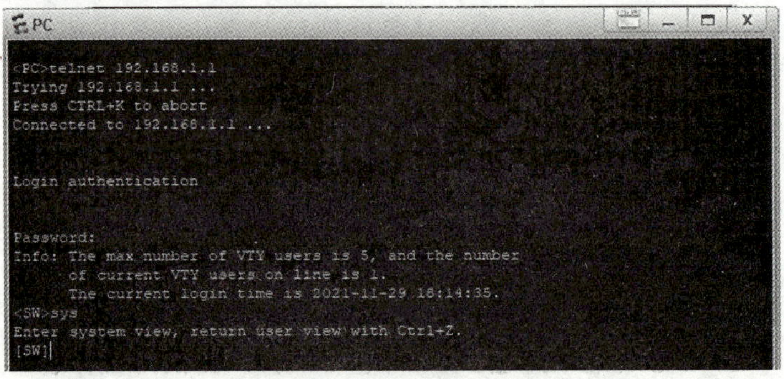
PC
<PC>telnet 192.168.1.1
Trying 192.168.1.1 ...
Press CTRL+K to abort
Connected to 192.168.1.1 ...
Login authentication
Password:
Info: The max number of VTY users is 5, and the number
of current VTY users on line is 1.
The current login time is 2021-11-29 18:14:35.
<SW>sys
Enter system view, return user view with Ctrl+Z.
[SW]

AAA 模式测试验证

```
<PC>telnet 192.168.1.1
Trying 192.168.1.1 ...
Press CTRL+K to abort
Connected to 192.168.1.1 ...


Login authentication


Username:admin
Password:
Info: The max number of VTY users is 5, and the number
      of current VTY users on line is 1.
      The current login time is 2022-02-11 15:17:38.
<SW>
```

任务 3　配置交换机的 STelnet 远程登录

任务描述

为了保证园区网络的安全性连接，系统管理员希望既能远程管理交换机，又可以保证网络安全，使用 SSH 登录，请进行相关配置。

任务分析

SSH 配置方法如图 2-1-12 所示。

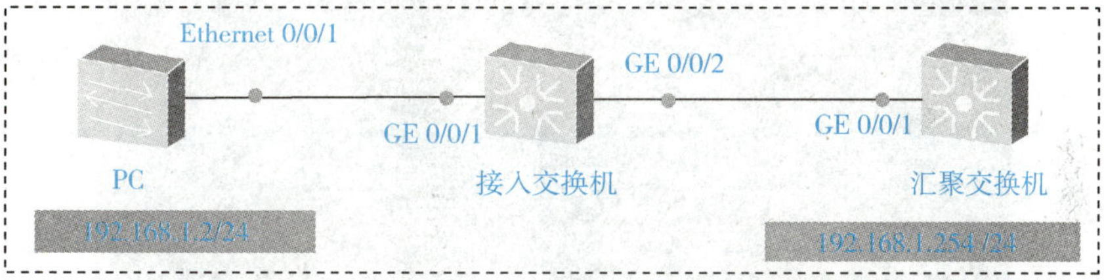

图 2-1-12　SSH 配置方法

操作步骤

1. 设置 PC 端命令。

```
<Huawei>u t m
Info: Current terminal monitor is off.
<Huawei>sys
Enter system view, return user view with Ctrl+Z.
[Huawei]sys PC
[PC]int vlan 1
[PC-Vlanif1]ip add 192.168.1.2 24
```

2. 汇聚交换机基本配置。

```
<Huawei>u t m
Info: Current terminal monitor is off.
<Huawei>sys
Enter system view, return user view with Ctrl+Z.
[Huawei]sys HJ-SW
[HJ-SW]int vlan 1
[HJ-SW-Vlanif1]ip add 192.168.1.254 24
[HJ-SW-Vlanif1]quit
[HJ-SW]stelnet server enable
Info: Succeeded in starting the Stelnet server.
```

3. 生成 RSA 密钥对。

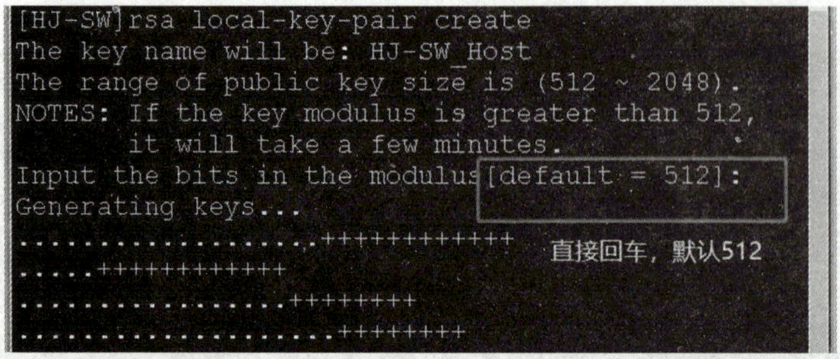

```
[HJ-SW]rsa local-key-pair create
The key name will be: HJ-SW_Host
The range of public key size is (512 ~ 2048).
NOTES: If the key modulus is greater than 512,
       it will take a few minutes.
Input the bits in the modulus[default = 512]:
Generating keys...
.....................++++++++++++
.....++++++++++++
..................++++++++
.....................++++++++
```


4. 配置汇聚交换机端命令(设置本地登录密码 huawei@123，远程登录采用 AAA 模式)。

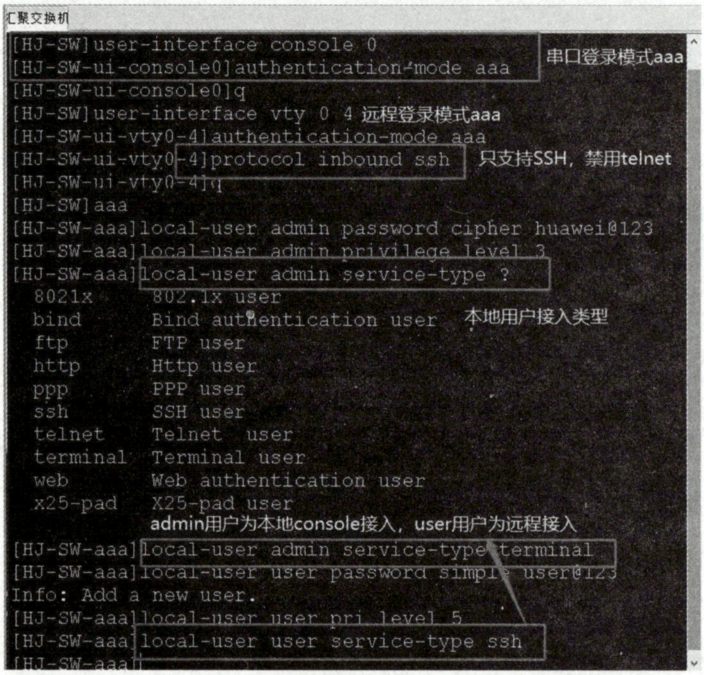

```
汇聚交换机
[HJ-SW]user-interface console 0
[HJ-SW-ui-console0]authentication-mode aaa
[HJ-SW-ui-console0]q
[HJ-SW]user-interface vty 0 4
[HJ-SW-ui-vty0-4]authentication-mode aaa
[HJ-SW-ui-vty0-4]protocol inbound ssh
[HJ-SW-ui-vty0-4]q
[HJ-SW]aaa
[HJ-SW-aaa]local-user admin password cipher huawei@123
[HJ-SW-aaa]local-user admin privilege level 3
[HJ-SW-aaa]local-user admin service-type ?
  8021x      802.1x user
  bind       Bind authentication user
  ftp        FTP user
  http       Http user
  ppp        PPP user
  ssh        SSH user
  telnet     Telnet user
  terminal   Terminal user
  web        Web authentication user
  x25-pad    X25-pad user
[HJ-SW-aaa]local-user admin service-type terminal
[HJ-SW-aaa]local-user user password simple user@123
Info: Add a new user.
[HJ-SW-aaa]local-user user pri level 5
[HJ-SW-aaa]local-user user service-type ssh
[HJ-SW-aaa]
```


5. PC 端测试。

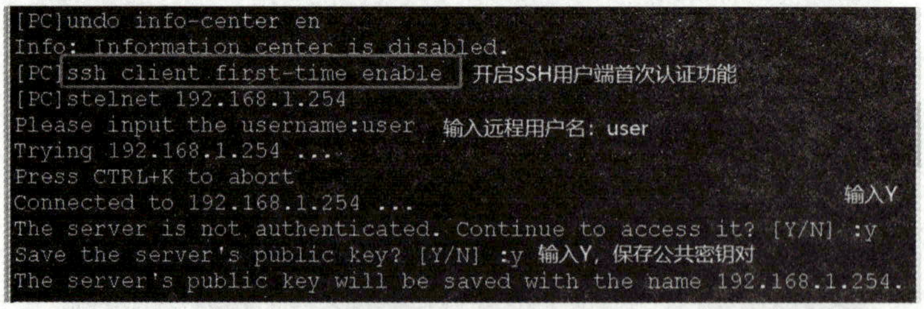

```
[PC]undo info-center en
Info: Information center is disabled.
[PC]ssh client first-time enable
[PC]stelnet 192.168.1.254
Please input the username:user
Trying 192.168.1.254 ...
Press CTRL+K to abort
Connected to 192.168.1.254 ...
The server is not authenticated. Continue to access it? [Y/N] :y
Save the server's public key? [Y/N] :y
The server's public key will be saved with the name 192.168.1.254.
```


6. 输入用户名 user 后，还未输入密码，远程连接断开，原因为对端交换机未设置远程登录密码方式认证。

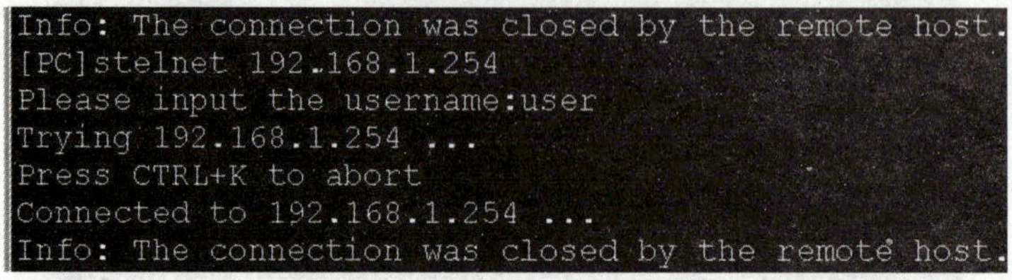

```
Info: The connection was closed by the remote host.
[PC]stelnet 192.168.1.254
Please input the username:user
Trying 192.168.1.254 ...
Press CTRL+K to abort
Connected to 192.168.1.254 ...
Info: The connection was closed by the remote host.
```

```
[HJ-SW]ssh authentication-type default password
```

```
[PC]stelnet 192.168.1.254
Please input the username:user
Trying 192.168.1.254 ...
Press CTRL+K to abort
Connected to 192.168.1.254 ...
Enter password:
Enter password:
Info: The max number of VTY users is 5, and the numbe
      of current VTY users on line is 1.
      The current login time is 2023-02-09 17:40:10.
<HJ-SW>
```

7. 验证本地 console 用户登录。

```
[HJ-SW]

Login authentication


Username:admin
Password:
Error: Local authentication is rejected

Username:
Username:admin
Password:
<HJ-SW>
```

例题解析

例 1　以下属于带外管理方式的是(　　)。

A. console　　B. telnet　　C. stelnet　　D. http

解析：交换机的管理方式分为带外管理和带内管理，采用 console 控制口，不需要额外占用网络传输接口，属于带外管理，其他方式采用网络登录的方式，占用网络带宽，属于带内管理。故选 A。

例 2　交换机采用分层网络设计，可以分为核心层，汇聚层和接入层，以下不属于汇聚层特点的是(　　)。

A. 建立独立的冲突域

B. 部门或工作组级别的访问

C. 虚拟局域网(VLAN)之间的路由

D. 实施安全策略，过滤源地址和目的地址信息

解析：核心层具有以下特点：提供高可靠性、提供冗余链路、模块化的设计，接口类型广泛、提供故障隔离、交换设备功能最强大。

汇聚层有以下特点：实施策略、安全、工作组接入、虚拟局域网(VLAN)之间的路由、源地址或目的地址过滤等多种功能，它是实现策略的地方。

接入层具有以下特点：对汇聚层的访问控制和策略进行支持、建立独立的冲突域、建立工作组与汇聚层的连接。故选 A。

巩固练习

一、选择题

1. 以下不属于交换机的视图模式(　　)。

A. 用户视图　　B. 系统视图　　C. 接口视图　　D. 网络视图

2. 由用户视图进入系统视图的命令是(　　)。

A. system-view　　B. interface Gi 0/0/1

C. return　　D. display

3. 华为命令中由系统视图进入 GE 0/0/1 接口视图的命令是(　　)。

A. interface Ge 0/0/1　　B. interface Gi 0/0/1

C. interface ETH 0/0/1　　D. interface FastEthernet 0/0/1

4. 华为命令中由系统视图进入用户接口视图的命令是(　　)。

A. end　　B. return

C. quit　　D. user-interface console 0

5. 华为命令中由系统视图进入用户视图的命令是(　　)。

A. end　　B. exit

C. quit　　D. user-interface console 0

6. 华为命令中由接口视图进入用户接口视图的命令是(　　)。

A. end　　B. return

C. quit　　D. user-interface console 0

7. 创建 VLAN，需要在哪个视图下进行(　　)。

A. 用户视图　　B. 系统视图　　C. 接口视图　　D. 协议视图

8. 配置交换机某个或某几个接口的速率、双工模式，需要在哪个视图下进行(　　)。

A. 用户视图　　B. 系统视图　　C. 接口视图　　D. 协议视图

9. 以下哪个视图可以查看交换机的软硬件版本信息，对配置文件进行管理(　　)。

A. 用户视图　　B. 系统视图　　C. 接口视图　　D. 协议视图

10. 以下(　　)可以查看接口摘要信息。

A. display interface brief　　B. display this

C. display version　　D. display vlan

11. 以下(　　)可以在华为设备上配置设备名称。

A. system-view　　B. sysname　　C. hostname　　D. description

12. 输入一条不完整的命令，以下(　　)键可以补全该命令。

A. TAB　　B. backspace　　C. insert　　D. ↑

13. 设置时区、日期和时间需要在(　　)下进行。

A. 用户视图　　B. 系统视图

C. 接口视图　　D. 协议视图

14. 交换机在网络中的应用分为三个层次，以下(　　)不属于分层网络设计名称。

A. 核心层　　B. 汇聚层　　C. 接入层　　D. 应用层

15. 密文加密是(　　)。

A. secret　　B. cipher　　C. simple　　D. rsa

16. 采用用户名＋密码的方式登录设备，应采用的的认证模式为(　　)。

A. password　　B. user　　C. aaa　　D. telnet

17. 系统命令采用分级保护模式、命令的级别从低到高分为参观级、监控级、配置级和管理级，以下(　　)为管理级。

A. 0　　B. 1　　C. 2　　D. 3

二、简答题(写出以下命令的作用)

1. interface Ethernet 0/0/1
2. interface vlan 20
3. undo vlan 3
4. save
5. display current-configuration
6. display vlan
7. sysname SWA

技能练习

小张是飞腾公司新来的网络管理员，现公司需要进行网络升级改造，从市场上买来 4 台华为 S5735 交换机，请为交换机配置远程管理，要求交换机 1 采用 SSH 模式 AAA 验证，用户名 huawei，密码 test@123。交换机 2 采用 telnet 模式 AAA 验证，密文加密：用户名 admin，密码 huawei@123。交换机 3 采用密码验证登录，明文加密，密码 admin@123，交换机 4 不开启远程，采用 console 本地用户密码认证登录，密文加密，用户名 huawei，密码 huawei@123。

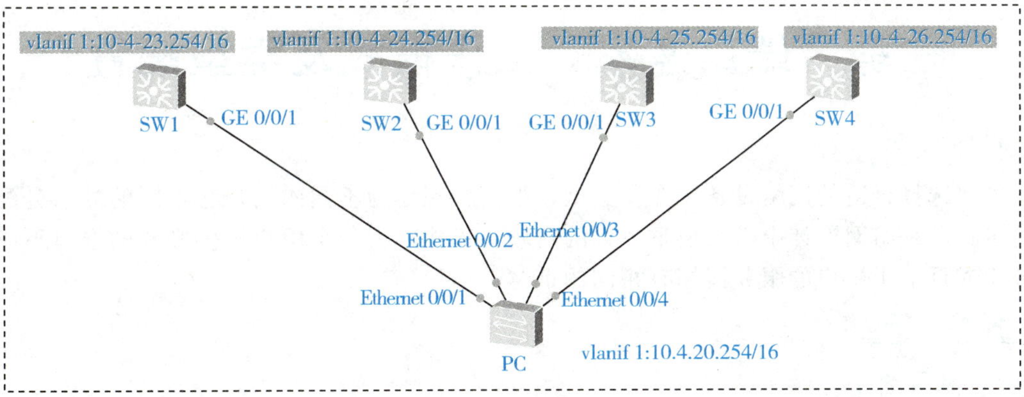

交换机 1 管理 IP：10.4.23.254/16，命名 SW1

交换机 2 管理 IP：10.4.24.254/16，命名 SW2

交换机 3 管理 IP：10.4.25.254/16，命名 SW3

交换机 4 管理 IP：10.4.26.254/16，命名 SW4

项目 2

端口技术

学习目标

1. 基本知识

掌握端口技术的设置。

2. 操作技能目标

能够设置交换机端口的速率和双工模式。

知识点精讲

任务　端口速率、工作模式及类型配置

任务描述

如何选择合适的网络设备及介质类型，如何合理地为不同的用户、不同的需求分配不同的带宽，是组网设计中必须慎重考虑的问题。显然，为一个用户提供服务的端口不应和服务于成百上千用户的服务器拥有相同的带宽。

任务分析

1. 端口速率

快速以太网接口支持 10 Mbps、100 Mbps 两种速率；千兆以太网支持 10 Mbps、100 Mbps 和 1 000 Mbps 三种速率，可以先关闭自动协商，改为手动模式，然后修改端口速率。配置交换机的接口速率，如图 2-2-1 所示。

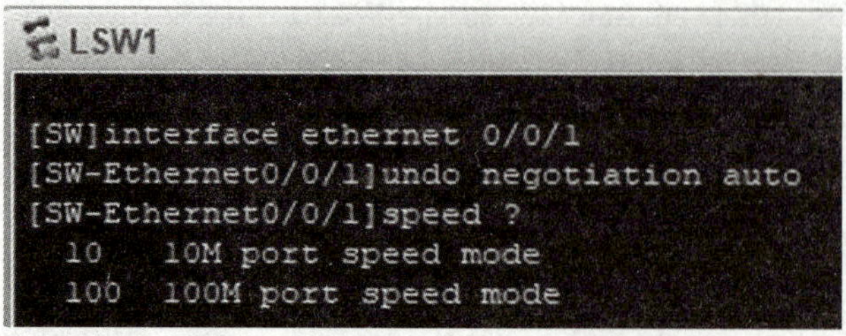

```
LSW1
[SW]interface ethernet 0/0/1
[SW-Ethernet0/0/1]undo negotiation auto
[SW-Ethernet0/0/1]speed ?
  10    10M port speed mode
  100   100M port speed mode
```

图 2-2-1　配置交换机的接口速率

如果在一个 10/100 Mbps 的快速以太网端口速率设置为 auto，那么端口的速率和双工模式都会是自动协商的。

2. 端口工作模式

以太网交换机端口工作模式有两种：半双工和全双工。配置交换机的工作模式，如图 2-2-2 所示。

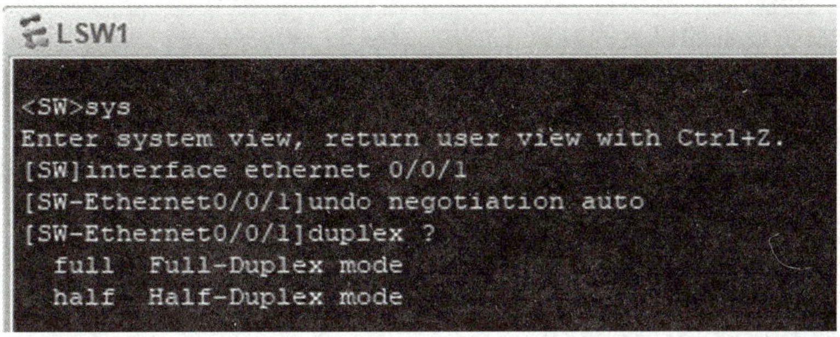
LSW1
<SW>sys
Enter system view, return user view with Ctrl+Z.
[SW]interface ethernet 0/0/1
[SW-Ethernet0/0/1]undo negotiation auto
[SW-Ethernet0/0/1]duplex ?
full Full-Duplex mode
half Half-Duplex mode

图 2-2-2 配置交换机的工作模式

3. 端口类型

以太网交换机属于 MDIX 设备，输出的以太网口属于 MDIX 接口，连接 MDI 类设备(如计算机、路由器)时，需要使用直通线，如果采用交叉线是无法通信的。当前大部分交换机的以太网口具备智能 MDI/MDIX 识别技术，可以自动识别连接网线的类型，用户使用直通线或交叉线均可正常连接设备，极大地方便了用户的使用。

4. 端口聚合

端口聚合(也称链路聚合)是交换机上支持的一种技术，它把两个交换机之间两条以上同时连接的物理链路虚拟成一条逻辑链路来传输信息。

巩固练习

一、选择题

1. Ethernet 0/0/1 接口手动设置为 100 Mbps 的传输速率，进入该接口后首先需要输入(　　)命令来解除自动协商。

A. negotiation auto　　B. undo negotiation auto

C. negotiation 100　　D. speed 100

2. Ethernet 0/0/1 接口手动设置为全双工模式，进入该接口后首先需要输入(　　)命令来解除自动协商。

A. negotiation auto　　B. undo negotiation auto

C. duplex auto　　D. undo duplex auto

3. 两台 PC 机之间只通过一根网线直接连接，实现数据的共享，应使用(　　)。

A. 直通线　　B. 交叉线

C. 反转线　　D. 级联线

4. 华为交换机设备的千兆网口的标识为(　　)。

A. GigabitEthernet　　B. Ethernet

C. FastEthernet　　D. Eth-trunk

5. 华为交换机设备的百兆网口的标识为(　　)。

A. GigabitEthernet　　B. Ethernet

C. FastEthernet　　D. Eth-trunk

6. 华为交换机设备的以太网口属于(　　)接口。

A. MDIX　　B. MDI　　C. MDI-X　　D. MDI-I

7. 普通计算机的以太网口属于(　　)接口。

A. MDIX　　B. MDI　　C. MDI-X　　D. MDI-I

8. 路由器的以太网口属于(　　)接口。

A. MDIX　　B. MDI　　C. MDI-X　　D. MDI-I

二、简答题

1. 简述交换机的两种双工模式。

2. 简述快速以太网接口的传输速率。

技能练习

小张是飞腾公司新来的网络管理员，现公司为了实现工作效率，不允许销售部员工上班时间在公司浏览视频网站，需要对该部门下交换机做速率限制，请做相关配置。

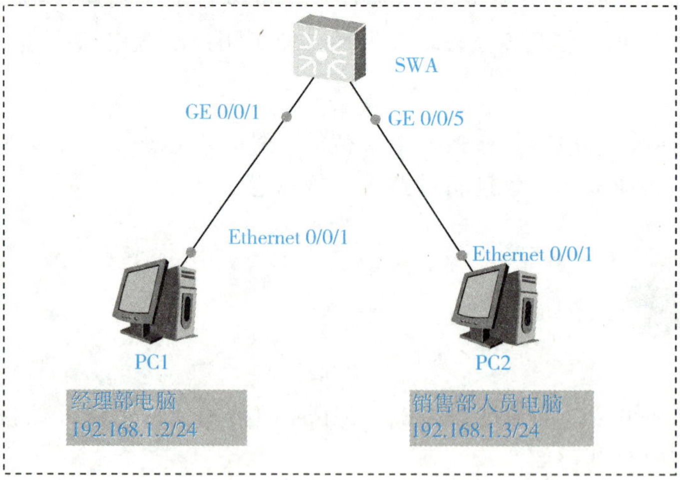

项目 3

VLAN 技术

学习目标

1. 基本知识

(1)掌握交换机的 VLAN 配置。

(2)掌握同一交换机上的 VLAN 内通信。

(3)掌握多个交换机上的 VLAN 内通信。

2. 操作技能目标

(1)能够配置交换机的 VLAN。

(2)能够实现同一交换机上的 VLAN 内通信。

(3)能够实现多个交换机上的 VLAN 内通信。

知识点精讲

任务 1　同一交换机上的 VLAN 内通信

任务描述

菏泽工程技师学院现有计算机实训室 23 间，统一连接在 1 号实训楼的汇聚交换机上，计算机教师实训课时，需要用到教师电脑向本实训室学生电脑广播电脑画面。要求实训室之间互不干扰，请对汇聚交换机做相应配置。

任务分析

同一交换机上的 VLAN 内通信网络拓扑图，如图 2-3-1 所示。

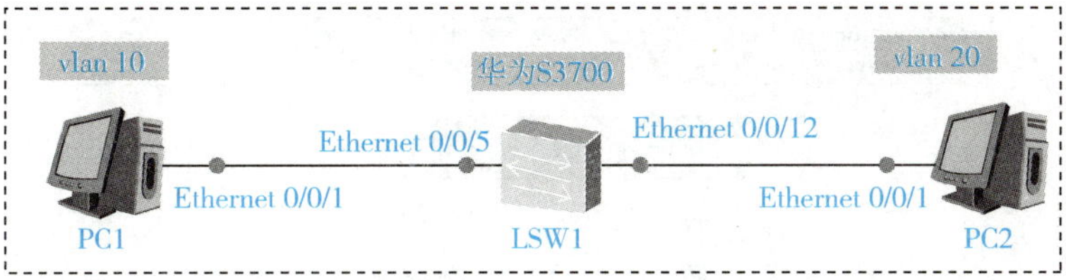

图 2-3-1　同一交换机上的 VLAN 内通信网络拓扑图

知识链接

1. VLAN 产生的原因

在早期的共享式网络中，所有主机同在一个冲突域中，会导致数据传输时广播和冲突泛滥，后期采用交换机替换集线器，冲突减少，但是广播域中的广播流量仍然无法控制，当局域网中的设备较多时，就会引起网络故障。

在典型交换网络中，当某台主机发送一个广播帧或未知单播帧时，该数据帧就会被泛洪，甚至传播到整个广播域。所以广播域越大，广播包的影响越大、网络中没用的垃圾流量也越多。为限制广播域的范围，减小局域网中广播流量的影响，网络管理人员需对在没有二层互访需求的主机之间进行隔离。路由器是基于三层 IP 地址信息来选择路由和转发数据的，虽然可以有效抑制广播流量的转发，但部署成本较高，网络 IP 子网管理复杂。因此，人们设想在物理局域网上构建多个逻辑局域网，即 VLAN。

VLAN 技术可以将一个物理局域网在逻辑上划分成多个广播域，达到缩小广播域、减小广播流量影响的目的。而且 VLAN 技术部署在数据链路层，可直接隔离二层流量。通常情况下一个 VLAN 中的主机是在同一 IP 网段的，但也可以在不同 IP 网段。此时这些不同 IP 网段中的主机是不能直接二层通信的，必须依据该 VLAN 的 VLANIF 接口(配置对应在不同 IP 网段的主、从 IP 地址)进行三层通信。

综上所述，VLAN 的主要优势如下：

(1)限制广播域

广播域被限制在一个 VLAN 内，VLAN 内设备发送的广播流量只能在本 VLAN 内传播，节省了宝贵的带宽资源，同时也提高了网络性能。

(2)可以灵活组建虚拟工作组

VLAN 中的用户可以位于网络中的不同物理位置，既可以连接在各接入层的交换机上，又可以连接在汇聚层甚至核心交换机上，网络构建更加方便。

(3)增强了网络的安全性

因为不同 VLAN 内的报文直接在二层隔离，所以虽然主机的 IP 地址在同一网段，但不同 VLAN 中的主机也是不能直接互访的，安全性生得到了增强。

2. VLAN 标准

VLAN 帧格式，如图 2-3-2 所示。

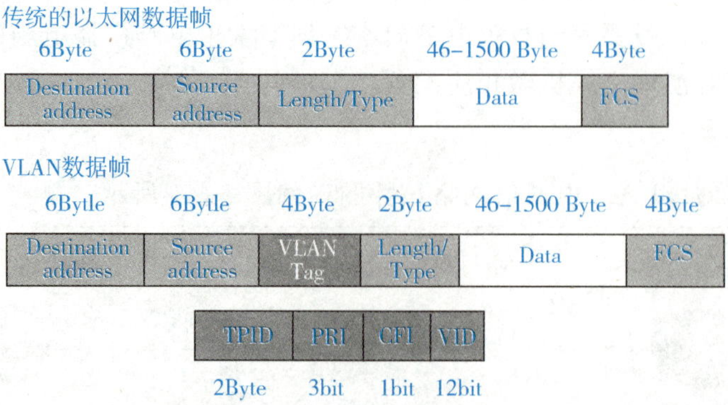

图 2-3-2 VLAN 帧格式

IEEE802.1Q 使用 4 字节的标签定义 TAG(标签)，它包括 2B 的标签协议标识(TPID)和 2B 的标签控制信息(TCI)。

TPID：Tag Protocol Identifier，2 字节，固定取值，0x8100，是 IEEE 定义的新类型，表明这是一个携带 802.1Q 标签的帧。如果不支持 802.1Q 的设备收到这样的帧，会将其丢弃。

TCI：Tag Control Information，2 字节。帧的控制信息，详细说明如下。

① Priority：3 比特，表示帧的优先级，取值范围为 0～7，值越大优先级越高。当交换机阻塞时，优先发送优先级高的数据帧。

② CFI：Canonical Format Indicator，1 比特。CFI 表示 MAC 地址是否是经典格式。CFI 为 0 说明是经典格式，CFI 为 1 表示为非经典格式。用于区分以太网帧、FDDI(fiber distributed digital interface)帧和令牌环网帧。在以太网中，CFI 的值为 0。

③ VLAN Identifier：VLANID，12 比特，在 X7 系列交换机中，可配置的 VLAN ID 取值范围为 0～4095，但是 0 和 4095 在协议中规定为保留的 VLANID，不能给用户使用。

3. VLAN 的类型

(1)基于端口的 VLAN：应用最广泛的方法，优点是定义 VLAN 成员简单，缺点是某 VLAN 用户更换了端口，就必须重新定义。

(2)基于 MAC 地址的 VLAN：根据每台主机的 MAC 地址划分，优点是当用户物理位置移动时，VLAN 不用重新配置，缺点是管理员前期任务量大。

(3)基于协议的 VLAN：根据二层数据帧中的协议字段进行 VLAN 划分。二层数据帧中的协议字段可以看出上层网络协议(IP 协议还是 IPX 协议)，如果一个物理网络中有 IP 协议、IPX 协议等多种协议运行时，可采用这种 VLAN 划分方法。

操作步骤

1. 配置计算机 PC1 和 PC2。

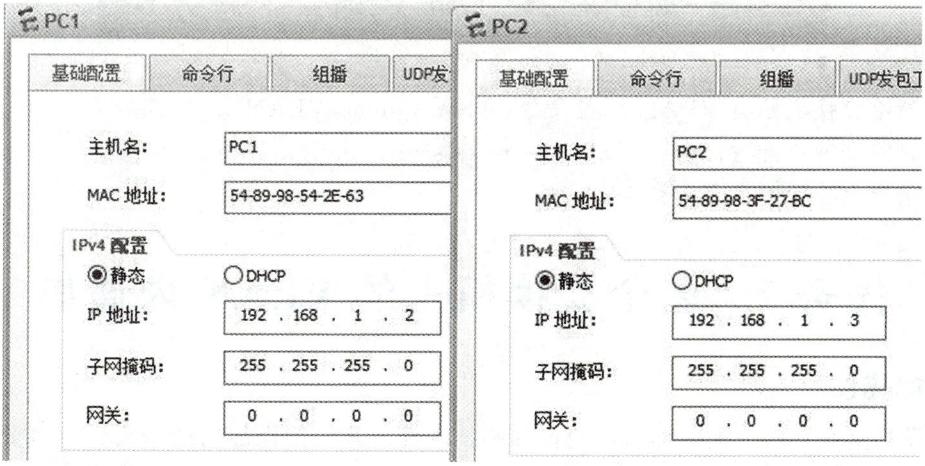

2. 创建 VLAN。

```
LSW1
The device is running!

<Huawei>
<Huawei>undo terminal monitor
Info: Current terminal monitor is off.
<Huawei>system-view
Enter system view, return user view with Ctrl+Z.
[Huawei]sysname SW
[SW]vlan batch 10 20
Info: This operation may take a few seconds. Please wait for a moment...done.
[SW]interface ethernet 0/0/5
[SW-Ethernet0/0/5]port link-type access
[SW-Ethernet0/0/5]port dafault vlan 10
                              ^
Error: Unrecognized command found at '^' position.
[SW-Ethernet0/0/5]port default vlan 10
[SW-Ethernet0/0/5]quit
[SW]interface ethernet 0/0/12
[SW-Ethernet0/0/12]port link-type access
[SW-Ethernet0/0/12]port default vlan 20
[SW-Ethernet0/0/12]quit
[SW]
```

3. 将接口分配到 VLAN。

```
LSW1
[SW]interface ethernet 0/0/5
[SW-Ethernet0/0/5]port link-type access
[SW-Ethernet0/0/5]port default vlan 10
[SW-Ethernet0/0/5]quit
[SW]interface ethernet 0/0/12
[SW-Ethernet0/0/12]port link-type access
[SW-Ethernet0/0/12]port default vlan 20
[SW-Ethernet0/0/12]quit
[SW]
```

4. 验证测试。

```
PC>ping 192.168.1.3

Pinging 192.168.1.3 with 32 bytes of data:

Request timed out.
Request timed out.
Request timed out.
Request timed out.

Ping statistics for 192.168.1.3:
    Packets: Sent = 4, Received = 0, Lost = 4 (100% loss),
```

【注意事项】

1. 清除交换机原有 VLAN 配置命令：[SWA]undo VLAN。
2. 删除交换机配置命令：<SWA> reset saved-configuration。
3. 重启交换机的命令：<SWA> reboot。

任务 2　多个交换机上的 VLAN 内通信

任务描述

假设某企业有两个主要部门：销售部和技术部，其中销售部门的个人计算机分散连接在两台交换机上，如图 2-3-3 所示，他们之间需要相互进行通信，但为了数据安全起见，销售部和技术部需要进行相互隔离。

任务分析

多个交换机上的 VLAN 内通信拓扑图，如图 2-3-3 所示。

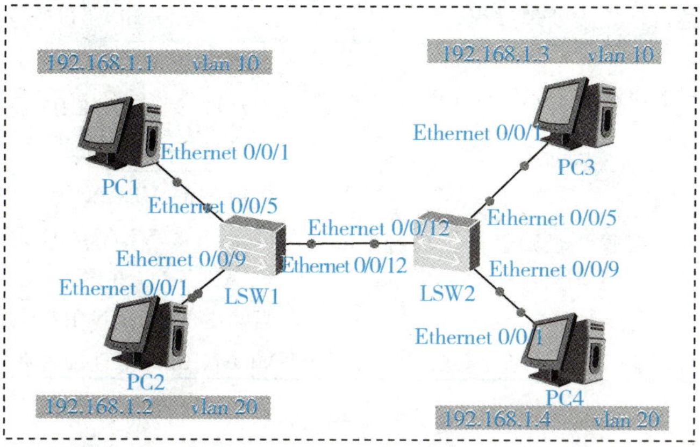

图 2-3-3　多个交换机上的 VLAN 内通信拓扑图

知识链接

华为设备中，依据二层以太网端口对 VLAN 帧收发处理的行为，交换端口可被分为 Access、Trunk 和 Hybrid 三种类型。这 3 种交换端口的类型中都涉及一个重要概念——PVID(Port VLAN ID，即端口 VLAN ID)。

交换机从对端设备收到的帧有可能是未打标签(untagged)的数据帧，但所有以太网帧在交换机中都是以 Tagged 的形式被处理和转发的，因此交换机必须给端口收到的未打标签数据帧打上标签。网络管理人员必须为交换机配置端口的默认 VLANID，以便在该端口收到未打标签数据帧时，交换机能给它加上该默认 VLAN ID 的 VLAN Tag。这个默认 VLAN ID 就是 PVID，即在默认情况下端口所属的 VLAN。

1. VLAN 的端口

(1)接入链路(access link)，Access 一般用于与不能识别 Tag 的用户终端(用户主机、服务器等)和网络设备(如傻瓜交换机、集线器等)相连，因为 Access 端口发送的数据帧总是不带 VLAN 标签的。另外，Access 端口只允许携带一个指定的 VLAN 的标签帧通过，即一个 Access 端口只能加入一个 VLAN，这个 VLAN ID 就是该 Access 端口的 PVID。Access 端口的 VLAN 帧收发处理行为如下。

<table>
<tr><th>Access 端口帧接收处理过程</th><th>Access 端口帧发送处理过程</th></tr>
<tr><td>收到不带 VLAN tag 的帧时，打上端口所在 VLAN 的 VLAN ID 标签</td><td rowspan="2">当帧中的 VLAN 标签与该端口所在的 VLAN ID 相同时，去掉帧中的标签后发送，否则丢弃。ACCESS 口发送的帧始终不带 VLAN 标签</td></tr>
<tr><td>收到带 VLAN tag 的帧时，先检查帧中的 VLAN ID 与端口所在 VLAN 的 VLAN ID 是否相同，相同则接收，否则丢弃</td></tr>
</table>

(2)干线链路(trunk link)，可以承载多个不同 VLAN 数据的链路，通常用于交换机间、路由器和交换机之间或者交换机与 AP 之间的连接。Trunk 端口可以允许多个 VLAN 中的帧带 tag 通过。Trunk 端口的 VLAN 帧收发处理行为如下。

Trunk 端口帧接收处理过程	Trunk 端口帧发送处理过程
收到不带 tag 的帧：打上该端口 PVID 对应的 vlan 标签	当帧中的 VLAN ID 与 PVID 相同，且该端口允许该 VLAN ID 通过，则去掉帧中的 VLAN TAG 并发送
收到带 tag 的帧：允许时接收，否则丢弃。只看 allow-pass 的 VLAN ID	当帧中的 VLAN ID 与 PVID 不同，但该端口允许该 VLAN ID 通过，则保留帧中的 VLAN TAG 并发送
	当帧中的 VLAN ID 不是该端口允许通过的 VLAN ID，则直接丢弃，不发送

说明：

① 在 Trunk 类型端口中，PVID 仅当收到不带标签的帧，或者发送携带有与 PVID 相同的 VLAN 标签的帧时起作用，其他情况下均不用考虑端口 PVID。② Trunk 端口在默认情况下仅允许 VLAN1 的帧通过。因为默认 PVID 为 VLAN 1，故发送 VLAN 1 中的帧时不带标签。

(3)混合链路(hybrid link)，华为、H3C 交换机的一种端口模式。与 Trunk 端口一样在设置允许指定的 VLAN 通过 Hybrid 端口之前，该 VLAN 必须已经存在。Hybrid 端口在发送数据时，具有解除多 VLAN 标签的功能，可以允许多个 VLAN 的报文发送时不打标签，从而增加了网络的灵活性，在一定程度上也增加了安全性，而 Trunk 端口只允许缺省 VLAN 的报文发送时不打标签。

Hybrid 端口和 Trunk 端口能直接切换。基于 MAC 地址、协议、IP 子网的 VLAN 只对 Hybrid 端口配置有效。

操作步骤

1. 配置计算机 PC1、PC2、PC3、PC4。

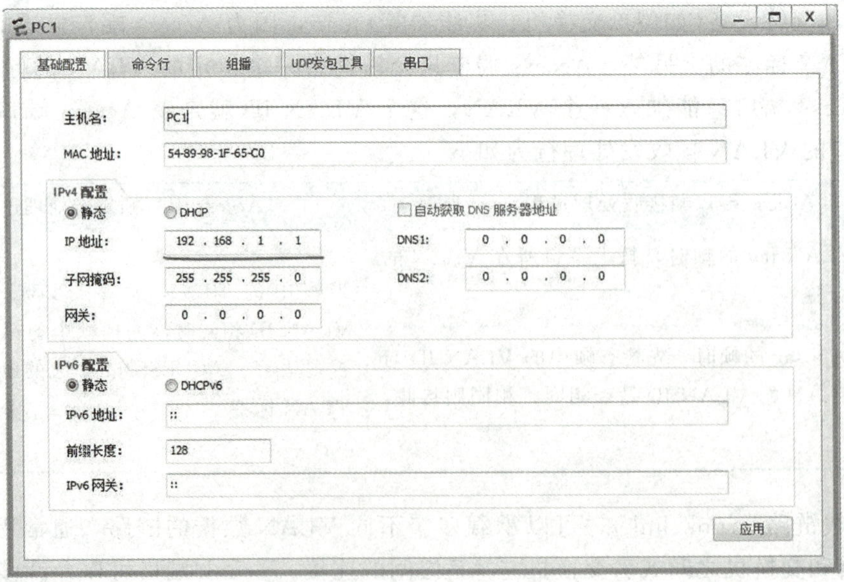

2. 创建 VLAN。
3. 将接口分配到 VLAN。

```
LSW1
<Huawei>undo terminal monitor
Info: Current terminal monitor is off.
<Huawei>sys
Enter system view, return user view with Ctrl+Z.
[Huawei]sysname SWA
[SWA]
[SWA]vlan 10
[SWA-vlan10]de
[SWA-vlan10]description xiaoshou
[SWA-vlan10]q
[SWA]vlan 20
[SWA-vlan20]de caiwu
[SWA-vlan20]q
[SWA]int eth 0/0/5
[SWA-Ethernet0/0/5]port link-type access
[SWA-Ethernet0/0/5]port default vlan 10
[SWA-Ethernet0/0/5]q
[SWA]int eth 0/0/9
[SWA-Ethernet0/0/9]port link-type access
[SWA-Ethernet0/0/9]port default vlan 20
[SWA-Ethernet0/0/9]q
[SWA]int eth 0/0/12
[SWA-Ethernet0/0/12]port link-type trunk
[SWA-Ethernet0/0/12]port trunk allow-pass vlan 10 20
[SWA-Ethernet0/0/12]q
[SWA]
```

交换机 B 的配置同交换机 A。

```
LSW2
The device is running!

<Huawei>undo ter mo
Info: Current terminal monitor is off.
<Huawei>sys
Enter system view, return user view with Ctrl+Z.
[Huawei]sys SWB
[SWB]vlan batch 10 20
Info: This operation may take a few seconds. Please wait for a moment...done.
[SWB]int eth 0/0/5
[SWB-Ethernet0/0/5]port link-type access
[SWB-Ethernet0/0/5]port default vlan 10
[SWB-Ethernet0/0/5]q
[SWB]int eth 0/0/9
[SWB-Ethernet0/0/9]port link-type access
[SWB-Ethernet0/0/9]port default vlan 20
[SWB-Ethernet0/0/9]q
[SWB]int eth 0/0/12
[SWB-Ethernet0/0/12]port link-type trunk
[SWB-Ethernet0/0/12]port trunk allow-pass vlan all
[SWB-Ethernet0/0/12]q
[SWB]
```

4. 验证测试。

```
PC1
基础配置 | 命令行 | 组播 | UDP发包工具 | 串口

PC>ping 192.168.1.2

Ping 192.168.1.2: 32 data bytes, Press Ctrl_C to break
From 192.168.1.1: Destination host unreachable
From 192.168.1.1: Destination host unreachable
From 192.168.1.1: Destination host unreachable
From 192.168.1.1: Destination host unreachable
From 192.168.1.1: Destination host unreachable

--- 192.168.1.2 ping statistics ---
  5 packet(s) transmitted
  0 packet(s) received
  100.00% packet loss

PC>ping 192.168.1.3

Ping 192.168.1.3: 32 data bytes, Press Ctrl_C to break
From 192.168.1.3: bytes=32 seq=1 ttl=128 time=62 ms
From 192.168.1.3: bytes=32 seq=2 ttl=128 time=46 ms
From 192.168.1.3: bytes=32 seq=3 ttl=128 time=62 ms
From 192.168.1.3: bytes=32 seq=4 ttl=128 time=62 ms
From 192.168.1.3: bytes=32 seq=5 ttl=128 time=63 ms

--- 192.168.1.3 ping statistics ---
  5 packet(s) transmitted
  5 packet(s) received
```

任务 3　VTP 技术(思科)/GVRP 技术(华为)

任务描述

VTP(VLAN trunk protocol 的简称)即 VLAN 的中继协议。VTP 是通过网络保持 VLAN 配置统一性。VTP 实现了系统化管理，方便管理员增加、删除和调整的 VLAN 的操作，实现自动地将 VLAN 配置信息向网络中其他的交换机广播。此外，VTP 还减少了那些可能导致安全问题的配置。便于管理，只要在 VTP 服务器做相应设置，VTP 客户端会自动学习 VTP 服务器上的 VLAN 信息。

GVRP 基于 GARP(generic attribute registration protocol 全称是通用属性注册协议)的工作机制来维护设备中的 VLAN 动态注册信息，并将该信息向其他设备传播。当设备启动了 GVRP 之后，就能够接收来自其他设备的 VLAN 注册信息，并动态更新本地的 VLAN 注册信息，包括当前的 VLAN 成员、这些 VLAN 成员可通过哪个端口到达等。此外，设备还能够将本地的 VLAN 注册信息向其他设备传播，从而使同一局域网内所有设备的 VLAN 信息都达成一致。

GVRP 传播的 VLAN 注册信息既包括本地手工配置的静态注册信息，也包括来自其他设备的动态注册信息。这就是 VLAN 配置中继的作用，大大减少了重复配置的工作量。

任务分析

仍然采用任务 2 的网络拓扑图，如图 2-3-4 所示。

1. 思科：在交换机 A 上配置 VTP 服务器模式，交换机 B 上配置客户端模式，两交换机级联线通过设置干道链路(trunk link)模式。这样，可将交换机 B 上就可以学习到交换机 A 创建的 VLAN 信息。

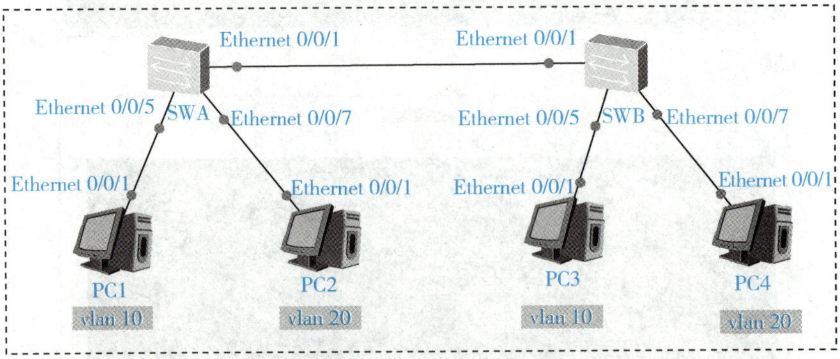

图 2-3-4　VTP/GVRP 拓扑图

```
SW(config)#vtp domain myvtp  client和server的名称一致
Changing VTP domain name from test to myvtp
SW(config)#vtp mode server  模式有client和server的区别
Device mode already VTP SERVER.
```

2. 华为：GVRP 利用 GARP 协议来统一管理 VLAN 信息。

GARP 为处于同一个交换网内的交换机之间提供了一种分发、传播、注册某种信息(VLAN 属性、组播地址等)的手段，主要用于大中型网络，用来提升交换机的管理效率。

GVRP 的注册模式包括：Normal、fixed 和 forbidden3 种。

1. Normal：允许静态和动态 VLAN 注册，同时发送静态 VLAN 和动态 VLAN 的信息，缺省情况下，GVRP 接口注册的模式为 normal。

2. fixed：不允许动态 VLAN 在端口上注册或者注销，且只发送静态 VLAN 的声明消息。

3. forbidden：不允许动态 VLAN 在端口上进行注册，同时删除端口上除了 VLAN1 外的所有 VLAN。

操作步骤

1. SWA 配置。

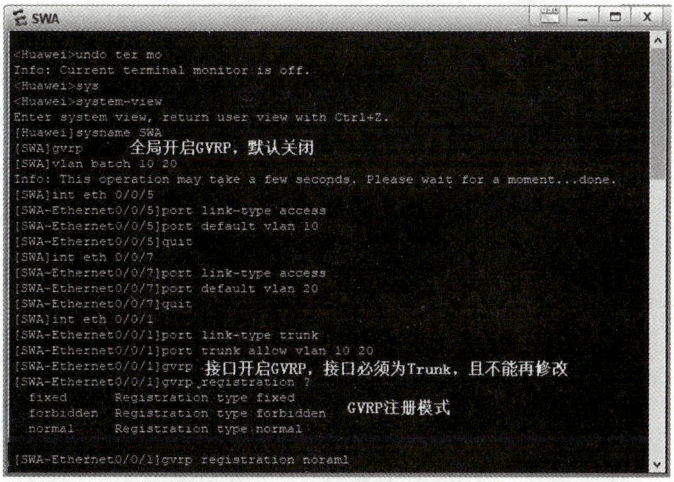
SWA
<Huawei>undo ter mo
Info: Current terminal monitor is off.
<Huawei>sys
<Huawei>system-view
Enter system view, return user view with Ctrl+Z.
[Huawei]sysname SWA
[SWA]gvrp
全局开启GVRP，默认关闭
[SWA]vlan batch 10 20
Info: This operation may take a few seconds. Please wait for a moment...done.
[SWA]int eth 0/0/5
[SWA-Ethernet0/0/5]port link-type access
[SWA-Ethernet0/0/5]port default vlan 10
[SWA-Ethernet0/0/5]quit
[SWA]int eth 0/0/7
[SWA-Ethernet0/0/7]port link-type access
[SWA-Ethernet0/0/7]port default vlan 20
[SWA-Ethernet0/0/7]quit
[SWA]int eth 0/0/1
[SWA-Ethernet0/0/1]port link-type trunk
[SWA-Ethernet0/0/1]port trunk allow vlan 10 20
[SWA-Ethernet0/0/1]gvrp
接口开启GVRP，接口必须为Trunk，且不能再修改
[SWA-Ethernet0/0/1]gvrp registration ?
fixed Registration type fixed
forbidden Registration type forbidden
normal Registration type normal
GVRP注册模式
[SWA-Ethernet0/0/1]gvrp registration noraml

2. SWB 配置。

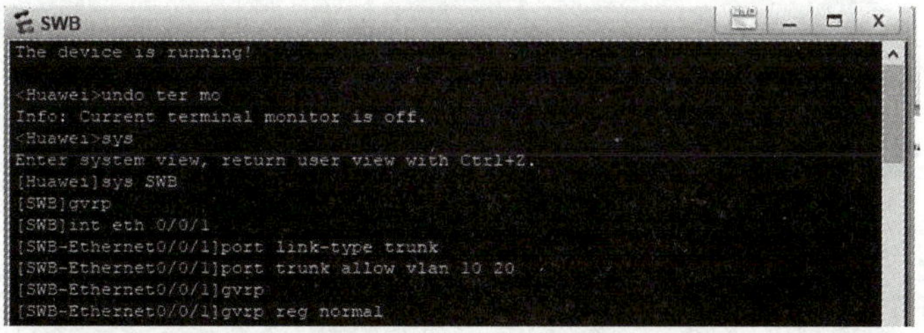
SWB
The device is running!
<Huawei>undo ter mo
Info: Current terminal monitor is off.
<Huawei>sys
Enter system view, return user view with Ctrl+Z.
[Huawei]sys SWB
[SWB]gvrp
[SWB]int eth 0/0/1
[SWB-Ethernet0/0/1]port link-type trunk
[SWB-Ethernet0/0/1]port trunk allow vlan 10 20
[SWB-Ethernet0/0/1]gvrp
[SWB-Ethernet0/0/1]gvrp reg normal

3. 查看 VLAN 信息。

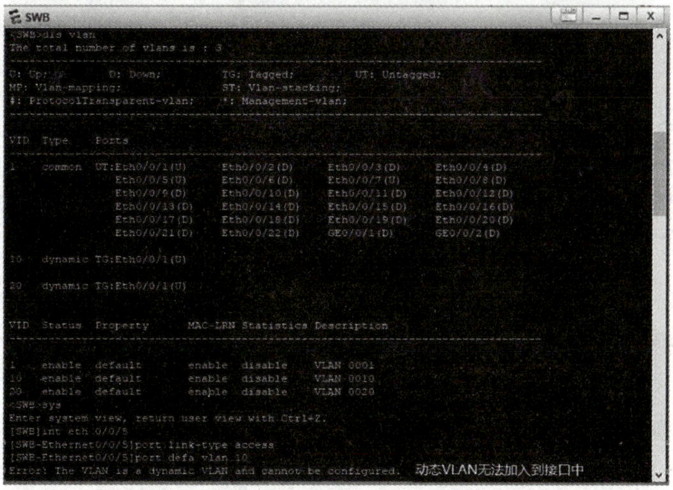
SWB
<SWB>dis vlan
The total number of vlans is : 3
TG: Tagged; UT: Untagged;
MP: Vlan-mapping; ST: Vlan-stacking;
#: ProtocolTransparent-vlan; *: Management-vlan;
VID Type Ports
1 common UT:Eth0/0/1(U) Eth0/0/2(D) Eth0/0/3(D) Eth0/0/4(D)
Eth0/0/5(U) Eth0/0/6(D) Eth0/0/7(U) Eth0/0/8(D)
Eth0/0/9(D) Eth0/0/10(D) Eth0/0/11(D) Eth0/0/12(D)
Eth0/0/13(D) Eth0/0/14(D) Eth0/0/15(D) Eth0/0/16(D)
Eth0/0/17(D) Eth0/0/18(D) Eth0/0/19(D) Eth0/0/20(D)
Eth0/0/21(D) Eth0/0/22(D) GE0/0/1(D) GE0/0/2(D)
10 dynamic TG:Eth0/0/1(U)
20 dynamic TG:Eth0/0/1(U)
VID Status Property MAC-LRN Statistics Description
1 enable default enable disable VLAN 0001
10 enable default enable disable VLAN 0010
20 enable default enable disable VLAN 0020
<SWB>sys
Enter system view, return user view with Ctrl+Z.
[SWB]int eth 0/0/5
[SWB-Ethernet0/0/5]port link-type access
[SWB-Ethernet0/0/5]port defa vlan 10
Error: The VLAN is a dynamic VLAN and cannot be configured.
动态VLAN无法加入到接口中

【注意事项】

(1)动态 VLAN：通过 GVRP 创建的 VLAN，不能手动将交换机端口划分到动态 VLAN。

(2)静态 VLAN：手动配置的 VLAN 是静态 VLAN，可根据交换机的端口划分 VLAN。

任务 4 利用三层交换机实现不同 VLAN 间的路由通信

任务描述

某企业有两个主管部门，技术部和销售部，分别处于不同的办公室，为了安全和便于管理对两个部门的主机进行了 VLAN 的划分，技术部和销售部分处于不同的 VLAN。现由于业务的需求，需要销售部和技术部的主机能够相互访问，获得相应的资源，两个部门的交换机通过一台三层交换机进行了连接。

任务分析

利用三层交换机实现不同 VLAN 间的路由拓扑图，如图 2-3-5 所示。

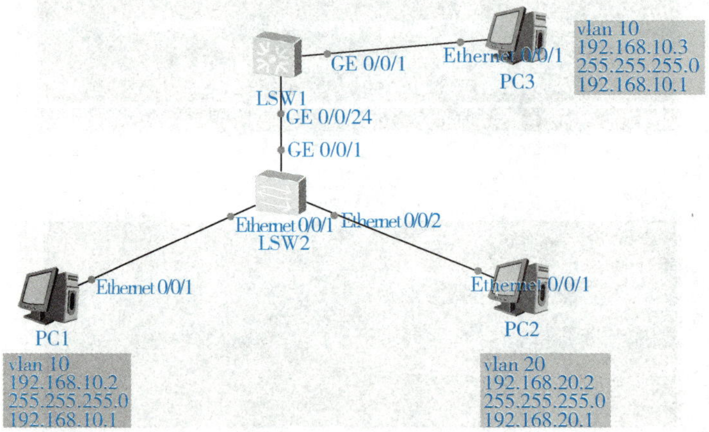

图 2-3-5 利用三层交换机实现不同 VLAN 间的路由拓扑图

1. 技术原理

① 利用三层交换机的路由功能，通过识别数据包的 IP 地址，查找路由表进行选路转发。

② 三层交换机利用直连路由可以实现不同 VLAN 之间的互相访问。

③ 三层交换机采用 SVI(交换虚拟接口：为交换机中的 VLAN 创建虚拟接口，并且配置 IP 地址)的方式实现 VLAN 间互连。

2. 实验步骤

① 在二层交换机上配置 VLAN10、VLAN20，分别将端口 1、端口 2 划到 VLAN10、VLAN20。

② 将二层交换机与三层交换机相连的端口定义为 trunk。

③ 在三层交换机上配置 VLAN10、VLAN20，此时验证二层交换机 VLAN10、

VLAN20 下的主机之间不能互相通信。

④ 设置三层交换机 VLAN 间通信，创建 VLAN10、VLAN20 的虚拟接口，并配置虚拟接口 VLAN10、VLAN20 的 IP 配置。

⑤ 将二层交换机 VLAN10、VLAN20 下的主机网关设置为相应虚拟接口的 IP 地址。

⑥ 验证二层交换机 VLAN10、VLAN20 下的主机之间可以互相通信。

```
LSW2
The device is running!

<Huawei>undo ter mo
Info: Current terminal monitor is off.
<Huawei>sys
Enter system view, return user view with Ctrl+Z.
[Huawei]vlan bat 10 20
Info: This operation may take a few seconds. Please wait for a moment...done.
[Huawei]int eth 0/0/1
[Huawei-Ethernet0/0/1]port link-type access
[Huawei-Ethernet0/0/1]port default vlan 10
[Huawei-Ethernet0/0/1]q
[Huawei]int eth 0/0/2
[Huawei-Ethernet0/0/2]port link-type access
[Huawei-Ethernet0/0/2]port default vlan 20
[Huawei-Ethernet0/0/2]q
[Huawei]int gi 0/0/1
[Huawei-GigabitEthernet0/0/1]port link-type trunk
[Huawei-GigabitEthernet0/0/1]port trunk all
[Huawei-GigabitEthernet0/0/1]port trunk allow-pass vlan 10 20
[Huawei-GigabitEthernet0/0/1]q
[Huawei]
```

```
LSW1
The device is running!

<Huawei>undo ter mo
Info: Current terminal monitor is off.
<Huawei>sys
Enter system view, return user view with Ctrl+Z.
[Huawei]sys SW
[SW]vlan bat 10 20
Info: This operation may take a few seconds. Please wait for a moment...done.
[SW]int gi 0/0/1
[SW-GigabitEthernet0/0/1]port link-type access
[SW-GigabitEthernet0/0/1]port default vlan 10
[SW-GigabitEthernet0/0/1]q
[SW]int gi 0/0/24
[SW-GigabitEthernet0/0/24]port link-type trunk
[SW-GigabitEthernet0/0/24]port trunk all
[SW-GigabitEthernet0/0/24]port trunk allow-pass vlan 10 20
[SW-GigabitEthernet0/0/24]q
[SW]int vlan 10
[SW-Vlanif10]ip add 192.168.10.1 255.255.255.0
[SW-Vlanif10]q
[SW]int vlan 20
[SW-Vlanif20]ip add 192.168.20.1 24
[SW-Vlanif20]q
[SW]
```

【注意事项】

1. 清除交换机原有 VLAN 配置命令：[SWA]undo VLAN。

注意：如果 vlan 配置了三层 IP 地址，删除 VLAN 前，需要先删除 IP 地址，然后再把三层接口转换为二层接口：undo interface vlanif ID，最后再删除 VLAN 信息。

2. 删除交换机配置命令：<SWA> reset saved-configuration。

任务 5　实现不同 VLAN 间的路由通信——单臂路由

任务描述

某企业有两个主管部门，技术部和销售部，分别处于不同的办公室，为了安全和便于管理，对两个部门的主机进行了 VLAN 的划分，技术部和销售部分处于不同的 VLAN。现由于业务的需求，需要销售部和技术部的主机能够相互访问，获得相应的资源，两个部门的交换机通过一台路由器进行了连接。

知识链接

单臂路由的原理

单臂路由的原理是：通过一台路由器使 VLAN 之间的数据通过路由器进行三层转发，如果在路由器上为每个 VLAN 分配一个单独的路由器物理接口，随着 VLAN 数量的增加，必然需要更多的接口，而路由器能提供的接口数量比较有限，所以在路由器的一个物理接口上通过配置子接口(即逻辑接口)的方式来实现一当多的功能，将是一种非常好的方式。

路由器同一物理接口的不同子接口作为不同 VLAN 的默认网关，当不同 VLAN 间的用户主机需要通信时，只需将数据包发送给网关，网关处理后再发送给目的主机所在的 VLAN，从而实现 VLAN 间的通信。由于从拓扑结构图上看，在交换机与路由器之间，数据仅通过一条物理链路传输，故被形象地称为单臂路由。

任务分析

1. 技术原理

(1)利用路由器的路由功能，通过识别数据包的 IP 地址，查找路由表进行选路转发。

(2)路由器利用直连路由或者其他路由协议来实现不同 VLAN 之间的通信。

单臂路由拓扑图，如图 2-3-6 所示。

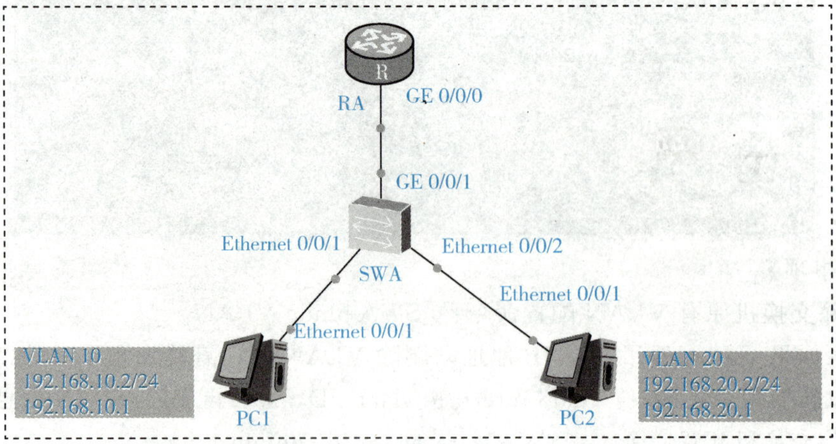

图 2-3-6　单臂路由拓扑图

2. 实验步骤

(1)在二层交换机上配置 VLAN10、VLAN20，分别将端口 1、端口 2 划到 VLAN10、VLAN20。

(2)将二层交换机与三层交换机相连的端口定义为 trunk。

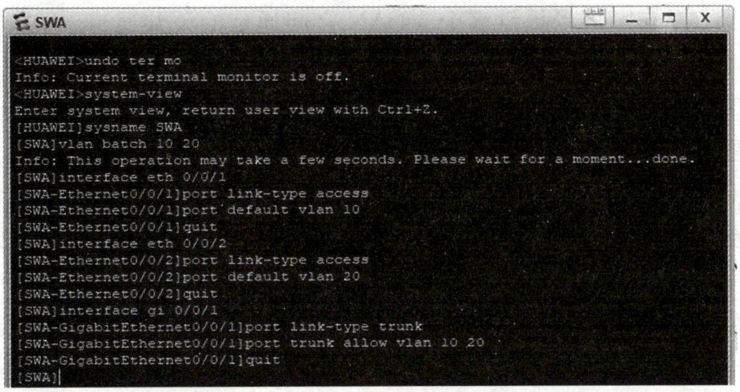
SWA
<HUAWEI>undo ter mo
Info: Current terminal monitor is off.
<HUAWEI>system-view
Enter system view, return user view with Ctrl+Z.
[HUAWEI]sysname SWA
[SWA]vlan batch 10 20
Info: This operation may take a few seconds. Please wait for a moment...done.
[SWA]interface eth 0/0/1
[SWA-Ethernet0/0/1]port link-type access
[SWA-Ethernet0/0/1]port default vlan 10
[SWA-Ethernet0/0/1]quit
[SWA]interface eth 0/0/2
[SWA-Ethernet0/0/2]port link-type access
[SWA-Ethernet0/0/2]port default vlan 20
[SWA-Ethernet0/0/2]quit
[SWA]interface gi 0/0/1
[SWA-GigabitEthernet0/0/1]port link-type trunk
[SWA-GigabitEthernet0/0/1]port trunk allow vlan 10 20
[SWA-GigabitEthernet0/0/1]quit
[SWA]

(3)设置路由器 VLAN 间通信，创建 Gi0/0/0 对应于 VLAN10 和 VLAN20 的子接口，并配置子接口的 IP 配置。

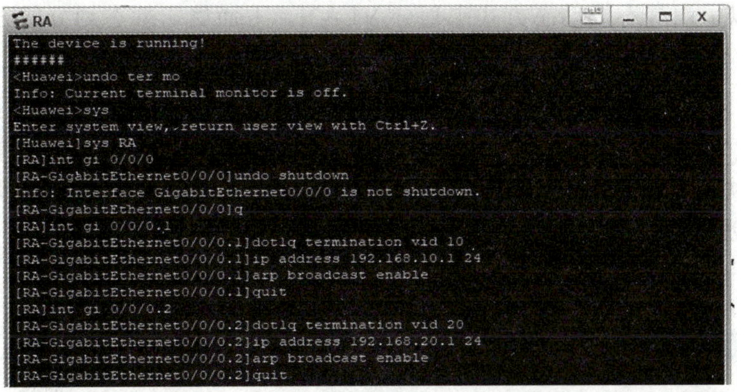
RA
The device is running!
######
<Huawei>undo ter mo
Info: Current terminal monitor is off.
<Huawei>sys
Enter system view, return user view with Ctrl+Z.
[Huawei]sys RA
[RA]int gi 0/0/0
[RA-GigabitEthernet0/0/0]undo shutdown
Info: Interface GigabitEthernet0/0/0 is not shutdown.
[RA-GigabitEthernet0/0/0]q
[RA]int gi 0/0/0.1
[RA-GigabitEthernet0/0/0.1]dot1q termination vid 10
[RA-GigabitEthernet0/0/0.1]ip address 192.168.10.1 24
[RA-GigabitEthernet0/0/0.1]arp broadcast enable
[RA-GigabitEthernet0/0/0.1]quit
[RA]int gi 0/0/0.2
[RA-GigabitEthernet0/0/0.2]dot1q termination vid 20
[RA-GigabitEthernet0/0/0.2]ip address 192.168.20.1 24
[RA-GigabitEthernet0/0/0.2]arp broadcast enable
[RA-GigabitEthernet0/0/0.2]quit

(4)将二层交换机 VLAN10、VLAN20 下的主机网关设置为相应子接口的 IP 地址。

(5)验证二层交换机 VLAN10、VLAN20 下的主机之间可以互相通信。

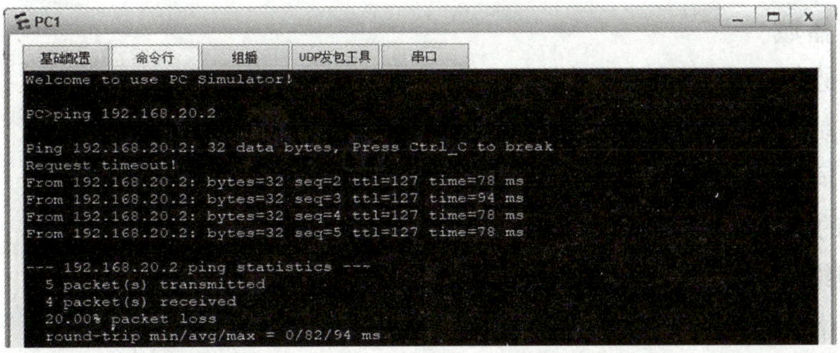
PC1
基础配置
命令行
组播
UDP发包工具
串口
Welcome to use PC Simulator!
PC>ping 192.168.20.2
Ping 192.168.20.2: 32 data bytes, Press Ctrl_C to break
Request timeout!
From 192.168.20.2: bytes=32 seq=2 ttl=127 time=78 ms
From 192.168.20.2: bytes=32 seq=3 ttl=127 time=94 ms
From 192.168.20.2: bytes=32 seq=4 ttl=127 time=78 ms
From 192.168.20.2: bytes=32 seq=5 ttl=127 time=78 ms
--- 192.168.20.2 ping statistics ---
5 packet(s) transmitted
4 packet(s) received
20.00% packet loss
round-trip min/avg/max = 0/82/94 ms

【注意事项】

华为路由器上要在子接口下开启广播报文，否则无法通信。arp broadcast enable 就是让设备能够主动发 ARP 请求报文，不配置该命令，路由器不能发送 ARP 广播，主动 ping 主机会失败。但是不配置该命令不会影响路由器接收 ARP 广播并回复 ARP 应答报文。路由器未配置 arp broadcast enable 的情况下，PC1 能 ping 通路由器 G0/0/0.1 接口，PC1 可以 ping 通路由器 G0/0/0.2 接口，不能 ping 通 PC2。

例题解析

例 1　下列关于 VLAN 的描述，错误的是(　　)。

A. VLAN 把交换机划分成多个逻辑上独立的交换机

B. 主干链路(Trunk)可以提供多个 VLAN 之间通信的公共通道

C. 由于包含了多个交换机，所以 VLAN 扩大了冲突域

D. 一个 VLAN 可以跨越多个交换机

解析：此题主要考查了 VLAN 的基本知识。

VLAN 就是把物理上直接相连的网络划分为逻辑上独立的多个子网，每个 VLAN 中包含有多个交换机，所以 VLAN 可以把交换机划分为多个逻辑上独立的交换机。VLAN 中继(VLAN Trunk)也称为 VLAN 主干，是指交换机与交换机或者交换机与路由器之间连接时，可以在相互的端口上配置中继模式，使得属于不同 VLAN 的数据都可以通过这条中继线路进行传输，所以主干链路可以提供多个 VLAN 之间的通信的公共通道。每一个 VLAN 对应一个广播域，处于不同 VLAN 上的主机不能进行通信，不同 VLAN 之间的通信要通过路由器进行。所以 VLAN 并没有扩大冲突域。故选 C。

例 2　可以采用静态或动态方式来划分 VLAN，下面属于静态划分的方法是(　　)。

A. 按端口划分　　B. 按 MAC 地址划分

C. 按协议类型划分　　D. 按逻辑地址划分

试题解析：基于端口的 VLAN 划分方法属于静态划分方式，它比较简单，但灵活性不足，常见的协议有 IEEE 802.1q。基于 MAC 地址、逻辑地址或协议类型的 VLAN 划分方法属于动态划分方式。故选 A。

巩固练习

一、选择题

1. 关于 VLAN 下面说法正确的是(　　)。

A. 隔离广播域

B. 相互间通信要通过路由器

C. 可以限制网上的计算机互相访问的权限

D. 只能在同一个物理网络上的主机进行逻辑分组

2. VLAN 的主要作用有(　　)。

A. 保证网络安全　　B. 抑制广播风暴

C. 简化网络管理　　D. 提高网络设计灵活性

3. 下列 VLAN 的描述中，不正确的是(　　)。

A. 一个 VLAN 形成一个小的广播域，同一个 VLAN 成员都在由所属 VLAN 确定的广播域内。

B. VLAN 技术被引入到网络解决方案中来，用于解决大型的二层网络面临的问题。

C. VLAN 的划分必须基于用户地理位置，受物理设备的限制。

D. VLAN 在网络中的应用增强了通信的安全性。

4. 下列 VLAN 的描述中，不正确的是(　　)。

A. VLAN 技术是在逻辑上对网络进行划分

B. VLAN 技术增强了网络的安全性，可以将一些网络故障限制在一个 VLAN 之内

C. VLAN 技术有效地限制了广播风暴，但并没有提高带宽的利用率

D. VLAN 配置管理简单，降低了管理维护的成本

5. 下列叙述不正确的选项为(　　)。

A. 基于 MAC 地址划分 VLAN 的缺点是初始化时，所有的用户都必须进行配置

B. 基于 MAC 地址划分 VLAN 的优点是当用户物理位置移动时 VLAN 不用重新配置

C. 基于 MAC 地址划分 VLAN 的缺点是如果 VLAN A 的用户离开了原来的端口，到了一个新的交换机的某个端口，那么就必须重新定义

D. 基于子网划分 VLAN 的方法不适合同一地理位置的局域网

6. 选出下列关于 802.1Q 标签头的不正确的叙述是(　　)。

A. 802.1Q 标签头长度为 2 字节

B. 802.1Q 标签头包含了标签协议标识和标签控制信息

C. 802.1Q 标签头的标签协议标识部分包含了一个固定的值 0x8100

D. 802.1Q 标签头的标签控制信息部分包含的 VLANID 是一个 12Bit 的域

7. 请选出下列关于 VLAN 标签头的正确描述(　　)。

A. 对于连接到交换机上的用户计算机来说，是不需要知道 VLAN 信息的

B. 当交换机确定了报文发送的端口后，无论报文是否含有标签头都会把报文发送给用户，由收到此报文的计算机负责把标签头从以太网中删除，再作处理

C. 连接到交换机上的用户计算机需要了解网络中的 VLAN

D. 连接到交换机上的用户计算机发出的报文是已经打了标签头的报文

8. 对于华为 S3700 交换机的 VLAN 配置，以下描述不正确的选项为(　　)。

A. 缺省 VLANID 为 1

B. 通过命令 display vlan 查看 VLAN 设置时，必须指定某一个 VLAN

C. 创建某个 VLAN 时，会同时进入此 VLAN 的配置模式

D. 对于已创建的 VLAN，可以对它配置一个描述字符串

9. 下列配置命令的叙述不正确的为(　　)。

A. 添加 VLAN 的配置命令模式为系统视图

B. 设置端口 PVID 的配置命令模式为以太网接口视图

C. 设置相应的端口链路为干道链路的配置命令模式为以太网接口视图

D. 向 VLAN 中增加端口的配置命令模式是系统视图

二、简答题

1. 简述 vlan 的划分方式。

2. 简述 vlan 的优点。

技能练习

思考：同一个网段不同 VLAN 可以利用三层交换机来实现吗(图 2-3-7)?

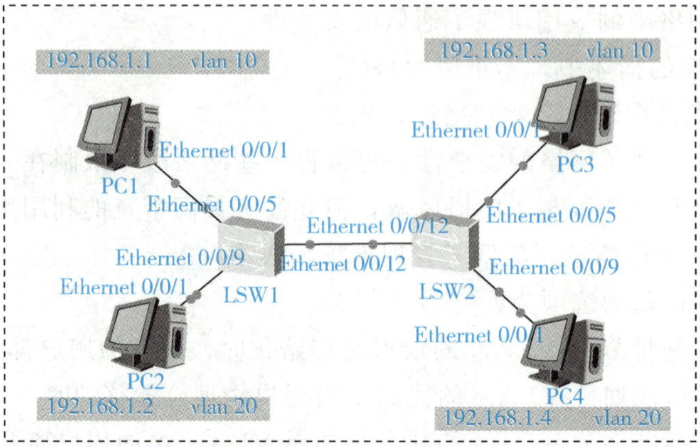

图 2-3-7 VLAN 间的路由

答案是不能。在同一个 VLAN 内，不管配什么地址，访问网卡接口地址段的报文只在本 VLAN 的端口上转发，不会转发到别的 VLAN 上，如果想访问其地址段，必须由 VLAN 的网关地址转发。对于同一网段地址但不同的 VLAN 的电脑之间发送数据，转发的数据包不会找网关，也就无法通过 SVI 接口转发数据，只会在当前 VLAN 内发送。因此图 2-3-7 增加三层交换机也不能实现 PC1 访问 PC2 和 PC4。可以采用变子网掩码的方式将同一个网络改成两个不同的网络来实现，如图 2-3-8 所示(请自己按照图示，实现 PC1 访问 PC2)。

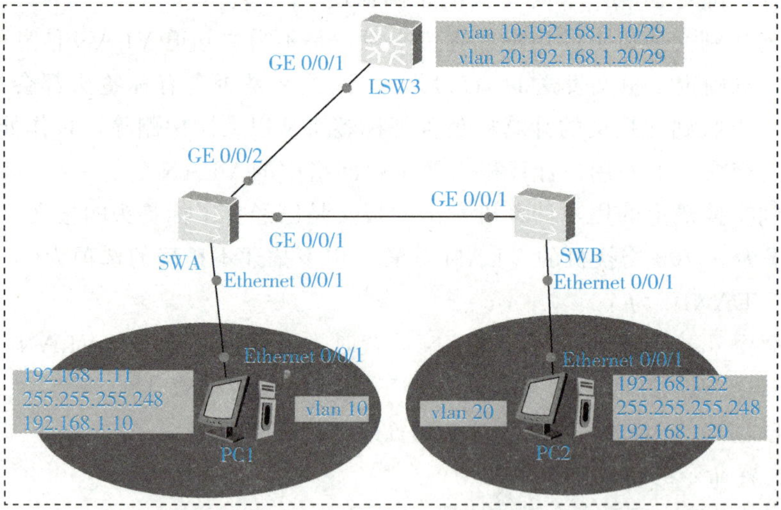

图 2-3-8 同一个网络改成两个不同的网络来实现

项目 4

链路聚合技术

学习目标

1. 基本知识

(1)理解链路聚合技术的工作原理。

(2)掌握链路聚合的配置方法。

2. 操作技能目标

(1)能够配置手动链路聚合。

(2)能够配置 LACP 链路聚合。

知识点精讲

当两个交换机之间存在两条以上的物理链路时，如果没有启用生成树协议(STP)，会出现环路，如果启用了 STP，在一个时刻只能有一条链路处于转发状态。链路聚合技术突破了这一限制，将多条物理链路汇聚成一条逻辑链路来使用，交换机之间互联的带宽成倍增加，例如，将两条 100 Mbps 的线路设置成链路聚合后，设备之间传输带宽为全双工 400 Mbps，在某种程度上，是困扰网络设计和实施的瓶颈问题得以解决。

链路聚合技术在实现交换设备高带宽互联的同时还提供了冗余连接，即如果链路聚合中的任何一条断开连接，其他链路仍能正常工作。各品牌设备对链路聚合的支持能力不同。

链路聚合分为手工模式和 LACP 模式。

(1)手工模式下，Eth-Trunk 的建立、成员接口的加入由手工配置，没有链路聚合控制协议 LACP 的参与。当需要在两个直连设备间提供一个较大的链路带宽而设备又不支持 LACP 协议时，可以使用手工模式。手工模式可以实现增加带宽、提高可靠性、负载分担的目的。手工模式下，所有的活动链路都参与数据转发并分担流量。

(2)LACP 模式需要链路聚合控制协议参与。当需要在两个直连设备间提供一个较大的链路带宽而设备支持 LACP 协议时，建议使用 LACP 模式。LACP 模式不仅可以实现增加带宽、提高可靠性、负载分担的目的，而且可以提高 Eth-Trunk 的容错性、提供备份功能。LACP 模式下，部分链路是活动链路，所有活动链路均参与数据转发。如果某条活动链路故障，链路聚合组自动在非活动链路中选择一条链路作为活动链路，参与数据转发的链路数目不变。在静态 LACP 模式下，要求两端设备所选择的活动接口必须一致，否则链路聚合组就无法建立。但是可以通过指定其中一端为为主动端，另一端则只需根据高优先级的一端来选择相应的活动接口，所以 LACP 需要设置优先级，默认为 32768，值越小，优先级越高，当优先级相同时，MAC 地址越小，优先级越高。

链路聚合应注意以下几点问题。

① 链路聚合一般设置成 Trunk 模式，如果设置为 access 模式，两端的 vlan ID 要一致。

② 一般情况下只有同类型同速率端口才能聚合为一个链路聚合，V200R011C10 版本之前是不允许的，之后的版本可以使用命令 mixed-rate link enable 实现速率不同加入一个 Eth-trunk 中，但强烈建议使用相同的速率。

③ 链路聚合两端相连的物理接口数量、双工模式、流控配置必须一致。

④ 链路聚合两端采用的聚合模式必须一致。

⑤ 华为的 Eth-trunk 接口中的成员接口可以同时包含电口和光口。

任务 1　手动模式链路聚合

任务描述

随着抖音、快手等移动短视频的高速发展，某企业为了剪辑视频，新成立了视频剪辑技术部，技术部员工剪辑的视频需要交给部门经理审核，经理部与视频剪辑部分别处于不同的办公室，由于视频较多，原来的 100 Mbps 的传输速率达不到需求，请使用相应技术解决带宽不足的问题。

任务分析

链路聚合技术可以有效地解决带宽不足的问题，聚合的链路带宽是几条链路的和，如图 2-4-1 所示。

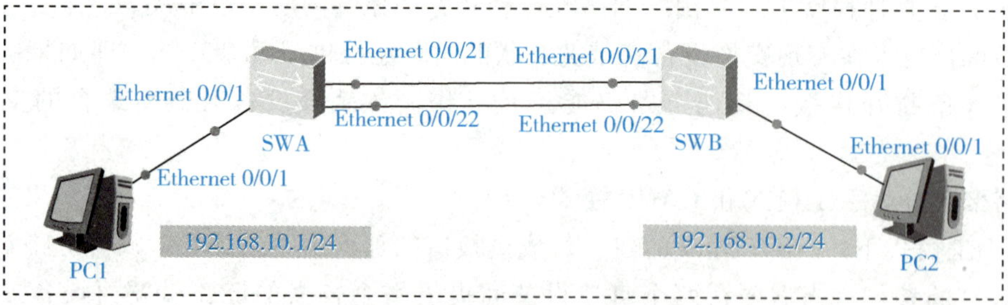

图 2-4-1　链路聚合网络拓扑图

操作步骤

1. 添加 2 台电脑，分别更改标签为 PC1、PC2。

2. 添加 2 台二层交换机 S3700，标签名为 SWA、SWB。

3. PC1 连 SWA 的 Eth 0/0/1，PC2 连 SWB 的 Eth 0/0/1。

4. 设置两台交换机的 Eth 0/21～Eth 0/22 端口为端口汇聚，实现链路聚合功能。

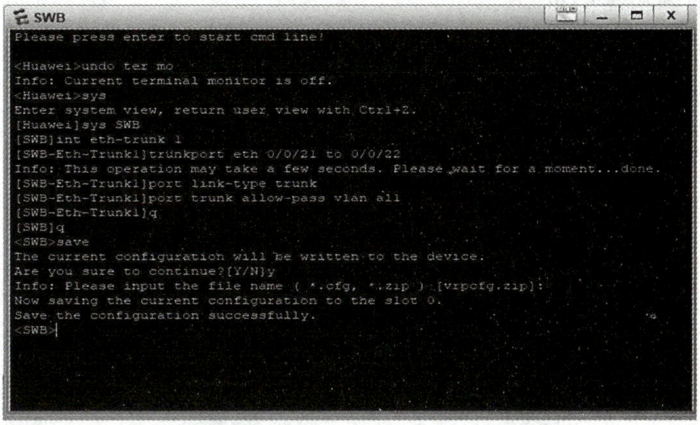

图 2-4-2　交换机链路聚合命令配置步骤

5. 验证测试：PC1 ping PC2，将 Eth 0/0/22 链路 shutdown，再开启端口，观察数据传输状态。PC 机终端测试结果如图 2-4-3 所示。

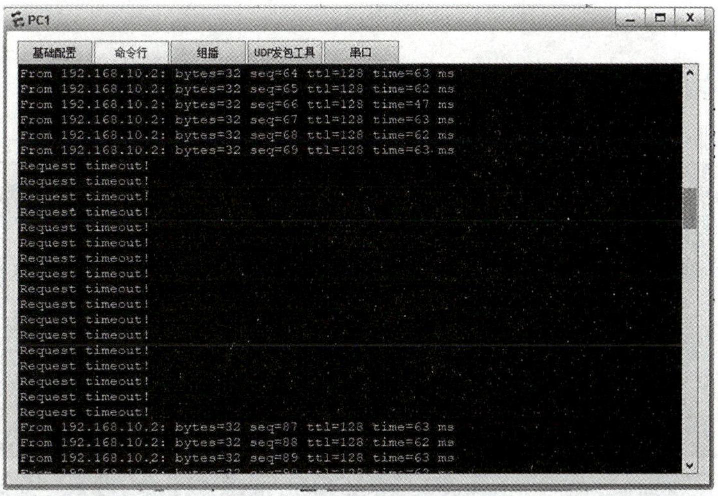

图 2-4-3　PC 机终端测试结果

任务 2　LACP 模式链路聚合

任务描述

Switch A 和 Switch B 通过以太链路分别都连接 VLAN10 和 VLAN20 的网络，且 Switch A 和 Switch B 之间有较大的数据流量。用户希望 Switch A 和 Switch B 之间能够提供较大的链路带宽来使相同 VLAN 间互相通信。在两台 Switch 设备上配置 LACP 模式链路聚合组，提高两设备之间的带宽与可靠性，具体要求如下。

(1)两条活动链路具有负载分担的能力。

(2)两设备间的链路具有 1 条冗余备份链路，当活动链路出现故障时，备份链路替代故障链路，保持数据传输的可靠性。

任务分析

LACP 链路聚合拓扑图，如图 2-4-4 所示。

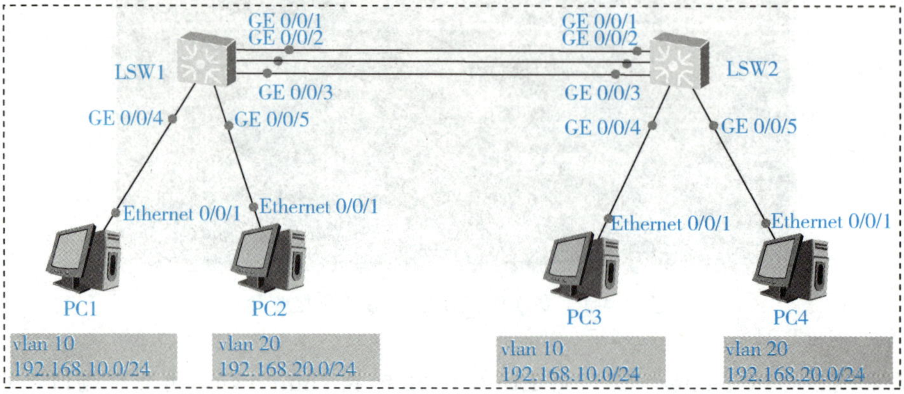

图 2-4-4　LACP 链路聚合拓扑图

操作步骤

1. 按照拓扑图连线。
2. 配置 vlan 信息。

```
<Huawei>u t m
Info: Current terminal monitor is off.
<Huawei>sys
Enter system view, return user view with Ctrl+Z.
[Huawei]sys LSW1
[LSW1]vlan batch 10 20
Info: This operation may take a few seconds. Please wait for a moment...done.
[LSW1]int gi 0/0/4
[LSW1-GigabitEthernet0/0/4]port link-type access
[LSW1-GigabitEthernet0/0/4]port default vlan 10
[LSW1-GigabitEthernet0/0/4]q
[LSW1]int gi 0/0/5
[LSW1-GigabitEthernet0/0/5]port link-type access
[LSW1-GigabitEthernet0/0/5]port default vlan 20
[LSW1-GigabitEthernet0/0/5]q
```

```
<Huawei>u t m
Info: Current terminal monitor is off.
<Huawei>sys
Enter system view, return user view with Ctrl+Z.
[Huawei]sysname LSW2
[LSW2]vlan batch 10 20
Info: This operation may take a few seconds. Please wait for a moment...done.
[LSW2]int gi 0/0/4
[LSW2-GigabitEthernet0/0/4]port link-type access
[LSW2-GigabitEthernet0/0/4]port default vlan 10
[LSW2-GigabitEthernet0/0/4]q
[LSW2]int gi 0/0/5
[LSW2-GigabitEthernet0/0/5]port link-type access
[LSW2-GigabitEthernet0/0/5]port default vlan 20
[LSW2-GigabitEthernet0/0/5]q
```

3. 配置 LACP 模式链路聚合。

```
[LSW1]interface eth-trunk 1
[LSW1-Eth-Trunk1]mode lacp    LACP模式
[LSW1-Eth-Trunk1]trunkport gi 0/0/1 to 0/0/3    将gi0/0/1-3加入到链路聚合组1中
Info: This operation may take a few seconds. Please wait for a moment...done.
[LSW1-Eth-Trunk1]max active-linknumber 2    活动连接数的上限阈值设为2，默认为8
[LSW1-Eth-Trunk1]port link-type trunk
[LSW1-Eth-Trunk1]port trunk allow-pass vlan 10 20
```

```
[LSW1]lacp priority 100 默认32768，修改LSW1优先级高于LSW2
[LSW1]port-group group-member gi 0/0/1 to gi 0/0/2
[LSW1-port-group]lacp priority 100
[LSW1-GigabitEthernet0/0/1]lacp priority 100
[LSW1-GigabitEthernet0/0/2]lacp priority 100
[LSW1-port-group]q
[LSW1]                    设置1口和2口作为活动接口，3口自动变为备用口
```

```
[LSW2]int eth-trunk 1
[LSW2-Eth-Trunk1]mode lacp
[LSW2-Eth-Trunk1]trunkport gi 0/0/1 to 0/0/3
Info: This operation may take a few seconds. Please wait for a moment...done.
[LSW2-Eth-Trunk1]port link-type trunk
[LSW2-Eth-Trunk1]port trunk allow-pass vlan 10 20
[LSW2-Eth-Trunk1]q
[LSW2]
```

4. 验证测试。

```
[LSW1]dis eth-trunk 1
Eth-Trunk1's state information is:
Local:
LAG ID: 1                   WorkingMode: STATIC
Preempt Delay: Disabled     Hash arithmetic: According to SIP-XOR-DIP
System Priority: 100        System ID: 4c1f-cccd-3df9
Least Active-linknumber: 1  Max Active-linknumber: 2
Operate status: up          Number Of Up Port In Trunk: 2
--------------------------------------------------------------------------------
ActorPortName          Status   PortType PortPri PortNo PortKey PortState Weight
GigabitEthernet0/0/1   Selected 1GE      100     2      305     10111100  1
GigabitEthernet0/0/2   Selected 1GE      100     3      305     10111100  1
GigabitEthernet0/0/3   Unselect 1GE      32768   4      305     10100000  1

Partner:
--------------------------------------------------------------------------------
ActorPortName          SysPri   SystemID        PortPri PortNo PortKey PortState
GigabitEthernet0/0/1   32768    4c1f-ccc7-7e6f  32768   2      305     10111100
GigabitEthernet0/0/2   32768    4c1f-ccc7-7e6f  32768   3      305     10111100
GigabitEthernet0/0/3   32768    4c1f-ccc7-7e6f  32768   4      305     10110000
```

巩固练习

一、选择题

1. 关于链路聚合的作用说法错误的是（　　）。

A. 增加链路带宽。

B. 可以实现数据的负载均衡。

C. 增加了交换机间的链路可靠性。

D. 可以避免交换网环路。

2. 在交换机 SWA 上执行 display 命令后，交换机输出如下：

```
< SWA> dis eth-trunk
Eth-Trunk1's state information is:
WorkingMode: NORMAL          Hash arithmetic: According to SIP-XOR-DIP
Least Active-linknumber:1    Max Bandwidth-affected-linknumber: 8
Operate status:up            Number Of Up Port In Trunk:2
- - - - - - - - - - - - - - - - - - - - - - - - - - - - - - - - - - - - - -
PortName              Status     Weight
GigabitEthernet0/0/1     Up      1
GigabitEthernet0/0/2     Up      1
```

从以上输出可以判断(　　)。

A. 聚合组的类型是手工聚合

B. 聚合组的类型是动态协议聚合

C. 聚合组中包含了 3 个有效的端口

D. 聚合组中没有有效的端口

3. 链路聚合的主要目的是(　　)

A. 减少网络拓扑复杂性

B. 提高网络性能和可靠性

C. 缩小网络延迟

D. 扩大子网数量

4. 链路聚合技术中使用的协议是(　　)。

A. STP(Spanning Tree Protocol)

B. OSPF(Open Shortest Path First)

C. LACP(Link Aggregation Control Protocol)

D. ARP(Address Resolution Protocol)

5. 在静态 LACP 模式下如何选择主动端(　　)。

A. 在两端设备中选择系统 LACP 优先级数值较小一端作为主动端，如果系统 LACP 优先级相同则选择 IP 地址较小的一端作为主动端。

B. 在两端设备中选择 MFC 地址数值较小一端作为主动端。

C. 在两端设备中选择系统 LACP 优先级数值较大一端作为主动端，如果系统 LACP 优先级相同则选择 MA 地址较大的一端作为主动端。

D. 在两端设备中选择系统 LACP 优先级数值较小一端作为主动端，如果系统 LACP 优先级相同则选择 MAC 地址较小的一端作为主动端。

6. 关于链路聚合以下说法不正确的是(　　)。

A. 千兆口可以和百兆口可以进行链路聚合。

B. 不连续的千兆网络之间是可以链路聚合的。

C. 光纤接口和双绞线接口可以组合成链路聚合组。

D. 链路聚合必须设置为 Trunk 模式。

7. LACP 模式链路聚合默认优先级为(　　)。

A. 4096　　B. 32768　　C. 100　　D. 1

8. 下列关于链路聚合说法不正确的是(　　)。

A. Eth-Trunk 接口可以嵌套

B. 两台设备对接时需要保证两端设备上链路聚合的模式一致

C. GE 接口和 FE 接口可以加入同一个 Eth-Trunk 接口

D. GE 电接口和 GE 光接口可以加入同一个 Eth-Trunk 接口

技能练习

1. 三层交换机 LSW1 实现 vlan 10 和 vlan 20 的数据通信。

2. LSW1 和 LSW2 之间做手动链路聚合。

3. LSW1 和 LSW3 之间做 LACP 链路聚合，LSW1 为主交换机，LACP 优先级为 100，16 口所在的链路为备用链路。

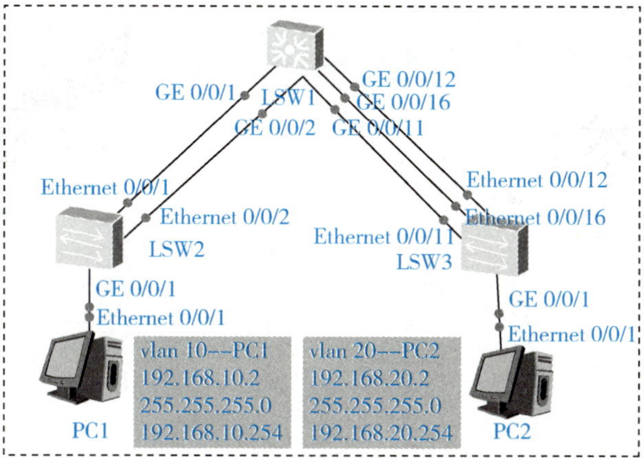

项目 5
DHCP 技术

学习目标

1. 基本知识

(1)理解动态主机配置协议 DHCP 的工作原理。

(2)掌握 DHCP 的配置方法。

2. 操作技能目标

能够配置 DHCP。

知识链接

动态主机配置协议(dynamic host configuration protocol, DHCP), 它是 TCP/IP 协议簇中的一种, DHCP 封包在传输层(Transport Layer), 采用的是 UDP 协议, 当 Client 传送封包给 Server 时, 采用的是 UDP: 68 端口, 从 Server 传送给 Client 则是使用 UDP: 67 端口。

一、DHCP 报文类型

报文类型	说明
Discover	以广播方式发送, 以发现网络中的 DHCP 服务器
Offer	DHCP 服务器以广播方式向 DHCP 客户端发送应答报文, 告知用户本服务器可以为其提供 IP 地址
Request	有两种用途: ① IP 地址自动分配时: 选择第一个收到 OFFER 应答报文的服务器作为自己的目标服务器, 然后以广播方式通告所有服务器。② DHCP 客户端在成功获取 IP 地址后, 向 DHCP 服务器以单播方式请求续延租约
ACK	DHCP 服务器以广播方式发送 ACK 报文, 响应客户端的 REQUEST 报文, 通知用户可以使用分配的 IP 地址
NAK	DHCP 客户端以广播方式发送 NAK 应答报文, 响应客户端的 REQUEST 报文, 通知用户拒绝分配 IP 地址
Release	当 DHCP 客户端不需要使用 IP 地址时, 会主动向 DHCP 服务器以单播方式发送 RELEASE 请求报文, 请求 DHCP 服务器释放对应的 IP 地址

（续表）

报文类型	说明
Decline	当客户端发现服务器分配给它的 IP 地址发生冲突时会通过单播方式发送此报文来通知服务器，并且会重新向服务器申请地址

二、DHCP 工作过程

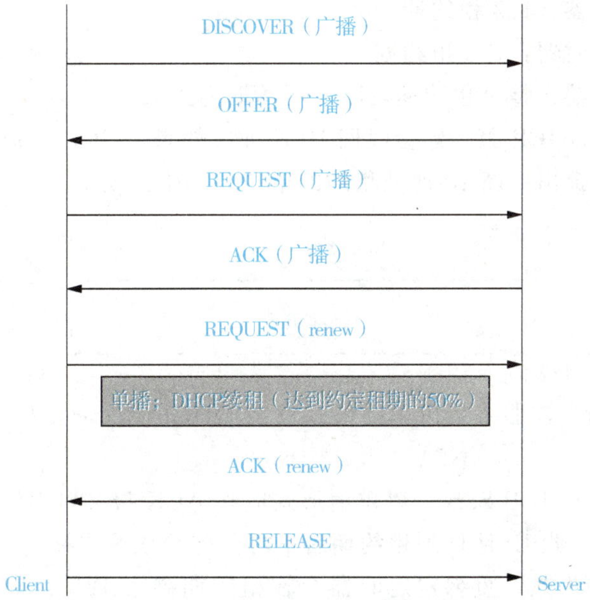

1. DHCP Client 以广播的方式发出 DHCP Discover 报文。

2. 所有的 DHCP Server 都能够接收到 DHCP Client 发送的 DHCP Discover 报文，所有的 DHCP Server 都会给出响应，向 DHCP Client 发送一个 DHCP Offer 报文。DHCP Offer 报文中"Your(Client) IP Address"字段就是 DHCP Server 能够提供给 DHCP Client 使用的 IP 地址，且 DHCP Server 会将自己的 IP 地址放在"option"字段中以便 DHCP Client 区分不同的 DHCP Server。DHCP Server 在发出此报文后会存在一个已分配 IP 地址的纪录。

3. DHCP Client 只能处理其中的一个 DHCP Offer 报文(假如存在多个 DHCP Server 情况下)，一般的原则是 DHCP Client 处理最先收到的 DHCP Offer 报文。

4. DHCP Client 会发出一个广播的 DHCP Request 报文，在选项字段中会加入选中的 DHCP Server 的 IP 地址和需要的 IP 地址。

5. DHCP Server 收到 DHCP Request 报文后，判断选项字段中的 IP 地址是否与自己的地址相同。如果不相同，DHCP Server 不做任何处理只清除相应 IP 地址分配记录；如果相同，DHCP Server 就会向 DHCP Client 响应一个 DHCP ACK 报文，并在选项字段中增加 IP 地址的使用租期信息。至此，一个 DHCP 的工作过程结束。

6. DHCP 客户端获得一个 IP 地址后，会发送一个 ARP 请求报文来探测网络中是否还有其他主机也在使用它所使用的 IP 地址。如果有，DHCP 客户端则会以单播的方式向

DHCP 服务器发送 DHCP Decline 报文，通知服务器该 IP 地址已被占用，然后 DHCP 客户端会向服务器重新申请一个新的 IP 地址。

7. DHCP 客户端还可以通过单播的方式向 DHCP 服务器发送 Release 报文来主动释放原来已经分配到的 IP 地址，服务器收到该报文后会将 IP 地址收回并分发给其他主机。

三、DHCP IP 地址更新过程

DHCP 客户端在申请到 IP 地址后，会保存 3 个定时器。

租约期更新定时器：1/2 租约期。

租约期重绑定定时器：7/8 租约期。

租约期失效定时器：整个租约期，默认租约期为 1 天。

当租约期满后，DHCP 服务器会收回 IP 地址，如果 DHCP 客户端希望继续使用该地址，则需要向服务器提出更新 IP 地址租约的申请。如下图所示：

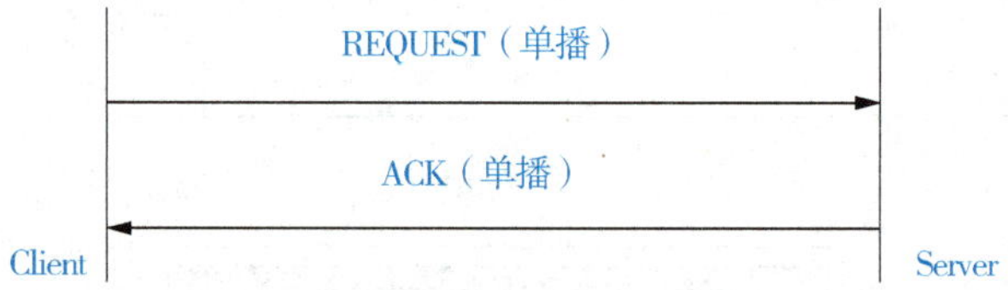

1. 租约期 1/2 时，向服务器以单播形式发出 DHCP Request 报文，以期进行 IP 租约更新。

2. 同意续约时，DHCP Server 以单播形式应答 ACK 报文可以继续使用，否则以单播形式应答 NAK 报文，此 IP 地址到租约期后不再分配给该客户端。

3. 如果更新申请失效，重绑定定时器会在租约期剩余 12.5%时超时。超时后，客户端会认为原 DHCP Server 不可用，于是客户端会重新在网络中广播 Request 报文查找其他可用 DHCP 服务器。其他服务器回应 ACK 报文则重新绑定新的 IP 地址，服务器回应 NAK 报文，DHCP 客户端会进入初始化状态，立即停用现有的 IP 地址，再重新申请 IP 地址。

四、DHCP 地址池设置方法

DHCP 采用客户端/服务器模式对用户的网络参数进行动态配置和集中管理。其中，DHCP 服务器通过地址池为用户分配 IP 地址等参数。地址池分为接口地址池和全局地址池两种。

接口地址池：配置方式简单，只能用于用户与 DHCP 服务器在同一个网段的场景，并且只能给对应接口下的用户分配 IP 地址等网络参数；适用于设备数量有限、配置以及维护量可控的小型网络。

全局地址池：可应用于大型网络，推荐在核心层设备上配置基于全局地址池的 DHCP 服务器功能或在服务器区域搭建一台专门的 DHCP 服务器统一分配 IP 地址等网络参数，而用户网关设备上只需要启用简单的 DHCP 中继功能即可。

任务 1　全局地址池模式实现 DHCP

任务描述

某企业有两个办公室，为了节省资源，两个办公室内的主机由 LSW1 作为 DHCP 服务器统一分配 IP 地址。办公室 1（VLAN 10）所属的网段为 192.168.10.0/24，排除地址范围：192.168.10.1 — 192.168.10.10，DNS：114.114.114.114；办公室 2（VLAN 20）所属的网段为 192.168.20.0/24，排除地址范围：192.168.20.1 — 192.168.20.99，DNS：2.2.2.2。

任务分析

三层交换机可以提供 DHCP 服务，在交换机上创建 VLAN，并设置 VLAN 的 IP 地址，就可以让对应 VLAN 下的主机获取 IP 地址，实现全网互通。全局地址池模式实现 DHCP，如图 2-5-1 所示。

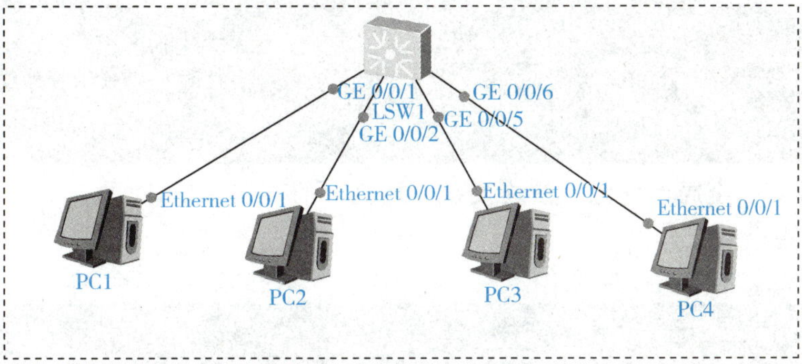
GE 0/0/1
LSW1
GE 0/0/2
GE 0/0/5
GE 0/0/6
Ethernet 0/0/1
Ethernet 0/0/1
Ethernet 0/0/1
Ethernet 0/0/1
PC1
PC2
PC3
PC4

图 2-5-1　全局地址池模式实现 DHCP

操作步骤

1. 添加四台计算机，分别更改标签为 PC1 至 PC4。
2. 添加一台三层交换机 S5700，标签名为 SW。
3. 在交换机 SW 上划分两个 VLAN（VLAN10 和 VLAN20）。

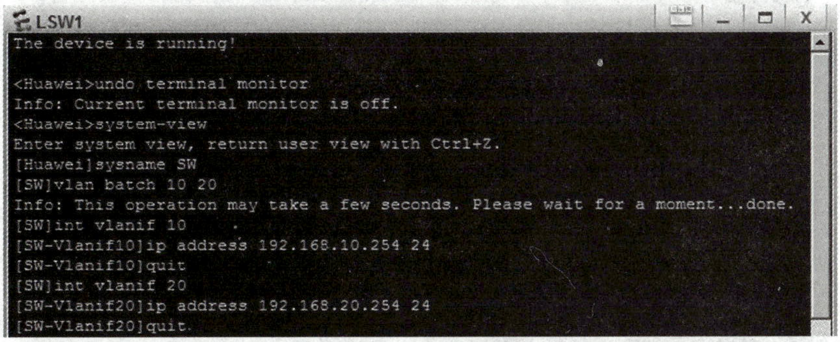
LSW1
The device is running!
<Huawei>undo terminal monitor
Info: Current terminal monitor is off.
<Huawei>system-view
Enter system view, return user view with Ctrl+Z.
[Huawei]sysname SW
[SW]vlan batch 10 20
Info: This operation may take a few seconds. Please wait for a moment...done.
[SW]int vlanif 10
[SW-Vlanif10]ip address 192.168.10.254 24
[SW-Vlanif10]quit
[SW]int vlanif 20
[SW-Vlanif20]ip address 192.168.20.254 24
[SW-Vlanif20]quit

4. PC1 连交换机 SW 的 F0/1 口，PC2 连交换机 SW 的 F0/2 口，PC3 连交换机 SW 的 F0/5 口，PC4 连交换机 SW 的 F0/6 口。

```
LSW1
[SW]interface gi 0/0/1
[SW-GigabitEthernet0/0/1]port link-type access
[SW-GigabitEthernet0/0/1]port default vlan 10
[SW-GigabitEthernet0/0/1]quit
[SW]interface gi 0/0/2
[SW-GigabitEthernet0/0/2]port link-type access
[SW-GigabitEthernet0/0/2]port default vlan 10
[SW-GigabitEthernet0/0/2]quit
[SW]interface gi 0/0/5
[SW-GigabitEthernet0/0/5]port link-type access
[SW-GigabitEthernet0/0/5]port default vlan 20
[SW-GigabitEthernet0/0/5]quit
[SW]interface gi 0/0/6
[SW-GigabitEthernet0/0/6]port link-type access
[SW-GigabitEthernet0/0/6]port default vlan 20
[SW-GigabitEthernet0/0/6]quit
```

5. 开启 DHCP 服务，建立 IP 地址池和排除地址范围。

```
LSW1
[SW]ip pool test20
Info:It's successful to create an IP address pool.
[SW-ip-pool-test20] gateway-list 192.168.20.254
[SW-ip-pool-test20] network 192.168.20.0 mask 255.255.255.0
[SW-ip-pool-test20] excluded-ip-address 192.168.20.1 192.168.20.99
[SW-ip-pool-test20] dns-list 2.2.2.2
[SW-ip-pool-test20]q
[SW]dhcp enable
[SW]ip pool test10
Info:It's successful to create an IP address pool.
[SW-ip-pool-test10]gateway-list 192.168.10.254
[SW-ip-pool-test10] network 192.168.10.0 mask 255.255.255.0
[SW-ip-pool-test10] excluded-ip-address 192.168.10.1 192.168.10.10
[SW-ip-pool-test10] dns-list 114.114.114.144
[SW-ip-pool-test10]
```

6. 关联接口和全局地址池，使连接在交换机上的不同 VLAN 的计算机获得相应的 IP 地址，从而实现全网互通。

```
LSW1
[SW]interface vlanif 10
[SW-Vlanif10]dhcp select global
[SW-Vlanif10]quit
[SW]interface vlanif 20
[SW-Vlanif20]dhcp select global
[SW-Vlanif20]quit
[SW]
```

```
PC2
基础配置 命令行 组播 UDP发包工具 串口
PC>ipconfig

Link local IPv6 address...........: fe80::5689:98ff:fee3:6223
IPv6 address......................: :: / 128
IPv6 gateway......................: ::
IPv4 address......................: 192.168.10.252
Subnet mask.......................: 255.255.255.0
Gateway...........................: 192.168.10.254
Physical address..................: 54-89-98-E3-62-23
DNS server........................: 114.114.114.144


PC>ping 192.168.20.253

Ping 192.168.20.253: 32 data bytes, Press Ctrl_C to break
Request timeout!
From 192.168.20.253: bytes=32 seq=2 ttl=127 time=31 ms
From 192.168.20.253: bytes=32 seq=3 ttl=127 time=46 ms
From 192.168.20.253: bytes=32 seq=4 ttl=127 time=47 ms
From 192.168.20.253: bytes=32 seq=5 ttl=127 time=31 ms

--- 192.168.20.253 ping statistics ---
  5 packet(s) transmitted
  4 packet(s) received
  20.00% packet loss
  round-trip min/avg/max = 0/38/47 ms
```

任务 2　接口地址池模式实现 DHCP

任务描述

某企业为办公终端规划了两个网段，网段 10.1.1.0/24 内 PC 为员工固定办公终端，网段 10.1.2.0/24 供企业出差人员临时接入网络。企业希望通过 DHCP 方式为员工固定办公终端和企业出差人员分配 IP 地址。其中，企业管理者的办公 PC(Client _ 1)由于业务需要，希望使用固定 IP 地址为 10.1.1.100/24。

任务分析

通过在网关设备 Switch 上配置 DHCP 服务器，实现为企业两个网段内的终端动态分配 IP 地址。其中，网段 10.1.1.0/24 内的 PC 为员工固定办公终端，IP 地址租期配置为 30 天；网段 10.1.2.0/24 供企业出差人员临时接入网络，IP 地址租期配置为 1 天。

接口地址池模式实现 DHCP，如图 2-5-2 所示。

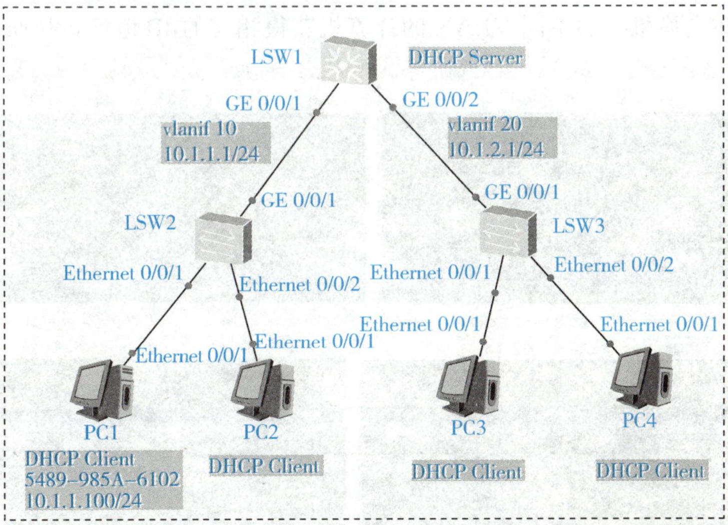

图 2-5-2　接口地址池模式实现 DHCP

操作步骤

1. 网络拓扑图。

2. 在交换机 LSW1 上划分两个 VLAN(VLAN10 和 VLAN20)，设置对应 VLAN 的 IP 地址。

```
<Huawei>u t m
Info: Current terminal monitor is off.
<Huawei>sys
Enter system view, return user view with Ctrl+Z.
[Huawei]sys LSW1
[LSW1]vlan batch 10 20
Info: This operation may take a few seconds. Please wait for a moment...done.
[LSW1]int gi0/0/1
[LSW1-GigabitEthernet0/0/1]port link-type access
[LSW1-GigabitEthernet0/0/1]port default vlan 10
[LSW1-GigabitEthernet0/0/1]q
[LSW1]int gi 0/0/2
[LSW1-GigabitEthernet0/0/2]port link-type access
[LSW1-GigabitEthernet0/0/2]port default vlan 20
[LSW1-GigabitEthernet0/0/2]q
[LSW1]int vlan 10
[LSW1-Vlanif10]ip add 10.1.1.1 24
[LSW1-Vlanif10]q
[LSW1]int vlan 20
[LSW1-Vlanif20]ip add 10.1.2.1 24
[LSW1-Vlanif20]q
[LSW1]
```

3. 开启 DHCP 服务，配置接口地址池。

```
[LSW1]dhcp enable
Info: The operation may take a few seconds. Please wait for a moment.done.
[LSW1]int  vlan 10
[LSW1-Vlanif10]dhcp select interface
[LSW1-Vlanif10]dhcp server lease day 30 租约期30天
[LSW1-Vlanif10]dhcp server static-bind ip-address 10.1.1.100 mac-address 5489-98
5A-6102 IP地址绑定MAC地址
[LSW1-Vlanif10]dhcp server ex
[LSW1-Vlanif10]dhcp server excluded-ip-address 10.1.1.250 10.1.1.253
[LSW1-Vlanif10]q                                                  排除地址范围
[LSW1]int vlan 20
[LSW1-Vlanif20]dhcp select interface
[LSW1-Vlanif20]dhcp server lease day 1
[LSW1-Vlanif20]dhcp server dns-list 8.8.8.8  自动获取DNS信息
[LSW1-Vlanif20]q
[LSW1]
```

4. 配置 DHCP 数据保存功能，设备发生故障时，可以在系统重启后，执行命令 DHCP server database recover，从存储设备文件恢复 DHCP 数据。

```
[LSW1]DHCP server database recover
```

5. 使连接在交换机上的不同 VLAN 的计算机获得相应的 IP 地址，从而实现全网互通。

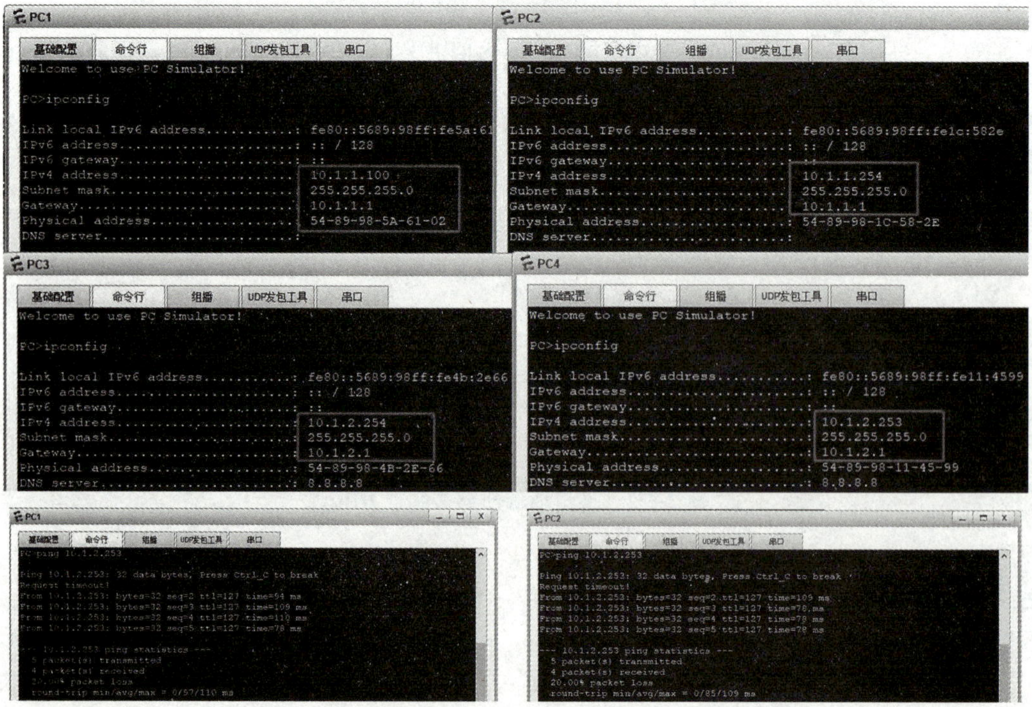
PC1
基础配置 命令行 组播 UDP发包工具 串口
Welcome to use PC Simulator!
PC>ipconfig
IPv4 address: 10.1.1.100
Subnet mask: 255.255.255.0
Gateway: 10.1.1.1
Physical address: 54-89-98-5A-61-02
PC2
Welcome to use PC Simulator!
PC>ipconfig
Link local IPv6 address: fe80::5689:98ff:fe1c:582e
IPv4 address: 10.1.1.254
Subnet mask: 255.255.255.0
Gateway: 10.1.1.1
Physical address: 54-89-98-1C-58-2E
PC3
Welcome to use PC Simulator!
PC>ipconfig
Link local IPv6 address: fe80::5689:98ff:fe4b:2e66
IPv4 address: 10.1.2.254
Subnet mask: 255.255.255.0
Gateway: 10.1.2.1
Physical address: 54-89-98-4B-2E-66
DNS server: 8.8.8.8
PC4
Welcome to use PC Simulator!
PC>ipconfig
Link local IPv6 address: fe80::5689:98ff:fe11:4599
IPv4 address: 10.1.2.253
Subnet mask: 255.255.255.0
Gateway: 10.1.2.1
Physical address: 54-89-98-11-45-99
DNS server: 8.8.8.8

巩固练习

一、选择题

1. 某 DHCP 服务器设置的地址池为：192.168.1.100-192.168.1.200，此时该网段下某台安装工作站启动后，获得的 IP 地址是 169.254.220.188，导致这一现象最可能的原因是(　　)。

A. DHCP 地址池设置错误　　B. DHCP 网关设置错误

C. 未连接到 DHCP 服务器　　D. DHCP 服务器拒绝分配 IP 地址

2. 如果 DHCP 客户端无法获得 IP 地址，将自动从(　　)地址段中选择一个作为自己的地址。

A. 169.254.0.0/16　　B. 127.0.0.0/16

C. 192.168.1.0/24　　D. 172.16.0.0/16

3. TCP/IP 中，哪个协议是用来进行 IP 地址自动分配的？(　　)

A. ARP　　B. NFS　　C. DHCP　　D. DNS

4. 当 DHCP 客户计算机第一次启动或初始化时，将(　　)消息广播发送给本地子网。

A. DHCP DISCOVER　　B. DHCP REQUEST

C. DHCP OFFER　　D. DHCP PACK

5. 键入(　　)命令，可续订客户机的租约。

A. ipconfig　　B. ipconfig/release　　C. ipconfig/all　　D. ipconfig/renew

6. 使用“DHCP 服务器”功能的好处是(　　)。

A. 降低 TCP/IP 网络的配置工作量

B. 增加系统安全与依赖性

C. 对那些经常变动位置的工作站 DHCP 能迅速更新位置信息

D. 以上都是

7. 以下哪条命令可以开启路由器接口的 DHCP 中继功能？

A. dhcp select server　　B. dhcp select global

C. dhcp select interface　　D. dhcp select relay

8. DHCP 地址池租期默认是多久？

A. 1 个月　　B. 1 小时　　C. 1 周　　D. 1 天

9. DHCP 使用(　　)协议来传输报文。

A. IP　　B. TCP　　C. UDP　　D. STP

10. DHCP 是下面(　　)的缩写。

A. Dynamic Host Configuration Protocol　　B. Dynamic Host Connection Protocol

C. Dynamic Host Connection Protocol　　D. Denial Host Configuration Protocol

11. 客户机向服务器申请延长地址及其他配置参数使用期限的报文是(　　)。

A. DHCP DISCOVER　　B. DHCP OFFER

C. DHCP REQUEST　　D. DHCP ACK

二、简答题

1. 简述 DHCP 工作过程。

2. 简述 ipconfig /all、ipconfig /release、ipconfig /renew 命令的作用。

技能练习

1.GE0/0/0 全局DHCP，实现vlan 10和vlan 20的IP地址分配：
pool name:v10---vlan 10　dns-list:1.1.1.1 租约期:1小时
pool name:v20---vlan 20　dns-list:2.2.2.2 租约期:2小时
2.GE0/0/1 接口DHCP，实现vlan 30和vlan 40的IP地址分配：
GE0/0/1.30:vlan 30　排除范围：192.168.30.200-192.168.30.254　dns-list:3.3.3.3 租约期:3小时
GE0/0/1.40:vlan 30　排除范围：192.168.30.100-192.168.30.254　dns-list:4.4.4.4 租约期:4小时
3.给PC2绑定IP地址：192.168.20.100

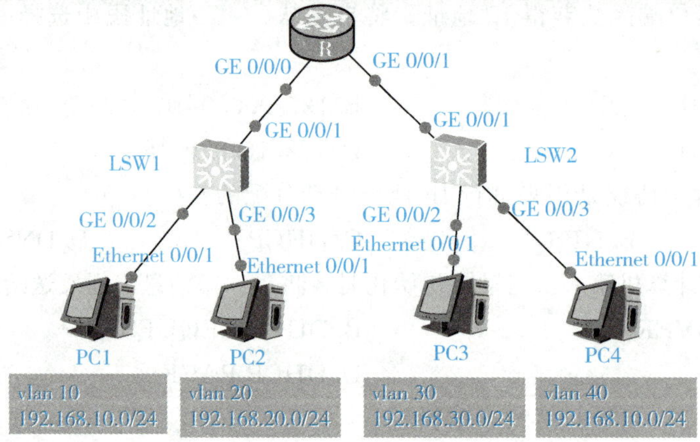

项目 6

STP 技术

学习目标

1. 基本知识

(1)理解生成树协议 STP 的工作原理。

(2)理解快速生成树协议 RSTP 的工作原理。

(3)掌握 STP 的配置方法。

(4)了解多生成树协议 MSTP 的工作原理。

2. 操作技能目标

(1)能够配置 STP。

(1)能够配置 RSTP。

知识链接

1. IEEE802.1d 协议

三种生成树协议比较，如表 2-6-1 所示。

表 2-6-1　三种生成树协议比较

生成树协议	特点	应用场景
STP	形成一棵无环路的树，解决广播风暴并实现冗余备份；收敛速度较慢	无需区分用户或业务流量，所有 VLAN 共享一棵生成树
RSTP	形成一棵无环路的树，解决广播风暴并实现冗余备份；收敛速度较快	
MSTP	形成一棵无环路的树，解决广播风暴并实现冗余备份；收敛速度较快多棵生成树在 VLAN 间实现负载均衡，不同 VLAN 的流量按照不同的路径转发	需要区分用户或业务流量，并实现负载分担。不同的 VLAN 通过不同的生成树转发流量，每棵生成树之间相互独立

第一代生成树协议：STP(IEEE802.1d)/RSTP(IEEE802.1w)。

第二代生成树协议：PVST/PVST+。

第三代生成树协议：MISTP/MSTP(IEEE802.1s)。

2. 网桥协议数据单元 BPDU

STP 需要网络设备相互交换消息来检测桥接环路，交换机发送的用于构建无环路拓扑的消息称为网桥协议数据单元 BPDU(bridge protocol data unit)。所有支持 STP 协议的交换机都会不断接收并处理收到的 BPDU，以保证当活动路径或设备发生故障时，仍然可以计算出一棵新的生成树。

BPDU 可以完成以下工作。

(1)选择一台交换机作为根交换机。

(2)计算自身到根交换机的最短路径。

(3)对于每个 LAN 网段，指定一台交换机作为最接近根的交换机，称它为指定交换机。

(4)每个非根交换机选择一个端口作为根端口，它是到根交换机路径最短的接口。

(5)在每个网段上选择属于生成树一部分的端口作为指定端口，非指定端口将被阻塞。

(6)根端口和指定端口进入转发状态，其他冗余端口属于阻塞状态。

3. 选择根网桥

每个交换机本身配置一个唯一的标识，即网桥 ID(BID)。BID 由 16 位的桥优先级(Bridge Priority)和 48 位的 MAC 地址构成(图 2-6-1)。在 STP 网络中，桥优先级是可以配置的，取值范围是 0～65535，默认值为 32768。优先级最高的设备(数值越小越优先)会被选举为根桥。如果优先级相同，则会比较 MAC 地址，MAC 地址越小则越优先。

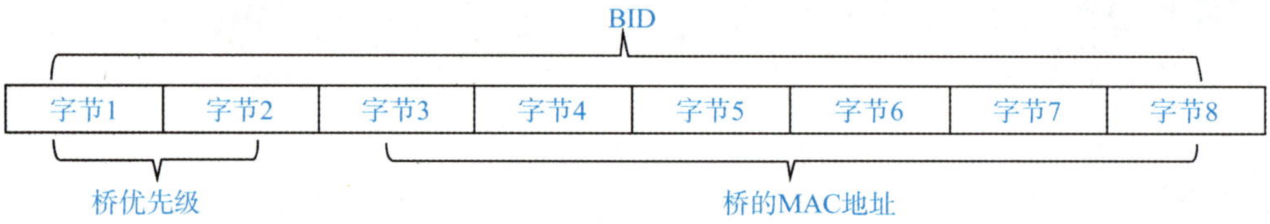

图 2-6-1　BID 的构成

当管理员非常熟悉网络状况时，可以设定交换机优先级的值来干预根交换机的选举。

4. STP 的工作过程

(1)选择根网桥。

(2)每个非根交换机选举一个根端口。

(3)每个网段选举一个指定端口。

(4)阻塞非根端口和非指定端口。

(1)选择过程

选择根网桥的过程，如图 2-6-2 所示。

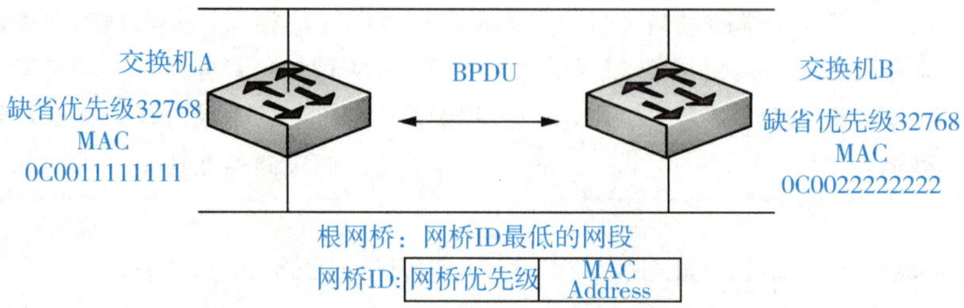

图 2-6-2　根网桥的选择过程

默认情况下，所有交换机启动时都认为自己是根桥，自己的所有端口都为指定端口，这样 BPDU 报文就可以通过所有端口转发。对端交换机收到 BPDU 报文后，会比较 BPDU 中的根桥 ID 和自己的桥 ID。如果收到的 BPDU 报文中的 BID 优先级低，接收交换机会继续通告自己的配置 BPDU 报文给邻居交换机。如果收到的 BPDU 报文中的 BID 优先级高，则交换机会修改自己的 BPDU 报文的根桥 ID 字段，宣告新的根桥为 BID 优先级高的网桥。

(2)根端口选举

每个非根桥都要选举一个根端口。根端口是距离根桥最近的端口，这个最近的衡量标准是靠路径开销来判定的，即路径开销最小的端口就是根端口。根端口的选择过程如图 2-6-3 所示。

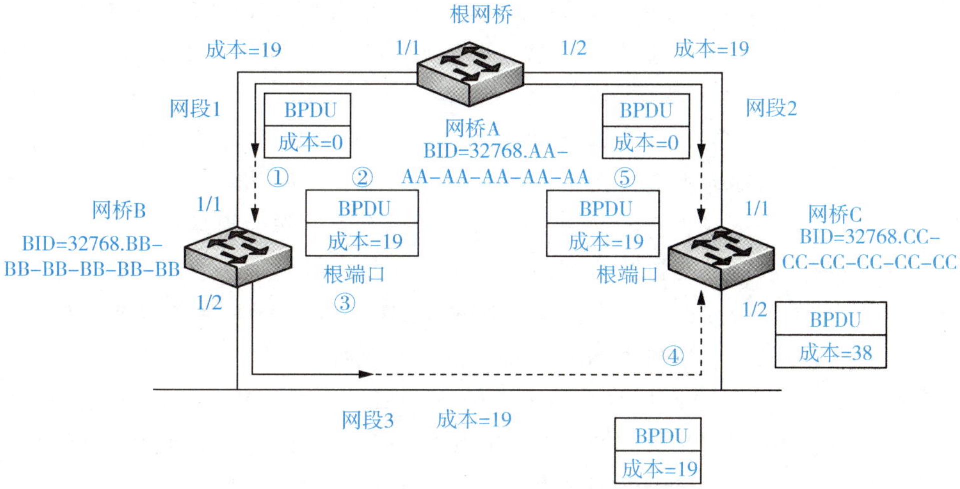

图 2-6-3　根端口的选择过程

① 网桥 A 发送的 BPDU 包含有值为 0 的根路径成本。

从一个非根桥到达根桥的路径可能有多条，每一条路径都有一个总的开销值，此开销值是该路径上所有接收 BPDU 端口的端口开销总和(即 BPDU 的流入方向端口)称为路径开销。非根桥通过对比多条路径的路径开销，选出到达根桥的最短路径，这条最短路径的路径开销被称为 RPC(Root Path Cost，根路径开销)，并生成无环树状网络。根桥的根路径开销是 0。STP 的路径成本，如表 2-6-2 所示。

表 2-6-2　STP 的路径成本

带宽	IEEE802. 1d	IEEE802. 1t
10 Mbps	100	2 000 000
100 Mbps	19	200 000
1 Gbps	4	20 000
10 Gbps	2	2000
40 Gbps	1	500

一般情况下企业网络中会存在多厂商的交换设备，华为 X7 系列交换机支持多种 STP

的路径开销计算标准，提供最大限度的兼容性。缺省情况下，华为 X7 系列交换机使用 IEEE802.1t 标准来计算路径开销。

② 当网桥 B 接收到这些 BPDU 的时候，会在 BPDU 中的根路径成本上增加端口 1/1 的路径成本。假定网络为快速以太网，当网桥 B 收到成本值为 0 的根路径，则它加上端口 1/1 的成本值(思科为 19，华为为 200 000)。

③ 网桥 B 使用 19(华为为 200 000)为成本值，并以此作为 BPDU 的根路径成本从端口 1/2 发送出去。

④ 网桥 C 从网桥 B 接收到这些 BPDU。

⑤ 网桥 C 把根路径成本增加为 38(19＋19)。然而网桥 C 也从 1/1 端口接收到来自根网桥的 BPDU，这些 BPDU 从网桥 C 的 1/1 端口进来的时候成本为 0，然后网桥 C 将其成本增加到 19。这时，网桥 C 要做出一个决定：它必须从中选出一个根端口(开销值最小的端口)。进过计算 1/1 的路径成本为 19，1/2 的路径成本为 38，因此根端口选举为 1/1。

⑥ 端口收到一个 BPDU 报文后，会抽取该 BPDU 报文中根路径开销字段的值，加上该端口本身的端口开销即为本端口路径开销。如果有两个或两个以上的端口计算得到的累计路径开销相同，那么选择收到发送者 BID 最小的那个端口作为根端口。

如果两个或两个以上的端口连接到同一台交换机上，则选择发送者 PID 最小的那个端口作为根端口。如果两个或两个以上的端口通过 HUB 连接到同一台交换机的同一个接口上，则选择本交换机的这些端口中的 PID 最小的作为根端口。

运行 STP 交换机的每个端口都有一个端口 ID(PID)，端口 ID 由端口优先级和端口号构成。端口优先级取值范围是 0 到 240，步长为 16，即取值必须为 16 的整数倍。

一个桥(交换机)的 PID 定义方法有很多种，常见的有以下两种。

- 1 字节端口优先级＋1 字节端口编号。
- 4 bit 端口优先级＋12bit 端口编号。

缺省情况下，端口优先级是 128。端口 ID(Port ID)可以用来确定端口角色。

⑦ 同理，可以选出网桥 B 的根端口为 1/1。

(3)指定端口的选举

每个网段选举一个指定端口并阻塞非指定端口的过程，如图 2-6-4 所示。

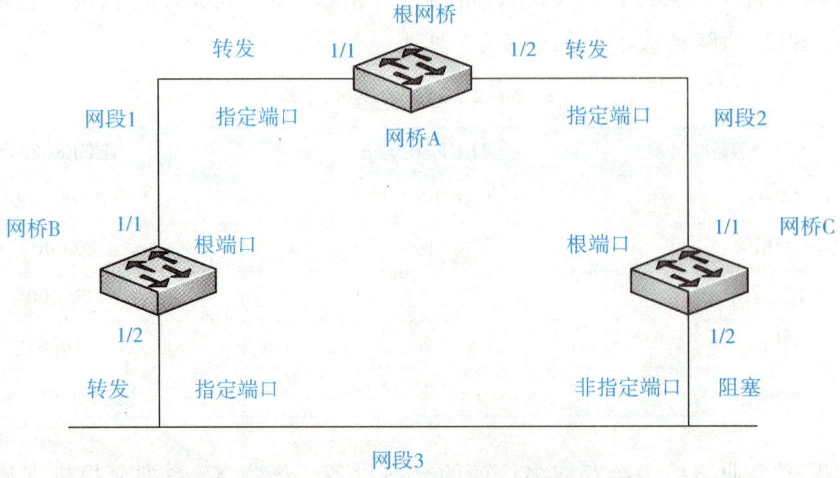

图 2-6-4　已确定端口状态的网络实例

① 在网段上抑制其他端口（无论是自己的还是其他设备的）发送 BPDU 报文的端口，就是该网段的指定端口。每个网段都应该有一个指定端口，根桥的所有端口都是指定端口（除非根桥在物理上存在环路）。

② 指定端口的选举也是首先比较累计路径开销，累计路径开销最小的端口就是指定端口。如果累计路径开销相同，则比较端口所在交换机的桥 ID，所在桥 ID 最小的端口被选举为指定端口。如果通过累计路径开销和所在桥 ID 选举不出来，则比较端口 ID，端口 ID 最小的被选举为指定端口。

③ 网络收敛后，只有指定端口和根端口可以转发数据。其他端口为预备端口，被阻塞，不能转发数据，只能从所连网段的指定交换机接收到 BPDU 报文，并以此来监视链路的状态。

5. 端口状态

运行 STP 协议的设备上端口状态有以下 5 种，如图 2-6-5 所示。

(1)Forwarding：转发状态。端口既可转发用户流量也可转发 BPDU 报文，只有根端口或指定端口才能进入 Forwarding 状态。

(2)Learning：学习状态。端口可根据收到的用户流量构建 MAC 地址表，但不转发用户流量增加 Learning 状态是为了防止临时环路。

(3)Listening：侦听状态。端口可以转发 BPDU 报文，但不能转发用户流量。

(4)Blocking：阻塞状态。端口仅仅能接收并处理 BPDU，不能转发 BPDU，也不能转发用户流量。此状态是预备端口的最终状态。

(5)Disabled：禁用状态。端口既不处理和转发 BPDU，也不转发用户流量。

STP端口状态	接收BPDU	转发BPDU	学习MAC	转发数据	过渡状态	稳定状态
Disabled	×	×	×	×	×	√
Blocking	√	×	×	×	×	√
Listening	√	√	×	×	√	×
Learning	√	√	√	×	√	×
Forwarding	√	√	√	√	×	√

图 2-6-5　端口转发状态

6. STP 的缺点

STP 协议的缺陷主要表现在收敛速度上，如图 2-6-6 所示。

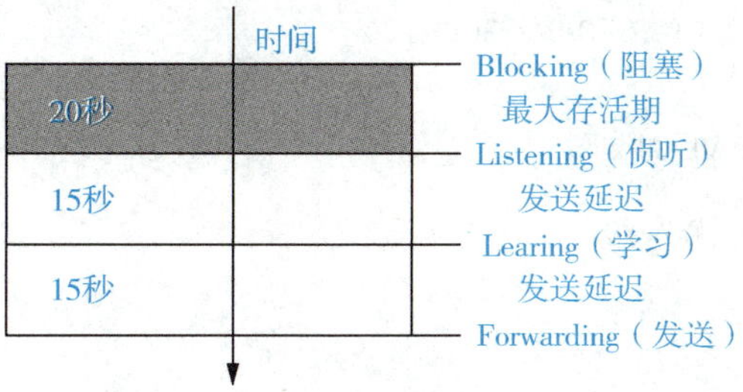

图 2-6-6　STP 收敛时间

任务1　生成树协议STP

任务描述

菏泽工程技师学院现有校园监控网络，由于监控较容易出现故障，为避免维修人员接错链路，导致交换机环路故障，请设计相应技术解决。

任务分析

一个局域网通常由多个交换机互连而成，为了避免广播风暴，需要保证在网络中不存在路径回环，也就是说所有链路应该组成一棵无回环的树，交换机上的STP协议(生成树协议，spanning tree protocol)就实现了这样的功能。STP网络拓扑图，如图2-6-7所示。

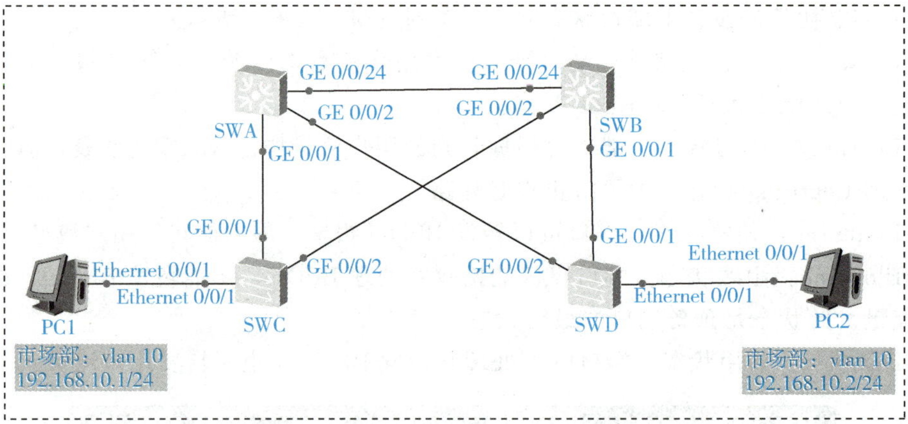

图2-6-7　STP网络拓扑图

操作步骤

1. 交换机的基本配置。

```
• sysname SWA        //其他交换机名称进行相应改动即可。
• VLAN 10
• description market
• port-group 1
• group-member Gi 0/0/1 to Gi 0/0/2 Gi 0/0/24
• port link-type trunk
• port trunk allow-pass VLAN all
```

2. 配置生成树协议及优先级。

```
• [SWA]stp mode stp
• [SWA]stp enable
• [SWA]stp root primary(制定 SWA 为根交换机,优先级自动设置为 0,不能更改)
• [SWB]stp enable
• [SWB]stp mode stp
```

- [SWB]stp root secondary(制定 SWB 为备用根交换机，优先级自动设置为 4096)或者采用修改优先级的方法设置根网桥：
- [SWA]stp enable
- [SWA]stp mode stp
- [SWA]stp priority 0(优先级手动设置为 0，默认为 32768，优先级应为 4096 的倍数)
- [SWB]stp enable
- [SWB]stp mode stp
- [SWB]stp priority 4096(优先级手动设置为 4096。范围 0-65535)

3. 任务验收。

(1)使用 display VLAN 命令验证各交换机上的 VLAN 配置信息。

(2)使用 display stp 命令查看 SWA 和 SWB 上的 STP 模式。

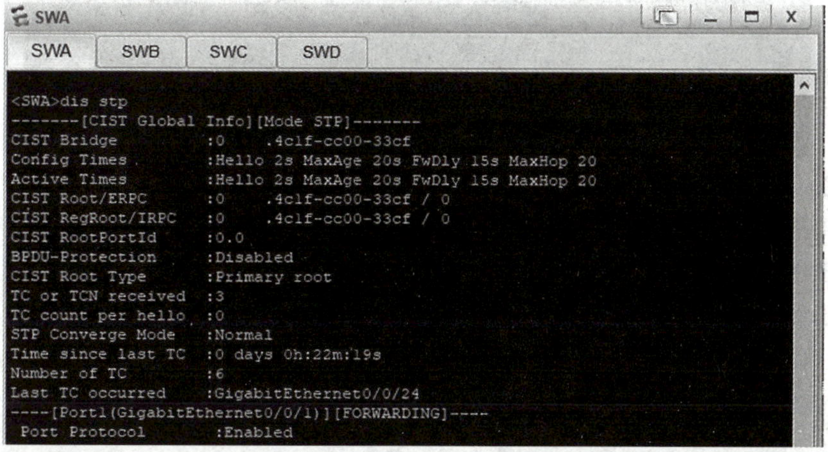
SWA
SWA SWB SWC SWD
<SWA>dis stp
-------[CIST Global Info][Mode STP]-------
CIST Bridge :0 .4c1f-cc00-33cf
Config Times :Hello 2s MaxAge 20s FwDly 15s MaxHop 20
Active Times :Hello 2s MaxAge 20s FwDly 15s MaxHop 20
CIST Root/ERPC :0 .4c1f-cc00-33cf / 0
CIST RegRoot/IRPC :0 .4c1f-cc00-33cf / 0
CIST RootPortId :0.0
BPDU-Protection :Disabled
CIST Root Type :Primary root
TC or TCN received :3
TC count per hello :0
STP Converge Mode :Normal
Time since last TC :0 days 0h:22m:19s
Number of TC :6
Last TC occurred :GigabitEthernet0/0/24
----[Port1(GigabitEthernet0/0/1)][FORWARDING]----
Port Protocol :Enabled

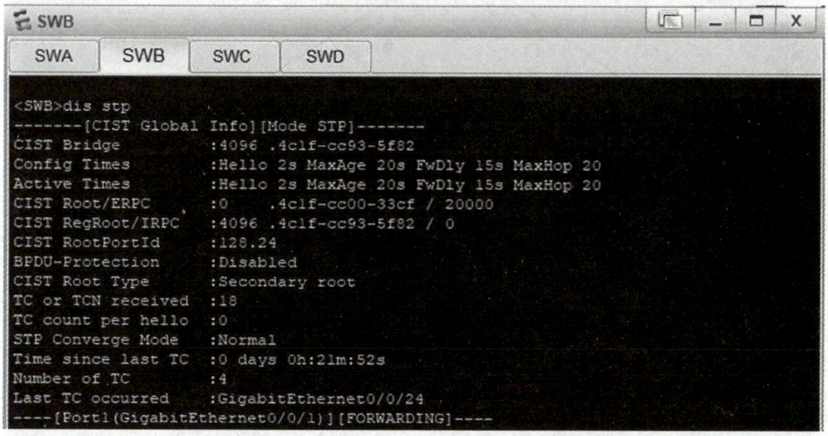
SWB
SWA SWB SWC SWD
<SWB>dis stp
-------[CIST Global Info][Mode STP]-------
CIST Bridge :4096 .4c1f-cc93-5f82
Config Times :Hello 2s MaxAge 20s FwDly 15s MaxHop 20
Active Times :Hello 2s MaxAge 20s FwDly 15s MaxHop 20
CIST Root/ERPC :0 .4c1f-cc00-33cf / 20000
CIST RegRoot/IRPC :4096 .4c1f-cc93-5f82 / 0
CIST RootPortId :128.24
BPDU-Protection :Disabled
CIST Root Type :Secondary root
TC or TCN received :18
TC count per hello :0
STP Converge Mode :Normal
Time since last TC :0 days 0h:21m:52s
Number of TC :4
Last TC occurred :GigabitEthernet0/0/24
----[Port1(GigabitEthernet0/0/1)][FORWARDING]----

(3)使用 display stp brief 命令查看 SWC 和 SWD 上的 STP 状态。

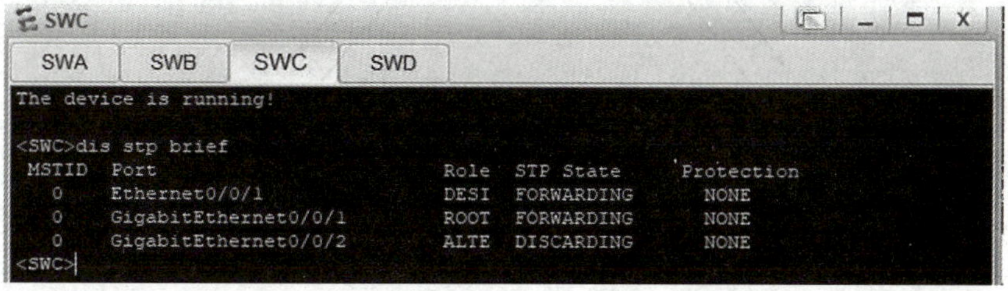
SWC
SWA SWB SWC SWD
The device is running!
<SWC>dis stp brief
MSTID Port Role STP State Protection
0 Ethernet0/0/1 DESI FORWARDING NONE
0 GigabitEthernet0/0/1 ROOT FORWARDING NONE
0 GigabitEthernet0/0/2 ALTE DISCARDING NONE
<SWC>

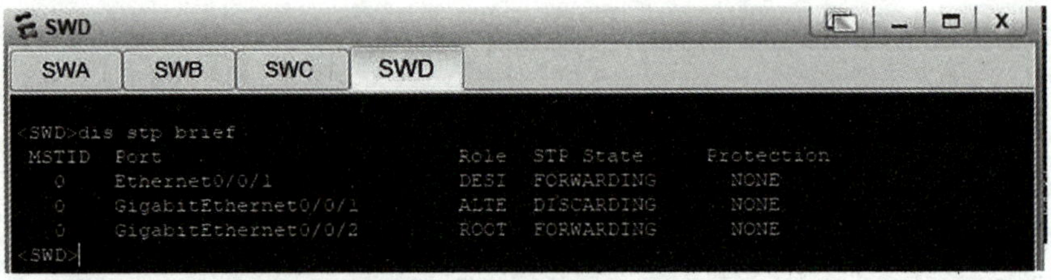
SWD
SWA
SWB
SWC
SWD
<SWD>dis stp brief
MSTID Port Role STP State Protection
0 Ethernet0/0/1 DESI FORWARDING NONE
0 GigabitEthernet0/0/1 ALTE DISCARDING NONE
0 GigabitEthernet0/0/2 ROOT FORWARDING NONE
<SWD>

(4)使用 ping 命令测试部门计算机的连通情况。

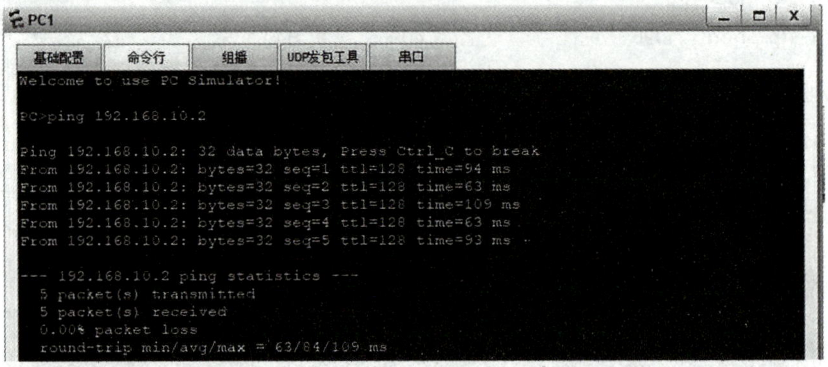
PC1
基础配置
命令行
组播
UDP发包工具
串口
Welcome to use PC Simulator!
PC>ping 192.168.10.2
Ping 192.168.10.2: 32 data bytes, Press Ctrl_C to break
From 192.168.10.2: bytes=32 seq=1 ttl=128 time=94 ms
From 192.168.10.2: bytes=32 seq=2 ttl=128 time=63 ms
From 192.168.10.2: bytes=32 seq=3 ttl=128 time=109 ms
From 192.168.10.2: bytes=32 seq=4 ttl=128 time=63 ms
From 192.168.10.2: bytes=32 seq=5 ttl=128 time=93 ms
--- 192.168.10.2 ping statistics ---
5 packet(s) transmitted
5 packet(s) received
0.00% packet loss
round-trip min/avg/max = 63/84/109 ms

4. 练习

(1)指出图 2-6-8 中哪台设备是根桥?

(2)指出图 2-6-9 中哪个是根端口?

(3)指出图 2-6-10 中哪个是指定端口和阻塞端口?

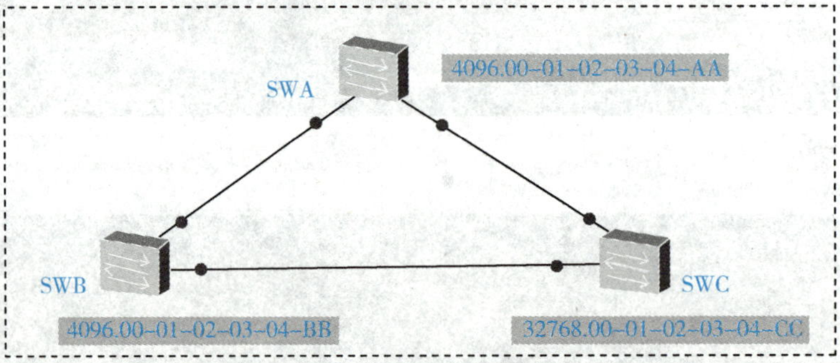
SWA
4096.00-01-02-03-04-AA
SWB
4096.00-01-02-03-04-BB
SWC
32768.00-01-02-03-04-CC

图 2-6-8　根桥

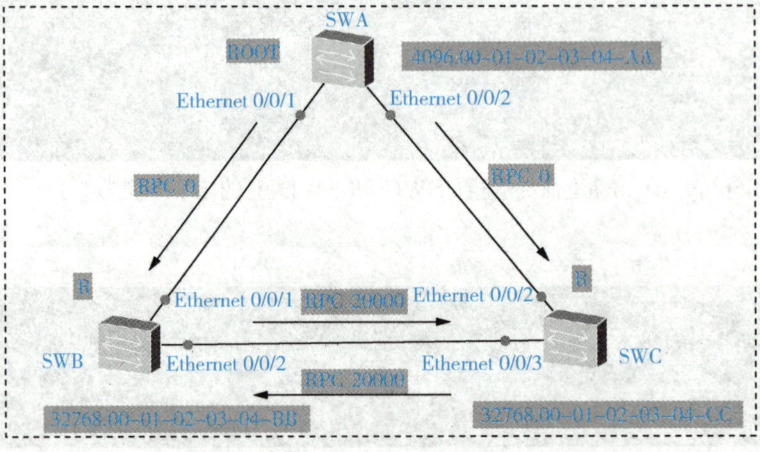
SWA
ROOT
4096.00-01-02-03-04-AA
Ethernet 0/0/1
Ethernet 0/0/2
RPC 0
RPC 0
R
R
Ethernet 0/0/1
RPC 20000
Ethernet 0/0/2
SWB
Ethernet 0/0/2
Ethernet 0/0/3
SWC
RPC 20000
32768.00-01-02-03-04-BB
32768.00-01-02-03-04-CC

图 2-6-9　根端口

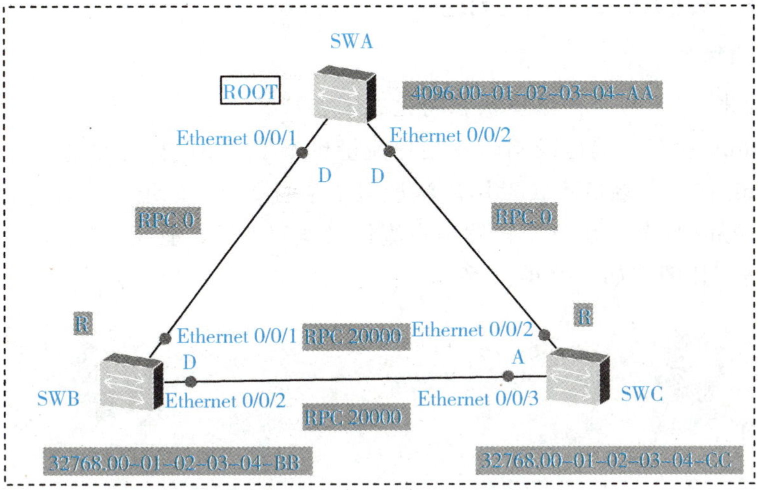

图 2-6-10　指定端口和阻塞端口

任务 2　快速生成树协议 RSTP

任务描述

在实际的应用中，生成树协议最主要的缺点是端口从阻塞状态到转发状态需要两倍的转发延时，导致网络的连通性至少要几十秒的时间之后才能恢复。

某学校为了开展计算机教学和网络办公，建立了一个计算机教室和一个校办公区，这两处的计算机网络通过两台交换机互连组成内部校园网，为了提高网络的可靠性，网络管理员用两条链路将交换机互连，现要在交换机上做适当配置，使网络避免环路。同时为了保证网络故障时有较短的收敛时间，使用 RSTP 技术。

任务分析

1. 快速生成树协议 RSTP 的改进之处

为了尽量避免网络失去连通性，在 IEEE802.1d 协议的基础之上，进行了一些改进，就产生了 IEEE802.1w 协议。RSTP 协议在 STP 协议基础上做了三点重要改进，使得收敛速度快得多(最快 1 秒以内)，IEEE802.1w 协议又称为快速生成树协议 RSTP。

第一点改进：为根端口和指定端口设置了快速切换用的替换端口(Alternate Port)和备份端口(Backup Port)两种角色，当根端口/指定端口失效的情况下，替换端口/备份端口就会无时延地进入转发状态。

第二点改进：在只连接了两个交换端口的点对点链路中，指定端口只需与下游交换机进行一次握手就可以无时延地进入转发状态。

第三点改进：直接与终端相连而不是把其他网桥相连的端口定义为边缘端口(Edge Port)。边缘端口可以直接进入转发状态，不需要任何延时。

2. RSTP 与 STP 的兼容性

在理想条件下，RSTP 应当是网络中使用的默认生成树协议。由于 STP 与 RSTP 之间的兼容性，由 STP 到 RSTP 转换是无缝的。

3. 简化端口状态

RSTP 把原来 STP 的 5 种端口状态简化成了 3 种。

(1)Discarding 状态，端口既不转发用户流量也不学习 MAC 地址。

(2)Learning 状态，端口不转发用户流量但是学习 MAC 地址。

(3)Forwarding 状态，端口既转发用户流量又学习 MAC 地址。

RSTP 网络拓扑图，如图 2-6-11 所示。

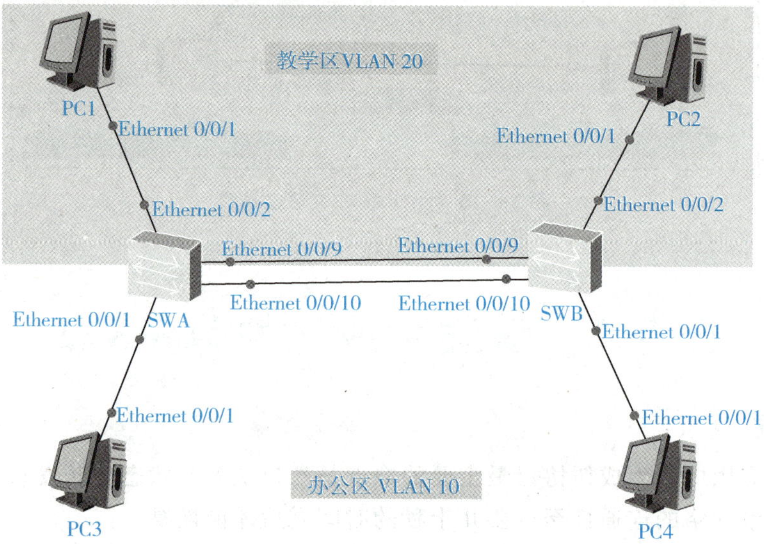

图 2-6-11　RSTP 网络拓扑图

操作步骤

1. 设置 VLAN 信息，配置交换机 SWA 为 RSTP，优先级 4096。

```
SWA
<Huawei>system-view
Enter system view, return user view with Ctrl+Z.
[Huawei]sysname SWA
[SWA]vlan batch 10 20
Info: This operation may take a few seconds. Please wait for a moment...done.
[SWA]int eth 0/0/1
[SWA-Ethernet0/0/1]port link-type access
[SWA-Ethernet0/0/1]port default vlan 10
[SWA-Ethernet0/0/1]quit
[SWA]int eth 0/0/2
[SWA-Ethernet0/0/2]port link-type access
[SWA-Ethernet0/0/2]port default vlan 20
[SWA-Ethernet0/0/2]quit
[SWA]port-group 1
[SWA-port-group-1]group-member eth 0/0/9 to eth 0/0/10
[SWA-port-group-1]port link-type trunk
[SWA-Ethernet0/0/9]port link-type trunk
[SWA-Ethernet0/0/10]port link-type trunk
[SWA-port-group-1]port trunk allow-pass vlan 10 20
[SWA-Ethernet0/0/9]port trunk allow-pass vlan 10 20
[SWA-Ethernet0/0/10]port trunk allow-pass vlan 10 20
[SWA-port-group-1]quit
[SWA]stp mode rstp
Info: This operation may take a few seconds. Please wait for a moment...done.
[SWA]stp instance 0 priority 4096
[SWA]
```

2. 配置交换机 SWB，配置同 SWA，优先级为 8192。

3. 验证测试：PC3 ping PC4，期间断掉一条链路 Eth 0/0/10，再连接上该链路，数据传输过程中未出现丢包现象。

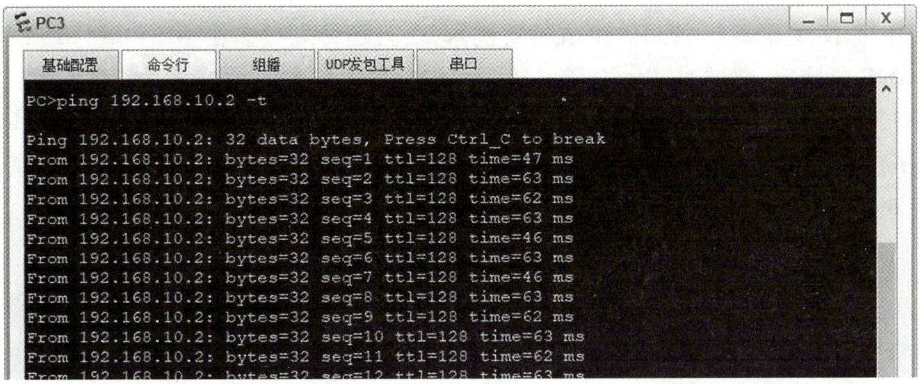
PC3
基础配置
命令行
组播
UDP发包工具
串口
PC>ping 192.168.10.2 -t
Ping 192.168.10.2: 32 data bytes, Press Ctrl_C to break
From 192.168.10.2: bytes=32 seq=1 ttl=128 time=47 ms
From 192.168.10.2: bytes=32 seq=2 ttl=128 time=63 ms
From 192.168.10.2: bytes=32 seq=3 ttl=128 time=62 ms
From 192.168.10.2: bytes=32 seq=4 ttl=128 time=63 ms
From 192.168.10.2: bytes=32 seq=5 ttl=128 time=46 ms
From 192.168.10.2: bytes=32 seq=6 ttl=128 time=63 ms
From 192.168.10.2: bytes=32 seq=7 ttl=128 time=46 ms
From 192.168.10.2: bytes=32 seq=8 ttl=128 time=63 ms
From 192.168.10.2: bytes=32 seq=9 ttl=128 time=62 ms
From 192.168.10.2: bytes=32 seq=10 ttl=128 time=63 ms
From 192.168.10.2: bytes=32 seq=11 ttl=128 time=62 ms

说明：

1. 交换机 B 的基本配置同交换机 A，此例是以交换机 A 为根网桥的。

2. 步骤 1 中 STPinstance 0 priority 4096 命令可以将 instance 0 去掉，意思为创建实例 0，实例在 MSTP 中使用较多，RSTP 较少使用。

3. 设置 VLAN 的优先级应为 4096 的倍数，值越小，优先级越高，默认为 32768。

4. 建议设置连接终端 PC 机的端口为边缘端口，可以减少收敛时间。设置边缘端口的方法为：进入该端口，输入 stp edged-port enable，如果设置了边缘接口，该接口又连接了交换机，则该接口会变成非边缘接口，除非设置 BPDU 保护，方法：系统视图下 STP BPDU protection，配置保护后，只要边缘端口收到 BPDU，则立刻被关闭该端口。

5. 默认情况下，两个交换机间的多条冗余链路仅有一条是处于工作状态，其他链路都处于关闭状态，只有当其他链路出现故障或断开的情况下才会启用。但如果设置了生成树的 VLAN 负载均衡技术，则可以实现多条链路同时工作，这在一定程度上实现了网络带宽的拓容，从而提升网络的速度。

任务 3　多生成树协议 MSTP

任务描述

MSTP 是一种无环，多棵生成树，既可以解决广播风暴，又可以实现 VLAN 间负载均衡，不同 VLAN 的流量不同路径转发。

任务分析

1. MSTP 产生背景

IEEE 于 2002 年发布的 802.1s 标准定义了 MSTP，RSTP 和 STP 缺点。

(1)同一局域网内所有的 VLAN 共享一个生成树，无法在 VLAN 间实现数据流量的负载均衡。

(2)链路利用率低，被阻塞的冗余链路不承载任何流量，造成了带宽的浪费，还可能造成部分 VLAN 报文无法转发。

MSTP 兼容 STP 和 RSTP，既可以快速收敛，又能使不同 VLAN 的流量沿各自的路径转发，从而为冗余链路提供了更好的负载分担机制。

2. MSTP 基本概念

MSTP 不仅涉及多个 MSTI(生成树实例)，而且还可划分多个 MST 域(MST Region，也称为 MST 区域)。总的来说，一个 MSTP 网络可以包含一个或多个 MST 域，而每个 MST 域中又可包含一个或多个 MSTI。组成每个 MSTI 的是其中运行 STP/RSTP/MSTP 的交换设备，是这些交换设备经 MSTP 协议计算后形成的树状网络。MSTP 网络层次结构如图 2-6-12 所示。

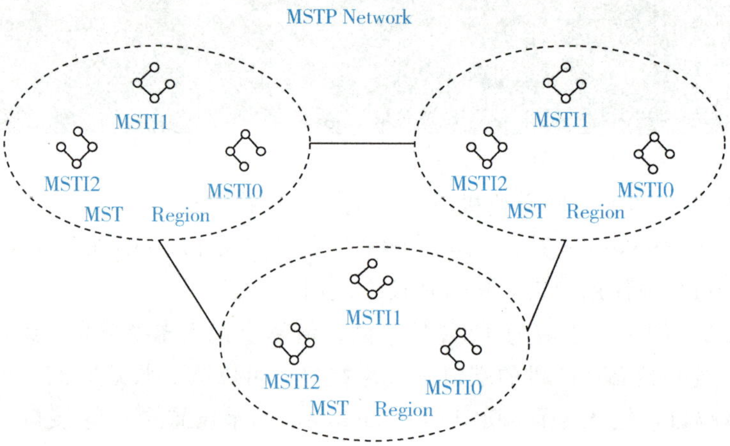

图 2-6-12　MSTP 网络层次结构

(1)MSTP 域

同一 MSTP 域设备的特点如下。

① 都启动 MSTP。

② 具有相同的域名。

③ 具有相同的 VLAN 到生成树实例映射配置。

④ 具有相同的 MSTP 修订级别配置。

一个 MSTP 网络可以存在多个 MST 域，各 MST 域之间在物理上直接或间接相连。用户可以通过 MSTP 配置命令把多台交换设备划分在同一个 MST 域内。

(2)MSTI 多生成树实例

MSTI 是指 MST 域内的生成树。一个 MST 域内可以通过 MSTP 生成多棵生成树，各棵生成树之间彼此独立。一个 MSTI 可以与一个或者多个 VLAN 对应，但一个 VLAN 只能与一个 MSTI 对应。

(3)VLAN 映射表

VLAN 映射表是 MST 域的属性，描述了 VLAN 和 MST 域中对应 MSTI 之间的映射关系。也就是把那些 VLAN 分别加入哪个 MSTI 中。

(4)IST－内部生成树

IST 是各个 MST 域内部的一棵生成树，是仅针对具体的 MST 域来计算的。但它是一个特殊的 MSTI，其 MSTI ID 为 0，即 IST 通常称为 MSTI0。每个 MST 域中只有一个

IST，包括对应 MST 域中所有互连的交换机。

(5)CST—公共生成树

CST：是连接整个 MSTP 网络内所有 MST 域的一棵单生成树，是针对整个 MSTP 网络来计算的，每个网络中只有一个 CST，每个 MST 域中的 IST 是整个 MSTP 网络 CIST 在对应 MST 与中的一个片段。

(6)CIST—公共和内部生成树

CIST 是通过 STP 或 RSTP 协议计算生成的，连接整个 MSTP 网络内所有交换机的单生成树，由 IST 和 CST 共同构成。这里要注意了，上面介绍的 CST 是连接交换网络中所有 MST 域的单生成树，而此处的 CIST 则是连接交换网络内的所有交换机的单生成树。即每个 MSTP 网络中也只有一个 CIST。交换网络中的所有 MST 域的 IST 和 CST 一起构成一棵完整的生成树，也就是这里的 CIST。多 MST 域的 MSTP 网络如图 2-6-13 所示。

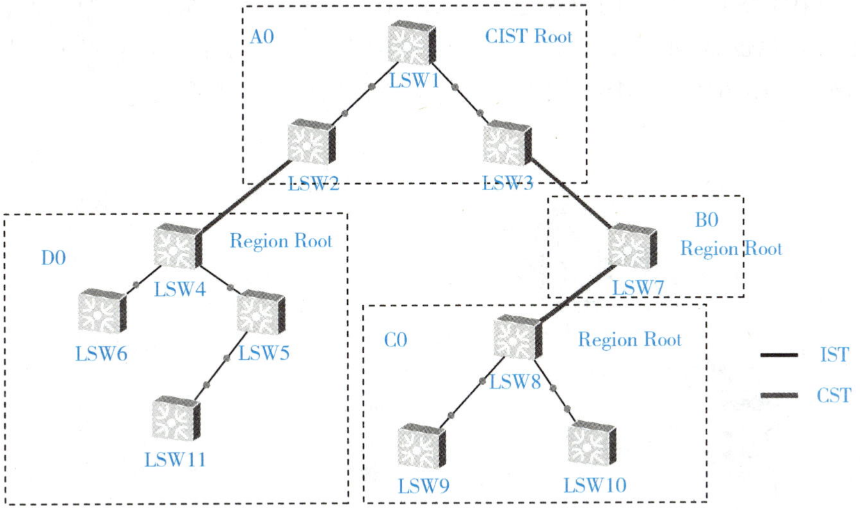

图 2-6-13 多 MST 域的 MSTP 网络

(7)SST

构成 SST(生成树)有以下两种情况。

① 运行 STP 或 RSTP 生成树协议的交换机只属于一个生成树。

② MST 与中只有一个交换机，这个交换机构成了生成树，如图 2-6-13 的 B0 区域。

(8)总根：总根是 CIST 生成树的根桥，通常是交换网络中最上层的交换机，图 2-6-13 中的总根是 A0 域中的 IST 生成树的根，一个 MSTP 网络只有一个总根。

(9)根域：在 MSTP 网络中，每 MST 域都有一个特殊的 IST 实例，以及许多 MSTI 实例，所以域根(Regional Root)又分为 IST 域根和 MSTI 域根。

• 各个 MST 域中的 IST 生成树中举例 CIST 总根举例最近的交换机是 IST 域根，总根所在 MST 域的 IST 域根就是总根。

• MSTI 的域根是对应生成树实例的树根，域中不同的 MSTI 有各自的域根。而且，MST 域内各棵生成树的拓扑不同，域根也可能不同。

3. MSTP 端口角色

MSTP 端口角色相比 RSTP 中多一个主端口(Master Port)，根端口、指定端口、Alternate 端口、Backup 端口和边缘端口这五种主要端口角色的作用与 RSTP 协议中对应的端口角色定义完全相同。与 RSTP 相同，在 MSTP 中除了边缘端口外，其他端口都参与 MSTP 的计算过程，同一端口在不同生成树中担任不同角色。

(1)Master 端口(只有 MSTI 上存在，IST/CST/CIST 中不存在)：Master 端口是 MST 域和总根相连的所有路径中最短路径上的端口，它是交换机上连接 MST 域到总根的端口。Master 端口是域中的报文去往总根的必经之路。Master 端口是特殊域边缘端口，Master 端口在 CST/CIST 上的角色是根端口，在其他各实例上的角色都是 Master。在图中，交换设备 S1、S2、S3、S4 和它们之间的链路构成一个 MST 域，SI 交换设备的端口 AP1 在域内的所有端口中到总根的路径开销最小，所以 API 为 Master 端口。

(2)域边缘端口：域边缘端口是指位于 MST 域的边缘并连接其他 MST 域或 SST 的端口。进行 MSTP 计算时，域边缘端口在 MSTI 上的角色和 CIST 实例的角色保持一致。即如果边缘端口在 CIST 实例上的角色是 Master 端口(连接域到总根的端口)，则它在域内所有 MSTI 上的角色也是 Master 端口。在图中，AP1 是域边缘端口，它在 CIST 上的角色是 Master 端口，则 AP1 在 MST 域内所有生成树实例上的角色都是 Master 端口，如图 2-6-14 所示。

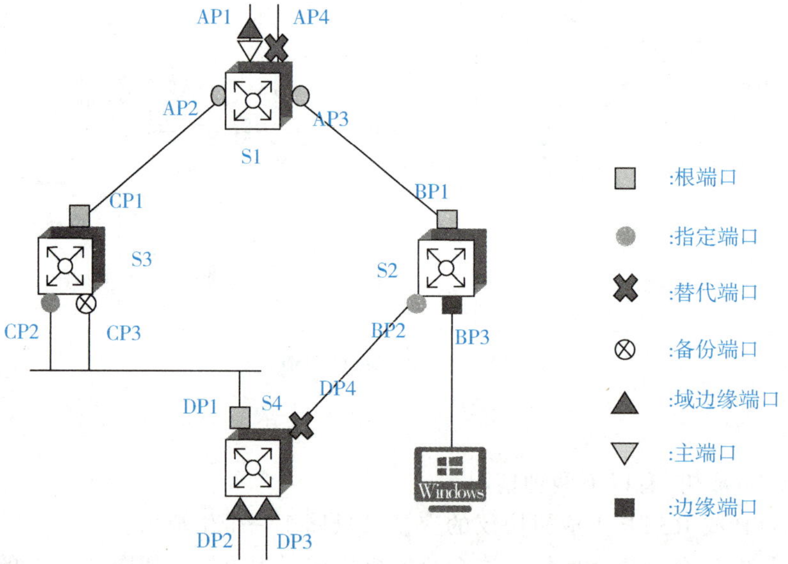

图 2-6-14 MSTP 端口

(3)根端口：非根交换机上到根交换机开销最小的端口就是该交换机的根端口。

(4)指定端口：该交换机向下游交换机发送 BPDU 或者数据流量的端口。

(5)边缘端口：位于网络最边缘处，不参与生成树计算，一般作为连接非交换机设备。

(6)替换端口：从转发流量的角度来看，替换端口提供了到达根交换机的一个备份链路。其接口状态为阻塞，不转发数据流量。当根端口被阻塞时，预备端口将成为新的根端口，主要是为了备份根端口。

(7)备份端口：当同一台交换机的两个端口互相连接时就会形成一个环路，此时交换机会将其中一个端口堵塞，备份端口就是被堵塞的端口；从发送 BPDU 来看，备份端口就是由于学习到本设备上的其他端口发送的 BPDU 而被堵塞的端口；从转发用户流量来看，备份端口作为指定端口的备份，提供了一条从根交换机到叶节点(非根交换机)的备份链路；主要是备份指定端口。

5. MSTP 的收敛机制与 RSTP 是完全一样的。

MSTP 的端口状态与收敛机制如表 2-6-3 所示。

表 2-6-3　MSTP 的端口状态与收敛机制

端口角色端口状态	根端口/Master 端口	指定端口	域边缘端口	Alternate 端口	Backup 端口
Forwarding	√	√	√	—	—
Learning	√	√	√	—	—
Discarding	√	√	√	√	√

6. MSTP 拓扑计算原理

MSTP 将整个层网络划分为多个 MST 域，把每个域视为一个节点。各个 MST 域之间按照 STP 或者 RSTP 协议算法进行计算并生成 CST(是单生成树)；在一个 MST 域内则是通过 MSTP 协议算法计算生成若干个 MSTI(是多生成树)，其中实例 0 被称为 IST。MSTP 使用 MST BPDU(Multiple Spanning Tree Bridge Protocol Data Unit，多生成树桥协议数据单元)作为生成树计算的依据。MST BPDU 报文用来计算生成树的拓扑、维护网络拓扑以及传达拓扑变化记录。

(1)MSTP 向量优先级

MSTP 向量优先级如表 2-6-4 所示。

表 2-6-4　MSTP 向量优先级

优先级向量名	说明
根桥 ID	根桥 ID 用于选择 CIST 中的根桥。在 BPDU 中对应的网桥 ID，计算公式为：Priority(16bits)＋MAC(48 bits)
外部路径开销(ERPC)	从 MST 域根到达总根的路径开销。MST 域内所有交换机上保存的外部路径开销相同。若 CIST 根桥在域中，则域内所有交换机上保存的外部路径开销为 0
域根 ID	也就是通常所说的 MSTI 树根，域根 ID 用于选择 MSTI 中的树根。它也是通过网桥 ID 来选举的，计算公式为：Priority(16bits)＋ MAC(48 bits)
内部路径开销(IRPC)	本交换机到达域根桥的路径开销。域边缘端口保存的内部路径开销值大于(优先级越低)非域边缘端口保存的内部路径开销
指定桥	CIST 或 MSTI 实例的指定桥是本交换机通往域根的最邻近的上游交换机。如果本交换机就是总根或域根，则指定桥为自己

(续表)

优先级向量名	说明
指定端口	指定桥上与本交换机根端口相连的端口就是指定端口。其端口 ID(Port ID)=Priority(8 位)+端口号(8 位)
接收端口	端口优先级必须是 16 的整数倍接收到 BPDU 报文的端口。其端口 ID(Port ID)=Priority(8 位)+端口号(8 位)

最小向量拥有最高优先级，比较规则如下。

① 首先，比较根桥 ID。

② 如果根桥 ID 相同，再比较外部路径开销。

③ 如果外部路径开销还相同，再比较域根 ID。

④ 如果域根 ID 仍然相同，再比较内部路径开销。

⑤ 如果内部路径仍然相同，再比较指定桥 ID。

⑥ 如果指定桥 ID 仍然相同，再比较指定端口 ID。

⑦ 如果指定端口 ID 还相同，再比较接收端口 ID。

(2)CIST 的计算

经过配置消息交换比较后，首先在整个网络中选择一个优先级最高的交换机作为 CIST 的树根，然后在每个 MST 域内通过 MSTP 协议算法计算生成 IST；同时 MSTP 将每个 MST 域作为单台交换机对待，通过 STP 或者 RSTP 协议算法在 MST 域间计算生成 CST。CST 和 IST 构成了整个交换机网络的 CIST。

(3)MSTI 的计算

在 MST 域内，MSTP 根据 VLAN 和生成树实例的映射关系，针对不同的 VLAN 生成不同的生成树实例，特点如下。

① 每个 MSTI 独立计算自己的生成树，互不干扰。

② 每个 MSTI 的生成树计算方法与 RSTP 基本相同。

③ 每个 MSTI 的生成树可以有不同的根，不同的拓扑。

④ 每个 MSTI 在自己的生成树内发送 BPDU。

⑤ 每个 MSTI 的拓扑通过命令配置决定(不是自动生成的)。

⑥ 每个端口在不同 MSTI 上的生成树参数可以不同。

⑦ 每个端口在不同 MSTI 上的角色、状态可以不同。

(4)MSTI 生成树算法实现

在一开始时，每台交换机的各个端口会生成以自身交换机为根桥的配置消息，其中根路径开销为 0，指定桥 ID 为自身交换机 ID，指定端口为本端口。每台交换机都向外发送自己的配置消息，并在接收到其他配置消息后进行如下处理。

① 当端口收到比自身的配置消息优先级低(优先级的比较就是根据前面介绍的向量优先级比较规则进行的)的配置消息时，交换机把接收到的配置消息丢弃，对该端口的配置消息不作任何处理。

② 当端口收到比本端口配置消息优先级高的配置消息时，交换机把接收到的配置消

息中的内容替换该端口的配置消息中的内容，然后交换机将该端的配置消 息和交换机上的其他端口的配置消息进行比较，选出最优的配置消息。

计算生成树的步骤如下。

① 选举根桥。此步是通过比较所有交换机发送的配置消息的树根 ID，树根 ID 值最小的交换机为 CIST 根桥或者 MST 域根桥。

② 选举非根桥上的根端口。每台非根桥把接收到最优配置消息的那个端口定为自身交换机的根端口。

③ 选举指定端口。在这一步又分为以下两个子步骤。

· 交换机根据根端口的配置消息和根端口的路径开销，为每个端口计算一个标准的指定端口配置消息：用树根 ID 替换为根端口配置消息中的树根 ID；用根路径开销替换为根端口配置消息中的根路径开销加上根端口的路径开销：用指定桥 ID 替换为自身交换机的 ID：用指定端口 ID 替换为自身端口 ID。

· 交换机对以上规则计算出来的配置消息和对应端口上原来的配置消息进行比较。如果端口上原来的配置消息更优，则交换机将此端口阻塞，端口的配置消息不变，并且此端口将不再转发数据，只接收配置消息(相当于根端口)；如果通过以上替换计算出来的配置消息比端口上原来的配置消息更优，则交换机就将该端口设置为指定端口，端口上的配置消息替换成通过以上替换计算出来的配置消息，并周期性向外发送。

在 MSTI 生成树拓扑收敛后，无论非根桥是否接收到根桥传来的信息都按照 Hello 定时器周期性发送 BPDU。如果一个端口连续 3 个 Hello 时间(这个是缺省的设置)接收不到指定桥(也就是它所连接的上一级交换机)送来的 BPDU，那么该交换机认为与此邻居之间的链路失败。

请按照图 2-6-15 的网络拓扑图，使用 MSTP 实现 PC1—PC4 访问 AR1，并实现 VLAN 的均衡负载：

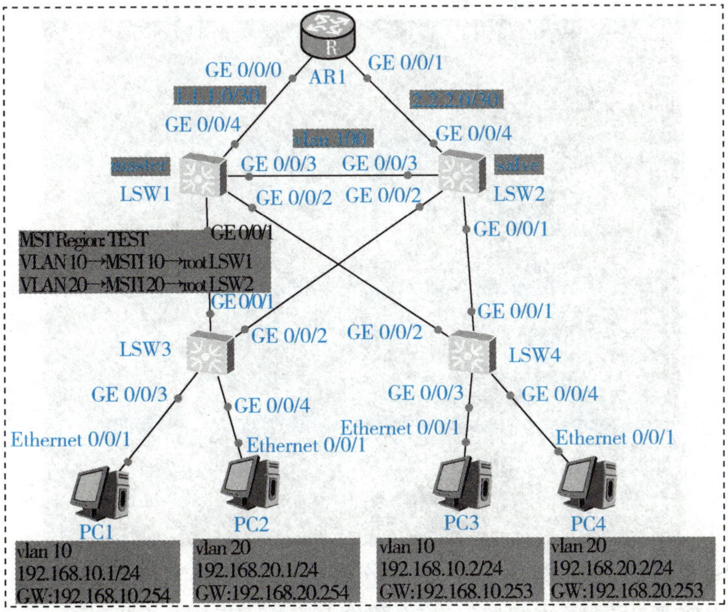

图 2-6-15　网络拓扑图

操作步骤

1. 各设备基本配置[LSW2 设置方法同 LSW1(VLAN IP 不同!),LSW4 同 LSW3]。

```
The device is running!

<Huawei>u t m
Info: Current terminal monitor is off.
<Huawei>sys
Enter system view, return user view with Ctrl+Z.
[Huawei]sys AR1
[AR1]int gi0/0/0
[AR1-GigabitEthernet0/0/0]ip add 1.1.1.1 30
[AR1-GigabitEthernet0/0/0]int gi 0/0/1
[AR1-GigabitEthernet0/0/1]ip add 2.2.2.1 30
[AR1-GigabitEthernet0/0/1]q
```

```
[LSW1]vlan bat 10 20 100
Info: This operation may take a few seconds. Plea
[LSW1]port-group group-member gi0/0/1 to gi 0/0/3
[LSW1-port-group]p l t
[LSW1-GigabitEthernet0/0/1]p l t
[LSW1-GigabitEthernet0/0/2]p l t
[LSW1-GigabitEthernet0/0/3]p l t
[LSW1-port-group]p t a v 10 20
[LSW1-GigabitEthernet0/0/1]p t a v 10 20
[LSW1-GigabitEthernet0/0/2]p t a v 10 20
[LSW1-GigabitEthernet0/0/3]p t a v 10 20
[LSW1-port-group]q
[LSW1]int gi 0/0/4
[LSW1-GigabitEthernet0/0/4]p l a
[LSW1-GigabitEthernet0/0/4]p d v 100
[LSW1-GigabitEthernet0/0/4]q
[LSW1]int vlan 10
[LSW1-Vlanif10]ip add 192.168.10.254 24
[LSW1-Vlanif10]int vlan 20
[LSW1-Vlanif20]ip add 192.168.20.254 24
[LSW1-Vlanif20]int vlan 100
[LSW1-Vlanif100]ip add 1.1.1.2 30
```

```
The device is running!

<Huawei>u t m
Info: Current terminal monitor is off.
<Huawei>sys
Enter system view, return user view with Ctrl+Z.
[Huawei]sys LSW3
[LSW3]vlan bat 10 20
Info: This operation may take a few seconds. Please
[LSW3]int gi 0/0/1
[LSW3-GigabitEthernet0/0/1]p l t
[LSW3-GigabitEthernet0/0/1]p t a v 10 20
[LSW3-GigabitEthernet0/0/1]int gi 0/0/2
[LSW3-GigabitEthernet0/0/2]p l t
[LSW3-GigabitEthernet0/0/2]p t a v 10 20
[LSW3-GigabitEthernet0/0/2]int gi 0/0/3
[LSW3-GigabitEthernet0/0/3]p l a
[LSW3-GigabitEthernet0/0/3]p d v 10
[LSW3-GigabitEthernet0/0/3]int gi 0/0/4
[LSW3-GigabitEthernet0/0/4]p l a
[LSW3-GigabitEthernet0/0/4]p d v 20
[LSW3-GigabitEthernet0/0/4]q
```

2. 配置 MSTP,创建实例 10 和 20,分别与 VLAN10 和 VLAN20 绑定 .(LSW2、LSW3、LSW4 也需要做同样的配置。本步骤图片仅以 LSW1 为例)。

```
[LSW1]stp enable
[LSW1]stp mode mstp
[LSW1]stp region-configuration
[LSW1-mst-region]region-name TEST        创建名称为TEST的根域
[LSW1-mst-region]revision-level 1        同一域名下，等级必须相同
[LSW1-mst-region]instance 10 vlan 10     实例10绑定VLAN10
[LSW1-mst-region]instance 20 vlan 20     实例20绑定VLAN20
[LSW1-mst-region]check reg
 Admin configuration
   Format selector    :0
   Region name        :TEST
   Revision level     :1

   Instance   VLANs Mapped
      0       1 to 9, 11 to 19, 21 to 4094
     10       10
     20       20
[LSW1-mst-region]active region-configuration
Info: This operation may take a few seconds. Please
[LSW1-mst-region]
```

3. 针对不同实例来配置根桥，LSW1 是实例 10 的根桥，LSW2 是实例 20 的根桥。

```
[LSW1]STP instance 10 root primary
[LSW1]STP instance 20 root secondary
```

```
[LSW2]STP instance 10 root secondary
[LSW2]STp instance 20 root primary
```

4. 验证测试：可以看到 LSW1 实例 10 全是指定端口，20 则有 root 端口，说明对于 20，LSW1 不是根桥，反之 LSW2 同理。

```
[LSW1]dis stp brief
 MSTID  Port                        Role  STP State     Protection
   0    GigabitEthernet0/0/1        ALTE  DISCARDING      NONE
   0    GigabitEthernet0/0/2        ALTE  DISCARDING      NONE
   0    GigabitEthernet0/0/3        ROOT  FORWARDING      NONE
   0    GigabitEthernet0/0/4        DESI  FORWARDING      NONE
  10    GigabitEthernet0/0/1        DESI  FORWARDING      NONE
  10    GigabitEthernet0/0/2        DESI  FORWARDING      NONE
  10    GigabitEthernet0/0/3        DESI  FORWARDING      NONE
  20    GigabitEthernet0/0/1        DESI  FORWARDING      NONE
  20    GigabitEthernet0/0/2        DESI  FORWARDING      NONE
  20    GigabitEthernet0/0/3        ROOT  FORWARDING      NONE
```

```
[LSW2]dis stp bri
 MSTID  Port                        Role  STP State     Protection
   0    GigabitEthernet0/0/1        DESI  FORWARDING      NONE
   0    GigabitEthernet0/0/2        DESI  FORWARDING      NONE
   0    GigabitEthernet0/0/3        DESI  FORWARDING      NONE
   0    GigabitEthernet0/0/4        DESI  FORWARDING      NONE
  10    GigabitEthernet0/0/1        DESI  FORWARDING      NONE
  10    GigabitEthernet0/0/2        DESI  FORWARDING      NONE
  10    GigabitEthernet0/0/3        ROOT  FORWARDING      NONE
  20    GigabitEthernet0/0/1        DESI  FORWARDING      NONE
  20    GigabitEthernet0/0/2        DESI  FORWARDING      NONE
  20    GigabitEthernet0/0/3        DESI  FORWARDING      NONE
```

巩固练习

一、选择题

1. STP 协议的配置 BPDU 报文不包含以下哪个参数(　　)。

A. Port ID　　B. Bridge ID　　C. VLAN ID　　D. Root ID

2. 缺省情况下，STP 协议 Forward Delay 时间是多少秒(　　)。

A. 20　　B. 15　　C. 10　　D. 5

3. 运行 STP 协议的交换网络在进行生成树计算时用到了以下哪些参数(　　)。

A. 根路径开销　　B. 端口 ID　　C. 桥 ID　　D. Forward Delay

4. 在 STP 协议中，假设所有交换机所配置的优先级相同，交换机 1 的 MAC 地址为 00-e0-fc-00-00-40，交换机 2 的 MAC 地址为 00-e0-fc-00-00-10，交换机 3 的 MAC 地址为 00-e0-fc-00-00-20，交换机 4 的 MAC 地址为 00-e0-fc-00-00-80，则根交换机应当为(　　)。

A. 交换机 1　　B. 交换机 2　　C. 交换机 3　　D. 交换机 4

4. 以下哪些 MAC 地址不会老化(　　)。

A. 动态 MAC 地址　　B. 黑洞 MAC 地址　　C. 静态 MAC 地址　　D. 端口 MAC 地址

5. 配置交换机 SWA 的桥优先级为 0 的命令为(　　)。

A. [SWA] stp priority 0

B. [SWA-Ethernet1/0/1] stp priority 0

C. [SWA] stp root priority 0

D. [SWA-Ethernet1/0/1] stp root priority 0

6. STP 协议中端口处于(　　)状态时可以不经过其他状态转为 Forwarding 状态。

A. Blocking　　B. Learning　　C. Listening　　D. Disabled

7. RSTP 协议不包含以下哪个端口状态？(　　)

A. Learning　　B. Discarding　　C. Forwarding　　D. Blocking

8. 缺省情况下，STP 计算的端口开销(Port Cost)和端口带宽有一定关系，即带宽越大，开销越(　　)。

A. 大　　B. 一致　　C. 不一定　　D. 小

9. 在 RSTP 标准中，为了提高收敛速度，可以将交换机直接与终端相连的端口定义为(　　)。

A. 边缘端口　　B. 根端口　　C. 快速端口　　D. 备份端口

10. 下列关于 STP 协议 Forward Delay 的作用说法正确的是(　　)。

A. 防止出现临时性环路

B. 在 Blocking 状态和 Disabled 状态转化时需要延时

C. 减少 BPDU 发送的时间间隔提高 STP 的收敛速度

D. 提升 BPDU 的生存时间，保证配置 BPDU 可以转发到更多的交换机

11. 以下哪项不是 RSTP 可以提高收敛速度的原因(　　)。

A. 根端口的快速切换　　B. 边缘端口的引入

C. 取消了 Forward Delay　　D. PIA 机制

12. 下面关于生成树指定端口的描述正确的是(　　)。

A. 每台交换机只有一个指定端口

B. 指定端口可以向与其相连的网段转发配置 BPDU 报文

C. 根交换机上的端口一定是指定端口

D. 根交换机上的端口一定不是指定端口

二、简答题

1. 请简述 STP 选举的过程。
2. 请分别说明 STP、RSTP、MSTP 对应的协议版本号。
3. 请列举 STP 的角色和端口状态。
4. 请列举 RSTP 的角色和端口状态。
5. 请列举 MSTP 的角色和端口状态。

技能练习

某公司网络拓扑图如图 2-6-16 所示，设备接口如表 2-6-5 所示，接口地址如表 2-6-6 所示。请按照要求配置设备。

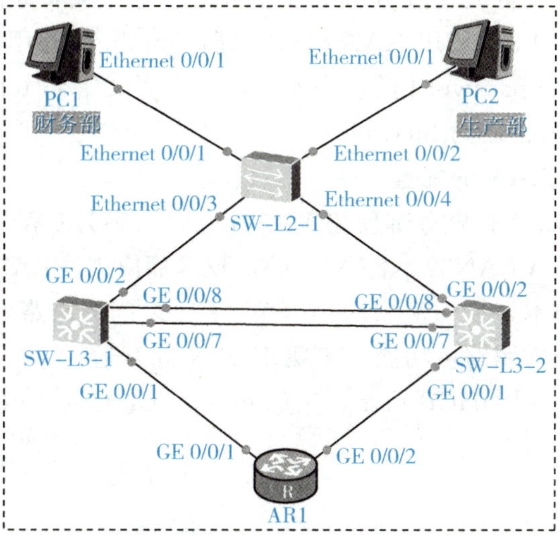

图 2-6-16　网络拓扑图

表 2-6-5　设备接口

设备名称	VLAN	端口
SW-L2-1	10	Eth 0/0/1
	20	Eth 0/0/2
	30	Eth 0/0/5-6
	40	Eth 0/0/7-8

表 2-6-6　接口地址

设备名称	VLAN	地址
SW-L3-1	VLAN 10	192. 168. 10. 1/24
	VLAN 20	192. 168. 20. 1/24
SW-L3-1	VLAN 30	192. 168. 30. 1/24
	VLAN 40	192. 168. 40. 1/24
	VLAN 1	10. 10. 10. 5/30

(续表)

设备名称	VLAN	地址
SW-L3-2	VLAN 10	192.168.10.2/24
	VLAN 20	192.168.20.2/24
	VLAN 30	192.168.30.2/24
	VLAN 40	192.168.40.2/24
	VLAN 1	10.10.10.6/30

(1)为交换机设备命名，命名规则参考为表中的“设备名称”。

(2)在两台三层交换设备上开启 telnet 管理功能，同时要求每台网络设备只允许 5 条线路管理网络设备，SW-L3-1 使用 AAA 模式验证：admin 做为用户名，口令为密文密码 telnet123，SW-L3-2 使用 password 模式验证：口令为明文密码 telnet123。设置两台用户视图进入系统视图的密文密码为 huawei。

(3)根据需求完成 VLAN 的配置：

网络中，有 4 个 VLAN；财务部使用 VLAN 10，名字为 CW，生产部使用 VLAN20，名字为 SC，销售部使用 VLAN30，名字为 XS，技术部使用 VLAN40，名字 JS；

(4)使用端口汇聚技术，在 SW-3L-1 与 SW-3L-2 之间的链路启用端口汇聚

(5)在三层交换机上启用路由功能，实现 VLAN 间互通。

(6)在 SW-3L-1 上启用 DHCP 功能，实现 PC1、PC2 自动获取 IP，并互通。

项目 7

VRRP 技术

学习目标

1. 基本知识

了解 VRRP 技术。

2. 操作技能目标

会配置交换机的 VRRP。

知识点精讲

虚拟路由冗余协议(virtual router redundancy protocol，VRRP)是由 IETF 提出的解决局域网中配置静态网关出现单点失效现象的路由协议，1998 年已推出正式的 RFC2338 协议标准。VRRP 是一种用于提高网络可靠性的容错协议，可以在主机的下一跳设备出现故障时，及时将业务切换到备份设备，从而保障网络通信的连续性和可靠性。

VRRP 协议中定义了三种状态机：初始状态(Initialize)、活动状态(Master)、备份状态(Backup)。其中，只有处于 Master 状态的设备才可以转发那些发送到虚拟 IP 地址的报文。

• Initialize：VRRP 不可用状态，在此状态时设备不会对 VRRP 通告报文做任何处理，通常设备启动时或设备检测到故障时会进入 Initialize 状态。

• Master：当 VRRP 设备处于 Master 状态时，它将会承担虚拟路由设备的所有转发工作，并定期向整个虚拟内发送 VRRP 通告报文。

• Backup：当 VRRP 设备处于 Backup 状态时，它不会承担虚拟路由设备的转发工作，并定期接收 Master 设备的 VRRP 通告报文，判断 Master 的工作状态是否正常。

VRRP 基本术语如下。

1. VRRP 路由器

运行 VRRP 的路由器称为 VRRP 路由器，实际上，VRRP 是配置在路由器的接口上的(或者三层交换机的 VLAN 接口)，是基于接口工作的。

2. VRRP 组及 VRID

(1)VRRP 组：由多台协同工作的路由器(接口)组成，使用相同的 VRID 进行标识。

属于同一个 VRRP 组的路由器之间交互 VRRP 协议报文并产生一台虚拟路由器。一个 VRRP 组中只能出现一台 Master 路由器。

一个接口可以加入单个 VRRP 组，也可以加入多个 VRRP 组。当然，不同的 VRRP 组需使用不同的 VRID 进行区分。

(2)VRID：(Virtual Route Identifier，虚拟路由器标识符)

3. 虚拟路由器、虚拟 IP 地址及虚拟 MAC 地址

VRRP 为每一个 VRRP 组抽象出一台虚拟路由器(Virtual Router)，该路由器并非真实存在的物理设备，而是由 VRRP 虚拟出来的逻辑设备。它拥有自己的 IP 地址及 MAC 地址，其中虚拟路由器的 IP 地址(虚拟 IP 地址)由网络管理员在配置 VRRP 时指定，一台虚拟路由器可以有一个或多个 IP 地址。

4. Master 路由器、Backup 路由器

Master 路由器是接口处于 Master 状态的路由器，也被称为主路由器。Master 路由器在一个 VRRP 组中承担报文转发任务。在每一个 VRRP 组中，只有 Master 路由器才会响应针对虚拟 IP 地址的 ARP Request。Master 路由器会以一定的时间间隔周期性的发送 VRRP 报文，以便通知同一个 VRRP 组中的 Backup 路由器关于自己的存活情况。

Backup 路由器是接口处于 Backup 状态的路由器，也被称为备份路由器。Backup 路由器将会实时侦听 Master 路由器发送出来的 VRRP 报文，它随时准备接替 Master 路由器的工作。

VRRP 首先通过优先级(Priority)来从一个组中“选举”出 Master 路由器。VRRP 优先级的值越大则路由器越有可能成为 Master 路由器。可配置的优先级范围为 1～254，默认情况下 VRRP 路由器的优先级为 100。在优先级相等情况下，接口 IP 地址越大的路由器越有可能成为 Master 路由器。

5. 抢占模式(Preempt Mode)

如果 Backup 路由器激活了抢占功能，那么当它发现 Master 路由器的优先级比自己更低时，它将立即切换至 Master 状态，成为新的 Master 路由器，而如果 Backup 路由器没有激活抢占功能，即使它发现 Master 路由器优先级比自己更低，也仍然保持 Backup 状态，直到 Master 路由器失效。

VRRP 的工作过程如下。

(1)路由器根据优先级选举出 Master 路由器。Master 路由器通过发送 ARP 报文，将自己的虚拟 MAC 地址通知与它连接的设备或主机，从而承担报文转发任务。

(2)Master 路由器周期性地发送 VRRP 报文，以公布其配置信息(优先级等)和工作状态。

(3)若 Master 路由器出现故障，则 Backup 路由器根据优先级选举新的 Master 路由器。

(4)当虚拟路由器状态切换时，Master 路由器由一台设备切换为另外一台设备，新的 Master 路由器只是简单地发送一个携带虚拟路由器的 MAC 地址和虚拟 IP 地址信息的 ARP 报文，这样就可以更新与它连接的主机或设备中的 ARP 相关信息。网络中的主机无法感知 Master 路由器的改变。

5. 当Backup路由器的优先级高于Master路由器时，由Backup路由器的工作方式(抢占方式和非抢占方式)决定是否重新选举Master路由器。

任务　VRRP技术

任务描述

飞腾公司的网络核心层原来采用一台三层交换机，随着网络应用的日益增多，对网络的可靠性也提出了更高的要求，公司决定采用默认网关进行冗余备份，若其中一台设备出现故障，备份设备能够及时接管数据转发工作，为用户提供透明的切换，提高网络的稳定性。

任务分析

本任务可以采用两台三层交换机作为核心层设备，使用VRRP技术使两台交换机互相备份，以此来提高网络的可靠性和稳定性。网络拓扑图如图2-7-1所示。

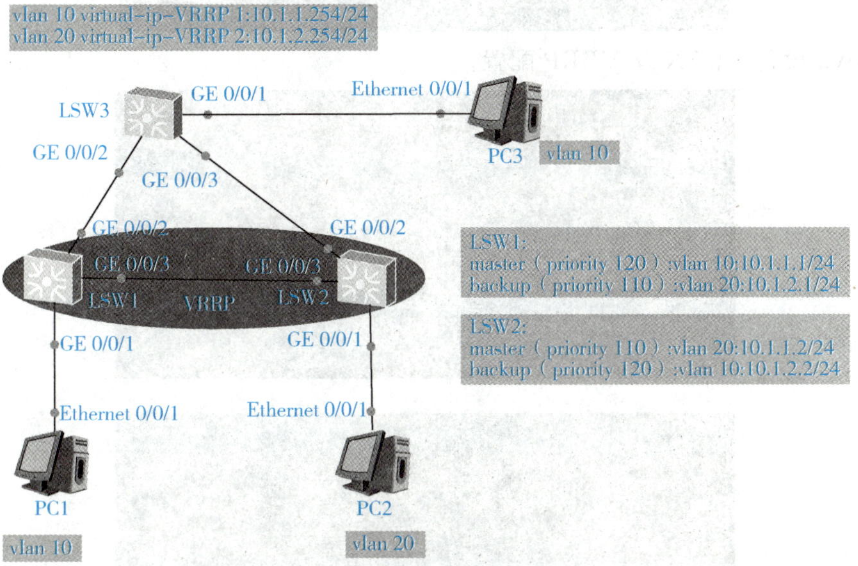

图2-7-1　VRRP网络拓扑图

操作步骤

1. PC机基本配置。

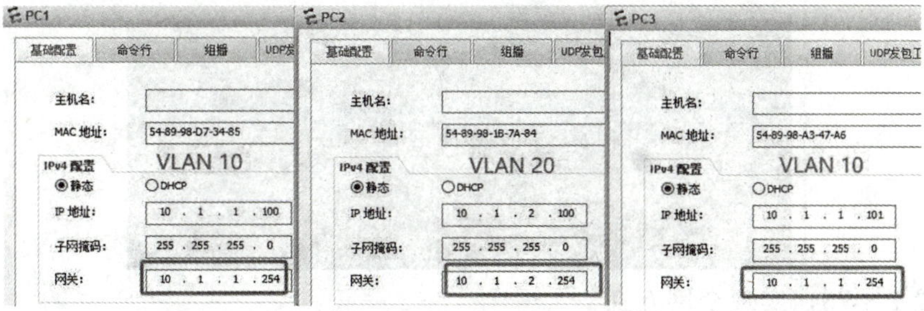

2. LSW1设备VLAN及VRRP配置。

LSW3 LSW1

```
[LSW1]vlan bat 10 20
Info: This operation may take a few seconds. Please wait
[LSW1]int gi 0/0/1
[LSW1-GigabitEthernet0/0/1]port link-type access
[LSW1-GigabitEthernet0/0/1]port default vlan 10
[LSW1-GigabitEthernet0/0/1]q
[LSW1]port-group group-member gi 0/0/2 to gi 0/0/3
[LSW1-port-group]p l t
[LSW1-GigabitEthernet0/0/2]p l t
[LSW1-GigabitEthernet0/0/3]p l t
[LSW1-port-group]p t a v 10 20
[LSW1-GigabitEthernet0/0/2]p t a v 10 20
[LSW1-GigabitEthernet0/0/3]p t a v 10 20
[LSW1-port-group]q
```

```
[LSW1]int vlan 10
[LSW1-Vlanif10]ip add 10.1.1.1 24
[LSW1-Vlanif10]int vlan 20
[LSW1-Vlanif20]ip add 10.1.2.1 24
[LSW1-Vlanif20]q
[LSW1]int vlan 10
[LSW1-Vlanif10]vrrp vrid 1 virtual-ip 10.1.1.254
[LSW1-Vlanif10]vrrp vrid 1 priority 120
[LSW1-Vlanif10]q
[LSW1]int vlan 20
[LSW1-Vlanif20]vrrp vrid 2 virtual-ip 10.1.2.254
[LSW1-Vlanif20]vrrp vrid 1 priority 110
Error: The VRRP does not exist.
[LSW1-Vlanif20]vrrp vrid 2 priority 110
```

3. LSW2 设备 VLAN 及 VRRP 配置。

```
[LSW2]vlan bat 10 20
Info: This operation may take a few seconds. Please wait
[LSW2]int gi 0/0/1
[LSW2-GigabitEthernet0/0/1]p l a
[LSW2-GigabitEthernet0/0/1]p d v 20
[LSW2-GigabitEthernet0/0/1]q
[LSW2]int gi 0/0/2
[LSW2-GigabitEthernet0/0/2]p l t
[LSW2-GigabitEthernet0/0/2]p t a v 10 20
[LSW2-GigabitEthernet0/0/2]q
[LSW2]int gi 0/0/3
[LSW2-GigabitEthernet0/0/3]p l t
[LSW2-GigabitEthernet0/0/3]p t a v 10 20
[LSW2-GigabitEthernet0/0/3]q
```

LSW3 LSW1 LSW2

```
[LSW2]int vlan 10
[LSW2-Vlanif10]ip add 10.1.1.2 24
[LSW2-Vlanif10]int vlan 20
[LSW2-Vlanif20]ip add 10.1.2.2 24
[LSW2-Vlanif20]q
[LSW2]
[LSW2]int vlan 10
[LSW2-Vlanif10]vrrp vrid 1 virtual-ip 10.1.1.254
[LSW2-Vlanif10]vrrp vrid 1 priority 110
[LSW2-Vlanif10]int vlan 20
[LSW2-Vlanif20]vrrp vrid 2 virtual-ip 10.1.2.254
[LSW2-Vlanif20]vrrp vrid 2 priority 120
```

4. VRRP 配置成功后，PC1 可以正常访问 PC2。

PC1

基础配置 命令行 组播 UDP发包工具 串口

```
Welcome to use PC Simulator!

PC>ping 10.1.2.100

Ping 10.1.2.100: 32 data bytes, Press Ctrl_C to break
From 10.1.2.100: bytes=32 seq=1 ttl=127 time=172 ms
From 10.1.2.100: bytes=32 seq=2 ttl=127 time=47 ms
From 10.1.2.100: bytes=32 seq=3 ttl=127 time=62 ms
From 10.1.2.100: bytes=32 seq=4 ttl=127 time=47 ms
From 10.1.2.100: bytes=32 seq=5 ttl=127 time=62 ms

--- 10.1.2.100 ping statistics ---
  5 packet(s) transmitted
  5 packet(s) received
  0.00% packet loss
  round-trip min/avg/max = 47/78/172 ms
```

5. 配置 LSW3，实现全网互通。

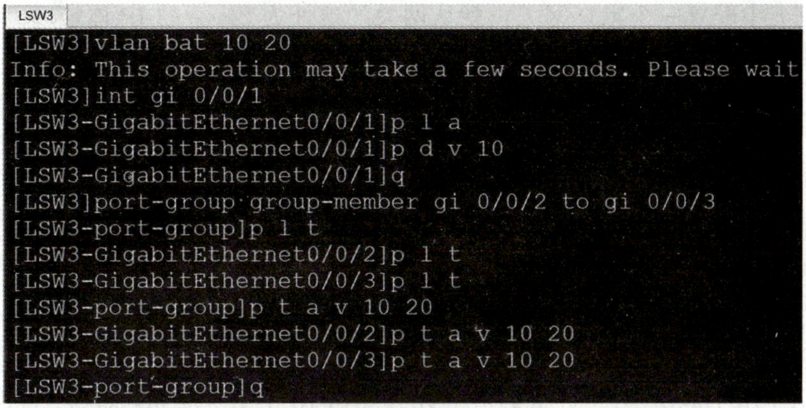
LSW3
[LSW3]vlan bat 10 20
Info: This operation may take a few seconds. Please wait
[LSW3]int gi 0/0/1
[LSW3-GigabitEthernet0/0/1]p l a
[LSW3-GigabitEthernet0/0/1]p d v 10
[LSW3-GigabitEthernet0/0/1]q
[LSW3]port-group group-member gi 0/0/2 to gi 0/0/3
[LSW3-port-group]p l t
[LSW3-GigabitEthernet0/0/2]p l t
[LSW3-GigabitEthernet0/0/3]p l t
[LSW3-port-group]p t a v 10 20
[LSW3-GigabitEthernet0/0/2]p t a v 10 20
[LSW3-GigabitEthernet0/0/3]p t a v 10 20
[LSW3-port-group]q

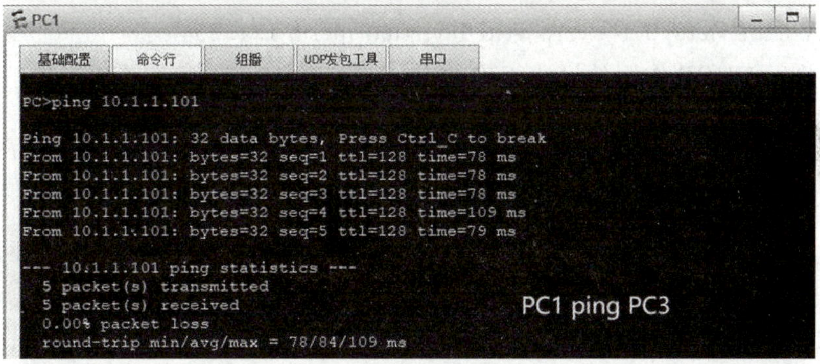
PC1
基础配置
命令行
组播
UDP发包工具
串口
PC>ping 10.1.1.101
Ping 10.1.1.101: 32 data bytes, Press Ctrl_C to break
From 10.1.1.101: bytes=32 seq=1 ttl=128 time=78 ms
From 10.1.1.101: bytes=32 seq=2 ttl=128 time=78 ms
From 10.1.1.101: bytes=32 seq=3 ttl=128 time=78 ms
From 10.1.1.101: bytes=32 seq=4 ttl=128 time=109 ms
From 10.1.1.101: bytes=32 seq=5 ttl=128 time=79 ms
--- 10.1.1.101 ping statistics ---
5 packet(s) transmitted
5 packet(s) received
0.00% packet loss
round-trip min/avg/max = 78/84/109 ms
PC1 ping PC3

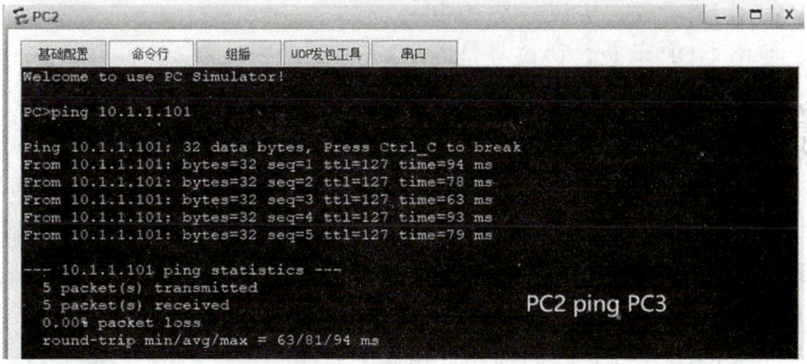
PC2
基础配置
命令行
组播
UDP发包工具
串口
Welcome to use PC Simulator!
PC>ping 10.1.1.101
Ping 10.1.1.101: 32 data bytes, Press Ctrl_C to break
From 10.1.1.101: bytes=32 seq=1 ttl=127 time=94 ms
From 10.1.1.101: bytes=32 seq=2 ttl=127 time=78 ms
From 10.1.1.101: bytes=32 seq=3 ttl=127 time=63 ms
From 10.1.1.101: bytes=32 seq=4 ttl=127 time=93 ms
From 10.1.1.101: bytes=32 seq=5 ttl=127 time=79 ms
--- 10.1.1.101 ping statistics ---
5 packet(s) transmitted
5 packet(s) received
0.00% packet loss
round-trip min/avg/max = 63/81/94 ms
PC2 ping PC3

巩固练习

一、选择题

1. 以下关于 VRRP 说法正确的是（　　）。

A. 只有 Master 处理发往虚拟路由器的数据

B. 只有 Slave 处理发往虚拟路由器的数据

C. Master 和 Slave 都可以处理发往同一虚拟路由器的数据，并可以流量分担

D. 以上都不对

2. 当网络上运行 VRRP 后，以下关于网络中 PC 配置默认网关说法正确的是（　　）。

A. PC 机上中配置一个默认网关，默认网关的地址为 MATER 的 IP 地址

B. PC 机上中配置一个默认网关，默认网关的地址为虚拟路由器的 IP 地址

C. PC 机上中配置一个默认网关，默认网关的地址为 Slave 的 IP 地址

D. PC 机上中配置两个默认网关，分别为 MATER 的 IP 地址和 Slave 的 IP 地址

3. 在配置 VRRP 是，可配置的 Priority 取值范围是(　　)。

A. 0—127　　B. 0—255　　C. 1—126　　D. 1—254

4. RTA 使用 Ethernet0/0/0 连接到一局域网，端口 IP 为 10.1.1.251，掩码为 255.255.255.0。要求在 RTA 创建一个虚拟路由器，VRID 为 1，虚拟 IP 为 10.1.1.254，以下命令正确的是(　　)。

A. [RTA] vrrp vrid 1 virtual-ip 10.1.1.254 mask 255.255.255.0

B. [RTA] vrrp vrid 1 virtual-ip 10.1.1.254

C. [RTA-Ethernet0/0/0] vrrp vrid 1 virtual-ip 10.1.1.254 mask 255.255.255.0

D. [RTA-Ethernet0/0/0] vrrp vrid 1 virtual-ip 10.1.1.254

5. 以下关于 VRRP 作用的说法正确的是(　　)。

A. VRRP 提高了网络中默认网关的可靠性

B. VRRP 加快了网络中路由协议的收敛速度

C. VRRP 主要用于网络中的流量分担

D. VRRP 为不现的网段提供同一个默认网关，简化了网络中 PC 机上的网关配置

6. 以下关于 VRRP 的承载协议的说法正确的是(　　)。

A. VRRP 使用 IP 承载，协议号是 0x60

B. VRRP 使用 IP 承载，协议号是 0x70

C. VRRP 使用 UDP 承载，协议号是 60

D. VRRP 使用 UDP 承载，协议号是 70

7. 以下关于 VRRP 通告消息的说法正确的是(　　)。

A. VRRP 有两种通告消息，一种由 Master 向外发送，另一种由 Slave 向外发送

B. VRRP 有两种通告消息，一种在选举 Master 时使用，一种是在状态稳定后使用

C. VRRP 只有一种通告消息，由 Master 向外发送

D. VRRP 只有一种通告消息，由 Slave 向外发送

8. 以下关于 VRRP 工作过程的描述，错误的是哪一项(　　)。

A. 稳定后的 Master 设备会周期性发送通告报文

B. VRRP 备份组中，首先会根据 VRRP 优先级选举出 Master 设备

C. 原 Master 设备发生故障后，新 Master 设备会立即发送 ARP 报文

D. 若 Master 设备发生故障，Backup 设备会立即切换为 Master 设备

二、简答

1. 请简述 VRRP 的工作过程。

2. RTA 的 Ethernet 0/0/0 和 RTB 的 Ethernet 0/0/0 接到同一个局域网中并开启 VRRP，同时创建一个虚拟路由器，VRID 为 1，虚拟 IP 为 10.1.1.254。RTA 的 Priority 为 200，RTB 的 Priority 为缺省值。同时 RTA 上还有如下配置：

```
[RTA-Ethernet0/0/0] vrrp vrid 1 track Ethernet 0/0/1 reduced 150
```

请问：

(1)该配置的作用是什么？

(2)RTA 的 Ethernet 0/0/1 出现故障后，RTA 的 Priority 会出现怎样的变化？

技能练习

1. 交换机之间使用 trunk 链路，仅允许 vlan10 vlan20 的流量通过。

2. 部署 mstp 域名为 huawei，版本号为 1，实例 1 关联 vlan10，实例 2 关联 vlan20，要求 LSW1 作为 vlan10 的主根 vlan20 的备根，LSW2 作为 vlan20 的主根 vlan10 的备根。

3. 配置 LSW1 和 LSW2 实现 VRRP，实现冗余备份：虚拟 IP：192.168.10.254 和 192.168.20.254

```
LSW1:vlan10(VRRP 优先级 120):192.168.10.252
     vlan20(VRRP 优先级 60):192.168.20.252
LSW2:vlan10(VRRP 优先级 60):192.168.10.253
     vlan20(VRRP 优先级 120):192.168.20.253
```

4. LSW1 和 LSW2 实现 Eth-trunk 技术，提供带宽。

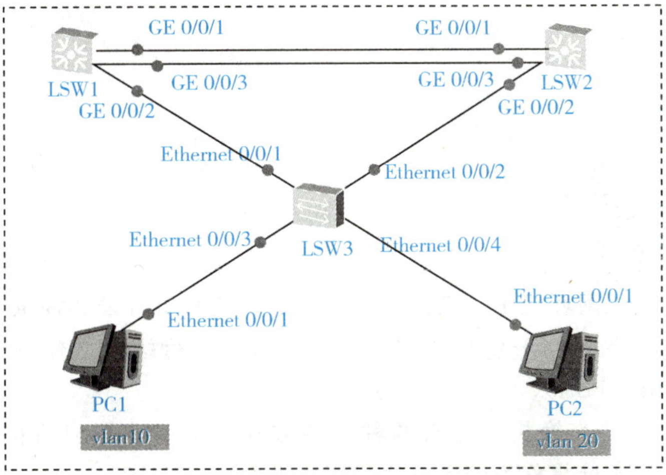

项目 8

集中管理技术

学习目标

1. 基本知识

(1)了解级联技术。

(2)了解堆叠技术。

(3)了解集群技术。

2. 操作技能目标

能够了解交换机集中管理技术。

知识点精讲

在多交换机的局域网环境中，交换机的级联、堆叠和集群是 3 种重要的技术。

1. 级联技术：交换机间一般是通过普通用户端口进行级联，有些交换机则提供了专门的级联端口(Uplink Port)。

2. 堆叠技术：堆叠交换机一般有两种堆叠方式：星型堆叠和菊花链式堆叠(思科)，在华为设备上两种设备堆叠称为链形堆叠和环形堆叠。

3. 集群技术：Cisco 公司推出的交换机集群技术，可以看成是堆叠和级联技术的综合。这种技术可以将分布在不同地理范围内的交换机逻辑地组合到一起，可以进行统一的管理。

任务 1　堆叠技术

知识链接

盒式交换机设备通常部署在网络的汇聚层和接入层。当网络的规模不断扩大时，由于其端口数量固定，不像框式交换机可通过扩展接口板数量扩展端口数量，因此单台设备的端口数量可能无法满足网络要求。堆叠技术通过堆叠端口和堆叠连接线将多台支持堆叠特性的交换机设备组合在一起，从逻辑上组合成一台交换机设备。通过组建堆叠，可以达到扩展网络能力、提高设备可靠性的目的。链形连接和环形连接堆叠如图 2-8-1 所示，连接拓扑的优缺点及其适用场景如表 2-8-1 所示。

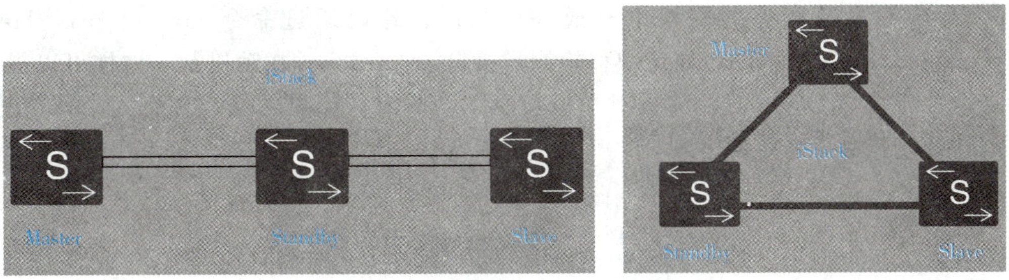

图 2-8-1　链形连接和环形连接堆叠

表 2-8-1　连接拓扑的优缺点及其适用场景

连接拓扑	优点	缺点	适用场景
链形连接	首尾不需要有物理连接，适合长距离堆叠	• 可靠性低：其中一条堆叠链路出现故障，就会造成堆叠分裂； • 堆叠链路带宽利用率低：整个堆叠系统只有一条路径	堆叠成员交换机距离较远时，组建环形连接比较困难，可以使用链形连接
环形连接	• 可靠性高：其中一条堆叠链路出现故障，环形拓扑变成链形拓扑，不影响堆叠系统正常工作； • 堆叠链路带宽利用率高：数据能够按照最短路径转发	首尾需要有物理连接，不适合长距离堆叠	堆叠成员交换机距离较近时，从可靠性和堆叠链路利用率上考虑，建议使用环形连接

任务分析

堆叠系统工作在汇聚层时，系统中的每台交换机上行通过 Eth-Trunk 接口连接到核心设备上。此堆叠系统简化了汇聚设备的管理，提升了汇聚设备上行的可靠性。汇聚层交换机设备堆叠如图 2-8-2 所示。

• 堆叠系统与其他网络设备相连时，建议使用 Eth-Trunk 接口相连，并且堆叠系统的每台成员交换机都能有一个端口加入到 Eth-Trunk 中。

• 堆叠系统连接接入设备时，建议将直连终端的端口配置为 STP 边缘口，以避免连接终端的端口 Up/Down 状态变化时触发 STP 重新计算，影响流量转发。

• 如果配置 storm-control 的端口较多，建议用流量抑制替代，流量抑制对 CPU 资源的消耗很少。

• 如果配置 port-security 的端口较多，建

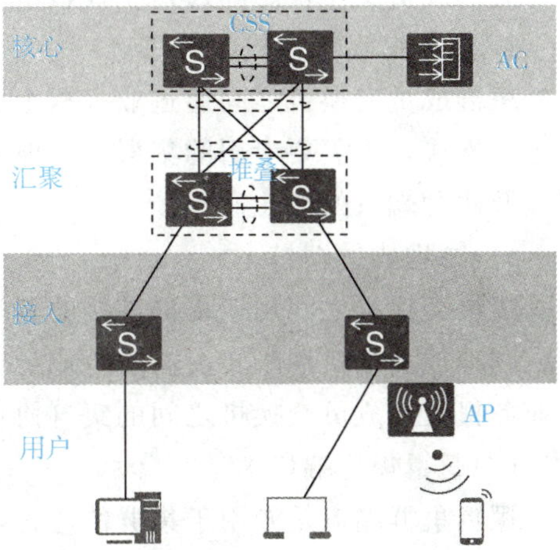

图 2-8-2　汇聚层交换机设备堆叠

议用 mac-limit 替代，mac-limit 对 CPU 资源的消耗很少。

• 当堆叠系统相连的网络中有成环风险时，建议通过命令 mac-address flapping action error-down 配置 MAC 地址漂移检测与接口 error-down 联动机制。这样可以提升处理性能，并且接口 Down 时能够被对端设备感知。同时，如果对端设备有冗余保护链路，则可以快速切换到正常链路。

任务 2　华为集群技术

知识链接

集群交换机系统又称为集群(cluster switch system，CSS)，是指将两台支持集群特性的交换机设备组合在一起，从逻辑上组合成一台交换设备。华为集群示意图，如图 2-8-3 所示。

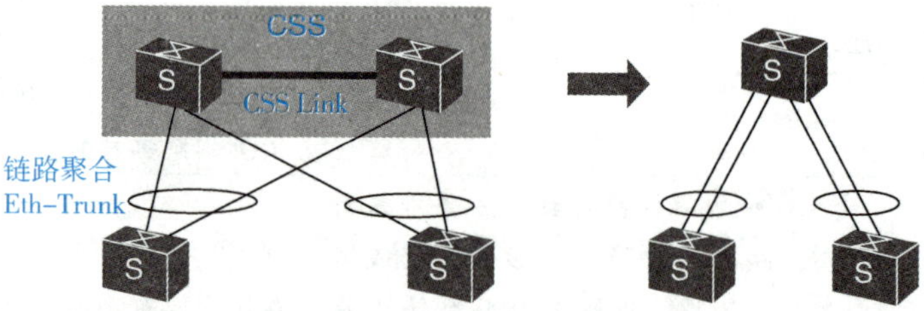

图 2-8-3　华为集群示意图

通过交换机集群，可以实现网络高可靠性和网络大数据量转发，同时简化网络管理。高可靠性：集群系统两台成员交换机之间冗余备份，同时利用链路聚合功能实现跨设备的链路冗余备份。强大的网络扩展能力：通过组建集群增加交换机，从而轻松地扩展端口数、带宽和处理能力。简化配置和管理：集群建立后，两台物理设备虚拟成为一台设备，用户只需登录一台成员交换机即可对集群系统所有成员交换机进行统一配置和管理。

一、连接方式

1. 主控板插集群卡方式如下。

集群成员交换机之间通过主控板上专用的集群卡及专用的集群线缆连接。

2. 业务口集群方式(图 2-8-4)。

集群成员交换机之间通过业务板上的普通业务口连接，不需要专用的集群卡。业务口集群涉及两种端口的概念。

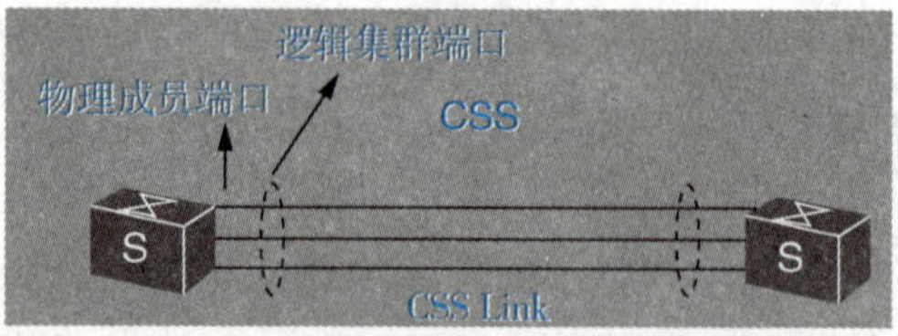

图 2-8-4　业务口集群连接示意图

(1)物理成员端口

成员交换机之间用于集群连接的普通业务口。物理成员端口用于转发需要跨成员交换机的业务报文或成员交换机之间的集群协议报文。

(2)逻辑集群端口

逻辑集群端口是专用于集群的逻辑端口，需要和物理成员端口绑定。集群的每台成员交换机上支持两个逻辑集群端口。

3. 交换网板插集群卡方式：

集群成员交换机之间通过交换网板上专用的集群卡及专用的集群线缆连接。

集群系统的两个成员交换机之间必须直连，即集群物理链路(CSS Link)上不能存在其他网络设备。

二、集群基本概念

集群基本概念示意图如图 2-8-5 所示。

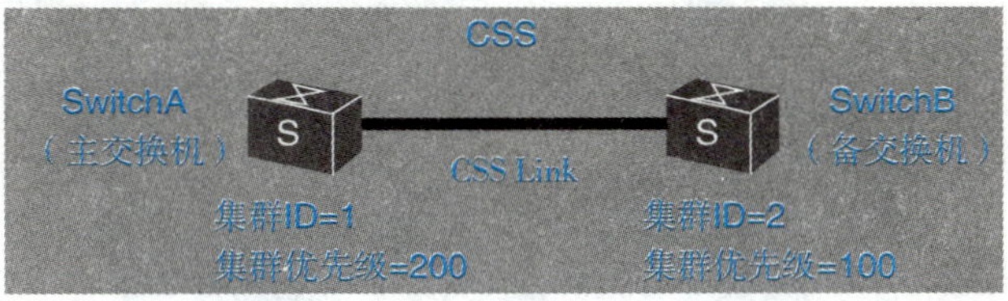

图 2-8-5　集群基本概念示意图

1. 主交换机、备交换机

集群中的单台交换机称为集群成员交换机，按照功能不同，可以分为以下两种角色。

(1)主交换机，即 Master，负责管理整个集群。集群中只有一台主交换机。

(2)备交换机，即 Standby，是主交换机的备份交换机。当主交换机故障时，备交换机会接替原主交换机的所有业务。集群中只有一台备交换机。

2. 集群 ID，即 CSS ID

用来标识和管理成员交换机，集群 ID 是唯一的。

3. 集群优先级

集群优先级，即 Priority，是成员交换机的一个属性，用于角色选举过程中确定成员交换机的角色，优先级值越大表示优先级越高，优先级越高当选为主交换机的可能性越大。

第3单元
路由器配置与应用

考纲要求

1. 了解路由器的作用。
2. 理解常用的路由配置方法。

技能要求

能够完成路由器的基本配置，会进行静态路由、RIP、OSPF和路由重分布的配置。

项目 1

路由器基础

学习目标

1. 基本知识

（1）了解路由器硬件结构。

（2）了解路由器内存体系结构。

2. 操作技能目标

（1）能够认识路由器硬件结构。

（2）能够认识路由器内存体系结构。

知识点精讲

路由器是连接互联网中各局域网和广域网的不可缺少的网络设备，它会根据整个网络的通信情况自动进行路由选择，以最佳的路径，按先后顺序给其他网络设备发送信息，从而实现信息的路由转发。网络规模的不断扩大，为路由的发展提供了良好的基础和广阔的平台。随着互联网对数据传输效率的要求越来越高，路由在网络通信过程中的作用也越来越重要。

目前，路由器已经广泛应用于各行各业，不同档次的产品已经成为实现各种骨干网内部连接、骨干网间互联和骨干网与互联网互联互通业务的主力军。

部分华为路由器硬件

企业级路由器按性能档次分为高、中、低档路由器，通常将路由器吞吐量大于 40 Gbps 的路由器称为高档路由器，背吞吐量在 25～40 Gbps 之间的路由器称为中档路由器，而将低于 25 Gbps 的看作低档路由器。当然这只是一种宏观上的划分标准，各厂家划分并不完全一致，实际上路由器档次的划分不仅是以吞吐量为依据的，是有一个综合指标的。

企业级路由器按结构可分为“模块化路由器”和“非模块化路由器”。接入路由器 AR2240 外观图，如图 3-1-1 所示；接入路由器 AR3260 外观图，如图 3-1-2 所示；城域网路由器 NE40E-M16A 外观图，如图 3-1-3 所示；接入路由器 AR2240 槽位分布图，如图 3-1-4 所示。

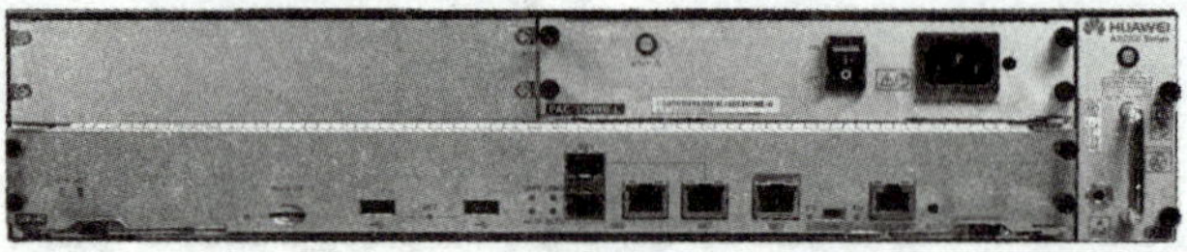

图 3-1-1　接入路由器 AR2240 外观图

图 3-1-2　接入路由器 AR3260 外观图

图 3-1-3　城域网路由器 NE40E-M16A 外观图

设备名称		槽位分布图	槽位合并后的分布图
AR2240	正面	10（电源） 9（电源） 风扇框 11（主控）	NA
	背面	4（SIC） 3（SIC） 2（SIC） 1（SIC） 6（WSIC） 5（WSIC） 8（XSIC） 7（XSIC）	2个SIC槽位合并为1个WSIC槽位 4（WSIC） 2（WSIC） 6（WSIC） 5（WSIC） 8（XSIC） 7（XSIC） 2个WSIC槽位合并为1个XSIC槽位 6（XSIC） 5（XSIC） 8（XSIC） 7（XSIC）

图 3-1-4　接入路由器 AR2240 槽位分布图

二、接口说明

1. CON/AUX 接口

Console/AUX 接口用于连接控制台，实现现场配置功能。AUX 接口用于远程配置，通过 Modem 拨号连接远程管理中心。

2. Mini USB 接口

Mini USB 接口用于连接控制台，实现现场配置功能，Mini USB 口和 Console 口不能同时使用，二选一，默认情况下，串口工作。

3. GE 电接口

GE 电接口(10/100/1000M 自适应)主要用于十/百/千兆以太网业务的接收和发送。

4. GE 光接口

GE 光接口不支持百兆，主要用于千兆业务的接收和发送。

5. GE Combo 接口

GE Combo 接口又叫光电复用接口，是由设备面板上的两个以太网口(一个是光口；一个是电口)组成的，而在设备内部只有一个转发接口。Combo 电口与其对应的光口在逻辑上是光电复用的，用户可根据实际组网情况选择其中的一个使用，但两者不能同时工作。当激活其中的一个接口时，另一个接口就自动处于禁用状态。

6. USB 接口(Host)

USB 接口支持最高 480Mbps 的上传和下载速率。

三、ENSP 模拟器中部分路由器板卡模块说明

ENSP 模拟器中部分路由器板卡模块说明如下。

(1)1GEC：1个端口的GE COMBO WAN接口卡。1GEC单板是广域网千兆接入模块，提供一个Combo接口，对应面板上的一个GE电接口和一个GE光接口，方便用户灵活地选择接口类型接入广域网。1GEC单板安装在设备的SIC槽位上。1GEC单板外观图如图3-1-5所示。

(2)2FE：2个端口-FE WAN接口卡。2FE单板是以太广域网高速接入模块，提供2个FE电接口，能够高带宽的接入上行链路。2FE单板安装在设备的SIC槽位上。2FE单板外观图如图3-1-6所示。

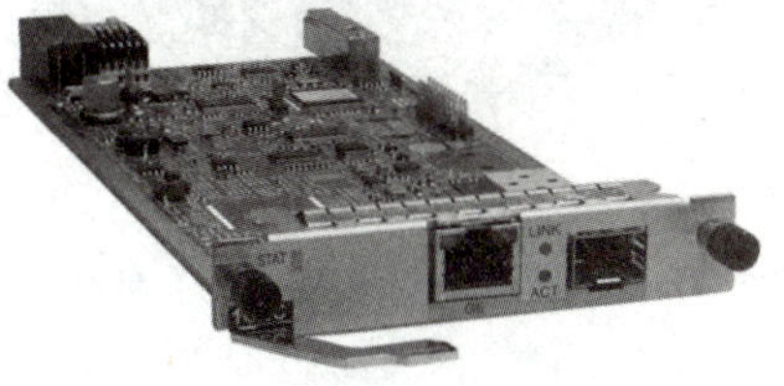

图3-1-5　1GEC单板外观图

图3-1-6　2FE单板外观图

(3)2SA：2个端口-同异步WAN接口卡。2SA单板是增强型高速同异/步串口模块，可以工作在同步方式或异步方式下，最常用的工作方式是同步方式，完成广域网接入。2SA单板安装在设备的SIC槽位上。2SA单板外观图如图3-1-7所示。

(4)2E1/T1-F：2个端口-非通道化E1/T1 WAN接口卡。2E1/T1-F单板是路由器的数据和图像信号处理模块，提供2个E1/T1-F接口，实现高密度广域网互联。2E1/T1-F单板安装在设备的SIC槽位上。2E1/T1-F单板外观图如图3-1-8所示。

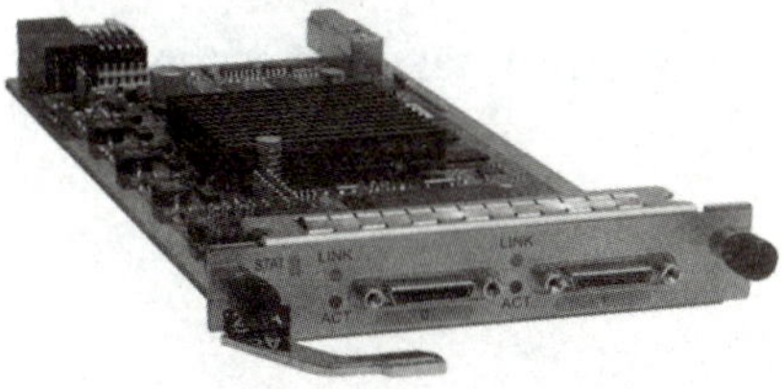

图3-1-7　2SA单板外观图

图3-1-8　2E1/T1-F单板外观图

(5)1STM1：1个端口-POS光口接口卡。1STM1单板是城域网及广域网高速接入模块，提供155M带宽接入SDH网络。1STM1单板外观图如图3-1-9所示。

(6)4G. SHDSL：1端口4线对G. SHDSL WAN接口卡。4G. SHDSL单板是广域网连接模块，为企业提供一种双向对称的DSL服务，完成视频、音频和数据信号在Internet上的高速传输。4G. SHDSL单板安装在设备的SIC槽位上。4G. SHDSL单板外观图如图3-1-10所示。

(7)4GEW-T：4端口1000Base-RJ45-L3以太WAN接口卡。4GEW-T单板是以太广域网高速接入模块，提供4个GE电接口，满足企业高密度接入广域网，提高网络的可靠性和增加带宽。4GEW-T单板安装在设备的WSIC槽位上。4GEW-T单板外观图如图3-1-11所示。

图 3-1-9　1STM1 单板外观图

图 3-1-10　4G. SHDSL 单板外观图

(8)24GE：24 个端口-GE L2/L3 以太网接口卡。24GE 单板常用于企业总部，实现大容量、高密度千兆以太接入，提供 24 个 GE 电接口，可以扩展路由器的以太转发和二层交换能力。24GE 单板安装在设备的 XSIC 槽位上。24GE 单板外观图如图 3-1-12 所示。

图 3-1-11　4GEW-T 单板外观图

(9)8FE1GE：8 端口百兆-RJ45+1 端口千兆-RJ45-L2 以太网交换电接口卡。8FE1GE 单板常用于中小型企业、企业分支机构以太接入，提供 8 个 FE 接口和 1 个 GE 接口，可连接办公终端、PC、IP 电话和交换机。8FE1GE 单板安装在设备的 WSIC 槽位上。8FE1GE 单板外观图如图 3-1-13 所示。

图 3-1-12　24GE 单板外观图

图 3-1-13　8FE1GE 单板外观图

四、路由器内存体系结构

路由器的内存体系结构如图 3-1-14 所示。

1. ROM

ROM 相当于 PC 机的 BIOS，路由器运行时首先运行 ROM 中的程序。即使系统掉电，程序也不会丢失。

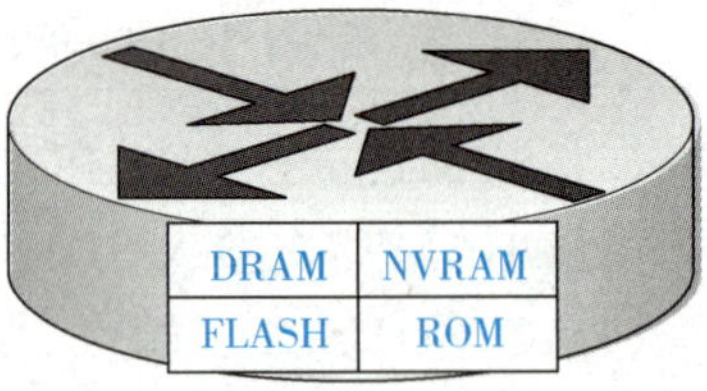

图 3-1-14　路由器的内存体系结构

2. FLASH

FLASH 是一种可擦写、可编程的 ROM。在系统掉电时不会丢失。

3. DRAM

DRAM 是动态内存。该内存中的内容在系统掉电时会完全丢失。

4. NVRAM

NVRAM 是一种非易失性的内存。NVRAM 中的内容在系统掉电时不会丢失。一般路由器启动时，首先运行 ROM 中的程序，进行系统自检及引导，然后运行 FLASH 中的 IOS，再在 NVRAM 中寻找路由器的配置，并将其装入 DRAM 中。

任务　模拟器中路由器的设置

任务描述

因为业务规模的扩大，艺腾公司购买了华为品牌新的路由器，网络管理员对此并不太熟悉，因此在 ENSP 模拟器中先练习如何使用。华为 ENSP 模拟器不仅提供了多款路由器供用户选择，还为路由器提供了大量的可选模块，同时提供了很好的环境。

任务分析

在默认情况下，在华为 ENSP 模拟器中添加的路由器没有广域网模块，不能进行 DCE 串口线的连接，因此，在完成本实训时首先要为路由器添加相关的功能性模块。模拟器中路由器的设置如图 3-1-15 所示。

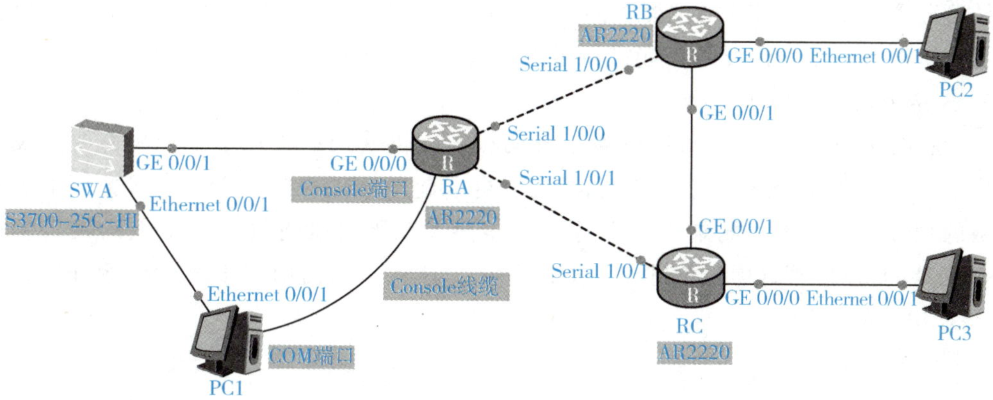

图 3-1-15　模拟器中路由器的设置

操作步骤

1. 按照表 3-1-1 添加相应的网络设备并更改对应的标签名。

表 3-1-1　网络设备与标签名称

设备类型	数量/台	标签名称
AR2220 路由器	3	RA、RB、RC
S3700-26C-HI 交换机	1	SWA
PC	3	PC1、PC2、PC3

2. 按照表 3-1-2 使用正确的线缆连接网络设备的相应接口。

表 3-1-2　网络设备的相应接口

设备名称及接口	对端设备名称及接口	线缆类型
RA：GE0/0/0	SWA：GE0/0/1	双绞线
RA：S1/0/0	RB：S1/0/0	DCE 串口线
RA：S1/0/1	RC：S1/0/1	DCE 串口线

（续表）

设备名称及接口	对端设备名称及接口	线缆类型
RA：Console	PC1：RS232	配置线
SWA：GE0/0/1	RA：GE0/0/1	双绞线
PC1：Ethernet0/0/1	SWA：Ethernet0/0/1	双绞线
PC2：Ethernet0/0/1	RB：GE0/0/0	双绞线
PC3：Ethernet0/0/1	RC：GE0/0/0	双绞线
RB：GE0/0/1	RC：GE0/0/1	双绞线

3. 根据图 3-1-15 所示的拓扑图，在华为 eNSP 模拟器的工作区中添加 3 台 AR2220 路由器、1 台 S3700-26C-HI 交换机和 3 台计算机，然后调整相应位置和更改设备的标签名。

4. 在真实操作中，为路由器添加模块时需要在断电的情况下进行，否则会损坏设备。在默认情况下，华为 eNSP 模拟器中路由器的电源是关闭的，如图 3-1-16。需要注意的是，只有在设备电源关闭的情况下才能进行增加或删除接口卡的操作。

5. 为路由器添加模块。

(1)在“视图”选项卡中，可以查看设备面板及可供使用的接口卡。如果需要为设备增加接口卡，可以在“eNSP 支持的接口卡”选项组中选择合适的接口卡，直接拖至上方的设备面板的相应槽位即可；如果需要删除某个接口卡，则直接将设备面板上的接口卡拖回“eNSP 支持的接口卡”选项组中即可。如图 3-1-17 所示，为路由器 RA、RB 和 RC 各添加一个 2SA 串口模块。

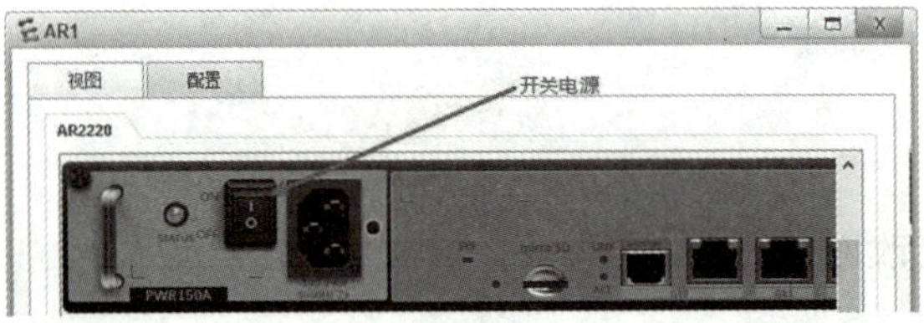

图 3-1-16　华为 eNSP 模拟器中路由器的电源

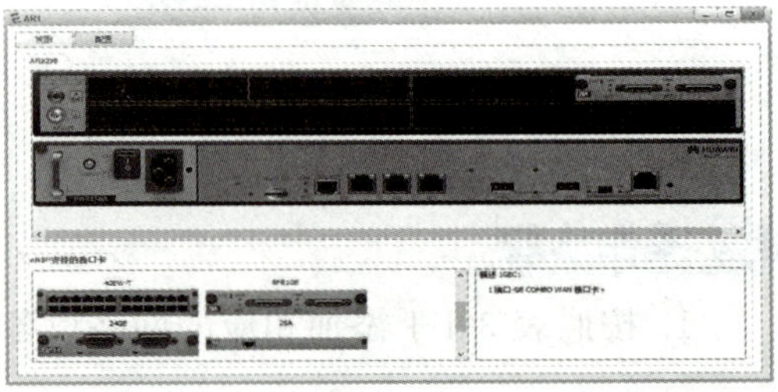

图 3-1-17　为路由器 RA、RB 和 RC 各添加一个 2SA 串口模块

(2)在“配置”选项卡中，可以设置设备的串口号，串口号的范围为 2000～65535，在默认情况下从起始数字 2000 开始使用。可自行更改串口号并单击“应用”按钮生效，如图 3-1-18 所示。

图 3-1-18　自行更改串口号

6. 查看路由器的接口，如图 3-1-19 所示：如果路由器添加了新的模块，就会有新的网络接口，要能正确地实现网络配置，就要先清楚路由器中所有接口的类型。可以使用命令进行查看。

```
[Huawei]display current-configuration
[V200R003C00]
#
 board add 0/1 2SA
#
......省略部分内容
#
interface Serial1/0/0                          //广域网接口
 link-protocol ppp
#
interface Serial1/0/1                          //广域网接口
 link-protocol ppp
#
interface GigabitEthernet0/0/0                 //千兆以太网接口
interface GigabitEthernet0/0/1                 //千兆以太网接口
interface GigabitEthernet0/0/2                 //千兆以太网接口
interface NULL0
......省略部分内容
return
```

图 3-1-19　查看路由器的接口

知识链接

1. 路由器的连接

路由器与计算机通常是通过路由器的局域网接口与计算机的网卡接口进行互联连的。由于路由器本身就是一台没有显示器的计算机主机，在计算机与路由器直接互连时，应采用交叉线，而不能使用直通线。

路由器与交换机互连通常是通过路由器的局域网接口与交换机接口进行的。在使用双绞线互连时，既可以使用交叉线，也可以使用直通线，在一般情况下都是采用直通线互连的方法。华为 eNSP 模拟器在使用时只有一种双绞线，不用区分是直通线还是交叉线。

2. 路由器接口

路由器具有非常强大的网络连接和路由功能，它可以与各种各样的网络进行物理连接，这就决定了路由器的接口技术非常复杂，越是高档的路由器，其接口种类也就越多，因为它所能连接的网络类型非常多。路由器的接口主要分为局域网接口、广域网接口和配置接口三大类。

(1)路由器通过广域网串口互连，要使用专用的 DTE 和 DCE 串口线连接。

(2)路由器通过局域网以太网接口互连，一般使用双绞线进行互连，并且一定要使用交叉线进行连接，用直通线连接是无法通信的。

(3)路由器的高速网络接入，通常使用光纤接入。

在实际的网络工程中，需要对网络设备添加或卸下模块时，一定要先断电才可以操作。

巩固练习

一、选择题

1. 以下不属于路由器接口的是(　　)。

A. BNC　B. Serial　C. Ethernet　D. GigabitEthernet

2. 路由器的 IOS 一般存储在(　　)。

A. Flash　B. ROM　C. RAM　D. NVRAM

3. 路由器启动配置文件和最终配置文件保存在(　　)。

A. Flash　B. ROM　C. RAM　D. NVRAM

4. 路由器路由表信息、ARP 信息运行在(　　)。

A. Flash　B. ROM　C. RAM　D. NVRAM

5. 以下(　　)接口是广域网接口

A. BNC　B. Serial　C. Ethernet　D. GigabitEthernet

6. 第一次对路由器进行配置，必须使用(　　)。

A. Console　B. telnet　C. HTTP　D. SSH

7. 路由器与路由器之间的连接，一般使用(　　)。

A. 交叉线　B. 直通线　C. V. 35 线缆　D. console 线

8. 路由器与交换机之间的连接，一般使用(　　)。

A. 交叉线　B. 直通线　C. V. 35 线缆　D. console 线

9. 路由器板卡模块 2FE 是指(　　)。

A. 2 个千兆以太网口　B. 2 个快速以太网口　C. 2 个光口　D. 2 个光电复用口

10. 路由器板卡模块 2SA 是指(　　)。

A. 2 个增强型高速同异/步串口　B. 2 个增强型高速千兆以太网口

C. 2 个增强型快速以太网口　D. 2 个增强型高速光电复用接口

二、简答题

1. 请列举 3 种以上的路由器接口类型。

2. 请描述路由器的存储类型。

项目 2

路由器基本配置

学习目标

1. 基本知识

(1)掌握路由器的配置方法。

(2)掌握路由器基本配置。

2. 操作技能目标

(1)能够掌握配置路由器的方法。

(2)能够掌握路由器基本配置。

知识点精讲

任务 1　路由器的基本配置

任务描述

因业务发展需求，飞腾公司需要购买一台路由器扩展现有网络，根据公司的网络拓扑规划，网络管理员将刚刚购买的路由器经过配置后投入使用。

任务分析

网络管理员拿到刚刚购买的路由器时，首先要对出厂的路由器进行配置，可以通过路由器的 Console 接口进行配置。

本任务使用 Console 线缆将路由器的 Console 接口与计算机的 COM 接口连接起来，用双绞线将路由器的 Ethernet 0/0/0 接口与计算的网卡连接起来即可进行配置，其拓扑图如图 3-2-1 所示。

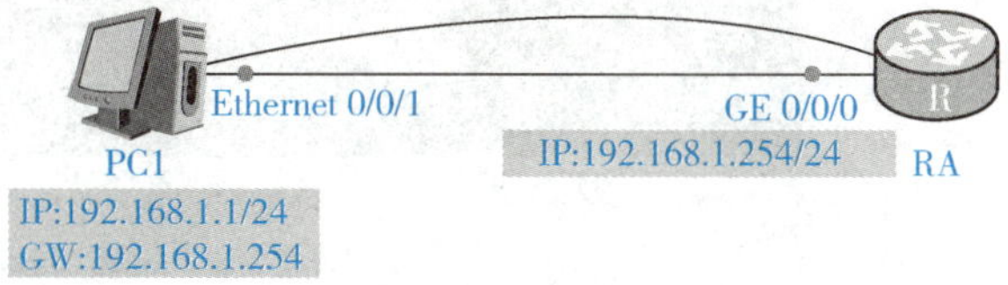

图 3-2-1　模拟器中路由器的基本设置

操作步骤

1. 双击计算机，选择“串口”选项卡，显示如图 3-2-2 所示的界面。

图 3-2-2　选择“串口”选项卡

2. 超级终端参数默认已经设置好，单击“连接”按钮，如图 3-2-3 所示。

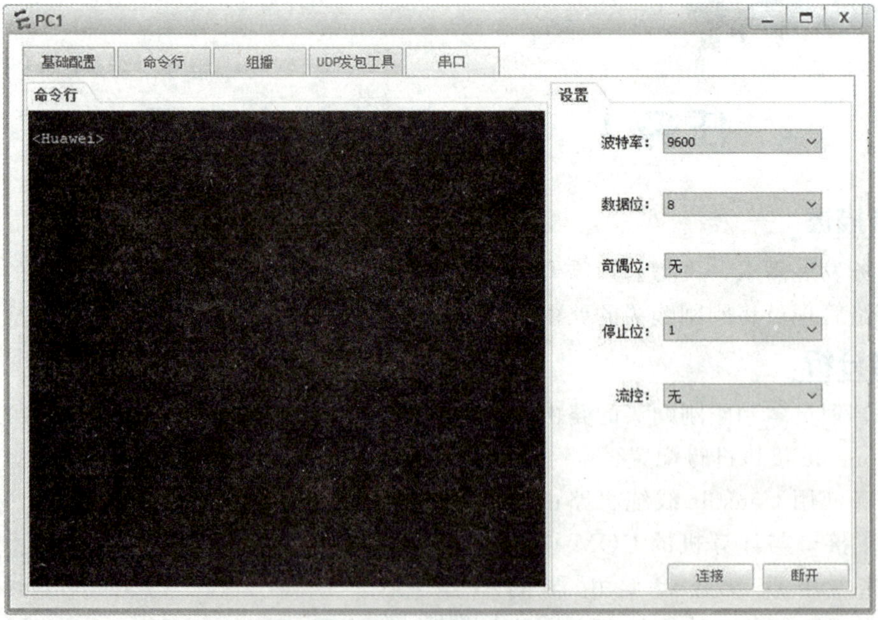

图 3-2-3　设置超级终端参数

3. 用户已经成功进入路由器的配置界面，可以对路由器进行必要的配置。使用 display version 命令可以查看路由器软件和硬件的版本信息，如图 3-2-4 所示。

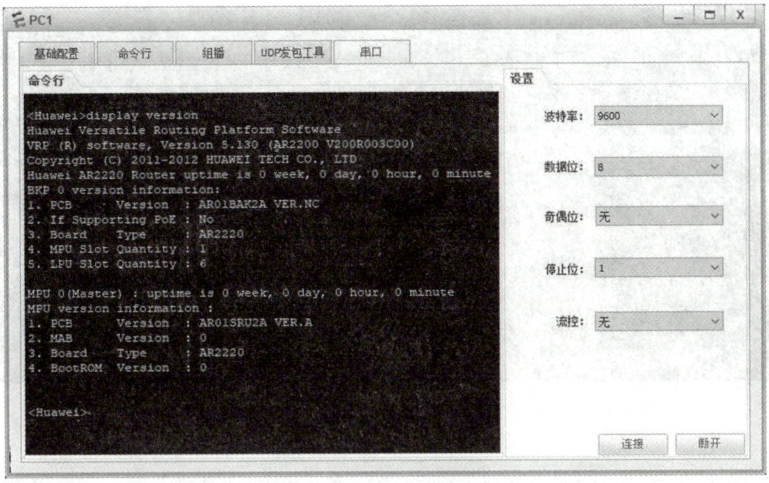
PC1
基础配置
命令行
组播
UDP发包工具
串口
命令行
<Huawei>display version
Huawei Versatile Routing Platform Software
VRP (R) software, Version 5.130 (AR2200 V200R003C00)
Copyright (C) 2011-2012 HUAWEI TECH CO., LTD
Huawei AR2220 Router uptime is 0 week, 0 day, 0 hour, 0 minute
BKP 0 version information:
1. PCB Version : AR01BAK2A VER.NC
2. If Supporting PoE : No
3. Board Type : AR2220
4. MPU Slot Quantity : 1
5. LPU Slot Quantity : 6
MPU 0(Master) : uptime is 0 week, 0 day, 0 hour, 0 minute
MPU version information :
1. PCB Version : AR01SRU2A VER.A
2. MAB Version : 0
3. Board Type : AR2220
4. BootROM Version : 0
<Huawei>
设置
波特率: 9600
数据位: 8
奇偶位: 无
停止位: 1
流控: 无
连接
断开

图 3-2-4　查看路由器软件和硬件的版本信息

4. 切换路由器的配置模式，如图 3-2-5 所示。

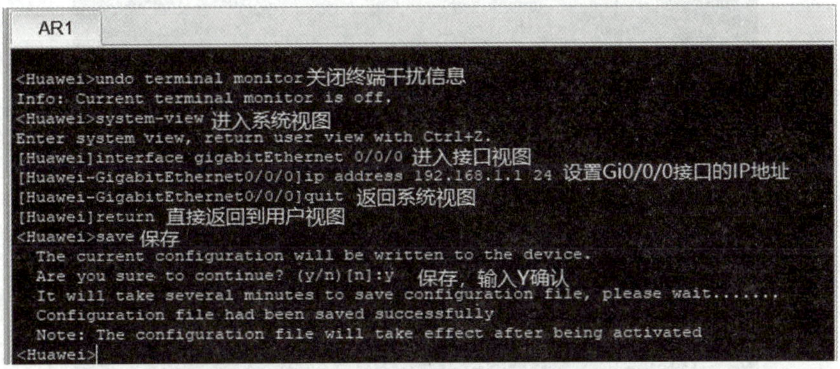
AR1
<Huawei>undo terminal monitor 关闭终端干扰信息
Info: Current terminal monitor is off.
<Huawei>system-view 进入系统视图
Enter system view, return user view with Ctrl+Z.
[Huawei]interface gigabitEthernet 0/0/0 进入接口视图
[Huawei-GigabitEthernet0/0/0]ip address 192.168.1.1 24 设置Gi0/0/0接口的IP地址
[Huawei-GigabitEthernet0/0/0]quit 返回系统视图
[Huawei]return 直接返回到用户视图
<Huawei>save 保存
The current configuration will be written to the device.
Are you sure to continue? (y/n)[n]:y 保存，输入Y确认
It will take several minutes to save configuration file, please wait.......
Configuration file had been saved successfully
Note: The configuration file will take effect after being activated
<Huawei>

图 3-2-5　切换路由器的配置模式

5. 配置路由器的名称为 RA，如图 3-2-6 所示。

<Huawei>system-view
Enter system view, return user view with Ctrl+Z.
[Huawei]sysname RA
[RA]

图 3-2-6　配置路由器的名称

6. 设置路由器的时间，如图 3-2-7 所示。

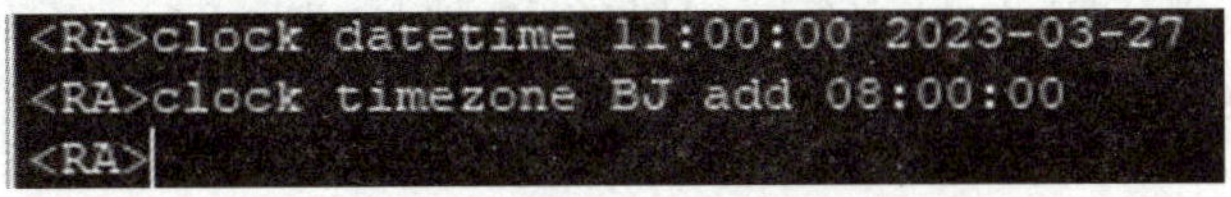
<RA>clock datetime 11:00:00 2023-03-27
<RA>clock timezone BJ add 08:00:00
<RA>

图 3-2-7　设置路由器的时间

7. 配置路由器的 Console 接口密码。

(1)以登录用户界面的认证方式为密码认证，密码以 huawei 为例，配置如图 3-2-8 所示。

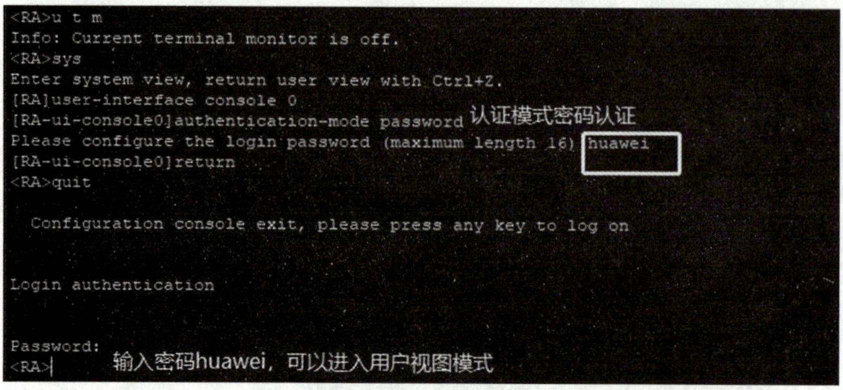

<RA>u t m
Info: Current terminal monitor is off.
<RA>sys
Enter system view, return user view with Ctrl+Z.
[RA]user-interface console 0
[RA-ui-console0]authentication-mode password
认证模式密码认证
Please configure the login password (maximum length 16) huawei
[RA-ui-console0]return
<RA>quit
Configuration console exit, please press any key to log on
Login authentication
Password:
<RA>
输入密码huawei，可以进入用户视图模式

图 3-2-8　密码认证

(2)以登录用户界面的认证方式为 AAA 认证，以用户名为 admin，密码为 huawei 为例，如图 3-2-9 所示。

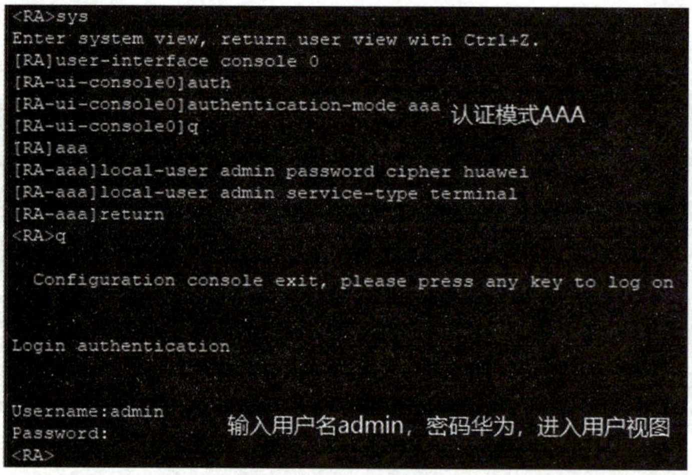

<RA>sys
Enter system view, return user view with Ctrl+Z.
[RA]user-interface console 0
[RA-ui-console0]auth
[RA-ui-console0]authentication-mode aaa
认证模式AAA
[RA-ui-console0]q
[RA]aaa
[RA-aaa]local-user admin password cipher huawei
[RA-aaa]local-user admin service-type terminal
[RA-aaa]return
<RA>q
Configuration console exit, please press any key to log on
Login authentication
Username:admin
Password:
<RA>
输入用户名admin，密码华为，进入用户视图

图 3-2-9　输入密码

8. 任务验收。

(1)使用 display current-configuration 命令查看当前配置。查看路由器的管理方式是否配置成功。

(2)测试路由器的 Console 接口密码是否已经生效。

(3)当配置完以上命令时，再次查看网络拓扑图，可以发现，链路中的红色标记已经变成绿色。这时可以为 PC1 分配一个同网段的 IP 地址(如 192.168.1.1)，设置网关为路由器 GE0/0/0 接口的 IP 地址，测试它们之间的连通性。

知识链接

1. 路由器的管理方式

用户对网络设备的操作管理叫作网络管理。按照用户的配置管理方式，常见的网络管理方式分为 CLI 式和 Web 式。其中，通过 CLI 式管理设备指的是用户通过 Console 接口(也称串口)、Telnet、STelnet 式登录设备，使用设备提供的命令行对设备进行管理和

配置。

通过 Console 口进行本地登录是登录设备最基本的方式，也是其他登录方式的基础。在默认情况下，用户可以直接通过 Console 口进行本地登录，用户级别是 15。该方式仅限于本地登录，通常在以下 3 种场景下应用。

(1)当对设备进行第一次配置时，可以通过 Console 口登录设备进行配置。

(2)当用户无法远程登录设备时，可以通过 Console 口进行本地登录。

(3)当设备无法启动时，可以通过 Console 口进入 Bootloader 进行诊断或系统升级。

2. 路由器的命令视图

路由器的命令视图同交换机的视图模式一样，分为用户视图，系统视图和接口视图，路由器的命令视图如下所示。

(1)用户视图：查看路由器的软硬件版本信息，不能配置设备。

(2)系统视图：可对配置文件进行管理，查看配置信息，进行网络的测试和调试。

(3)接口视图：配置路由器相关接口参数，如物理属性，接口地址等。

任务 2　配置路由器支持 Telnet、STelnet

任务描述

在组建局域网时，飞腾公司已经对络设备进行了基本配置，现在全部接入网络，投入使用。为了方便对网络设备进行维护，现在需要配置其远程访问功能，以方便远程管理。

任务分析

远程管理极大地提高了用户操作的灵活性。远程管理主要分为 Telnet 和 STelnet 这两种方式。如果为路由器分配了管理 IP 地址，则可以使用 Telnet 和 STelnet 客户端连接到路由器。但是 VTY 线路并不安全，可以为 VTY 线路配置密码身份验证来保护通过 VTY 线路对路由器的访问。Telnet、STelnet 如图 3-2-10 所示。

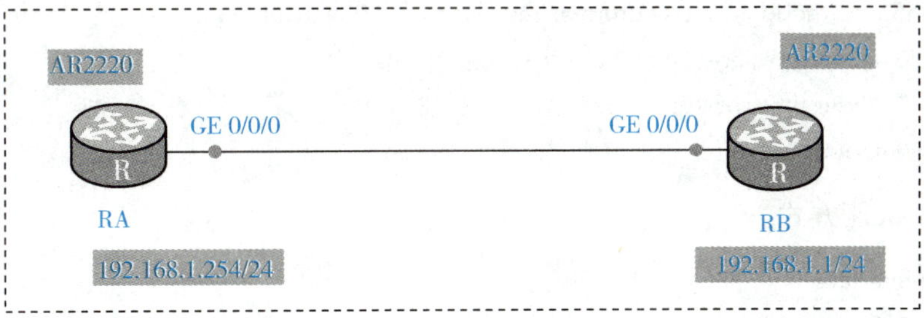

图 3-2-10　Telnet、STelnet

操作步骤

1. 配置通过 Telnet 登录系统

(1)RA 的基本配置。

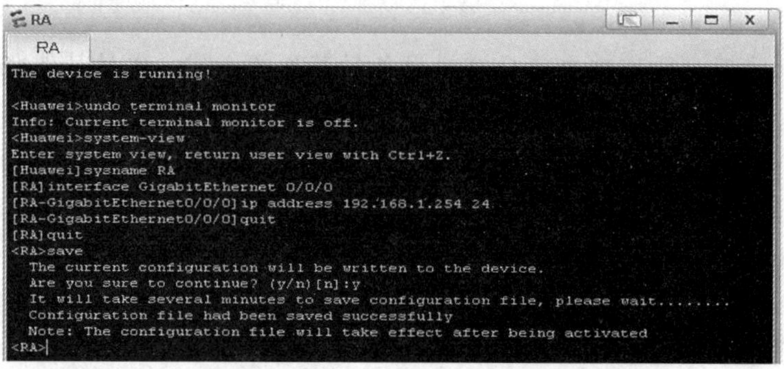
RA
RA
The device is running!
<Huawei>undo terminal monitor
Info: Current terminal monitor is off.
<Huawei>system-view
Enter system view, return user view with Ctrl+Z.
[Huawei]sysname RA
[RA]interface GigabitEthernet 0/0/0
[RA-GigabitEthernet0/0/0]ip address 192.168.1.254 24
[RA-GigabitEthernet0/0/0]quit
[RA]quit
<RA>save
The current configuration will be written to the device.
Are you sure to continue? (y/n)[n]:y
It will take several minutes to save configuration file, please wait........
Configuration file had been saved successfully
Note: The configuration file will take effect after being activated
<RA>

(2)RB 的基本配置。

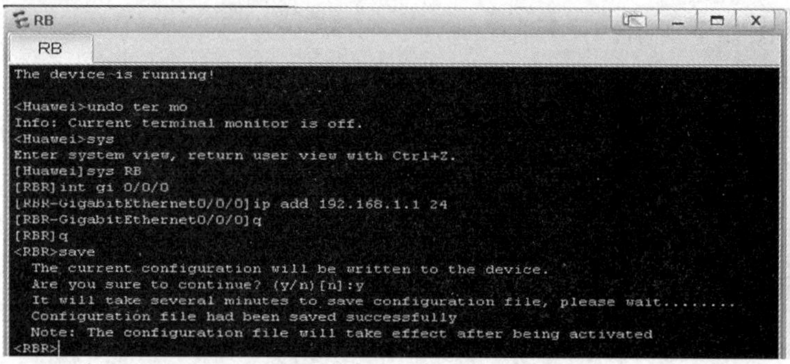
RB
RB
The device is running!
<Huawei>undo ter mo
Info: Current terminal monitor is off.
<Huawei>sys
Enter system view, return user view with Ctrl+Z.
[Huawei]sys RB
[RBR]int gi 0/0/0
[RBR-GigabitEthernet0/0/0]ip add 192.168.1.1 24
[RBR-GigabitEthernet0/0/0]q
[RBR]q
<RBR>save
The current configuration will be written to the device.
Are you sure to continue? (y/n)[n]:y
It will take several minutes to save configuration file, please wait........
Configuration file had been saved successfully
Note: The configuration file will take effect after being activated
<RBR>

(3)在 RA 上配置 Telnet 用户登录界面，此处有两种方式 password 和 AAA。

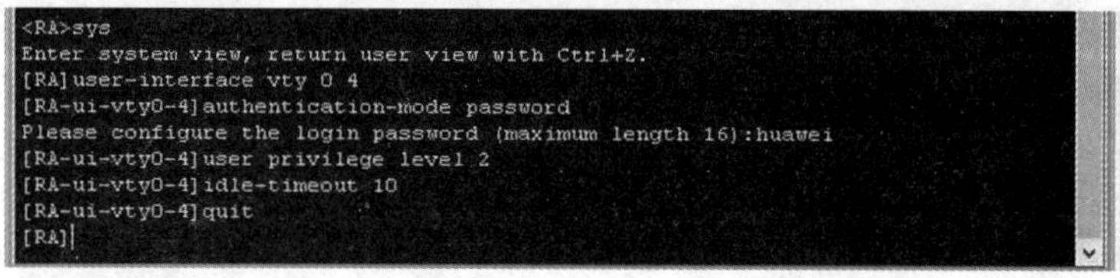
<RA>sys
Enter system view, return user view with Ctrl+Z.
[RA]user-interface vty 0 4
[RA-ui-vty0-4]authentication-mode password
Please configure the login password (maximum length 16):huawei
[RA-ui-vty0-4]user privilege level 2
[RA-ui-vty0-4]idle-timeout 10
[RA-ui-vty0-4]quit
[RA]

(4)Password 认证方式。

```
[RA]user-interface vty 0 4                    //配置认证方式为 password
[RA-ui-vty0-4]authentication-mode password    //设置明文密码认证：huawei
Please configure the login password(maximum length 16):huawei
[RA-ui-vty0-4]user privilege level 2    //用户级别为 2 级
[RA-ui-vty0-4]idle-timeout 10           //断连时间为 10 分钟
[RA-ui-vty0-4]quit
```

(5)AAA 认证方式。

```
[RA]user-interface vty 0 4
[RA-ui-vty0-4]authentication-mode aaa    //配置认证方式为 AAA
[RA-ui-vty0-4]user pri level 2
[RA-ui-vty0-4]q
[RA]aaa                                  //进入 AAA 视图
[RA-aaa]local-user admin password cipher huawei    //设置用户名 admin，密文 huawei
[RA-aaa]local-user admin service-type telnet //登录方式 Telnet
[RA-aaa]q
```

2. 配置通过 STelnet 登录系统

(1)RA 的基本配置(同 telnet)。

(2)RB 的基本配置(同 telnet)。

(3)在 RA 上开启 SSH 服务。

```
[RA]stelnet server enable
```

(4)在 RA 上使用 rsa local-key-pair create 命令生成本地 RSA 主机密钥对。成功完成 SSH 登录的首要操作是配置并产生本地 RSA 密钥对。在进行其他 SSH 设置之前先要生成本地密钥对，生成的密钥对将保存在设备中，重启后不会丢失。

```
[RA]rsa local-key-pair create
```

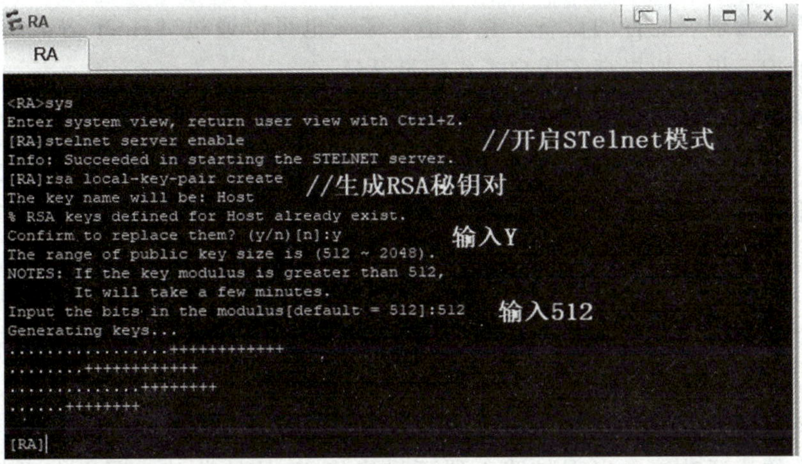
RA
RA
<RA>sys
Enter system view, return user view with Ctrl+Z.
[RA]stelnet server enable
//开启STelnet模式
Info: Succeeded in starting the STELNET server.
[RA]rsa local-key-pair create
//生成RSA秘钥对
The key name will be: Host
% RSA keys defined for Host already exist.
Confirm to replace them? (y/n)[n]:y
输入Y
The range of public key size is (512 ~ 2048).
NOTES: If the key modulus is greater than 512,
It will take a few minutes.
Input the bits in the modulus[default = 512]:512
输入512
Generating keys...
................+++++++++++
.......+++++++++++
..............++++++++
......++++++++
[RA]

(5)配置 SSH 用户登录界面。设置用户为 AAA 权认证方式。用户名为 admin，密码为 huawei，并配置 SSH 新用户默认登录类型为 password 模式。

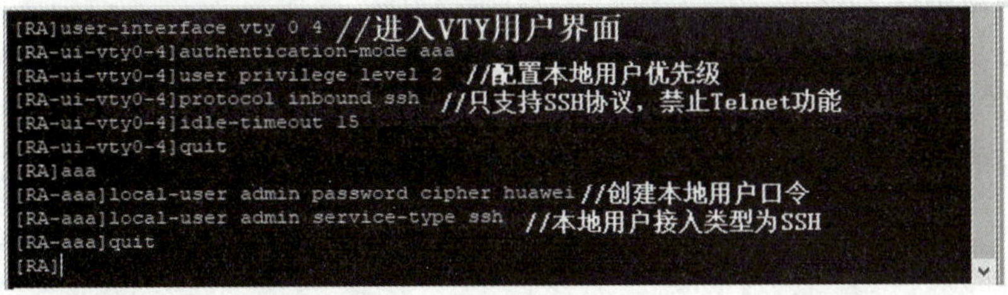
[RA]user-interface vty 0 4
//进入VTY用户界面
[RA-ui-vty0-4]authentication-mode aaa
[RA-ui-vty0-4]user privilege level 2
//配置本地用户优先级
[RA-ui-vty0-4]protocol inbound ssh
//只支持SSH协议，禁止Telnet功能
[RA-ui-vty0-4]idle-timeout 15
[RA-ui-vty0-4]quit
[RA]aaa
[RA-aaa]local-user admin password cipher huawei
//创建本地用户口令
[RA-aaa]local-user admin service-type ssh
//本地用户接入类型为SSH
[RA-aaa]quit
[RA]

(6)配置 SSH Client 首次认证功能。

当 SSH 用户第一次登录 SSH 服务器时，用户端还没有保存 SSH 服务器的 RSA 秘钥，所以对服务器的 RSA 有效性公钥检查失败，从而导致登录服务器失败。因此，当用户端 RB 首次登录时，需要开启 SSH 用户端首次认证功能，不对 SSH 服务器的 RSA 秘钥进行有效性检查。

```
[RB]SSH client first-time enable
```

任务验收

1. 在 RB 上，在用户视图下，使用 telnet 192.168.1.254 命令进行 Password 方式登录测试。

2. 在 RB 上，在用户视图下，使用 telnet 192.168.1.254 命令进行 AAA 方式登录测试。

3. 在 RB 上，在系统视图下，使用 stelnet 192.168.1.254 命令进行登录测试。

4. 在 RA 上，使用 display users 命令查看已经登录的用户信息

5. 在 RA 上，使用 display rsa local-key-pair public 命令查看本地秘钥对公钥信息

知识链接

1. Telnet

Telnet 通常用在远程登录应用中，以便对本地或远端运行的网络设备进行配置、监控和维护。如果网络中有多台设备需要配置和管理，那么用户无须为每台设备都连接一个用户终端进行本地配置，可以通过 Telnet 方式在一台设备上对多台设备进行管理或配置。如果网络中需要管理或配置的设备不在本地，那么也可以通过 Telnet 方式实现对网络中设备的远程维护，极大地提高了用户操作的灵活性。

2. STelnet

由于 Telnet 缺少安全的认证方式，而且传输过程采用 TCP 协议进行明文传输，存在很大的安全隐患，单纯提供 Telnet 服务容易招致主机 IP 地址欺骗、路由欺骗等恶意攻击。传统的 Telnet 和 FTP 等通过明文传送密码和数据的方式，已经慢慢不被接受。

STelnet 是 Secure Telnet 的简称。在一个传统的不安全的网络环境中，服务器通过对用户端的认证及双向的数据加密，为网络终端访问提供安全的 Telnet 服务。

SSH(Secure Shell)是一个网络安全协议。通过对网络数据进行加密，SSH 能够在不安全的网络环境中，提供安全的远程登录和其他安全网络服务。SSH 可以提供安全的信息保障和强大的认证功能，以保护路由器不受诸如 IP 地址欺骗、明文密码截取等攻击。SSH 数据加密传输，认证机制更加安全，而且可以代替 Telnet，已经被广泛使用，成为当前重要的网络协议之一。

SSH 基于 TCP 协议 22 号端口传输数据，支持 Password 认证。用户端向服务器发出 Password 认证请求，将用户名和密码加密后发送给服务器；服务器将该信息解密后得到用户名和密码的明文，与设备上保存的用户名和密码进行比较，并返回认证成功或失败的消息。

任务 3　配置路由器 DHCP 功能

任务描述

飞腾公司的总经理发现自己的计算机出现了“IP 地址冲突”问题，并且连接不上网络，于是找网络管理员解决这个问题，网络管理员认为这是有些员工擅自修改 IP 地址导致的，可以通过现有的路由器使用 DHCP 技术来解决这个问题。

任务分析

网络管理员为每台计算机手动分配一个 IP 地址，这样会大大增加网络管理员的工作量担，也容易导致 IP 地址分配错误，有什么办法既能减少网络管理员的工作量、减小输

入错误的可能性，也能避免 IP 地址冲突呢？网络管理员的想法非常正确，使用 DHCP 技术可以在不需要增加硬件的情况下实现。路由器 DHCP 配置如图 3-2-11 所示。

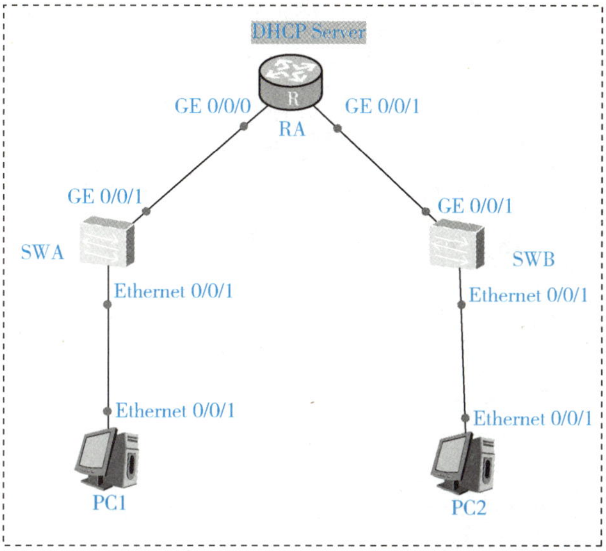

图 3-2-11　路由器 DHCP 配置

操作步骤

1. 配置基于接口地址池的 DHCP

(1)交换机基本配置：修改设备名称。

(2)路由器基本配置。

```
RA
RA
The device is running!

<Huawei>undo ter mo
Info: Current terminal monitor is off.
<Huawei>sys
Enter system view, return user view with Ctrl+Z.
[Huawei]sysname RA
[RA]int gi0/0/0
[RA-GigabitEthernet0/0/0]ip add 192.168.10.254 24
[RA-GigabitEthernet0/0/0]q
[RA]int gi0/0/1
[RA-GigabitEthernet0/0/1]ip add 192.168.20.254 24
[RA-GigabitEthernet0/0/1]q
```

(3)开启路由器的 DHCP 服务器功能，配置从接口地址池分配地址。

```
[RA]dhcp enable
Info: The operation may take a few seconds. Please wait for a moment.done.
[RA]int gi0/0/0
[RA-GigabitEthernet0/0/0]dhcp select interface
[RA-GigabitEthernet0/0/0]dhcp server lease day 3
[RA-GigabitEthernet0/0/0]dhcp server excluded-ip-address 192.168.10.251 192.168.
10.253
[RA-GigabitEthernet0/0/0]dhcp server dns 8.8.8.8
[RA-GigabitEthernet0/0/0]int gi 0/0/1
[RA-GigabitEthernet0/0/1]dhcp select interface
[RA-GigabitEthernet0/0/1]dhcp server lease day 3
[RA-GigabitEthernet0/0/1]dhcp server excluded-ip-add 192.168.20.241 192.168.20.2
53
[RA-GigabitEthernet0/0/1]dhcp server dns 114.114.114.114
[RA-GigabitEthernet0/0/1]q
[RA]
```

(4)设置计算机使用 DHCP 方式获取 IP 地址。

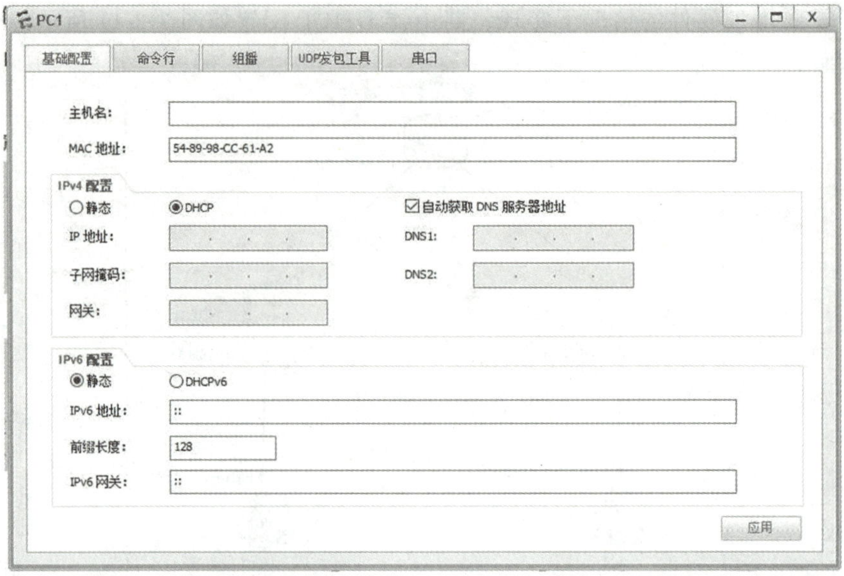

2. 配置基于全局地址池的 DHCP

(1)交换机基本配置：修改设备名称。

(2)路由器基本配置：(同基于接口地址池的 DHCP 配置方式)。

(3)开启路由器的 DHCP 服务器功能，配置全局地址池分配地址。

```
[RA]ip pool huawei //创建全局地址池 huawei
Info: It's successful to create an IP address pool.
[RA-ip-pool-huawei]network 192.168.10.0   //配置可动态分配网段
[RA-ip-pool-huawei]lease day 3            //租约期 3 天
[RA-ip-pool-huawei]exclude 192.168.10.251 192.168.10.253 //排除地址范围
```

```
[RA-ip-pool-huawei]gateway 192.168.10.254          //出口网关
[RA-ip-pool-huawei]dns 114.114.114.114       //配置 DNS 服务器地址
[RA-ip-pool-huawei]q
[RA]dhcp enable   //开启 DHCP 功能
Info: The operation may take a few seconds.Please wait for a moment.done.
[RA]int gi 0/0/0
[RA-GigabitEthernet0/0/0]dhcp select global //采用接口全局地址池分配 IP 地址
```

```
[RA]ip pool test
Info: It's successful to create an IP address pool.
[RA-ip-pool-test]network 192.168.20.0
[RA-ip-pool-test]lease day 3
[RA-ip-pool-test]exclude 192.168.20.241 192.168.20.253
[RA-ip-pool-test]gateway 192.168.20.254
[RA-ip-pool-test]dns 8.8.8.8
[RA-ip-pool-test]q
[RA]int gi 0/0/1
[RA-GigabitEthernet0/0/1]dhcp select global
[RA-GigabitEthernet0/0/1]quit
[RA]
```

(4)验收。

知识链接

基于接口地址池的 DHCP 服务器，连接这个接口网段的用户都从该接口地址池中获取 IP 地址等配置信息，由于地址池绑定在特定的接口上，可以限制用户的使用条件，因此在保障安全性的同时也存在一定的局限性。当用户从不同接口接入 DHCP 服务器且需要从同一个地址池中获取 IP 地址时，就需要配置基于全局地址池的 DHCP 务器。

配置基于全局地址池的 DHCP 服务器，从所有接口上连接的用户都可以选择该地址池中的地址，也就是说，全局地址池是一个公共地址池。在 DHCP 服务器上创建地址池并配置相关属性(包括地址范围、地址租期、不参与自动分配的 IP 地址等)，再配置接口工作在全局地址池模式。路由器支持工作在全局地址池模式的接口有 3 层接口及其子接口、3 层 Ethernet 接口及其子接口、3 层 Eth-Trunk 接口及其子接口和 VLANIF 接口。

巩固练习

一、选择题

1. 对于新购买的路由器需要进行设备初始配置，以下串口设置正确的是(　　)。

A. 波特率：9600、数据位：8、奇偶校验：无、停止位：1、流量控制：无

B. 波特率：9600、数据位：16、奇偶校验：无、停止位：0、流量控制：无

C. 波特率：14400、数据位：16、奇偶校验：无、停止位：1、流量控制：无

D. 波特率：9600、数据位：8、奇偶校验：无、停止位：0、流量控制：无

2. 路由器如果需要设置时间，在(　　)视图下进行设置。

A. 用户视图　　B. 系统视图　　C. 配置视图　　D. 接口视图

3. 配置路由器的 console 密码，以下描述正确的是(　　)。

A. 进入命令为：user-interface vty 0 4。

B. 认证模式同交换机一样，有 NONE、PASSWORD 和 AAA 三种认证。

C. 当时用 password 模式认证时，有 simple 和 cipher 两种加密方式可选。

D. 路由器设置 Console 密码时必须使用密文加密的方式。

4. 以下哪种场景不适用于 console 口本地登录路由器

A. 当对设备进行第一次配置时

B. 当用户无法远程登录设备时

C. 当设备无法正常启动，需进入 BootLoader 时

D. 当 SSH 登录时

5. 关于路由器的管理方式，以下描述不正确的是(　　)。

A. 可以带内管理，也可以带外管理

B. telnet、http、SSH 属于带内管理

C. console、web 配置方式为带内管理

D. SNMP、SSH CLI 方式为带内管理

6. telnet 对应的 TCP 端口号为(　　)。

A. 22　　B. 23　　C. 21　　D. 25

7. SSH 对应的 TCP 端口号为(　　)。

A. 22　　B. 23　　C. 21　　D. 25

8. 以下关于 SSH 描述不正确的是(　　)。

A. SSH 是能够在不安全的网络环境中提供安全的远程登录

B. 设置 SSH 时，可以不用生成秘钥

C. 客户端首次登录 SSH 服务端时，必须进行首次验证，以获得秘钥文件

D. SSH 就是 STelnet，它是运行在应用层上的协议

9. 路由器的 DHCP 技术描述正确的是(　　)。

A. 当一个接口下联两个不同的 vlan，并为其分配 IP 地址时，只能全局模式。

B. 当一个接口下联两个不同的 vlan，并为其分配 IP 地址时，只能接口模式。

C. 当一个接口下联两个不同的 vlan，并为其分配 IP 地址时，既能全局模式，也能接口模式。

D. 当一个接口下联两个不同的 vlan，并为其分配 IP 地址时，无法实现 DHCP。

10. 当路由器使用接口模式 DHCP 分配 IP 地址时(　　)。

A. 需要设置网关地址

B. 需要设置网络号

C. 必须设置租约期

D. 不设置网关地址，客户端也可以正常获取网关地址

二、简答题

1. 请描述路由器的网络管理方式。

2. 请描述路由器的接口 DHCP 为客户端分配 IP 的设置步骤。

技能练习

1. 设置 AR1 的 console 密码：huawei。

2. 设置 AR2 远程 telnet 登录，aaa 模式，用户名 admin，密码 hauwei@123；LSW1

为验证端。

3. 设置 AR1 远程 SSH 登录，aaa 模式，用户名 huawei，密码 hauwei@123：LSW1 为验证端。

4. 设置 LSW1 远程 SSH 登录，aaa 模式，用户名 user1，密码 hauwei@123：AR1 为验证端。

5. 设置 LSW1 远程 Telnet 登录，aaa 模式，用户名 user2，密码 hauwei@123：AR2 为验证端。

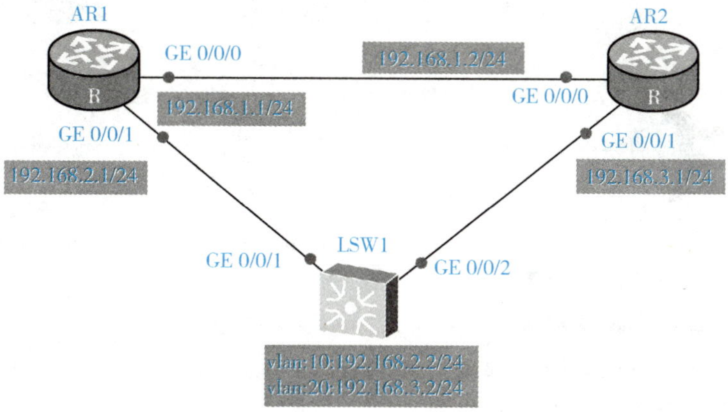

项目 3

路由协议及配置

学习目标

1. 基本知识

(1)掌握静态路由协议及配置。

(2)掌握默认路由协议及配置。

(3)掌握动态路由协议 RIP 及配置。

(4)掌握动态路由协议 OSPF 及配置。

(5)掌握路由重分布。

2. 操作技能目标

(1)能够配置静态路由。

(2)能够配置动态路由。

(3)能够路由重分布。

知识点精讲

任务 1　静态路由配置

任务描述

假设校园网通过一台路由器连接到另一台路由器上，现在要在路由器上做适当配置，实现校园网内部主机与校园网外部主机的相互通信，如图 3-3-1 所示，两台路由器用 1 根 V. 35 DTE 线缆和 1 根 V. 35 DCE 线缆直接连起来。

图 3-3-1　静态路由示意图

任务分析

1. 路由表的产生方式

路由器或三层交换机在转发数据时，首先要在路由表中查找相应的路由。路由表的产生方式有如下 3 种。

(1)直连网络：路由器或三层交换机自动添加和自己直接连接的网络路由。

(2)静态路由：由网络管理员手动配置的路由信息。当网络的拓扑结构或链路发生变化时，需要网络管理员手动修改路由表中的相关路由信息。

(3)动态路由：由路由协议动态产生的路由。

2. 静态路由简介

静态路由是指用户或网络管理员手动配置的路由信息。当网络的拓扑结构或链路状态发生改变时，需要网络管理人员手动修改静态路由信息。相比于动态路由协议，静态路由无须频繁地交换各自的路由表，配置简单，比较适合小型、简单的网络环境。

静态路由一般适用于比较简单的网络环境，不适合大型和复杂的网络环境，因为当网络拓扑结构和链路状态发生变化时，网络管理员需要做大量的调整，且无法自动感知错误发生，不易排错。

3. 静态路由的优点和缺点

静态路由的优点和缺点如下。

(1)静态路由的优点：使用静态路由的好处是网络安全保密性高。动态路由因为需要路由器之间频繁地交换各自的路由表，而对路由表的分析可以揭示网络的拓扑结构和网络地址等信息，所以出于网络安全方面的考虑可以采用静态路由。

(2)静态路由的缺点：大型和复杂的网络环境通常不宜采用静态路由。一方面，网络管理员难以全面地了解整个网络的拓扑结构；另一方面，当网络的拓扑结构和链路状态发生变化时，路由器中的静态路由信息需要大范围地进行调整，这项工作的难度和复杂程度非常高。

在小型网络中，使用静态路由是比较好的选择。如果网路管理员想控制数据转发路径，那么也可以使用静态路由。

4. 静态路由的配置

配置静态路由有两种方式：一种是在配置中采取指定下一跳 IP 地址的方式，另一种是指定接口的方式。静态路由的配置命令如下。

```
ip route-static  目的网络的 IP 地址  子网掩码  下一跳 IP 地址/本地接口
```

操作步骤

1. 设置 PC 机的 IP 地址(注意网关的设置)。

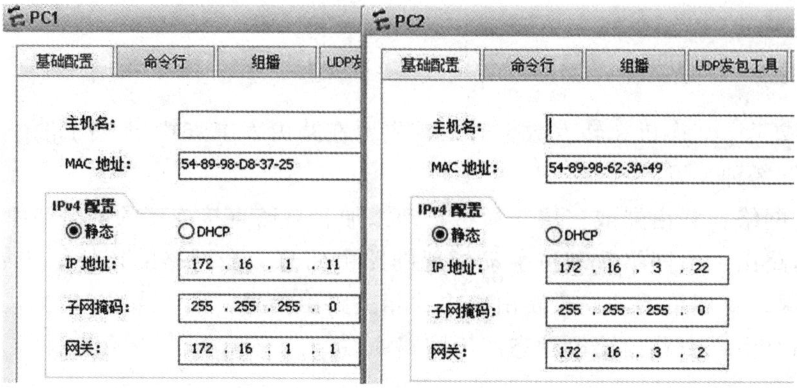

2. 在路由器 Router A 上配置接口的 IP 地址和串口上的时钟频率。

- interface Serial2/0/0
- link-protocol ppp
- ip address 172.16.2.1 255.255.255.0
- clock rc
- interface GigabitEthernet0/0/0
- ip address 172.16.1.1 255.255.255.0

3. 在路由器 Router A 上配置静态路由。

- ip route-static 172.16.3.0 255.255.255.0 172.16.2.2

4. 在路由器 Router B 上配置接口的 IP 地址和串口上的时钟频率。

- interface Serial4/0/0
- link-protocol ppp
- ip address 172.16.2.2 255.255.255.0
- interface GigabitEthernet0/0/0
- ip address 172.16.3.2 255.255.255.0

5. 在路由器 Router B 上配置静态路由。

- ip route-static 172.16.1.0 255.255.255.0 172.16.2.1

6. 测试网络的互连互通性，PC1 与 PC2 可以互相 ping 通。

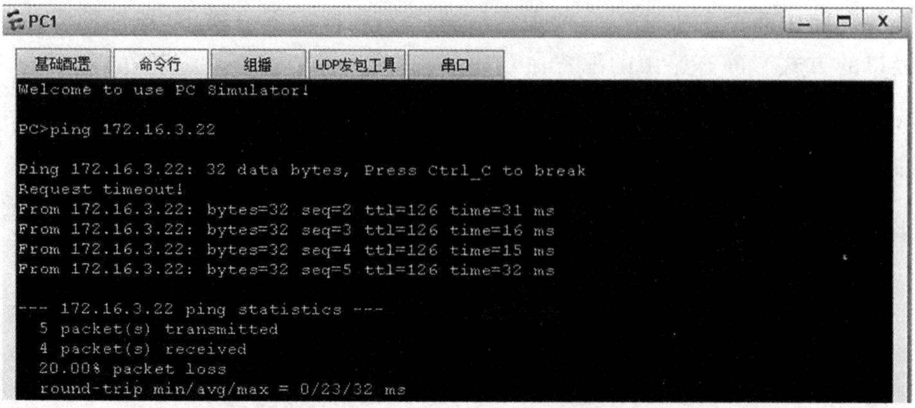

技能练习

请按照图 3-3-2 的网络拓扑图，设置网络设备，使全网互通（在 RA 上，使用 display IP routing-table 命令查看路由表，使用 PC1 测试到 PC2 和 PC3 的连通性）。

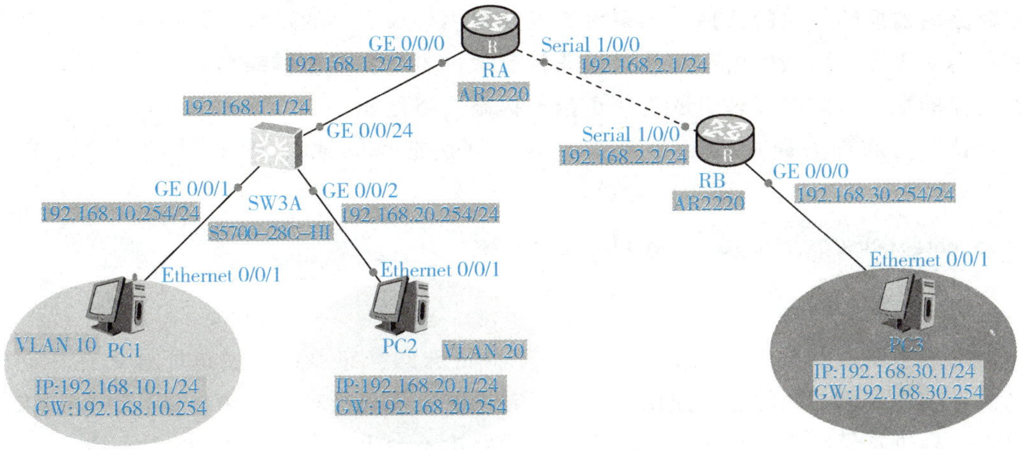

图 3-3-2 利用静态路由实现全网互通

任务 2 默认路由和浮动静态路由的配置

任务描述

随着规模的不断扩大，飞腾公司现有北京总部和天津分部两个办公地点，分部与总部之间使用路由器互连。北京总部和天津分部的路由器分别为 RA 和 RB，路由器需要配置默认路由和浮动静态路由，提高链路的可用性，使所有计算机能够互相访问。配置浮动静态路由实现总部与分部互连主链路断开时，可以通过备份链路互连。浮动静态路由示意图如图 3-3-3 所示。

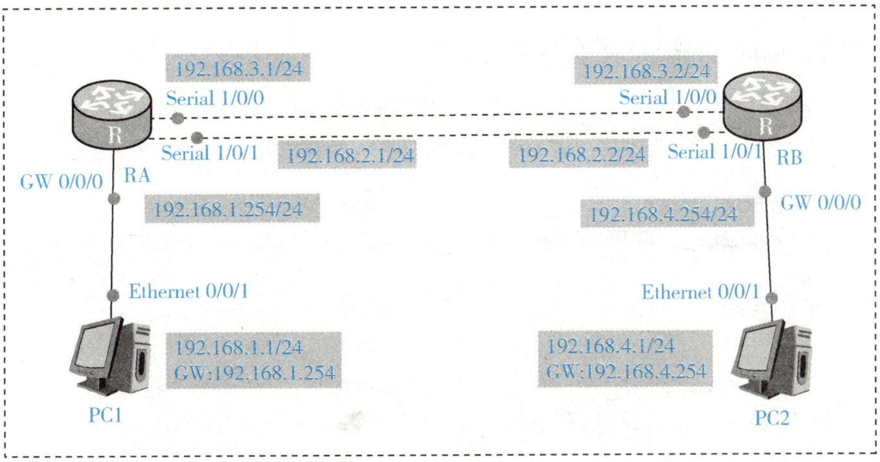

图 3-3-3 浮动静态路由示意图

任务分析

1. 默认路由

默认路由是一种特殊的静态路由，指的是当路由表中与包的目的地址之间没有匹配的表项时路由器能够做出的选择。如果没有默认路由，那么目的地址在路由表中没有匹配表项的包将被丢弃。默认路由在某些时候非常有效，当存在末梢网络时，默认路由会大大简化路由器的配置，减轻管理员的工作负担，提高网络性能。

默认路由和静态路由的命令格式一样。只是把目的地的 IP 地址和子网掩码改成 0.0.0.0 和 0.0.0.0。默认路由的配置命令如下。

```
ip route-static 0.0.0.0 0.0.0.0 下一跳 IP 地址/本地接口
```

2. 浮动静态路由

浮动静态路由(floating static route)是一种特殊的静态路由，通过配置去往相同的目的网段，但优先级不同的静态路由，以保证在网络中优先级较高的路由(即主路由)失效的情况下，提供备份路由。在正常情况下，备份路由不会出现在路由表中。

设备上的路由优先级一般具有默认值，不同厂家设备对于优先级的默认值可能不同。路由器的优先级如表 3-3-1 所示。

表 3-3-1 路由器的优先级

路由类型	默认值
直连路由	0
动态路由 OSPF 协议	10
静态路由	60
RIP 路由	100
BGP 路由	255

操作步骤

1. 设置 PC 机的 IP 地址(注意网关的设置)。

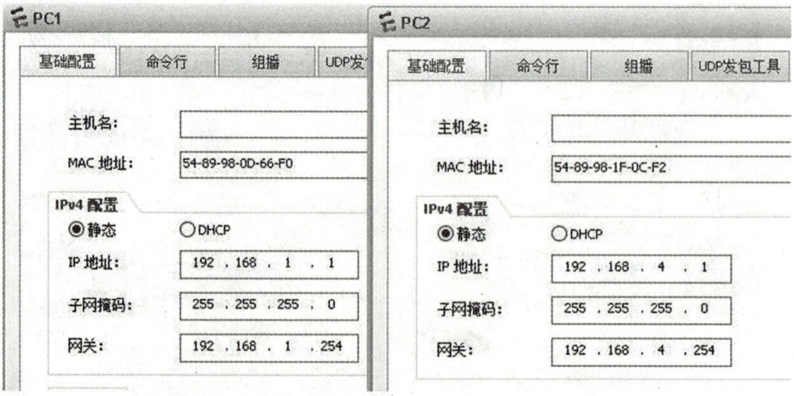

2. 在路由器 RA 上配置接口的 IP 地址和串口上的时钟频率。

- interface Serial1/0/0
- ip address 192.168.3.1 24
- clock rc
- interface Serial1/0/1
- ip address 192.168.2.1 24
- interface GigabitEthernet0/0/0
- ip address 192.168.1.254 24

3. 在路由器 RA 上配置默认路由。

- ip route-static0.0.0.0 0.0.0.0 192.168.2.2

4. 在路由器 RB 上配置接口的 IP 地址和串口上的时钟频率。

- interface Serial1/0/0
- ip address 192.168.3.2 24
- interface Serial1/0/1
- ip address 192.168.2.2 24
- interface GigabitEthernet0/0/0
- ip address 192.168.4.254 24

5. 在路由器 RB 上配置默认路由。

- ip route-static 0.0.0.0 0.0.0.0 192.168.2.1

6. 配置浮动静态路由，实现链路备份。

- [RA]ip route-static 0.0.0.0 0.0.0.0 192.168.3.2 preference 90 //优先级为 90
- [RB]ip route-static 0.0.0.0 0.0.0.0 192.168.3.1 preference 90

7. 测试网络的互连互通性，PC1 与 PC2 可以互相 ping 通。

(1)在 RA 上，使用 display ip routing-table 命令查看路由表。

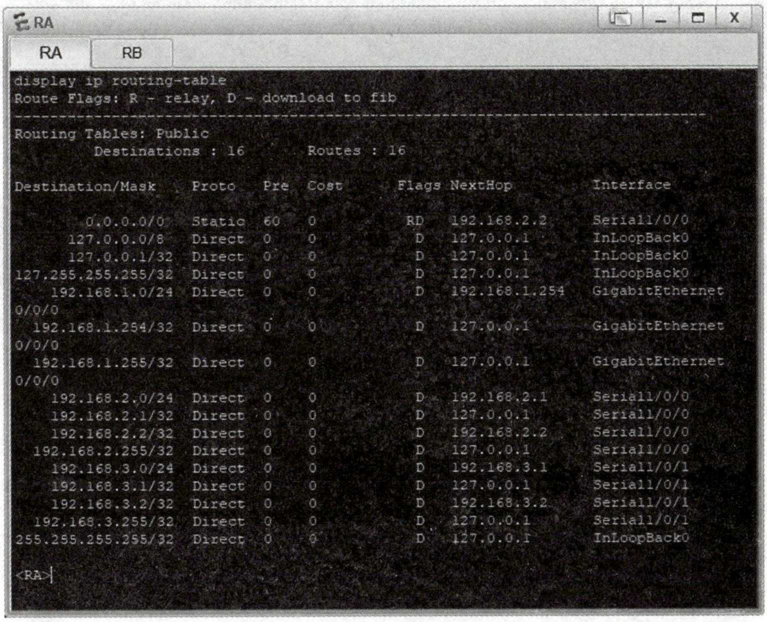


```
display ip routing-table
Route Flags: R - relay, D - download to fib
------------------------------------------------------------------------------
Routing Tables: Public
         Destinations : 16       Routes : 16

Destination/Mask    Proto   Pre  Cost      Flags NextHop         Interface

        0.0.0.0/0   Static  60   0           RD  192.168.2.2     Serial1/0/0
      127.0.0.0/8   Direct  0    0            D  127.0.0.1       InLoopBack0
      127.0.0.1/32  Direct  0    0            D  127.0.0.1       InLoopBack0
127.255.255.255/32  Direct  0    0            D  127.0.0.1       InLoopBack0
    192.168.1.0/24  Direct  0    0            D  192.168.1.254   GigabitEthernet
0/0/0
  192.168.1.254/32  Direct  0    0            D  127.0.0.1       GigabitEthernet
0/0/0
  192.168.1.255/32  Direct  0    0            D  127.0.0.1       GigabitEthernet
0/0/0
    192.168.2.0/24  Direct  0    0            D  192.168.2.1     Serial1/0/0
    192.168.2.1/32  Direct  0    0            D  127.0.0.1       Serial1/0/0
    192.168.2.2/32  Direct  0    0            D  192.168.2.2     Serial1/0/0
  192.168.2.255/32  Direct  0    0            D  127.0.0.1       Serial1/0/0
    192.168.3.0/24  Direct  0    0            D  192.168.3.1     Serial1/0/1
    192.168.3.1/32  Direct  0    0            D  127.0.0.1       Serial1/0/1
    192.168.3.2/32  Direct  0    0            D  192.168.3.2     Serial1/0/1
  192.168.3.255/32  Direct  0    0            D  127.0.0.1       Serial1/0/1
255.255.255.255/32  Direct  0    0            D  127.0.0.1       InLoopBack0

<RA>
```

(2)在 RB 上，使用 display ip routing-table 命令查看路由表。

```
<RB>display ip routing-table
Route Flags: R - relay, D - download to fib
------------------------------------------------------------------------------
Routing Tables: Public
         Destinations : 16       Routes : 16

Destination/Mask    Proto   Pre  Cost       Flags NextHop         Interface

        0.0.0.0/0   Static  60   0           RD   192.168.2.1     Serial1/0/0
      127.0.0.0/8   Direct  0    0            D   127.0.0.1       InLoopBack0
      127.0.0.1/32  Direct  0    0            D   127.0.0.1       InLoopBack0
127.255.255.255/32  Direct  0    0            D   127.0.0.1       InLoopBack0
    192.168.2.0/24  Direct  0    0            D   192.168.2.2     Serial1/0/0
    192.168.2.1/32  Direct  0    0            D   192.168.2.1     Serial1/0/0
    192.168.2.2/32  Direct  0    0            D   127.0.0.1       Serial1/0/0
  192.168.2.255/32  Direct  0    0            D   127.0.0.1       Serial1/0/0
    192.168.3.0/24  Direct  0    0            D   192.168.3.2     Serial1/0/1
    192.168.3.1/32  Direct  0    0            D   192.168.3.1     Serial1/0/1
    192.168.3.2/32  Direct  0    0            D   127.0.0.1       Serial1/0/1
  192.168.3.255/32  Direct  0    0            D   127.0.0.1       Serial1/0/1
    192.168.4.0/24  Direct  0    0            D   192.168.4.254   GigabitEthernet
0/0/0
  192.168.4.254/32  Direct  0    0            D   127.0.0.1       GigabitEthernet
0/0/0
  192.168.4.255/32  Direct  0    0            D   127.0.0.1       GigabitEthernet
0/0/0
255.255.255.255/32  Direct  0    0            D   127.0.0.1       InLoopBack0

<RB>
```

(3)使用 PC1 去 ping PC2 的 IP 地址，可以看到是通的。

```
Welcome to use PC Simulator!

PC>ping 192.168.4.1

Ping 192.168.4.1: 32 data bytes, Press Ctrl_C to break
Request timeout!
From 192.168.4.1: bytes=32 seq=2 ttl=126 time=16 ms
From 192.168.4.1: bytes=32 seq=3 ttl=126 time=15 ms
From 192.168.4.1: bytes=32 seq=4 ttl=126 time=16 ms
From 192.168.4.1: bytes=32 seq=5 ttl=126 time=16 ms

--- 192.168.4.1 ping statistics ---
  5 packet(s) transmitted
  4 packet(s) received
  20.00% packet loss
  round-trip min/avg/max = 0/15/16 ms
```

再使用 tracert 命令检测此时 PC1 与 PC2 通信所经过的网关，检测所走的是否为主链路。

```
PC>tracert 192.168.4.1

traceroute to 192.168.4.1, 8 hops max
(ICMP), press Ctrl+C to stop
 1  192.168.1.254   16 ms  16 ms  31 ms
 2  192.168.2.2   47 ms  15 ms  <1 ms
 3  192.168.4.1   16 ms  31 ms  16 ms
```

(4)测试计算机通信时使用的备用链路。

将 RA 的 Se 1/0/0 关闭，再次使用 PC1 ping PC2 的 IP 地址，测试 PC1 和 PC2 之间的连通性，可以看到短暂的超时后，依然是连通的。再使用 tracert 查看 PC1 与 PC2 所经过的网关。

```
[RA]int s1/1/0
[RA-Serial1/0/0]shutdown
```

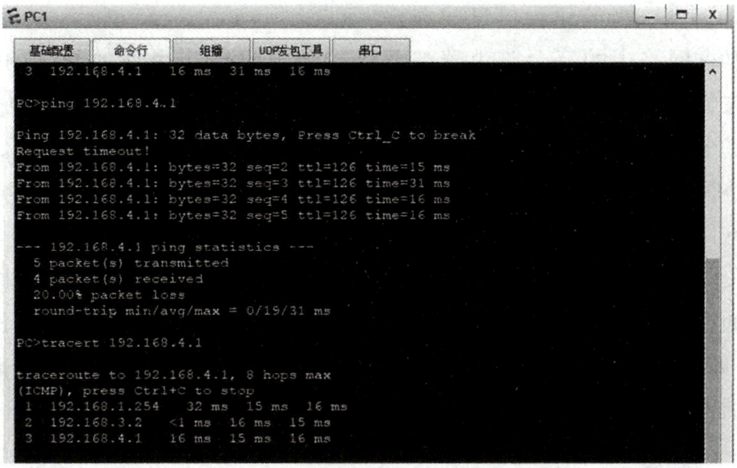

任务 3 RIP 动态路由协议配置

任务描述

随着业务规模的不断扩大，飞腾公司路由器的数量开始有所增加。该公司的网络管理员发现原有的静态路由已经不适合现在的公司，因此，决定在公司的路由器之间使用动态的 RIP 路由协议，实现网络互联。RIP 动态路由协议示意图如图 3-3-4 所示。

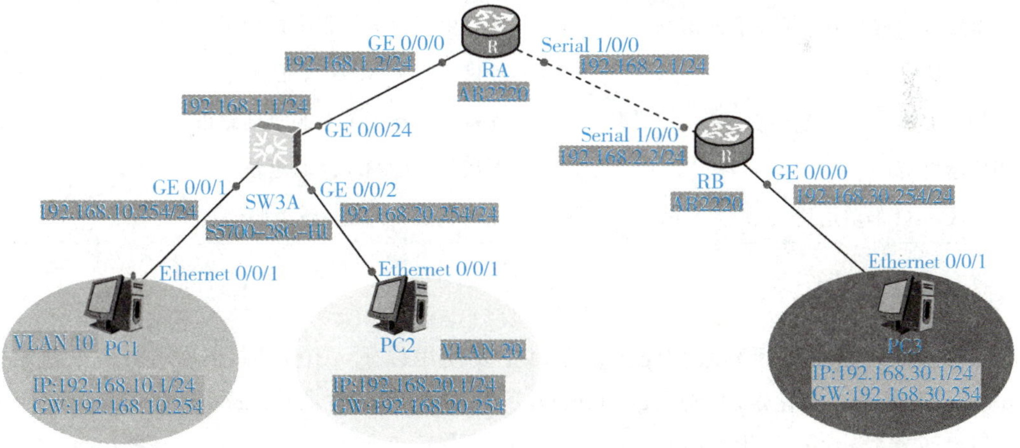

图 3-3-4 RIP 动态路由协议示意图

任务分析

由于公司的网络规模开始扩大，在路由器较多的网络环境中，手动配置静态路由会给管理人员带来很大的工作负担，而使用 RIP 路由协议可以很好地解决此问题，因此公司的网络管理员决定使用动态的 RIP 路由协议。

1. RIP 协议简介

路由信息协议(routing information protocol，RIP)是应用较早、使用较普遍的内部网关协议(interior gateway protocol，IGP)，是最典型的距离矢量路由协议，适用于小型同类网络的一个自治系统内的路由信息的传递。

RIP 协议要求网络中的每台路由器都要维护从自身到每个目的网络的路由信息。RIP 协议使用跳数来衡量网络之间的“距离”，从一台路由器到其直连网络的跳数定义为 1，从一台路由器到其非直连网络的距离定义为每经过一个路由器则“距离”加 1。“距离”也称为“跳数”。RIP 协议允许路由的最大跳数为 15，因此，16 则不可达。由此可见，RIP 协议只适用于小型网络。RIP 协议的管理距离为 100。

使用距离矢量路由协议的路由器并不了解到达目的网络的整条路径。距离矢量路由协议将路由器作为通往最终目的地的路径上的路标。路由器唯一了解的远程网络信息就是到该网络的距离(即度量)，以及可通过哪条路径或哪个接口到达该网络。距离矢量路由协议并不了解确切的网络拓扑图。

2. RIP 协议的版本

RIPv1 协议提出较早，其有许多缺陷。为了改善 RIPv1 协议的不足，在 RFC 1388 中提出了改进的 RIPv2 协议，并在 RFC 1723 和 RFC 2453 中进行了修订。

RIP 协议有两个版本，RIPv1 和 RIPv2，RIPv2 针对 RIPv1 进行了扩充，能够携带更多的信息量，并且增强了安全性能。RIPv1 和 RIPv2 都基于 UDP 协议，使用 UDP520 号接口收发数据包。RIPv1 和 RIPv2 的区别见表 3-3-2。

表 3-3-2　RIPv1 和 RIPv2 的区别

RIPv1	RIPv2
在路由更新的过程中不携带子网信息	在路由更新的过程中携带子网信息
不提供认证	提供明文和 MD5 认证
不支持路由聚合和连续子网	支持手动路由汇总和自动路由汇总
采用广播更新	采用组播(224.0.09)更新
有类别(Classful)路由协议	无类别(Classless)路由协议

3. RIP 定时器

RIP 协议在路由更新和维护路由信息时主要使用以下 4 个定时器，分别是更新定时器(Update Timer)、老化定时器(Age Timer)、垃圾收集定时器(Garbage-Collection Timer)和抑制定时器(Suppress Timer)。

(1)更新定时器：当此定时器超时时，立即发送路由更新报文，默认为每 30 秒发送一次。

(2)老化定时器：RIP 设备如果在老化时间内没有收到邻居发来的路由更新报文，则认为该路由不可达。当学到一条路由并添加到 RIP 路由表中时，老化定时器启动。如果老化定时器超时，设备仍然没有收到邻居发来的更新报文，则把该路由的度量值置为 16(表示路由不可达)，并启动垃圾收集定时器。

(3)垃圾收集定时器：如果在垃圾收集时间内仍然没有收到原来某不可达路由的更新，则该路由将被从 RIP 路由表中彻底删除。

(4)抑制定时器：当 RIP 设备收到对端的路由更新时，其度量值为 16，对应路由进入抑制状态，并启动抑制定时器，默认为 180 秒。为了防止路由振荡，在抑制定时器超时之前，即使再收到对端路由度量值小于 16 的更新，也不接受。当抑制定时器超时后，就重新允许接收对端发送的路由更新报文。

操作步骤

1. 设置 PC 机的 IP 地址(注意网关的设置)。

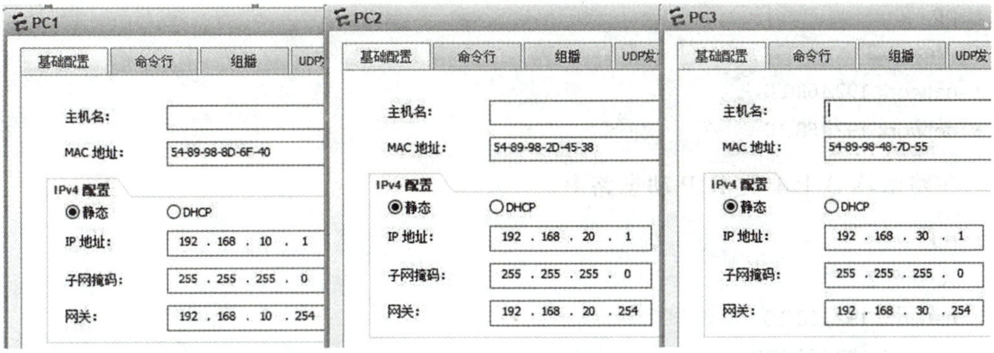

2. 配置交换机的接口 IP 地址。

- undo terminal monitor
- sysname SW3A
- VLAN batch 10 20 30 100
- interface VLANif 10
-   ip address 192.168.10.254 255.255.255.0
- interface VLANif 20
-   ip address 192.168.20.254 255.255.255.0
- interface VLANif 100
-   ip address 192.168.1.1 255.255.255.0
- interface GigabitEthernet0/0/1
- port link-type access
-   port default VLAN 10
- interface GigabitEthernet0/0/2
-   port link-type access
-   port default VLAN 20

3. 配置路由器的接口 IP 地址。

- RA:
- interface Serial1/0/0
-   link-protocol ppp
-   ip address 192.168.2.1 255.255.255.0
- interface GigabitEthernet0/0/0
-   ip address 192.168.1.2 255.255.255.0
- RB:
- interface Serial1/0/0

```
•     link-protocol ppp
•     ip address 192.168.2.2 255.255.255.0
•   interface GigabitEthernet0/0/0
•     ip address 192.168.30.254 255.255.255.0
```

4. 在路由器 RA 上配置 RIP 动态路由。

```
• rip
• version 2
• network 192.168.1.0
• network 192.168.2.0
```

5. 在路由器 B 上配置 RIP 动态路由。

```
• rip
• version 2
• network 192.168.2.0
• network 192.168.30.0
```

6. 在 SW3A 上配置 RIP 动态路由。

```
• rip
• version 2
• network 192.168.1.0
• network 192.168.10.0
• network 192.168.20.0
```

7. 测试网络的互连互通性，PC1 与 PC2 可以互相 ping 通。

(1)在 SW3A 上，使用 display ip routing-table 命令查看路由表。

(2)在 RA 上，使用 display ip routing-table 命令查看路由表。

(3)在 RB 上，使用 display ip routing-table 命令查看路由信息。

(4)使用 PC1 去 ping PC2 和 PC3 的 IP 地址，可以看到是通的。

任务 4　OSPF 动态路由协议配置

任务描述

某公司的业务规模逐渐扩大，网络中路由器的数量也逐渐增多，已经达到了 8 台。经过测试，该公司的网络管理员发现原有的路由协议已经不再适合现有公司的应用，因此，决定在公司的路由器之间使用动态路由，开放最短路径优先(open shortest path first, OSPF)协议，实现网络的互联。OSPF 动态路由协议示意图如图 3-3-5 所示。

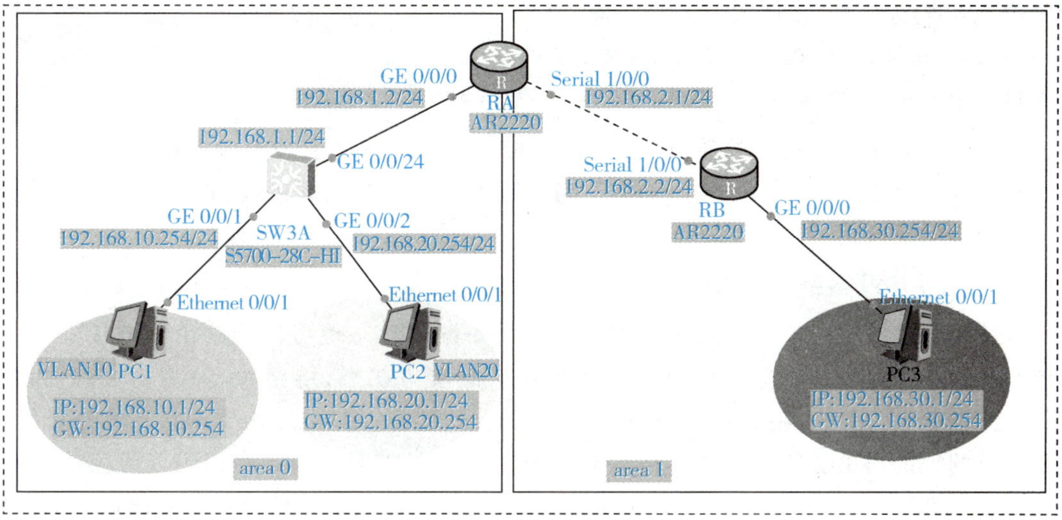

图 3-3-5　OSPF 动态路由协议示意图

任务分析

由于公司的网络规模越来越大，网络管理员发现使用动态路由 OSPF 协议比较合适，因为动态路由 OSPF 协议可以实现快速收敛，并且出现环路的可能性不大，适合中型和大型企业网络。

1. OSPF 协议概念

OSPF 协议是由 IETF 组织开发的开放性标准协议，是目前网络中应用最广泛的路由协议之一，它是一个链路状态内部网关路由协议，运行 OSPF 协议的路由器会将自己拥有的链路状态信息，通过启用了 OSPF 协议的接口发送给其他 OSPF 协议设备，同一个 OSPF 协议区域中的每台设备都会参与链路状态信息的创建、发送、接收与转发，直到这个区域中的所有 OSPF 协议设备都获得了相同的链路状态信息为止。

2. OSPF 协议区域

一个 OSPF 协议网络可以被划分成多个区城(Area)。如果一个 OSPF 协议网络只包含一个区域，则被称为单区域 OSPF 协议网络；如果一个 OSPF 协议网络包含多个区域，则被为多区域 OSPF 协议网络。

在 OSPF 协议网络中，每个区域都有一个编号，称为区域 ID(Area ID)。区域 ID 是一个 32 位的二进制数，一般用十进制数来表示。区域 ID 为 0 的区域称为骨干区域(Backbone Area)，其他区域都称为非骨干区域。单区域 OSPF 协议网络中只包含一个区域，这个区域是骨干区域。

在多区域 OSPF 协议网络中，除了骨干区域，还有若干非骨干区域，一般来说，每个非骨干区域都需要与骨干区域直连，当非骨干区域没有与骨干区域直连时，要采用虚链路(Virtual Link)技术从逻辑上实现非骨干区域与骨干区域的直连。也就是说，非骨干区域之间的通信必须通过骨干区域中转才能实现。

要创建 OSPF 路由进程，可以在全局命令配置模式下执行以下命令。

```
[Huawei]ospf          //启动 OSPF 路由进程
[Huawei-ospf-1]area 0          //定义所属区域
[Huawei-ospf-1-area-0.0.0.0]network 192.168.3.0 0.0.0.255    //定义直连网段
```

需要注意的是，进程号的数值范围为 1～65 535，在网络中每台路由器上的进程号既可以相同也可以不同。在华为路由器中，当使用 OSPF 协议时，network 后面跟的是直连网段和相应的反掩码。

3. 链路状态及链路状态通告

OSPF 协议是一种基于链路状态的路由协议，链路状态也可以指路由器的接口状态，其核心思想是，每台路由器都将自己的各个接口的接口状态(链路状态)共享给其他路由器。在此基础上，每台路由器都可以依据自身的接口状态和其他路由器的接口状态计算去往各个目的地的路由。路由器的链路状态包含该接口的 IP 地址及子网掩码等信息。

链路状态通告(Link-State Advertisement，LSA)是链路状态信息的主要载体，链路状态信息主要包含在 LSA 中，并通过 LSA 的通告(泛洪)来实现共享。需要说明的是，不同类型的 LSA 所包含的内容、功能、通告的范围也是不同的，LSA 的类型主要有 Type-1 LSA(Router LSA)、Type-2 LSA(Network LSA)、Type-3 LSA(Network Summary LSA)和 Type-4 LSA(ASBR Summary LSA)等。由于本书的知识范围限制，因此不对 LSA 的类型做详细阐述。

操作步骤

1. 设置 PC 机的 IP 地址(注意网关的设置)。

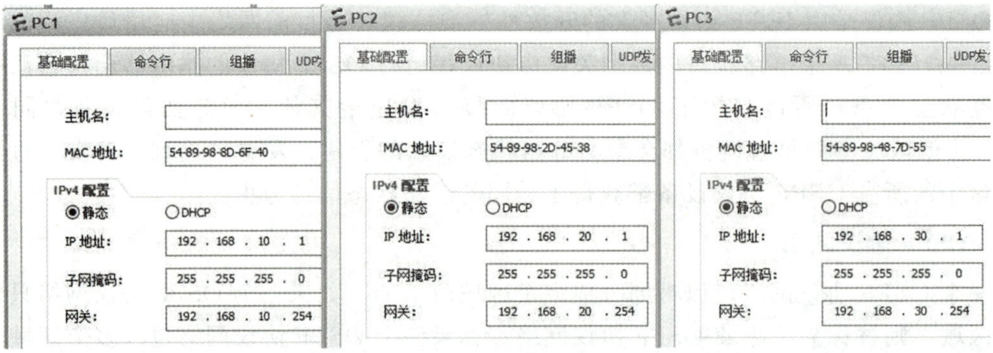

2. 配置交换机的接口 IP 地址。

```
• undo terminal monitor
• sysname SW3A
• VLAN batch 10 20 30 100
• interface VLANif 10
•   ip address 192.168.10.254 255.255.255.0
• interface VLANif 20
•   ip address 192.168.20.254 255.255.255.0
• interface VLANif 100
•   ip address 192.168.1.1 255.255.255.0
• interface GigabitEthernet0/0/1
```

```
•     port link-type access
•     port default VLAN 10
•  interface GigabitEthernet0/0/2
•     port link-type access
•     port default VLAN 20
```

3. 配置路由器的接口 IP 地址。

```
•     RA：
•     interface Serial1/0/0
•       link-protocol ppp
•       ip address 192.168.2.1 255.255.255.0
•     interface GigabitEthernet0/0/0
•       ip address 192.168.1.2 255.255.255.0
•     RB：
•     interface Serial1/0/0
•       link-protocol ppp
•       ip address 192.168.2.2 255.255.255.0
•     interface GigabitEthernet0/0/0
•       ip address 192.168.30.254 255.255.255.0
```

4. 在路由器 RA 上配置 OSPF 动态路由。

```
•     ospf 1
•       area 0
•         network 192.168.1.0 0.0.0.255
•       area 1
•         network 192.168.2.0 0.0.0.255
```

5. 在路由器 B 上配置 OSPF 动态路由。

```
•     ospf 1
•       area 1
•         network 192.168.2.0 0.0.0.255
•         network 192.168.30.0 0.0.0.255
```

6. 在 SW3A 上配置 OSPF 动态路由。

```
•     ospf 1
•       area 0
•       network 192.168.1.0 0.0.0.255
•       network 192.168.10.0 0.0.0.255
•       network 192.168.20.0 0.0.0.255
```

7. 测试网络的互连互通性，PC1 与 PC2 可以互相 ping 通。

(1)在 SW3A 上，使用 display ip routing-table 命令查看路由表。

(2)在 RA 上，使用 display ip routing-table 命令查看路由表。

(3)在 RB 上，使用 display ip routing-table 命令查看路由信息。

(4)使用 PC1 ping PC2 和 PC3 的 IP 地址，可以看到是通的。

任务 5　路由重分布

任务描述

由于公司业务拓展，飞腾公司收购了另外一家公司作为子公司，子公司原来的网络运行 OSPF 协议，总公司运行 RIP 协议，为了使总公司和子公司正常更新路由信息，需要进行路由双向重分布，如图 3-3-6 所示。

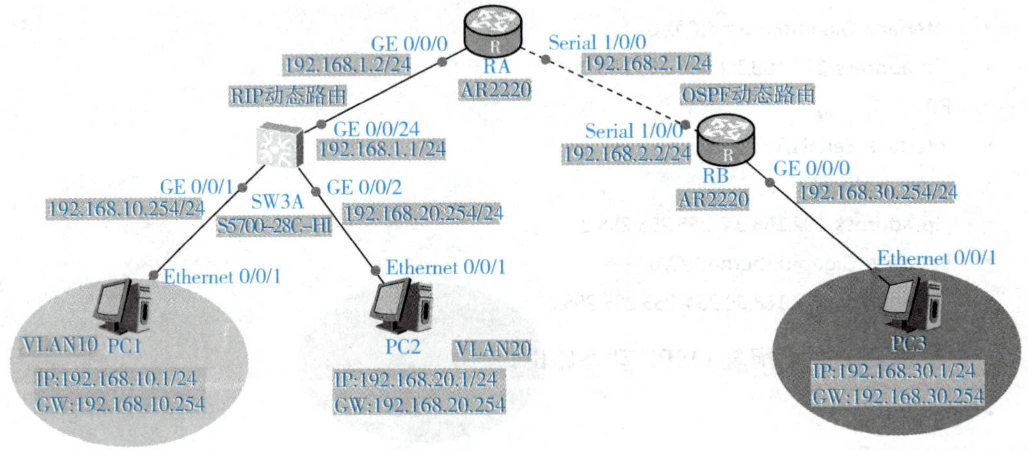

图 3-3-6　路由重分布

任务分析

在一些大型网络拓扑图中，有时候会出现多种路由协议共同存在的情况，这里就要用到新的技术——路由重分布。

在同一个网络拓扑结构中，如果存在多种不同的路由协议，由于不同的路由协议的机理各有不同，对路由的处理也不相同，因此在网络中存在路由信息的隔离，在路由协议的边界设备上，将某种路由协议的路由信息引入另一种路由协议中，这个操作称为路由引入(Route Importation)或路由重分布(Route Redistribution)。

由于大型企业的网络规模十分庞大，选用单一的路由协议可能无法满足网络的需求，因此多种路由协议共存的情况颇为常见。出于业务逻辑的考虑，在不同的网络结构中设计、部署不同的路由协议，可以使路由的层次结构更加清晰和可控。另外，在执行路由重分发时，还可以部署路由策略，从而实现对业务流量的灵活把控，这也是路由重分发的特点之一。路由重分发主要涉及如下几种场景。

(1)动态路由协议之间的路由重分布。

(2)将直连路由引入动态路由协议。

(3)将静态路由引入动态路由协议。

操作步骤

1. 设置 PC 机的 IP 地址(注意网关的设置)。

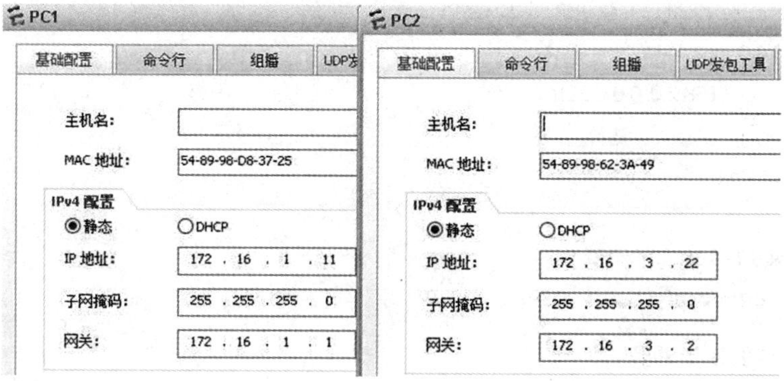

2. 配置 SW3A。

- sysname SW3A
- VLAN batch 10 20 30 100
- interface VLANif10
-   ip address 192.168.10.254 255.255.255.0
- interface VLANif20
-   ip address 192.168.20.254 255.255.255.0
- interface VLANif100
-   ip address 192.168.1.1 255.255.255.0
- interface GigabitEthernet0/0/1
-   port link-type access
-   port default VLAN 10
- interface GigabitEthernet0/0/2
-   port link-type access
-   port default VLAN 20
- interface GigabitEthernet0/0/24
-   port link-type access
-   port default VLAN 100
- rip 1　　//在 SW3A 上配置 RIP 协议，实现 SW3A 与 RA 互通
-   version 2
-   network 192.168.1.0
-   network 192.168.10.0
-   network 192.168.20.0

3. 在 RA 上配置。

-   sysname RA
- interface Serial1/0/0
- link-protocol ppp
-   ip address 192.168.2.1 255.255.255.0
- interface GigabitEthernet0/0/0

```
 ip address 192.168.1.2 255.255.255.0
ospf 1
 import-route rip 1   //将 RIP 引入 OSPF
 area 0.0.0.0
 network 192.168.2.0 0.0.0.255
rip 1
 undo summary
 version 2
 network 192.168.1.0
 import-route ospf 1   //将 OSPF 引入 RIP
```

4. 在路由器 RB 上配置。

```
 sysname RB
interface Serial1/0/0
 link-protocol ppp
 ip address 192.168.2.2 255.255.255.0
interface GigabitEthernet0/0/0
 ip address 192.168.30.254 255.255.255.0
ospf 1
 area 0.0.0.0
  network 192.168.2.0 0.0.0.255
  network 192.168.30.0 0.0.0.255
```

5. 测试网络的互连互通性，PC1 与 PC2 可以互相 ping 通。

(1)使用 display ip routing-table 命令查看各网络设备的路由表信息。

(2)使用 PC1 去 ping PC2 和 PC3 的 IP 地址。

巩固练习

一、选择题

1. 路由表的产生方式有(　　)。

A. 通过直连网段自动写入　　B. 通过静态路由写入

C. 通过动态路由写入　　D. 以上都是

2. 以下关于静态路由描述不正确的是(　　)。

A. 静态路由是指网络管理员手动配置的路由信息

B. 静态路由无须频繁地交换各自的路由表，配置简单，适合大型网络环境

C. 静态路由网络安全保密性高

D. 网络拓扑结构或链路状态发生变化时，静态路由信息就需要大范围地进行调整

3. 以下关于默认路由描述不正确的是(　　)。

A. 默认路由是一种特殊的静态路由

B. 当路由表与数据包的目的地址之间没有匹配的项时，默认路由会丢弃该数据包

C. 默认路由的格式为：ip route-static 0.0.0.0 0.0.0.0 下一跳 IP 地址

D. 当网络只有一个出口时，默认路由会大大简化路由器的配置，提高网络性能

4. 以下路由优先级描述正确的是(　　)。

A. OSPF 路由：10　　B. 静态路由：60　　C. RIP 路由：100　　D. 以上都正确

5. 关于 RIP 描述错误的是(　　)。

A. RIP 是最典型的距离矢量路由协议，允许路由的最大跳数为 15

B. RIP 有两个版本，目前使用较普遍的是第二版本，基于 UDP 协议

C. RIP 是一种内部网关协议，适用于大型网络环境

D. RIP 协议要求网络中的每台路由器都要维护从自身到每个目的网络的路由信息

6. 关于 OSPF 描述错误的是(　　)。

A. OSPF 是指开放最短路径优先协议，是由 IETF 组织开发的开放性标准协议

B. OSPF 是一个链路状态内部网关路由协议

C. 非骨干区域之间的通信必须通过骨干区域中转才能实现

D. 在华为路由器中，当使用 OSPF 协议时，network 后面跟的是直连网段及其掩码

7. 以下路由重分布描述不正确的是(　　)。

A. 进入 OSPF 视图，import-route rip 1 命令可以引入 RIP 协议

B. 进入 RIP 视图，import-route ospf 1 命令可以引入 OSPF 协议

C. 进入 RIP 视图，default-route originate 命令可以引入默认路由

D. 进入 OSPF 视图下的 Area 0，输入 default-route-advertise always 命令可以引入默认路由

8. 默认路由是(　　)。

A. 一种静态路由

B. 路由表无转发信息的数据包在此进行转发

C. 最后求助的网关

D. 以上都是

9. 配置静态路由时，经过怎样的配置会在路由表当中出现[1/0]的信息(　　)。

A. 下一跳地址指向本地接口

B. 直连路有中自动出现

C. 默认路由下一跳地址指向本地接口

D. 下一跳地址指向转发路由器 IP 地址

10. 如果将一个新的办公子网加入到原来的网络中，那么需要手工配置 IP 路由表，需要输入(　　)命令、

A. ip route-static　　B. route ip　　C. dis ip route　　D. dis route

11. RIP 协议在传输层对应的端口号是(　　)。

A. 502　　B. 520　　C. 521　　D. 512

12. 当 RIP 向相邻的路由器发送更新时，它使用(　　)秒为更新计时的时间值。

A. 30　　B. 20　　C. 15　　D. 25

13. OSPF 与下列(　　)协议处在 OSI 七层模型的同一层次。

A. IP　　B. ICMP　　C. TCP　　D. HTTP

14. 在路由器设置了以下三条路由：

1)ip route 0. 0. 0. 0 0. 0. 0. 0 192. 168. 10. 1

2)ip route 10. 10. 10. 0 255. 255. 255. 0 192. 168. 11. 1

3)ip route 10. 10. 0. 0 255. 255. 0. 0 192. 168. 12. 1

请问当这台路由器收到目的地址为 10. 10. 10. 1 数据包时，它应被转发给哪个下一跳地址(　　)。

A. 192. 168. 10. 1　　B. 192. 168. 11. 1

C. 192. 168. 12. 1　　D. 路由设置错误，无法判断

15. 静态路由(　　)。

A. 手工输入到路由表中且不会被路由协议更新

B. 一旦网络发生变化就被重新计算更新

C. 路由器出厂时就已经配置好的

D. 通过其他路由协议学习到的

16. 如何清除路由器的路由表动态信息，以便重新获得新的路由信息(　　)。

A. reset ip routing-table statistics protocol all

B. 重新启动路由器

C. 删除运行的动态路由协议

D. display ip routing-table

17. 所谓路由协议的最根本特征是(　　)。

A. 向不同网络转发数据　　B. 向同个网络转发数据

C. 向网络边缘转发数据　　D. 向不同终端转发数据

18. 下列说法准确的是(　　)。

A. 度量值是数据包到达目的地经过的节点跳数

B. 度量值是数据包到达目的地所经过的各个链接的代价总和

C. 度量值是路由算法用以确定到达目的地的最佳路径的计量标准

D. 度量值是实际物理线路的长度

19. 小张是公司的网络管理员，当配置华为路由器的静态路由时不小心将地址写错了，请问以下哪个是正确的修改(　　)。

A. [AR1] no ip route-static 172. 16. 100. 0 255. 255. 255. 0 S1/0/0
   [AR1] ip route-static 172. 16. 10. 0 255. 255. 255. 0 S1/0/0

B. [AR1] no ip route 172. 16. 100. 0 255. 255. 255. 0 S1/0/0
   [AR1] ip route 172. 16. 10. 0 255. 255. 255. 0 S1/0/0

C. [AR1] undo ip route-static 172. 16. 100. 0 255. 255. 255. 0 S1/0/0
   [AR1] ip route-static 172. 16. 10. 0 255. 255. 255. 0 S1/0/0

D. [AR1] undo ip route-static
   [AR1] ip route-static 172. 16. 10. 0 255. 255. 255. 0 S0

20. 到达相同目的地的路由条目分别为 RIP 和静态路由，采用什么方法可以使得数据传输时优先选用 RIP 信息(　　)。

A. 默认自动选择　　B. 添加默认路由　　C. 浮动静态路由　　D. 无法实现

二、简答题

1. 请简述路由器的路由协议。
2. 请描述路由表的三种产生方式。

技能练习

1. 按照图示设置 IP 地址及 vlan 配置。
2. AR1 单臂路由实现 vlan10、20 通信。
3. LSW2：SVI 实现 vlan30、40 通信。
4. 配置合适的网络协议实现全网互通。

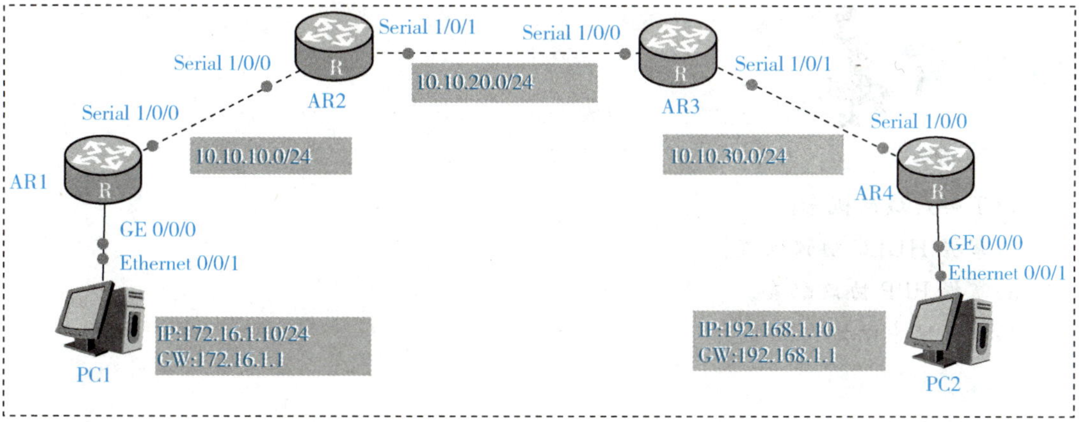

项目 4

广域网接入技术

学习目标

1. 基本知识

(1)了解广域网概念。

(2)掌握 HDLC 协议配置。

(3)掌握 PPP 协议配置。

(4)掌握帧中继协议配置。

2. 操作技能目标

(1)能够配置 HDLC 协议。

(2)能够配置 PPP 协议。

(3)能够配置帧中继协议。

知识点精讲

广域网协议通常是指在 Internet 上负责路由器之间连接的数据链路层协议。广域网数据封装协议既包括高级数据链路控制(high-level data link control, HDLC)协议、点到点协议(point to point protocol, PPP)和 PPPoE, 也包括逐渐被淘汰的电路交换型的 ISDN 协议和分组交换型的 ATM 和帧中继协议。

任务 1　HDLC 协议配置

任务描述

飞腾公司成功搭建了总公司和分公司的局域网，并且运行良好。该公司购置了两台路由器和高速同步串行模块，准备通过专线将总公司和分公司连接起来，以方便公司内部数据的通信。HDLC 协议配置如图 3-4-1 所示。

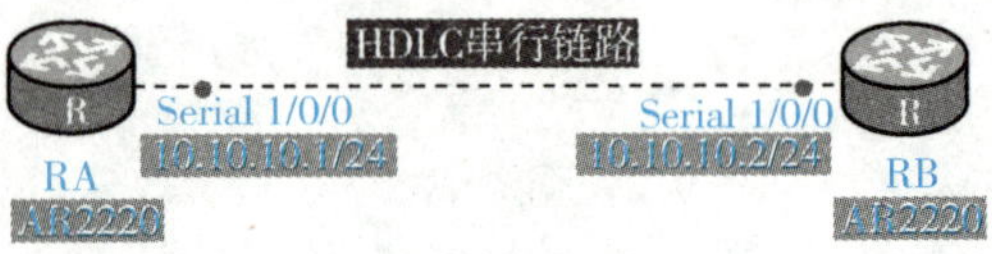

图 3-4-1　HDLC 协议配置

任务分析

HDLC 是一种标准的用于在同步网络传输数据的、面向比特的数据链路层协议。将两台路由器通过高速同步串行模块连接起来，使用 HDLC 协议进行数据封装和传输。HDLC 协议不仅提供了无差错的按序数据传输，还提供了流量控制、差错检测和恢复功能，以保证数据的完整性。

1. 广域网的基本概念

广域网(wide area network，WAN)是指跨越很大地域范围的数据通信网络。广域网通常使用 ISP 提供的设备作为信息传输平台，对网络通信的要求较高。在企业网中，广域网主要用来连接距离较远的多个局域网实现网络通信，广域网技术在 OSI 参考模型中主要位于物理层、数据链路层和网络层，如图 3-4-2 所示。

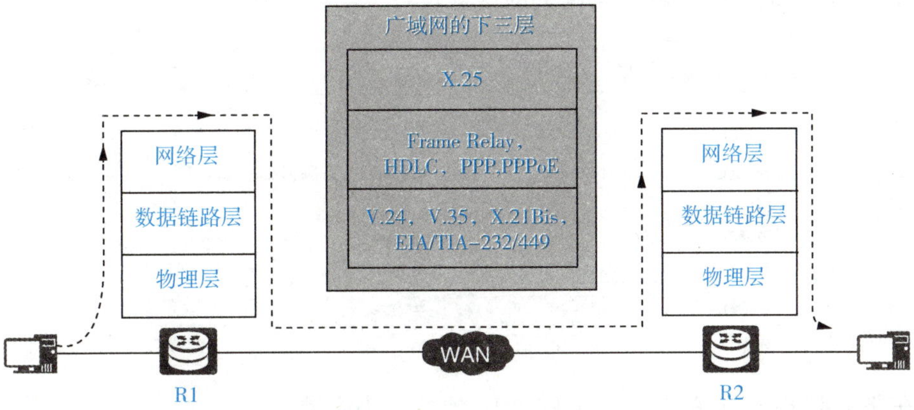

图 3-4-2　广域网技术

2. 广域网的链路类型

广域网可以分为宽带广域网和窄带广域网。宽带广域网包括异步传输模式(asynchronous transfer mode，ATM)网和同步数字系列(synchronous digital hierarchy，SDH)网，窄带广域网包括综合业务数字网(integrated service digital network，ISDN)、数字数据网(digital data network，DDN)、帧中继(frame relay)网、X. 25 公用分组交换网和公共交换电话网(public switched telephone network，PSTN)。

广域网的接口类型主要包括同步串口和异步串口。同步串口有数据终端设备(Data Terminal Equipment，DTE)和数据通信设备(Data Communication Equipment，DCE)这两种工作方式，既可以支持多种链路层协议，可以支持网络层的 IP 协议和 IPX 协议，也可以支持多种类型的线缆。异步串口分为手动设置的异步串口和专用异步串口，可以设置为专线方式和拨号方式。

3. 广域网的协议

广域网的协议通常是指在 Internet 上负责路由器之间连接的数据链路层协议。广域网数据封装协议既包括点到点型的 PPP 协议、PPPoE 协议和 HDLC 协议(即高级数据链路控制协议)，也包括逐渐被淘汰的电路交换型的 ISDN 协议和分组交换型的 ATM、帧中继协议。其中，HDLC 协议工作在数据链路层，是 ISO 以 IBM 公司系统网络架构的 SDLC

协议作为基础开发出来的协议。

4. HDLC 简介

高级数据链路控制(high-level data link control，HDLC)是一种链路层协议，运行在同步串行链路之上。HDLC 协议最大的特点是不需要规定数据必须是字符集，对任何一种比特流，均可以实现透明传输。

HDLC 协议是由 ISO 制定的，曾广泛应用于通信领域。但是随着技术的进步，目前通信信道的可靠性比过去已经有了非常大的改进，已经没有必要在数据链路层使用很复杂的协议(包括编号、检错重传等技术)来实现数据的可靠传输。作为窄带通信的 HDLC 协议，在公网的应用逐渐消失，应用范围逐渐减小，只是在部分专网中用来封装透传业务数据。

操作步骤

1. 设置 PC 机的 IP 地址(注意网关的设置)。

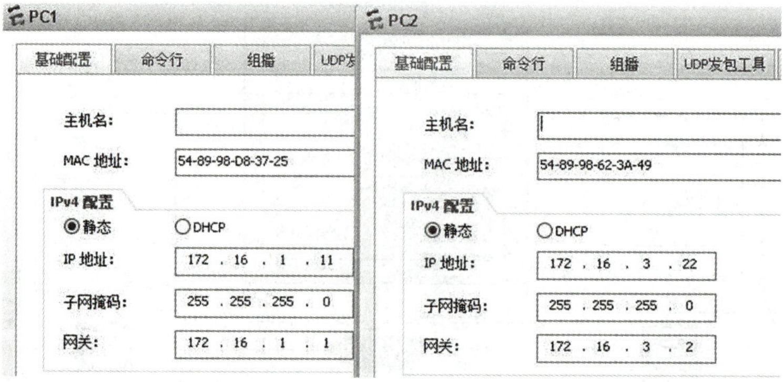

2. 在路由器 Router A 上配置接口的 IP 地址和协议类型。

- sysname RA
- interface Serial1/0/0
- link-protocol hdlc
- ip address 10.10.10.1 255.255.255.0

3. 在路由器 Router B 上配置接口的 IP 地址和协议类型。

- sysname RB
- interface Serial1/0/0
- link-protocol hdlc
- ip address 10.10.10.1 255.255.255.0

4. 测试网络的互连互通性，PC1 与 PC2 可以互相 ping 通。

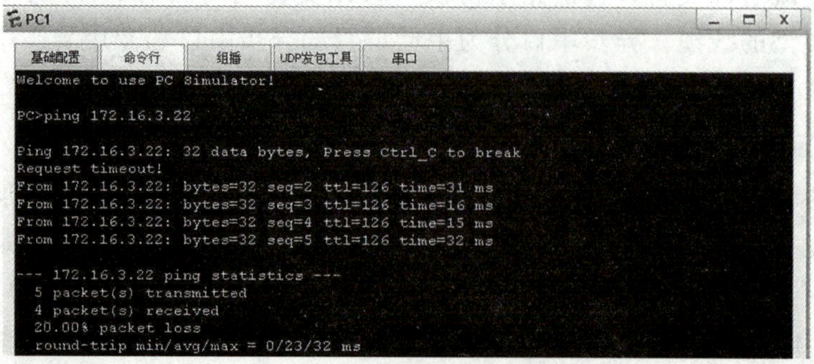

任务 2　PPP 协议封装——PAP 认证

任务描述

飞腾公司的两台路由器在实现广域网线路时采用的是默认的 PPP 协议封装。PPP 是功能丰富且更加安全的广域网封装协议，能够提供用户验证，易于扩充。

因为业务发展，飞腾公司建立了分公司，租用专门的线路用于总公司与分公司的连接。为了保障通信线路的数据安全，需要在路由器上配置安全认证，以实现总公司路由器对分公司路由器的身份验证。PAP 认证配置如图 3-4-3 所示。

图 3-4-3　PAP 认证配置

任务分析

PPP 协议主要被设计用来在支持全双工的同异/异步链路上进行点到点的数据传输。PPP 是一种适用于通过调制解调器、点到点专线、HDLC 比特串行线路和其他物理层的多协议帧机制，它支持错误检测、选项商定、头部压缩等机制，在当今的网络中得到了普遍应用。

1. PPP 基本概念

点到点协议(point-to-point protocol，PPP)也叫作 P2P，是基于物理链路上传输网络层的报文而设计的，它的校验、认证和连接协商机制有效解决了串行线路网际协议(point-to-point protocol，SLIP)的无容错控制机制、无授权和协议运行单一的问题。PPP 协议的可靠性和安全性较高，且支持各类网络层协议，可以在不同类型的接口和链路上运行，是目前 TCP/IP 网络中最重要的点到点数据链路层协议。

如图 3-4-4 所示，PPP 协议主要工作在串行接口和串行链路上，用于在全双工的同异步链路上进行点到点的数据传输，利用 Modem 进行拨号上网就是其典型应用。

图 3-4-4　PPP 协议封装示意图

PPP 协议在物理上可以使用不同的传输介质，包括双绞线、光纤及无线传输介质，其在数据链路层上提供了一套解决链路建立、维护、拆除和上层协议协商、认证等问题的方案，并且支持同步串行连接、异步串行连接、ISDN 连接、HSSI 连接等。PPP 协议具有以下特性。

(1)能够控制数据链路的建立。

(2)能够对 IP 地址进行分配和使用。

(3)允许同时采用多种网络层协议。

(4)能够配置和测试数据链路。

(5)能够进行错误检测。

(6)有协商选项，能够对网络层的地址和数据压缩等进行协商。

PPP 协议还包含若干附属协议，这些附属协议也称为成员协议。PPP 协议的成员协议主要包括链路控制协议(link control protocol，LCP)和网络控制协议(network control protocol，NCP)。

(1)LCP 协议。

LCP 协议主要用于数据链路连接的建立、拆除和监控。LCP 协议主要完成最大传输单元(maximum transfer unit，MTU)、质量协议、认证协议、魔术字、协议域压缩、地址和控制域压缩等参数的协商。

(2)NCP 协议。

NCP 协议主要用于协商在该链路上所传输的数据包的格式与类型，以及建立和配置不同网络层协议。

2. PPP 基本建链过程

PPP 链路的建立是通过一系列的协商完成的。其中，链路控制协议除了用于建立、拆除和监控 PPP 数据链路，还要进行数据链路层特性的协商，如 MTU、认证方式等；网络层控制协议簇主要用于协商在该数据链路上所传输的数据的格式和类型，如 IP 地址。

PPP 在建立链路之前需要进行一系列的协商过程。建立 PPP 链路大致可以分为如下几个阶段：Dead(链路不可用)阶段、Establish(链路建立)阶段、Authenticate(验证)阶段、Network-Layer Protocol(网络层协议)阶段、Link Terminate(链路终止)阶段，如图 3-4-5 所示。

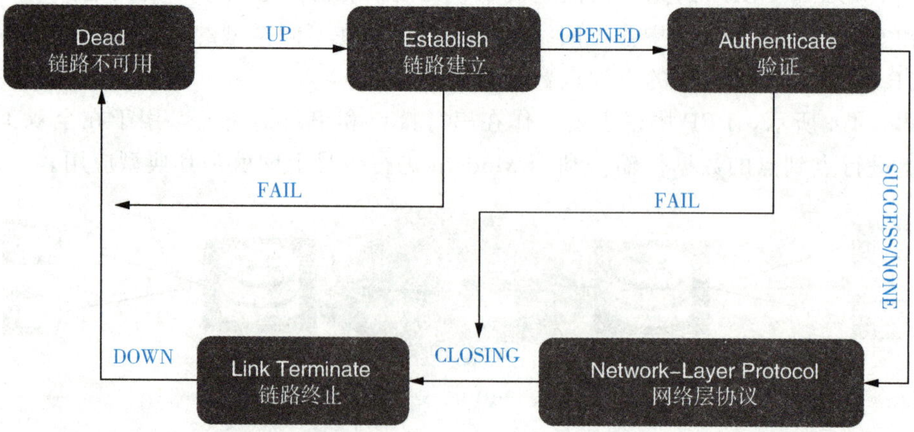

图 3-4-5　PPP 协议基本建链过程

(1)Dead 阶段：链路必须从此阶段开始和结束。当一个外部事件(如一个载波信号或网络管理员配置)检测到物理层可用时，PPP 协议就会进入链路建立阶段。在此阶段，LCP 状态机有两个状态，即 Initial 和 Starting。从这个状态迁移到链路建立状态会给 LCP 状态机发送一个 UP 事件。当断开连接后，链路会自动回到这个状态。在一般情况下，此阶段是很短的，只是检测到设备在线。

(2)Establish 阶段：在此阶段中，PPP 链路将进行 LCP 参数协商，协商内容包括 MRU、认证方式、魔术字等。LCP 参数协商成功后会进入 OPENED 状态，表示底层链路已经建立。

(3)Authenticate 阶段：某些链路可能会在对端验证自己之后才允许网络层协议数据包在链路上传输，在默认值中验证是不要求的。如果某个应用要求对端采用特定的验证协议进行验证，则必须在链路建立阶段发出使用这种协议的请求。只有当验证通过时才可以进入网络层协议阶段，如果验证不通过，则应继续验证而不是转到链路终止阶段。在此阶段中，只允许链路控制协议、验证协议和链路质量检测的数据包进行传输，其他的数据包都应丢弃。

(4)Network-Layer Protocol 阶段：在此阶段中，PPP 链路将进行 NCP 协商，通过协商来选择和配置一个网络层协议及相关参数。只有相应的网络层协议协商成功后，才可以通过这条 PPP 链路发送报文。NCP 协商成功后，PPP 链路将保持通信状态。

(5)Link Terminate 阶段：即 PPP 终止链路，可能会由于载波信号的丢失、验证不通过、链路质量不好、定时器超时或管理员操作而关闭链路。PPP 协议通过交换终止链路的数据包来关闭链路，当交换结束时，应用就会告诉物理层拆除连接从而强行终止链路。但验证失败时，发出终止请求的一方必须等到收到终止应答，或者重起计数器超过最大终止计数次数后再断开连接。收到终止请求的一方必须等对方先断开连接，且在发送终止应答，以及等至少一次重起计数器超时之后才能断开连接，之后 PPP 协议回到链路不可用状态。

PPP 协议包含了通信双方身份认证的安全性协议，即在网络层协商 IP 地址之前，必须先通过身份认证。PPP 协议的身份认证有两种形式，即 PAP 认证和 CHAP 认证。

3. PAP 简介

密码认证协议(password authentication protocol，PAP)是两次握手协议，它通过用户名及口令来进行用户身份认证。

4. PAP 认证过程

PAP 不是一种安全的认证协议，并且用户名和口令还会被认证方不停地在链路上反复发送，因此很容易被截获。PAP 认证过程如下。

(1)当开始认证阶段时，被认证方首先将自己的用户名及口令发送到认证方，认证方根据本端的用户数据库(或 Radius 服务器)确认是否有此用户，以及口令是否正确。

(2)如果正确则发送 ACK 报文通知对端进入下一阶段协商，否则发送 NAK 报文通知对端验证失败。

此时，并不直接将链路关闭。只有当认证失败达到一定次数时才关闭链路，以防止因网络误传、网络干扰等因素造成不必要的 LCP 重新协商。PAP 协议在网络中以明文的方式传送用户名及口令，所以安全性不高。PAP 认证过程如图 3-4-6 所示。

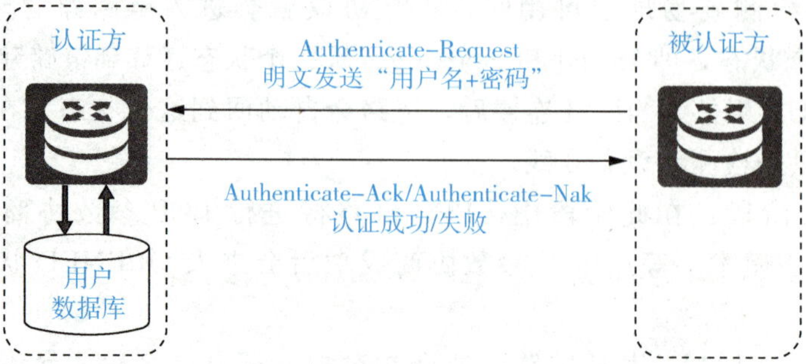

图 3-4-6　PAP 认证过程示意图

操作步骤

1. 设置 PC 机的 IP 地址(注意网关的设置)。

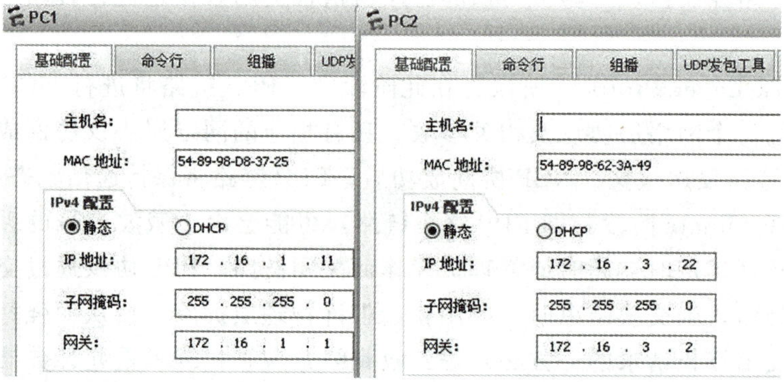

2. 在路由器 Router A 上配置接口的 IP 地址和协议类型。

- sysname RA
- user-interface con 0
- authentication-mode aaa
- aaa
- local-user admin password cipher huawei@123
- local-user admin service-type ppp
- interface Serial1/0/0
- link-protocol ppp
- ppp authentication-mode PAP
- ip address 10.10.10.1 255.255.255.0

3. 在路由器 Router B 上配置接口的 IP 地址和协议类型。

- sysname RA
- user-interface con 0
- authentication-mode aaa
- aaa
- local-user admin password cipher huawei@123
- local-user admin service-type ppp

- interface Serial1/0/0
- link-protocol ppp
- ppp authentication-mode PAP
- ip address 10.10.10.2 255.255.255.0

4. 测试网络的互连互通性，PC1 与 PC2 可以互相 ping 通。

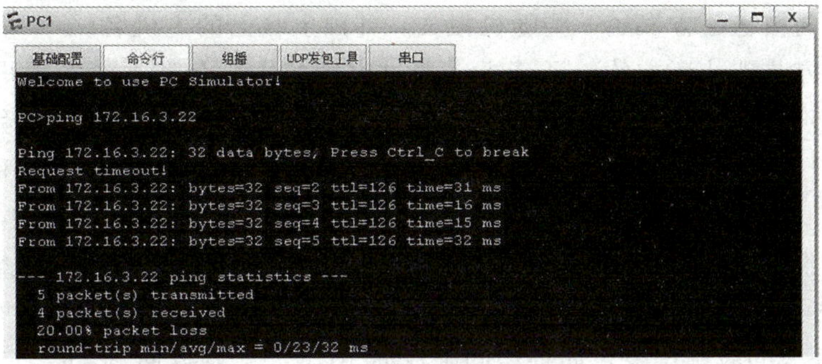
PC1
基础配置
命令行
组播
UDP发包工具
串口
Welcome to use PC Simulator!
PC>ping 172.16.3.22
Ping 172.16.3.22: 32 data bytes, Press Ctrl_C to break
Request timeout!
From 172.16.3.22: bytes=32 seq=2 ttl=126 time=31 ms
From 172.16.3.22: bytes=32 seq=3 ttl=126 time=16 ms
From 172.16.3.22: bytes=32 seq=4 ttl=126 time=15 ms
From 172.16.3.22: bytes=32 seq=5 ttl=126 time=32 ms
--- 172.16.3.22 ping statistics ---
5 packet(s) transmitted
4 packet(s) received
20.00% packet loss
round-trip min/avg/max = 0/23/32 ms

任务 3　PPP 协议封装——CHAP 认证

任务描述

飞腾公司的网络管理员发现 PAP 身份认证方式的安全性能不高。为了进一步提高网络的安全性，艺腾公司决定在总公司和分公司之间的广域网链路上启用 CHAP 认证方式，以实现总公司路由器对分公司路由器的身份验证。CHAP 认证配置如图 3-4-7 所示。

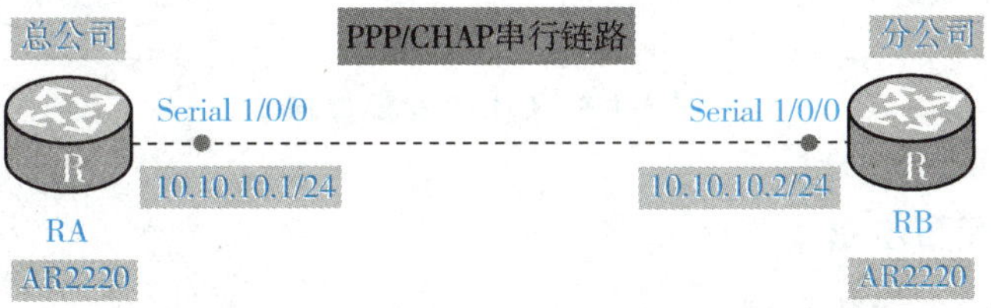
总公司
PPP/CHAP串行链路
分公司
Serial 1/0/0
Serial 1/0/0
R
R
10.10.10.1/24
10.10.10.2/24
RA
RB
AR2220
AR2220

图 3-4-7　CHAP 认证配置

任务分析

串行链路默认采用 PPP 封装协议，可以通过 CHAP 认证使链路的建立更安全。CHAP 协议使用 3 次握手机制来启动一条链路和周期性的验证远程节点。与 PAP 认证相比，CHAP 认证更具有安全性。CHAP 认证由认证服务器向被认证方提出认证需求，通过用户名和密码进行认证，因此安全性更高。

1. CHAP 简介

挑战握手认证协议(challenge handshake authentication protocol，CHAP)为 3 次握手协议，它只在网络上传用户名而不传口令，因此其安全性比 PAP 协议的安全性高。

2. CHAP 验证特点

(1)CHAP 为三次握手协议。

(2)只在网络上传输用户名，而并不传输口令。

(3)安全性要比 PAP 高，但认证报文浪费带宽。

3. CHAP 验证过程

CHAP 协议是在链路建立开始就完成的，在链路建立完成后的任何时间都可以进行再次认证。CHAP 认证过程如下。

(1)认证方向被认证方发送一些随机报文，并加上自己的主机名。

(2)被认证方收到认证方的验证请求，通过收到的主机名和本端的用户数据库查找用户口令字(密钥)，如果找到用户数据库中和认证方主机名相同的用户，就利用接收到的随机报文、此用户的密钥和报文 ID 用 MD5 加密算法生成应答，随后将应答和自己的主机名送回。

(3)认证方收到此应答后，利用对端的用户名在本端的用户数据库中查找本方保留的口令字，用本方保留的用户的口令字(密钥)、随机报文和报文 ID 用 MD5 加密算法生成结果，并与被认证方的应答比较，如果相同则返回 ACK，否则返回 NAK。CHAP 认证过程如图 3-4-8 所示。

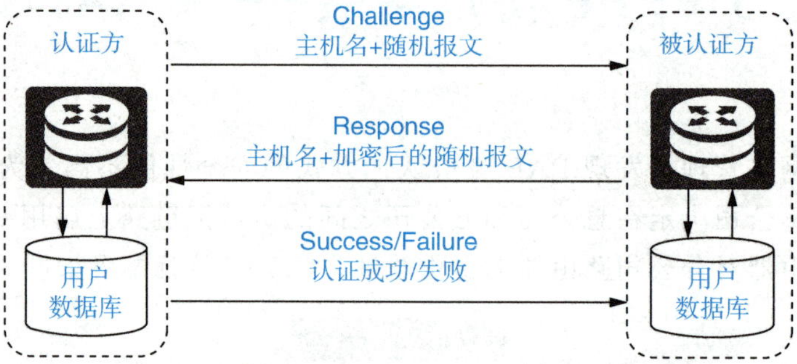

图 3-4-8　CHAP 验证过程

4. PPP CHAP 配置步骤

第一步：定义接口封装类型。

第二步：定义本地数据库。

第三步：定义 CHAP 认证。

操作步骤

1. 设置 PC 机的 IP 地址(注意网关的设置)。

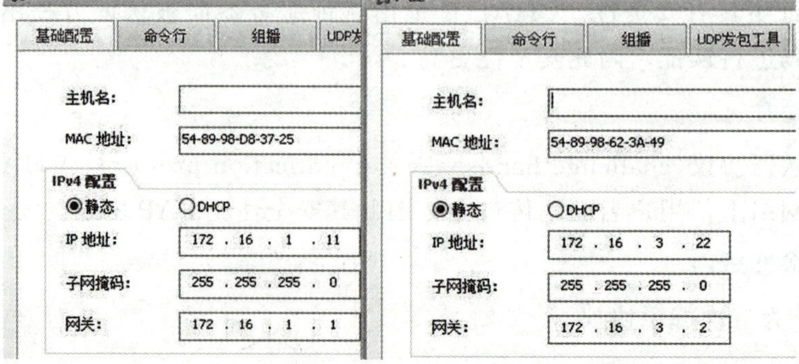

2. 在路由器 Router A 上配置接口的 IP 地址和协议类型。

```
• sysname RA
• user-interface con 0
•  authentication-mode aaa
• aaa
•  local-user admin password cipher huawei@123
•  local-user admin service-type ppp
• interface Serial1/0/0
•  link-protocol ppp
•  ppp authentication-mode chap
•  ip address 10.10.10.1 255.255.255.0
```

3. 在路由器 Router B 上配置接口的 IP 地址和协议类型。

```
• sysname RB
• user-interface con 0
•  authentication-mode aaa
• aaa
•  local-user admin password cipher huawei@123
•  local-user admin service-type ppp
• interface Serial1/0/0
•  link-protocol ppp
•  ppp authentication-mode chap
•  ip address 10.10.10.2 255.255.255.0
```

4. 测试网络的互连互通性，PC1 与 PC2 可以互相 ping 通。

任务 4　PPPoE 协议的配置

任务描述

飞腾公司的网络管理员向 ISP 服务提供商申请了一条专用线路用于互联网接入，线路采用 PPPoE 接入方式，如图 3-4-9 所示。

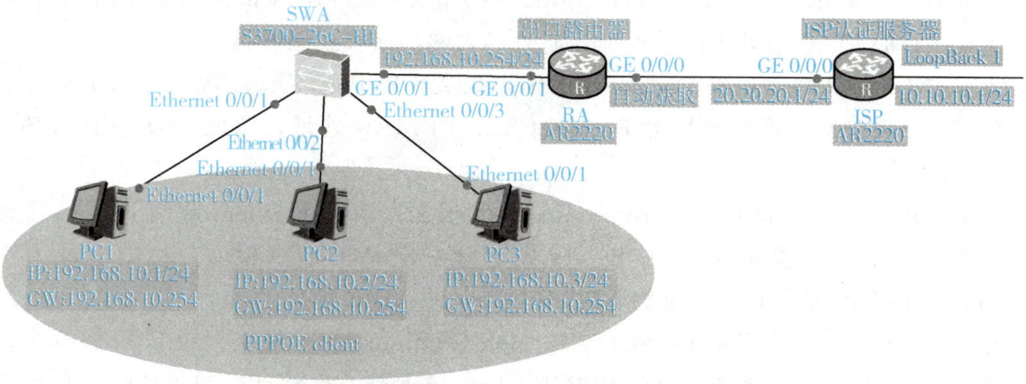

图 3-4-9　PPPoE 协议配置

任务分析

PPPoE 接入采用 PPP 封装协议，可以选择 PAP 认真或 CHAP 认证，这里选择较为安全的 CHAP 认证。下面对出口路由器进行配置，使内网使用可以通过共享出口的路由器访问互联网。

1. PPPoE 的基本概念

以太网上点对点协议(point-to-point protocol over ethernet，PPPoE)是一个允许在以太网广播域中的两个以太网接口之间创建点对点隧道的协议。图所示是一个典型 PPPoE 网络模型，多个 PPPoE Client 通过以太网(同一个广播域)接入 PPPoE 服务端。典型 PPPoE 网络模型如图 3-4-10 所示。

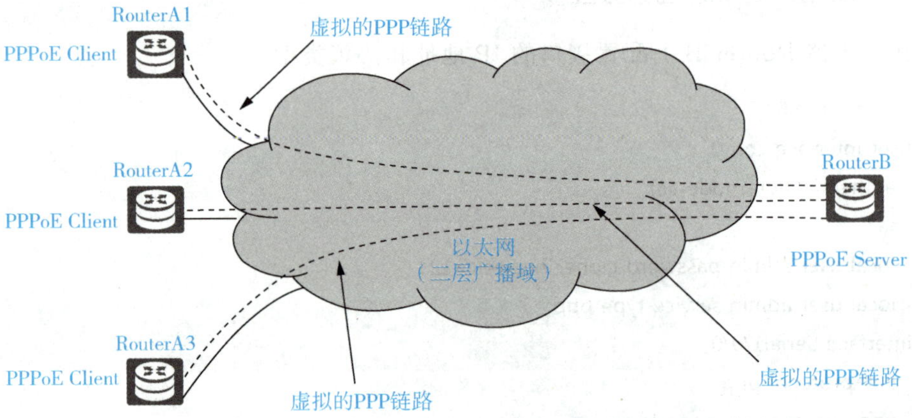

图 3-4-10 典型 PPPoE 网络模型

2. PPPoE 的工作过程

PPPoE 的工作过程分为 3 个不同的阶段，即发现(discovery)阶段、会话(session)阶段和会话终结(session terminate)阶段。

(1)发现阶段

在发现阶段刚开始时，由于客户端并不知道服务器端的 MAC 地址，因此它将使用类似于 ARP 解析的机制来获取服务器端的 MAC 地址，并建立连接，这个过程主要产生以下 4 个报文。

① PADI(PPPoE Active Discovery Initiation)报文：PPPoE Client 发起 PPPoE Server 探测报文，目的 MAC 地址为广播地址，通过以太网广播寻找服务器。

② PADO(PPPoE Active Discovery Offer)报文：PPPoE Server 收到 PADI 报文之后给发起方的回应报文，目的地址为 PPPoE Client 的 MAC 地址，源地址为 PPPoE Server 的 MAC 地址。

③ PADR(PPPoE Active Discovery Request)报文：PPPoE Client 收到 PADO 报文之后，将通过 PADR 报文向 PPPoE Server 发起建立会话的请求报文，目的地址为 PPPoEServer 的 MAC 地址，源地址为 PPPoE Client 的 MAC 地址。

④ PADS(PPPoE Active Discovery Session Configuration)报文。PPPoE Server 收到 PPPOE Client 的 PADR 报文，当该 PPPoE Client 满足建立会话连接的条件时，它将为这

个会话分配一个唯一的会话 ID，并将会话建立确认报文 PADS 发送给 PPPoE Client；否则将会话终止报文 PADS 发送给 PPPoE Client，终止连接。

（2）会话阶段

一旦 PPPoE 进入会话阶段，PPP 的数据报文就会被填充在 PPPoE 的净载荷中被传送，此时，两者所发送的所有以太网包均是单目地址。PPPoE 会话阶段以太网帧的协议域填充为 0x8864，代码域填充为 0x00，整个会话的过程就是 PPP 的会话过程，它可以分为两部分，即 PPP 协商阶段和 PPP 报文传输阶段。

PPPoE 协商阶段和普通的 PPP 协商方式一致。PPPoE Session 的 PPP 协商成功后，就可以承载 PPP 数据报文。在此阶段中，传输的数据报必须出现在发现阶段确定的会话 ID 中，并保持不变。

（3）会话终结阶段

在 PPPoE 中定义的 PADT 报文用来结束会话，PPPoE Client 或 PPPoE Server 可以在会话开始后的任何时候通过发送 PADT 报文来结束会话。PPPoE 的工作过程如图 3-4-11 所示。

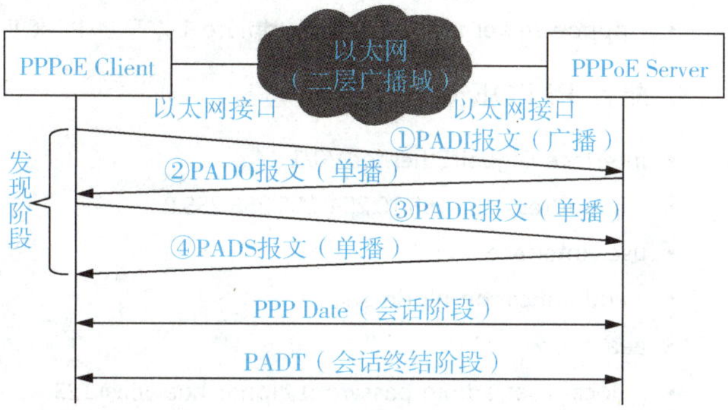

图 3-4-11　PPPoE 的工作过程

操作步骤

1. 设置 PC 机的 IP 地址（注意网关的设置）。

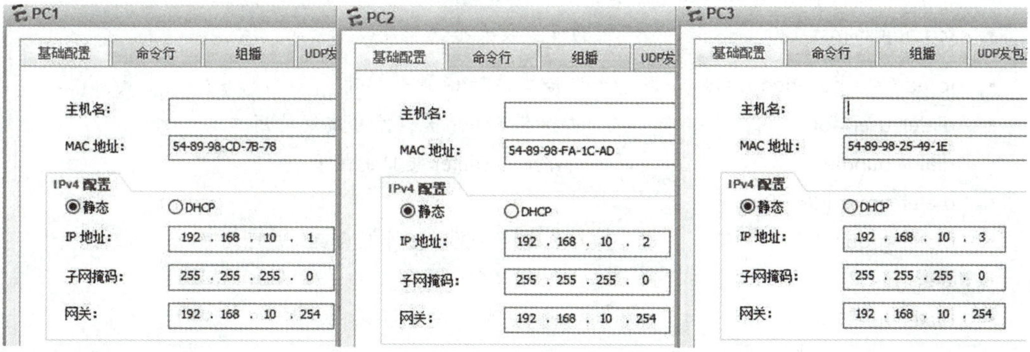

2. 配置 PPPOE Server（ISP）。

```
• interface LoopBack1
•   ip address 10.10.10.1 255.255.255.0
• user-interface con 0
•   authentication-mode aaa
• aaa
•   local-user admin password cipher huawei@123
•   local-user admin privilege level 0
•   local-user admin service-type ppp
```

- ip pool pppoe　　　　　　　　　　　　//配置名称为 PPPOE 的地址池
- gateway-list 20.20.20.1　　　　　　　//网关
- network 20.20.20.0 mask 255.255.255.0　//分配网络号
- interface Virtual-Template1　//创建虚拟接口模板 VT,编号自定义(这里为 1)
- ppp authentication-mode chap　//CHAP 认证方式
- remote address pool pppoe　//为 PPPOE Client 指定 IP 地址池"PPPOE"
- ip address 20.20.20.1 255.255.255.0
- interface GigabitEthernet0/0/0
- pppoe-server bind Virtual-Template 1 //开启 PPPOE Server,接口与 VT1 绑定

3. 配置 PPPOE Client(RA)。

- interface GigabitEthernet0/0/1
- ip address 192.168.10.254 255.255.255.0
- user-interface con 0
- authentication-mode aaa
- aaa
- local-user admin password cipher huawei@123
- local-user admin service-type http
- interface Dialer0　　　　　　　　　　//创建 DCC 的 Dialer 接口,这里定义为 1
- link-protocol ppp　　　　　　　　　　//封装 PPP 协议
- ppp chap user admin　　　　　　　　//配置 PPP 协议的 CHAP 认证的用户名
- ppp chap password cipher huawei@123　　//配置 CHAP 认证密码
- ip address ppp-negotiate　　//自动获取 IP 地址
- tcp adjust-mss 1200　　　　　　//设置最大报文长度
- ip address ppp-negotiate　　　//允许接口进行 IP 地址协商
- dialer user admin　　　　　　　　//指定 Dialer 接口拨号使用的用户名
- dialer bundle 1　　　　　　　　　//指定 Dialer 接口的编号
- dialer timer idle 300
- dialer-group 1　　　　　　　　　//将该接口置于一个拨号组,进行编号
- dialer-rule
- dialer-rule 1 ip permit　　　　　　　//配置拨号规则
- interface GigabitEthernet0/0/0
- pppoe-client dial-bundle-number 1 //建立 PPPOE 会话,将 Gi0/0/1 与 VT1 绑定
- acl number 3000
- rule 5 permit ip source 192.168.10.0 0.0.0.255
- interface Dialer0
- nat outbound 3000　//配置 NAT 转换,局域网用户通过 NAT 转换,将私网地址转换为公网地址,并配置进行拨号上网的基本访问控制列表
- ip route-static 0.0.0.0 0.0.0.0 Dialer 0 //配置到 PPPOE Server 的静态路由

4. 测试网络的互连互通性,PC1 ping 通 ISP 的 loopback 1。

巩固练习

一、选择题

1. 以下不属于广域网协议的是(　　)。

A. HDLC　　B. PPP　　C. PPPoE　　D. NAT

2. 以下描述不正确的是(　　)。

A. HDLC 是用于在同步网络传输数据的、面向比特的数据链路层协议

B. HDLC 协议提供了无差错的按序数据传输

C. HDLC 协议提供了流量控制、差错检测和恢复功能

D. HDLC 协议的安全性和可靠性较高，因此在广域网中普遍采用

3. 广域网可以分为宽带广域网和窄带广域网，以下全部都是窄带广域网的是(　　)。

A. ATM、ISDN、DDN

B. 帧中继、X. 25 公用分组交换网、PSTN

C. SDH、帧中继、PSTN

D. ATM、帧中继、PSTN

4. 以下路描述正确的是(　　)。

A. 广域网的接口类型主要包括同步串口和异步串口

B. DTE 是指数据终端设备

C. DCE 是指数据通信设备

D. 以上都正确

5. 以下描述正确的是(　　)。

A. PPP 协议在物理上只能使用 Serial 广域网线缆

B. PPP 协议仅支持同步串行连接

C. PPP 协议在网络层协商 IP 地址之前，无须先通过身份认证

D. PPP 协议的可靠性和安全性较高，串行链路默认采用 PPP 封装协议

6. 关于 PAP 描述错误的是(　　)。

A. PAP 是两次握手协议，它通过用户名及口令来进行用户身份认证

B. PAP 是一种安全的认证协议，主要用用 PPP 协议的认证

C. PAP 协议在网络中以明文的方式传送用户名及口令

D. PAP 协议通过校验本地用户数据库来进行认证，正确发送 ACK 报文，错误发送 NAK 报文

7. 关于 CHAP 描述错误的是(　　)。

A. CHAP 为 3 次握手协议，它只在网络上传用户名而不传口令

B. CHAP 由认证服务器向被认证方提出认证需求，通过用户名和密码认证，因此安全性更高

C. CHAP 协议在网络中以密文的方式传送用户名及口令

D. CHAP 协议在链路建立开始就完成，在链路建立完成后的任何时间也都可以进行再次认证

8. 以下说法正确的是(　　)。

A. PPPoE 的工作过程分为发现阶段、会话阶段和会话终结阶段

B. PPPoE 是指以太网上点对点协议，采用 client/server 模式

C. PPPoE 接入采用 PPP 封装协议，可以选择 PAP 认证或 CHAP 认证

D. 以上说法都正确

9. 使用 ADSL 拨号上网，需要在用户端安装(　　)协议。

A. PPP　　B. SLIP　　C. PPTP　　D. PPPoE

10. ADSL 是一种宽带接入技术，这种技术使用的传输介质是(　　)。

A. 电话线　　B. CATV 电缆　　C. 基带同轴电缆　　D. 无线通信网

11. 在华为路由器串行接口上封装 PPP 协议，需要在接口视图下输入的命令是(　　)。

A. link-protocol ppp　　B. encapsulation ppp

C. enable ppp　　D. address ppp

12. 华为公司 VRP 系统路由器串行接口默认的封装方式为(　　)。

A. HDLC　　B. PPP　　C. 帧中继　　D. 以上都不对

13. 在配置 PPP 验证方式为 PAP 时，下面哪个操作不是必须的(　　)。

A. 把被验证方的用户名和密码加入到本地用户列表

B. 配置与对端设备相连的接口封装类型为 PPP

C. 设置 PPP 的验证模式为 CHAP

D. 在被验证方配置向验证方发送的用户名和密码

14. 下面哪个功能是 PPP 中的 LCP 协议所实现的(　　)。

A. 保持多条链路　　B. IP 地址协议

C. IPX 地址协议　　D. 建立、保持和中断点到点的连接

15. PPP 最大接收单元(Maximum Receive Unit，MRU)的默认值是多少字节(　　)。

A. 1 024　　B. 1 500　　C. 1 518　　D. 8 096

16. 在 PPP 链路建立阶段，对端发送的 Configure -Request 中的参数取值在本地不能识别，本端应该回应哪个消息(　　)。

A. Configure -Nak　　B. Configure -Reject　　C. Configure -Ack　　D. 都不对

17. PAP 验证协议不包含以下哪种数据报文类型(　　)。

A. Authenticate -Request　　B. Authenticate -Fail

C. Authenticate - -Ack　　D. Authenticate -Nak

18. PPP 协议定义的几个组件，不包含(　　)。

A. 数据封装方式　　B. 数据加密方式

C. 链路控制协议(LCP)　　D. 网路控制协议(NCP)

19. 在下面的配置中，配置 PAP 协议用户密码的关键字 cipher 是指(　　)。

```
[RTB]interface Serial 0
[RTB-Serial0]link-protocol ppp
[RTB-Serial0]ppp pap local-user huawei password cipher hello
[RTB-Serial0] ip address 10.1.1.2 30
```

A. 配置文件中的密码使用密文

B. 认证时，发出的数据包中的密码使用密文

C. 以上两者都对

D. 以上两者都不对

20. PPP 连接建立之后，VRP 平台默认每隔(　　)秒发送一次 Echo-Request 报文。

A. 1　　B. 5　　C. 10　　D. 60

二、简答题

1. 请简述 CHAP 的验证过程。

2. 请简述 PPPoE 的工作过程。

技能练习

1. 按照图示设置网络协议实现全网互通

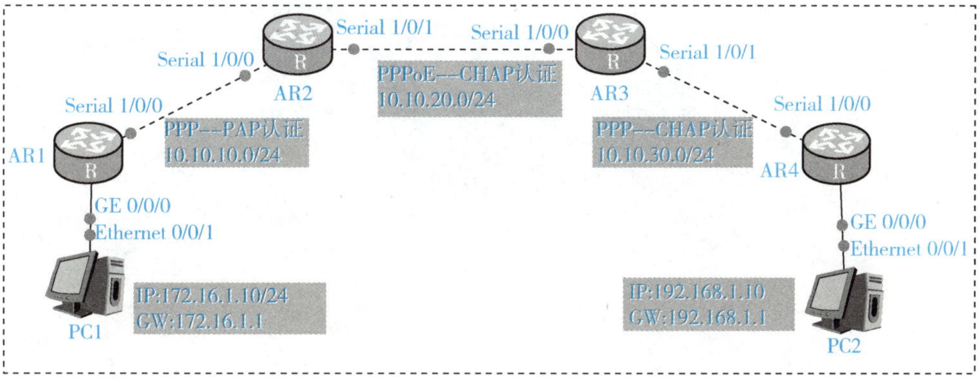

第 4 单元 网络安全与管理技术

考纲要求

1. 掌握交换机端口安全配置方法。
2. 掌握 IP 访问控制列表的分类与配置。
3. 理解网络地址转换的工作过程。
4. 掌握防火墙的配置方法和应用。

技能要求

能够完成网络设备端口安全、ACL、NAT 的配置。

项目 1

网络安全

知识点精讲

1. 网络安全的概念

网络安全涉及计算机科学、网络技术、通信技术、密码技术、信息安全技术、应用数学、数论、信息论等多种学科，是指网络系统的硬件、软件及其系统中的数据得到保护，不受偶然的或者恶意的原因而遭到破坏、更改、泄露，系统连续可靠正常地运行，网络服务不中断。从广义来说，凡是涉及到网络上信息的保密性、完整性、可用性、真实性、可控性等相关的技术和理论都是网络安全所要研究的领域。网络安全从其本质上来讲就是网络上的信息安全。

“计算机病毒”最早是由美国计算机病毒研究专家 F. Cohen 博士提出的。其定义为：“计算机病毒是指编制或者在计算机程序中插入的破坏计算机功能或者数据，影响计算机使用并且能够自我复制的一组计算机指令或者程序代码”。

2. 常用网络安全技术

(1)访问控制技术

访问控制是在保障授权用户能获取所需资源的同时拒绝非授权用户的安全机制。网络的访问控制技术是通过对访问的申请、批准和撤消的全过程进行有效的控制，从而确保只有合法用户的合法访问才能给予批准，而且相应的访问只能执行授权操作。

访问控制是计算机网络系统的安全防范和保护的重要手段，是保证网络安全最重要的核心策略之一，也是计算机网络安全理论基础的重要组成部分。

访问控制是指主体依据某些控制策略或权限对客体本身或其资源进行的不同授权访问。访问控制包括三个要素：主体、客体和控制策略。

(2)防火墙(Firewall)是在两个网络之间实现访问控制的一个或一组软件或硬件系统。防火墙的最主要功能就是屏蔽或允许指定的数据通信，而该功能的实现又主要是依靠一套访问控制策略，由访问控制策略来决定通信的合法性。

(3)入侵检测系统是一个比较复杂和难度较大的研究领域。首先，入侵检测系统是网络安全技术和信息处理技术的结合，为了了解入侵检测系统，必须同时具备这两个方面的知识，入侵检测系统的检测效果依赖于对这些知识的掌握和融合。其次，入侵事件往往是人为的入侵，由黑客主动实现，黑客对网络安全以及入侵系统本身有一定的了解。最后，入侵检测系统是一个计算机网络安全产品或工具，是一个实实在在的计算机程序，所以它的运行效率和检测效果也跟程序编写技术有关。

(4)数据加密技术：数据加密是计算机安全领域的重要内容。其基本思想是通过变换信息的表示形式来保护敏感信息，使非授权者不能了解被保护的内容。密码技术包括密码设计、密码分析、密钥管理、验证技术等。

(5)VPN 技术：VPN 是一种网络技术，通常用以实现相关组织或个人的开放式、分布式的公用网络(主要是指互连网)的安全通信。其实质是，利用共享的互连网设施，模拟“专用”广域网，最终以极低的费用为远程用户提供能和专用网络媲美的保密通信服务。

学习目标

1. 基本知识

(1)掌握端口安全的默认配置。

(2)掌握安全端口及违例方式的配置方法。

(3)掌握安全端口上的安全地址配置方法。

(4)掌握安全端口上的老化时间配置方法。

2. 技能要求

(1)能够配置交换机端口安全。

(2)能够配置交换机安全端口及违例方式。

(3)能够配置交换机安全端口上的安全地址。

(4)能够配置交换安全端口上的老化时间。

3. 端口安全的默认配置

端口安全的默认配置见表 4-2-1。

表 4-2-1 思科端口安全的默认配置

内容	缺省配置
端口安全开关	所有端口均关闭端口安全功能
最大安全地址个数	128(思科取值范围：1—132，华为取值范围：1—4096)
安全地址	无
违例处理方式	保护(protect)(华为默认违例处理方式 restrict)

任务 1 配置安全端口及违例方式

任务描述

假设某公司要求对网络进行严格控制，禁止员工私自带笔记本式计算机接入公司网络来下载电影，公司的网络管理员通过配置安全端口，防止员工给公司网络带宽造成不良影响，减少网络安全带来的隐患。

任务分析

本实验以华为3700交换机构建实现环境。如图4-1-1所示，先开启交换机的端口安全功能，再配置接口上安全地址的最大个数。当实际应用超出配置要求，将产生一个安全违例并处理安全违例。

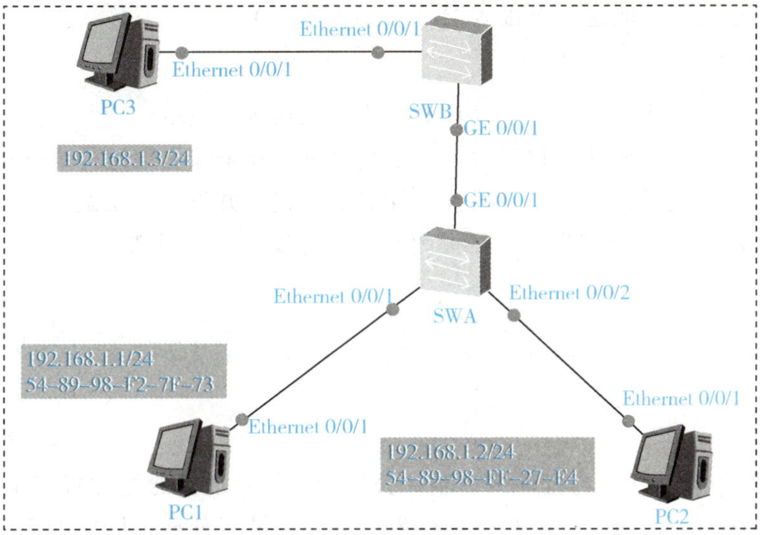

图 4-1-1　端口安全网络拓扑图

操作步骤

1. 设置eth0/0/1端口安全，最多可以接入一台设备，违例方式为关闭端口。

2. 将PC1换成两台PC机组成的局域网，通过ping命令发现，192.168.1.5到192.168.1.2的通信中断，eth0/0/1接口处于关闭状态。

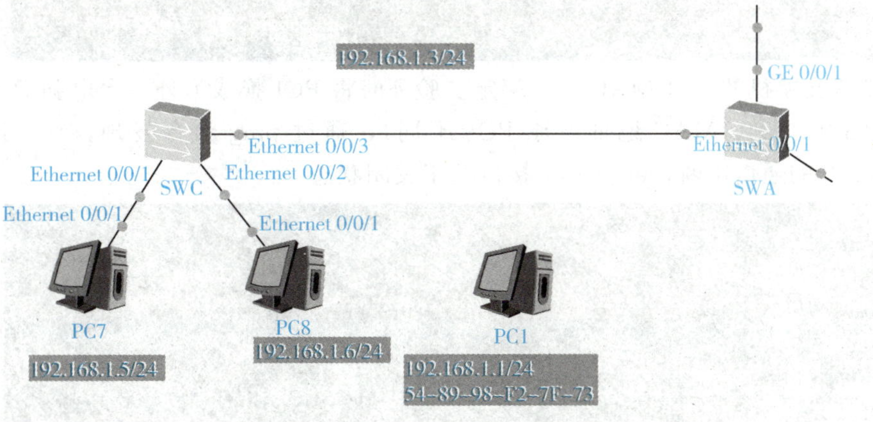

知识链接

1. 配置端口安全的限制

(1)一个安全端口不能是一个链路聚合端口(aggregate port)。

(2)一个安全端口不能是目的端口 SPAN(Switch Port Analyzer：思科交换机的端口监听)。

(3)一个安全端口只能是一个接入端口(access port)。

2. 安全违例的处理方式

MAC 地址数达到限制后的保护动作有 3 个，默认为 restrict。

(1)protect：当安全地址个数满后，安全端口将丢弃未知名地址的数据包。

(2)restrict：当违例产生时，将丢弃未知名数据包，并发送一个通知。

(3)shutdown：当违例产生时，将关闭端口，并发送一个通知。

任务 2　配置安全端口上的安全地址

任务描述

假设某公司要求对网络进行严格控制，公司的网络管理员通过配置安全端口以防止公司内部的 IP 地址冲突、网络攻击和破坏行为。每一位员工分配了固定的 IP 地址，且限制只允许公司员工主机可以使用网络，不得随意连接其他主机。例如：某员工分配的 IP 地址是 192.168.1.1/24，主机 MAC 地址是 54-89-98-F2-7F-73。

任务分析

本实验以华为 3700 交换机构建实现环境。如图 4-1-1 所示，先开启交换机的端口安全功能，并绑定 MAC 地址。

操作步骤

1. 设置 eth 0/0/1 端口安全，最多可以接入一台设备，违例方式为关闭端口。

```
SWA
[SWA]interface eth 0/0/1
[SWA-Ethernet0/0/1]port-security enable                  开启端口安全，默认为关闭状态
[SWA-Ethernet0/0/1]port-security max-mac-num 1           设置最多可以接入一个MAC地址
[SWA-Ethernet0/0/1]port-security protect-action shutdown 违例方式为关闭端口
[SWA-Ethernet0/0/1]return
```

2. 设置交换机的接口 MAC 地址绑定。验证时将 PC1 换成另外一台电脑 PC4(IP 地址为 192.168.1.1/24，MAC 地址与原 PC1 不同)，通过 ping 命令发现，192.168.1.1 到 192.168.1.2 的通信中断，eth0/0/1 接口处于关闭状态。

```
<SWA>sys
Enter system view, return user view with Ctrl+Z.
[SWA]undo mac-
[SWA]undo mac-address
Info: This operation will delete all MAC address entries except DHCP sticky MAC
and NAC MAC.
[SWA]int eth 0/0/1
[SWA-Ethernet0/0/1]port-security mac-address sticky
[SWA-Ethernet0/0/1]port-security mac-address sticky 5489-98f2-7f73 vlan 1
[SWA-Ethernet0/0/1]
```

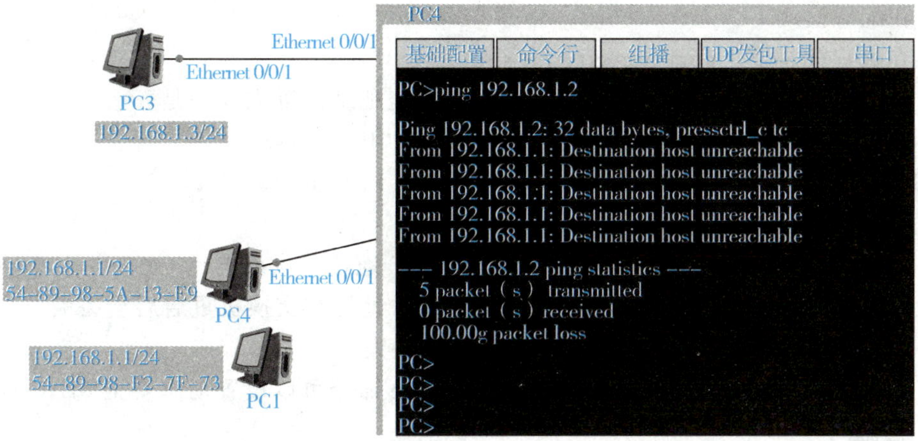

知识链接

1. 安全地址有三种：单 MAC 地址、单 IP 地址、IP+MAC 地址。建议设置一致，优先级为：单 MAC 地址、单 IP 地址、IP+MAC 地址(谁后设置谁生效)。

2. 在网络中 MAC 地址是设备中不变的物理地址，控制 MAC 地址接入就控制了交换机的端口接入，所以端口安全也是对 MAC 地址的安全。在交换机中，内容可寻址内存表(content addressable memory，CAM)表又叫 MAC 地址表，其记录了与交换机相连的设备的 MAC 地址、端口号、所属 VLAN 等对应关系。

3. 配置 Sticky MAC 地址：在交换机的端口激活 Port Security 之后，该端口上所学习到的合法的动态 MAC 地址被称为动态安全 MAC 地址，这些 MAC 地址默认不会被老化(在接口视图下使用 port-security aging-time 命令可以设置动态安全 MAC 地址的老化时间)，然而这些 MAC 地址表项在交换机重启之后会丢失，因此交换机不得不重新学习 MAC 地址。交换机能够将动态 MAC 地址转换成 Sticky MAC 地址，Sticky MAC 地址表项在交换机保存配置后重启不会丢失。

巩固练习

一、选择题

1. 思科交换机中，端口安全默认配置正确的是(　　)。

A. 交换机默认端口安全开启　　B. 最大安全地址数 256 个

C. 默认违例处理方式 protect　　D. 交换机端口默认 1 个安全地址

2. 华为交换机中，端口安全默认配置正确的是(　　)。

A. 交换机默认端口安全开启　　B. 最大安全地址数 256 个

C. 默认违例处理方式 restrict　　D. 交换机端口默认 1 个安全地址

3. 端口安全配置描述正确的是(　　)。

A. 链路聚合端口可以开启端口安全　　B. trunk 链路接口可以开启端口安全

C. 违例处理方式 restrict 发送通知　　D. 交换机默认开启端口安全

3. 开启端口安全的命令是(　　)。

A. 在配置模式下：port-security enable

B. 在接口模式下：port-security enable

C. 在配置模式下：port-security no shutdown

D. 在接口模式下：port-security no shutdown

4. 交换机的安全地址有三种，以下不属于安全地址设置方式的是(　　)。

A. MAC address　　B. IP address

C. IP address+MAC address　　D. Port address

5. 以下叙述不正确的是(　　)。

A. 交换机激活端口安全后学习到的动态 MAC 地址默认不老化

B. 交换机激活端口安全后学习到的动态 MAC 地址在交换机重启后会丢失

C. 动态 sticky MAC 地址交换机重启后不会丢失

D. 在系统视图下使用 port-security aging-time 命令可以设置动态安全 MAC 地址的老化时间

6. 当违例产生时，丢弃未知名的数据包，并发送一个通知的是(　　)。

A. Protect　　B. shutdown　　C. restrict　　D. discard

7. 当违例产生时，直接丢弃未知名的数据包，不发送通知的是(　　)。

A. Protect　　B. shutdown　　C. restrict　　D. discard

8. 设置端口安全，将 MAC 地址与端口绑定的命令是(　　)。

A. port-security mac-address sticky 5489-98F2-7F73 vlan 1

B. port-security mac-address sticky 5489-98F2-7F73

C. port-security mac-address sticky 54-89-98-F2-7F-73 vlan 1

D. port-security mac-address sticky 54-89-98-F2-7F-73

二、简答题

1. 请简述端口安全的 3 种违例处理方式。

2. 请简述交换机开启端口安全，将端口绑定 MAC 地址的操作步骤。

三、操作题

1. 设置 LSW1 的 GE0/0/1 端口安全，最大连接数为 2

2. 设置 LSW2 的 GE0/0/1 端口安全，最大连接数为 2，老化时间为 2 天

3. 设置 LSW3 的 Ethernet0/0/2 端口安全，最大连接数为 1，绑定 PC1 的 MAC 地址

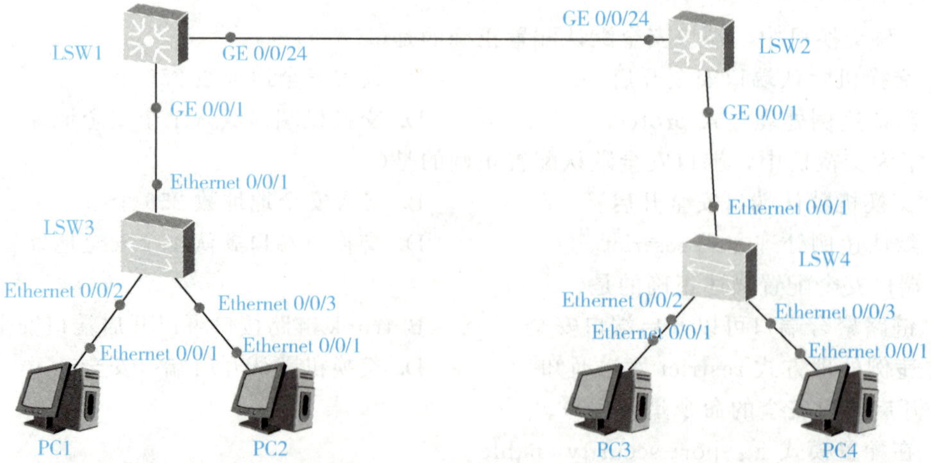

项目 2

访问控制列表

学习目标

知识、技能要求

(1)能够配置基本访问控制列表。

(2)能够配置高级访问控制列表。

(3)能够配置命名的访问控制列表。

知识点精讲

任务 1　基本访问控制列表

任务描述

假设你是一个公司的网络管理员，公司的经理部门、财务部门和销售部门分属不同的三个网段，三部门之间用三层交换机进行信息传递，为了安全起见，公司领导要求销售部门不能对财务部门进行访问，但经理部可以对财务部门进行访问，如图 4-2-1 所示。

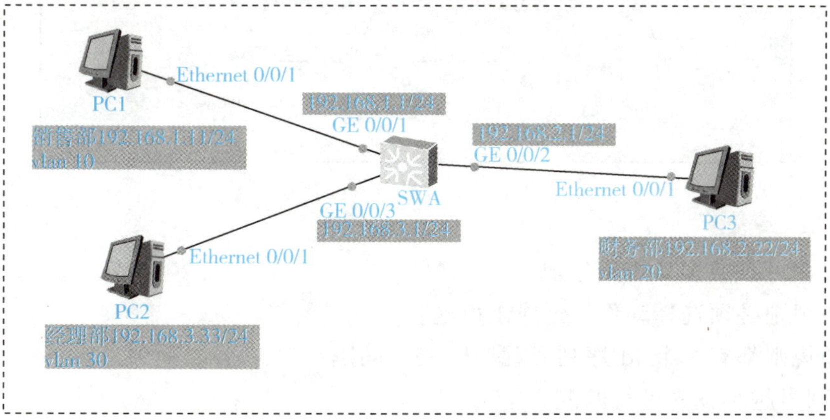

图 4-2-1　基本 ACL 网络拓扑图

任务分析

对路由器需要转发的数据包，先获取包头信息，然后和设定的规则进行比较，根据比较的结果对数据包进行转发或者丢弃。而实现包过滤的核心技术是访问控制列表ACL(Access Control List)。访问控制列表(ACL)是一系列运用到网络地址或者上层协议上的允许或拒绝指令的集合。

ACL的类型主要分为基本访问控制列表和高级访问控制列表，主要的动作为允许(Permit)和拒绝(Deny)，主要的应用方法是入栈(In)应用和出栈(Out)应用。

分类	编号范围	参数
基本 ACL	2000—2999	源 IP 地址等
高级 ACL	3000—3999	源 IP 地址、目的 IP 地址、源端口、目的端口等
二层 ACL	4000—4999	源 MAC 地址、目的 MAC 地址、以太帧协议类型等

1. 基本访问控制列表是基本 IP 数据包中的 IP 地址进行控制。

2. 高级访问控制列表既可检查分组的源地址和目的地址，也可检查协议类型和 TCP 或 UDP 的端口号。

3. 二层访问控制列表可以使用源/目的 MAC 地址以及二层协议类型等二层信息来匹配。

4. 思科设备的访问控制列表分为标准 ACL 和扩展 ACL。

5. 标准 ACL 编号范围为 1—99；1300—1999。扩展 ACL 编号范围为 100—199；2000—2699。

6. ACL 工作原理(图 4-2-2)。

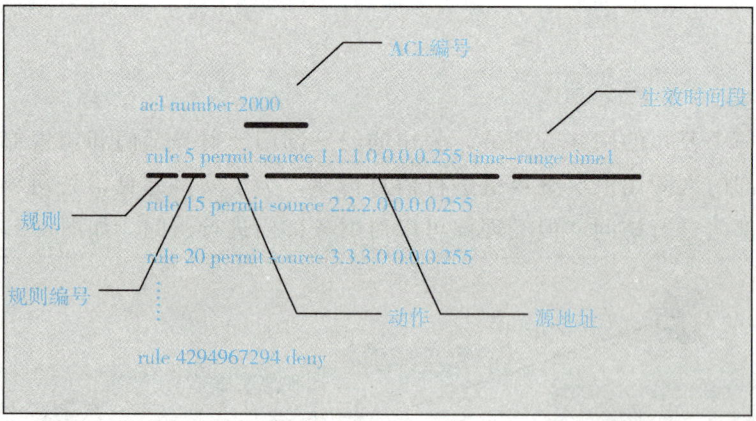

图 4-2-2　ACL 工作原理

7. ACL 由一条或多条规则组成。

8. 每条规则必须选择动作：允许或拒绝。

9. 每条规则都有一个 id 序列号(默认=5，间隔=5)。

10. 序列号越小越先进行匹配。

11. 只要有一条规则和报文匹配，就停止查找，称为命中规则。

12. 查找完所有规则，如果没有符合条件的规则，称为未命中规则。

13. ACL 创建后，必须将其应用到某个接口或其他技术内才会生效。
14. 应用在接口时必须选择方向：入站或出站(相对设备来判断)。
15. 每个接口在每个方向上只可应用一个 ACL。
16. 不能过滤由设备自己产生的数据。

操作步骤

1. 配置三个不同网段的主机。

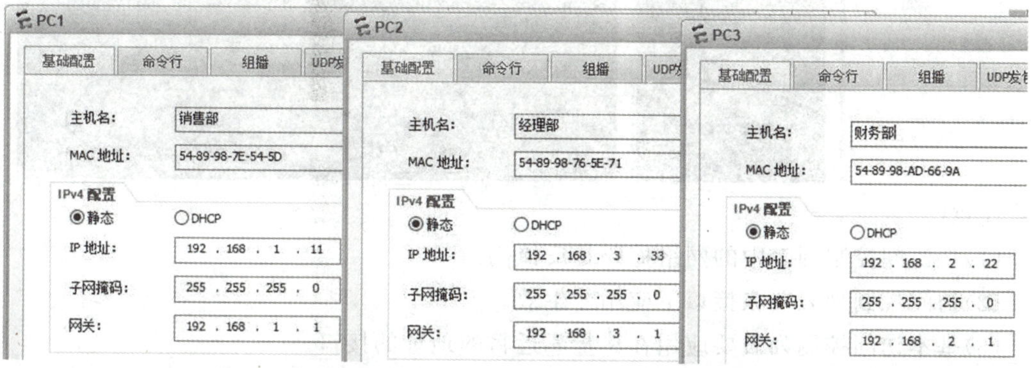

2. 三层交换机的基本配置。

```
SWA
<Huawei>undo ter mo
Info: Current terminal monitor is off.
<Huawei>system-view
Enter system view, return user view with Ctrl+Z.
[Huawei]sysname SWA
[SWA]vlan batch 10 20 30
Info: This operation may take a few seconds. Please wait for a moment...done.
[SWA]interface Vlanif10
[SWA-Vlanif10] ip address 192.168.1.1 255.255.255.0
[SWA-Vlanif10]interface Vlanif20
[SWA-Vlanif20] ip address 192.168.2.1 255.255.255.0
[SWA-Vlanif20]interface Vlanif30
[SWA-Vlanif30] ip address 192.168.3.1 255.255.255.0
[SWA-Vlanif30]interface GigabitEthernet0/0/1
[SWA-GigabitEthernet0/0/1] port link-type access
[SWA-GigabitEthernet0/0/1] port default vlan 10
[SWA-GigabitEthernet0/0/1]interface GigabitEthernet0/0/2
[SWA-GigabitEthernet0/0/2] port link-type access
[SWA-GigabitEthernet0/0/2] port default vlan 20
[SWA-GigabitEthernet0/0/2]interface GigabitEthernet0/0/3
[SWA-GigabitEthernet0/0/3] port link-type access
[SWA-GigabitEthernet0/0/3] port default vlan 30
[SWA-GigabitEthernet0/0/3]quit
```

3. 配置基本 IP 访问控制列表。

```
[SWA]acl number 2000
[SWA-acl-basic-2000] rule 5 permit source 192.168.3.0 0.0.0.255
[SWA-acl-basic-2000] rule 10 deny source 192.168.1.0 0.0.0.255
[SWA-acl-basic-2000]q
```

4. 把访问控制列表在接口下应用。

```
[SWA]interface GigabitEthernet0/0/2
[SWA-GigabitEthernet0/0/2]traffic-filter outbound acl 2000
[SWA-GigabitEthernet0/0/2]q
```

5. 验证结果。

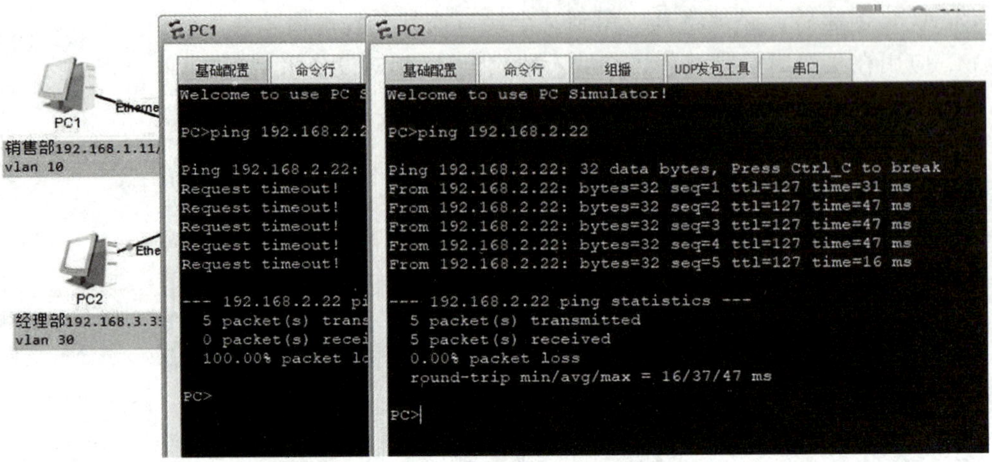

注意：

(1)在访问控制列表中的网络掩码是反掩码。

(2)访问控制列表要在接口下应用才生效。

(3)基本访问控制列表要应用在尽量靠近目的地址的接口。

任务 2　高级访问控制列表 1

任务描述

某学校规定教师(在教工宿舍)可以访问教工之家的 WWW 服务器，(在学生宿舍)的学生不能访问教工之家的 WWW 服务器，学校规定学生所在网段是 192.168.10.0/24，学校服务器所在网段是 192.168.20.0/24，教师所在的网段是 192.168.30.0/24。高级 ACL 网络拓扑图如图 4-2-3 所示。

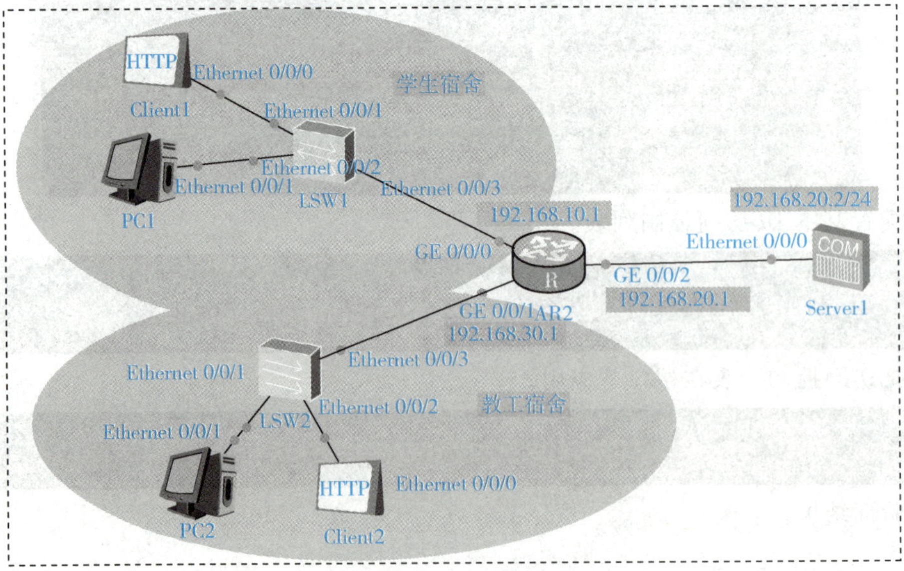

图 4-2-3　高级 ACL 网络拓扑图

任务分析

高级访问控制列表可以根据 IP 报文的源 IP 地址/目的 IP 地址/协议字段的值/优先级的值/长度值、TCP 报文的源接口号/目的接口号、UDP 报文的源接口/目的接口号等信息来定义规则。基本访问控制列表的功能只是高级访问控制列表的功能中的一个子集，高级访问控制列表可以定义出更精准、更复杂、更灵活的规则。

高级访问控制列表中规则的配置比基本访问控制列表中规则的配置复杂得多，并且配置命令的格式也会因为 IP 报文的载荷数据类型的不同而不同。例如，针对 ICMP 报文、TCP 报文、UDP 报文等不同类型的报文，其相应的配置命令的格式也是不同的。

操作步骤

1. 配置 2 个不同网段的主机。

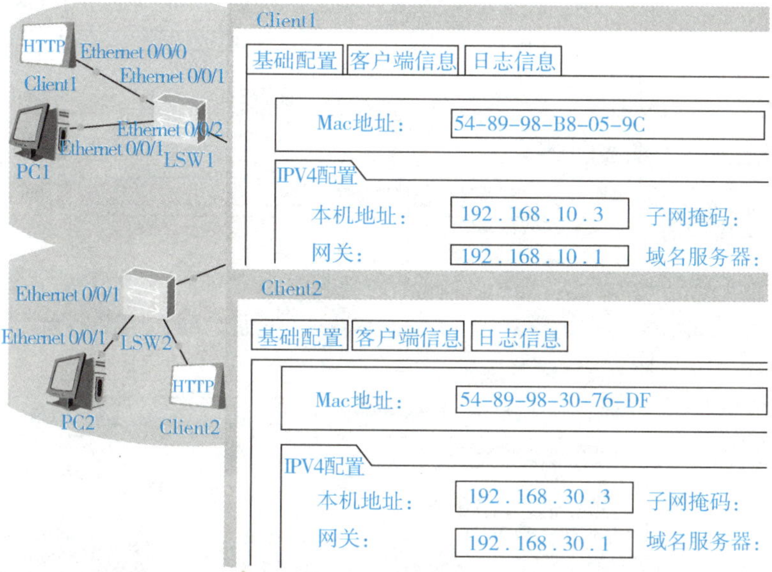

2. 路由器基本配置。

```
<Huawei>undo ter mo
Info: Current terminal monitor is off.
<Huawei>system-view
Enter system view, return user view with Ctrl+Z.
[Huawei]sysname AR
[AR]interface gi 0/0/0
[AR-GigabitEthernet0/0/0]ip add 192.168.10.1 24
[AR-GigabitEthernet0/0/0]int gi 0/0/1
[AR-GigabitEthernet0/0/1]ip add 192.168.30.1 24
[AR-GigabitEthernet0/0/1]int gi 0/0/2
[AR-GigabitEthernet0/0/2]ip add 192.168.20.1 24
[AR-GigabitEthernet0/0/2]quit
```

3. 设置高级访问控制列表。

```
[AR]acl 3000
[AR-acl-adv-3000]rule 5 deny tcp source 192.168.10.0 0.0.0.255 destination 192
68.20.2 0.0.0.0 destination-port eq 80
[AR-acl-adv-3000]rule 10 permit tcp source 192.168.30.0 0.0.0.255 destination
2.168.20.2 0.0.0.0 destination-port eq 80
[AR-acl-adv-3000]q
[AR]
```

4. 把访问控制列表在接口下应用。

```
[AR]int gi 0/0/2
[AR-GigabitEthernet0/0/2]traffic-filter outbound acl 3000
[AR-GigabitEthernet0/0/2]quit
[AR]
```

5. 验证结果：client1 无法访问 server 的 WWW 服务，client2 可以访问，但 PC1 和 PC2 都可以 ping 通 server 的 IP 地址。

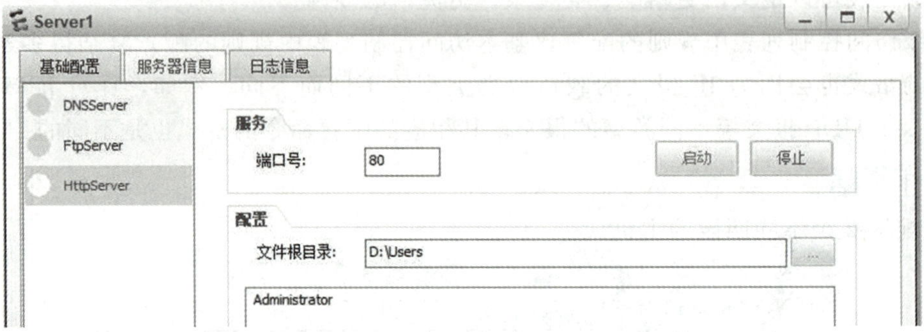

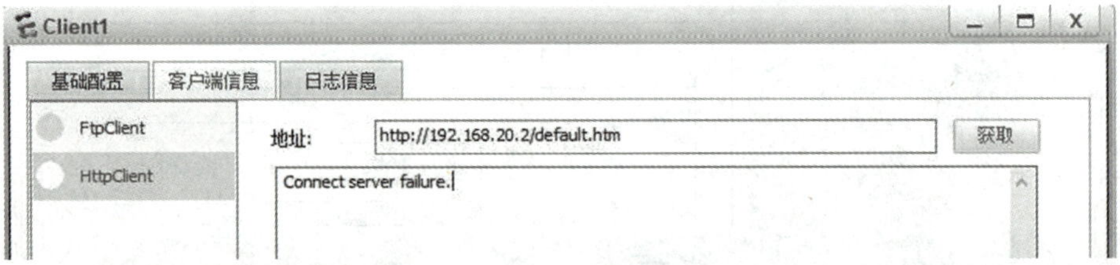

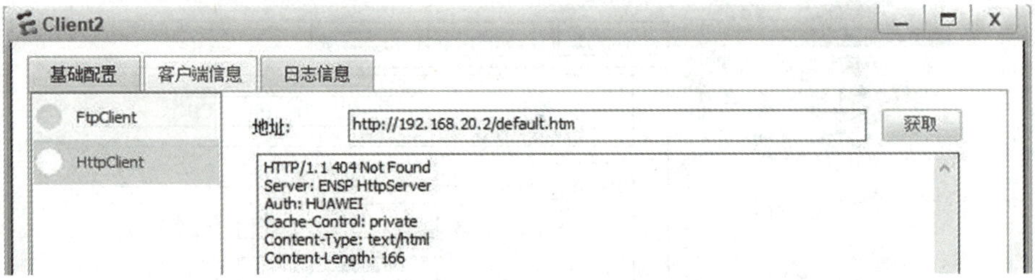

注意：

1. 高级访问控制列表要应用在尽量靠近源地址的接口，在本例中，由于源地址有两个接口，需要应用在两个接口上，为了简便，应用在了目的地址接口上了。

2. ACL 规则自上而下，逐条匹配，匹配上则按照预先设定的动作执行，不再向下匹配。

3. 华为设备 ACL 访问控制列表最后隐含条件：允许所有。

4. 思科设备 ACL 访问控制列表最后隐含条件：拒绝所有，所以要注意 deny 某个网段后，用 permit 定义其他被允许的网段。

任务 3　高级访问控制列表 2

任务描述

你是学校的网络管理员，在 AR2220 路由器上连着学校提供的 WWW 和 FTP 服务器，另外还连接着学生宿舍楼和教工宿舍楼，学校规定学生只能对服务器进行 WWW 访问，不能进行 FTP 访问，教工则没有此限制。学校规定学生所在网段是 192.168.10.0/24，学校服务器所在网段是 192.168.20.0/24，教师所在的网段是 172.16.30.0/24，如图 4-2-4 所示。

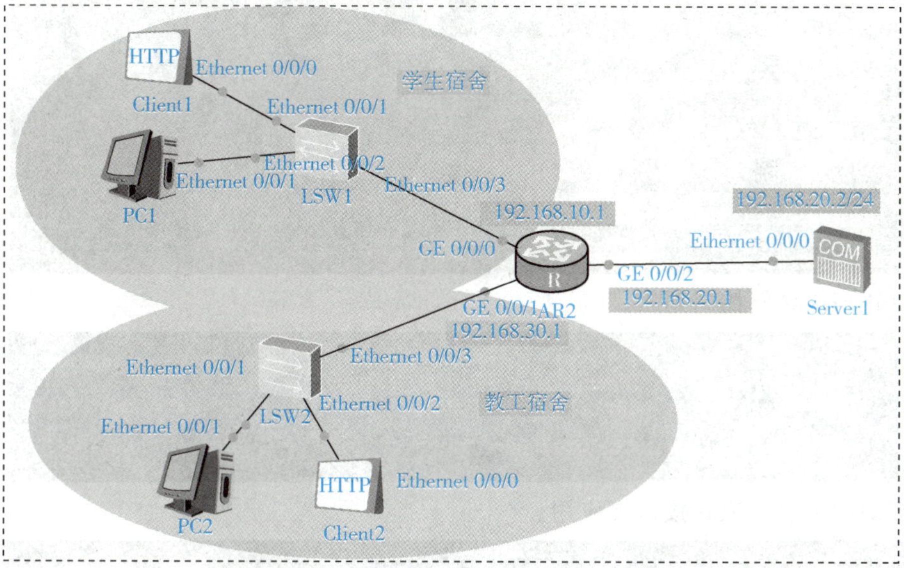

图 4-2-4 命名的高级 ACL 网络拓扑图

任务分析

高级访问控制列表既可检查分组的源地址和目的地址，也可检查协议类型和 TCP 或 UDP 的端口号。通过在设备上配置命名的高级 IP 访问控制列表，可以实现网段间互相访问的安全控制。

操作步骤

1. 配置 2 个不同网段的主机。

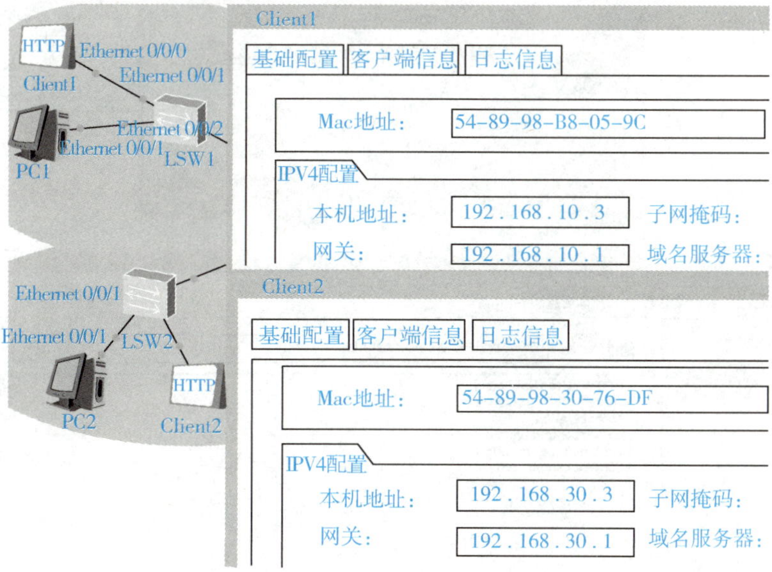

2. 路由器基本配置。

AR2

```
<Huawei>undo ter mo
Info: Current terminal monitor is off.
<Huawei>system-view
Enter system view, return user view with Ctrl+Z.
[Huawei]sysname AR
[AR]undo info-center enable
Info: Information center is disabled.
[AR]int gi 0/0/0
[AR-GigabitEthernet0/0/0]ip add 192.168.10.1 24
[AR-GigabitEthernet0/0/0]int gi 0/0/1
[AR-GigabitEthernet0/0/1]ip add 192.168.30.1 24
[AR-GigabitEthernet0/0/1]int gi 0/0/2
[AR-GigabitEthernet0/0/2]ip add 192.168.20.1 24
[AR-GigabitEthernet0/0/2]quit
```

3. 设置高级访问控制列表。

```
[AR]acl name stu_www 3000
[AR-acl-adv-stu_www]rule 5 deny tcp source 192.168.10.0 0.0.0.255 destination 19
2.168.20.2 0.0.0.0 destination-port range 20 21
[AR-acl-adv-stu_www]rule 10 permit tcp source 192.168.10.0 0.0.0.255 dest 192.16
8.20.2 0.0.0.0 dest eq 80
[AR-acl-adv-stu_www]rule 15 deny ip
[AR-acl-adv-stu_www]quit
```

4. 把访问控制列表在接口下应用。

```
[AR]int gi 0/0/0
[AR-GigabitEthernet0/0/0]traffic-filter inbound acl 3000
[AR-GigabitEthernet0/0/0]
```

5. 验证结果：client1 无法访问 FTP 服务，但是可以访问 server 的 WWW 服务，client2 可以访问 WWW 服务和 FTP 服务。

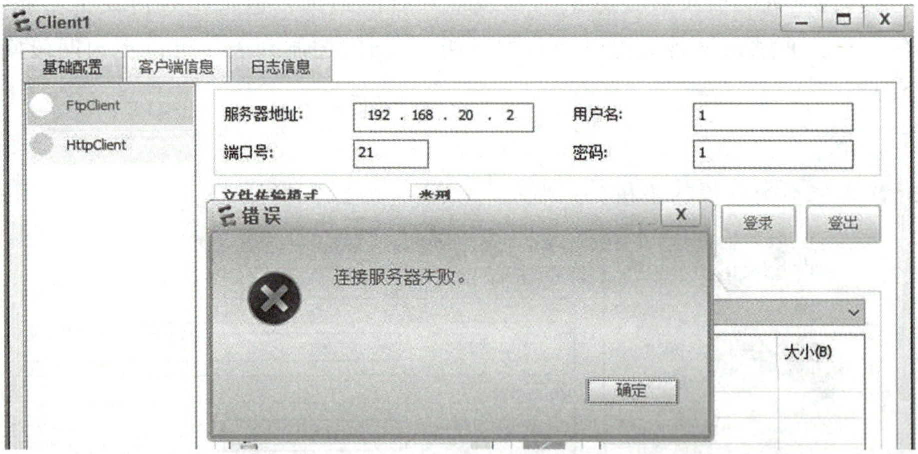

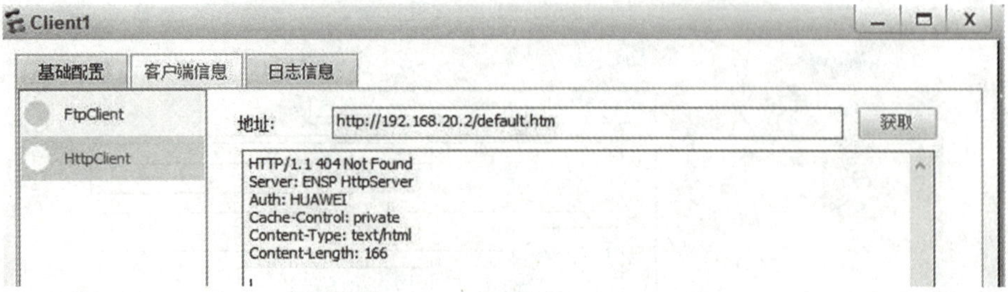

注意：

(1)对 FTP 而言，必须指定 ftp(21)和 ftp-data(20)。

(2)ENSP 中自定义 Router 设备的 Serial 口无法应用 ACL：traffic-filter 命令不支持。

巩固练习

一、选择题

1.(　　)是由一系列规则组成的集合，通过这些规则对报文进行分类，从而使设备可以对不同类型的报文进行不同的处理。

A. NAT　　B. ACL　　C. DHCP　　D. STP

2. 华为设备访问控制列表分类不正确的是(　　)。

A. 基本 ACL　　B. 高级 ACL　　C. 二层 ACL　　D. 标准 ACL

3. 基本 ACL 的编号范围为(　　)。

A. 2000—2999　　B. 3000—3999　　C. 4000—4999　　D. 5000—5999

4. 高级 ACL 的编号范围为(　　)。

A. 2000—2999　　B. 3000—3999　　C. 4000—4999　　D. 5000—5999

5. 二层 ACL 的编号范围为(　　)。

A. 2000—2999　　B. 3000—3999　　C. 4000—4999　　D. 5000—5999

6. 仅可以限制源 IP 地址的 ACL 是(　　)。

A. 基本 ACL　　B. 高级 ACL　　C. 二层 ACL　　D. 用户自定义 ACL

7. 访问控制列表中，(　　)是“拒绝通行”的意思。

A. Protect　　B. deny　　C. restrict　　D. permit

8. 访问控制列表中，(　　)是“允许通行”的意思。

A. Protect　　B. deny　　C. restrict　　D. permit

9. 基本访问控制列表要应用在尽量靠近(　　)的接口。

A. 源 IP 地址　　B. 目的 IP 地址　　C. MAC 地址　　D. vlanif 地址

10. 高级访问控制列表要应用在尽量靠近(　　)的接口。

A. 源 IP 地址　　B. 目的 IP 地址　　C. MAC 地址　　D. vlanif 地址

11. 下列关于 ACL 的描述正确的是(　　)。

A. ACL 创建后，无需应用在接口即可生效

B. 应用在接口时必须选择方向：入站或出站(相对设备来判断)

C. 每个接口在每个方向上可以应用多个 ACL

D. ACL 限制规则也可以过滤由设备自己产生的数据

12. 命令 rule deny tcp source 129.9.0.0 0.0.255.255 destination 202.38.160.0 0.0.0.255 destination-port equal www，表示什么意思(　　)。

A. 禁止 129.9.0.0/16 访问 202.38.160.0/24 的请求

B. 禁止 129.9.0.0/16 访问 202.38.160.0/24 的 TCP 请求

C. 禁止 129.9.0.0/16 访问 202.38.160.0/24 端口号等于 80 的 TCP 请求

D. 以上都不对

13. 下列选项中的哪条路由信息满足下面的 ACL 条件(　　)。

```
ACL 2001
Rule 5 permit source 10.1.1.0 0.0.0.255
```

A. 10.1.1.1/32　　B. 10.1.2.1/32　　C. 10.1.3.1/32　　D. 10.1.4.1/32

14. 访问控制列表的使用是依靠数字的范围来指定的，下面描述错误的是(　　)。

A. 基本的访问控制列表的数字范围是：2000—2999。

B. 基本的访问控制列表的数字范围是：3000—3999。

C. 高级的访问控制列表的数字范围是：3000—3999。

D. 二层 ACL 的数字范围是：4000—4999

15. 利用高级 ACL 禁止用户通过 telnet 访问子网 202.112.111.0/24 的命令是(　　)。

A. access-list 3000
　rule 10 deny telnet any 202.112.111.0 0.0.0.255 eq 23

B. access-list 3000
　rule 10 deny udp any 202.112.111.0 eq telnet

C. access-list 3000
　rule 10 deny tcp any 202.112.111.0 0.0.0.255 eq 23

D. access-list 3000
　rule 10 deny tcp any 202.112.111.0 255.255.255.0 eq 23

16. 以下关于 ACL 的说法，正确的是(　　)。

A. 基本 ACL 的编号 是 100－199

B. 基本 ACL 能控制源、目标地址和协议

C. 将 ACL 应用到接口时，inbound 方向为流入设备的数据方向

D. 高级 ACL 的编号范围是 4000－4999 之间

17. 如果在网络的入口处通过设置 ACL 封锁了 TCP 和 UDP 端口 21、23 和 25，则能够访问该网络的应用是(　　)。

A. FTP　　B. DNS　　C. SMTP　　D. Telnet

18. 基本访问控制列表不能基于(　　)来定义规则。

A. IP 报文的源地址　　B. 报文分片标记

C. 时间段信息　　D. IP 报文的目的地址

19. 若访问控制列表中的规则编号步长为 10，则可以自动进行分配的编号为(　　)。

A. 1　　B. 10　　C. 0　　D. 9

20. 配置了访问控制列表的设备在收到一个报文之后，如果报文无法匹配访问控制列表中的任何一条规则，那么设备会对该报文执行的动作是(　　)。

A. deny　　B. 提示无法匹配　　C. permit　　D. 丢弃

21. 某公司架设了FTP服务器和Web服务器，FTP服务只供技术部访问使用，Web服务则供市场部和技术部使用，市场部针对服务器上服务之外的访问均被拒绝。为了实现对访问服务器的数据流量的控制，应在路由器上配置(　　)。

A. 基本ACL　　B. 高级ACL　　C. 二层ACL　　D. 用户自定义ACL

二、简答题

1. 简答ACL的分类、编号范围及其条件参数。

2. 请写出标号位置的名称。

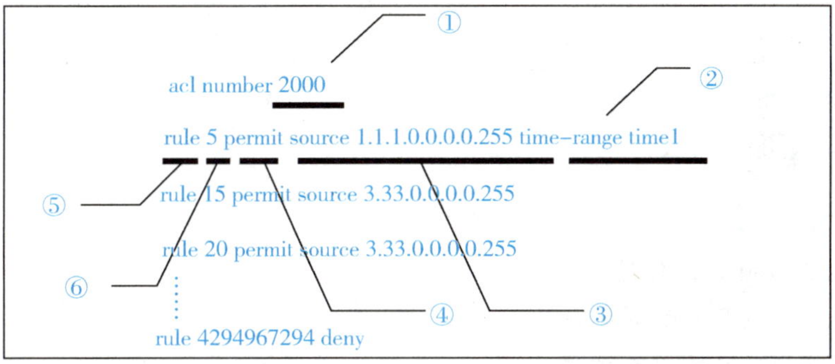

备选答案：A. 规则 B. 规则编号 C. 动作 D. 源地址 E. 生效时段 F. ACL编号

三、操作题

1. 某公司内部网络如图所示，公司要求在上班时间(8：00至17：30)才能允许vlan10访问公司内部服务器(IP地址为192.168.100.100/24)，vlan20禁止访问内部服务器，但是可以可以随时访问Internet。Vlan 30不作限制，Vlan 100作为服务器使用的vlan。为了提高网络的可靠性，出口链路分别连接不同的运营商。

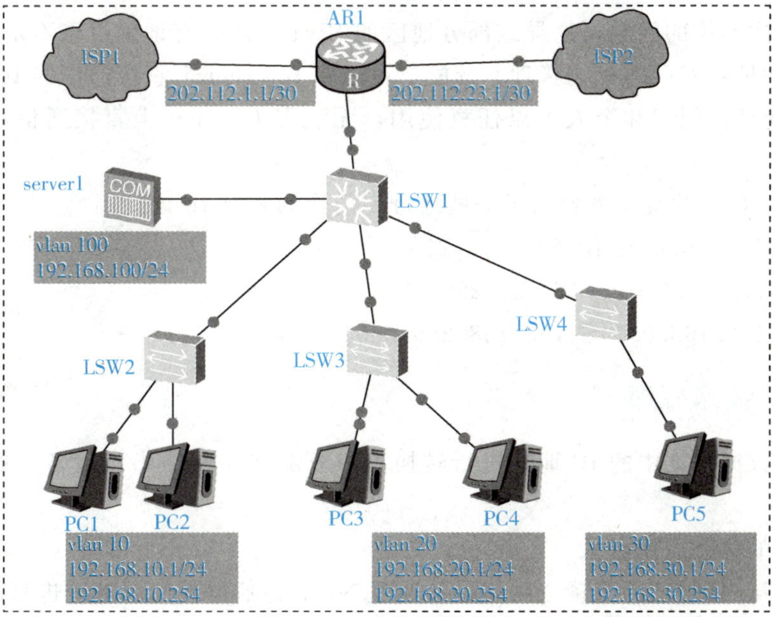

项目 3

使用路由器的 NAT 功能接入 Internet

学习目标

知识、技能要求

(1)掌握地址转换的工作过程。

(2)掌握静态 NAT 的配置方法。

(3)掌握动态 NAT 的配置方法。

知识点精讲

一、NAT 产生背景

随着互联网用户的增多，IPv4 的公有地址资源显得越发短缺。同时 IPv4 公有地址资源存在地址分配不均的问题，这导致部分地区的 IPv4 可用公有地址严重不足。

(1)公有地址：专门的机构管理、分配，可以在 Internet 上直接通信的 IP 地址。

(2)私有地址：组织和个人可以任意使用，无法在 Internet 上直接通信，只能在内网使用。

(3)A、B、C 类地址中各预留了一些地址专门作为私有 IP 地址。

① A 类：10.0.0.0 ～ 10.255.255.255。

② B 类：172.16.0.0 ～ 172.31.255.255。

③ C 类：192.168.0.0 ～ 192.168.255.255。

二、NAT 技术原理

(1)对 IP 数据报文中的 IP 地址进行转换，一般部署在网络出口设备，如路由器或防火墙。

(2)NAT 的典型应用场景。

(3)对于“从内到外”的流量，网络设备通过 NAT 将数据包的源地址进行转换。

(4)对于“从外到内的”流量，则对数据包的目的地址进行转换。

NAT 功能如图 4-3-1 所示。

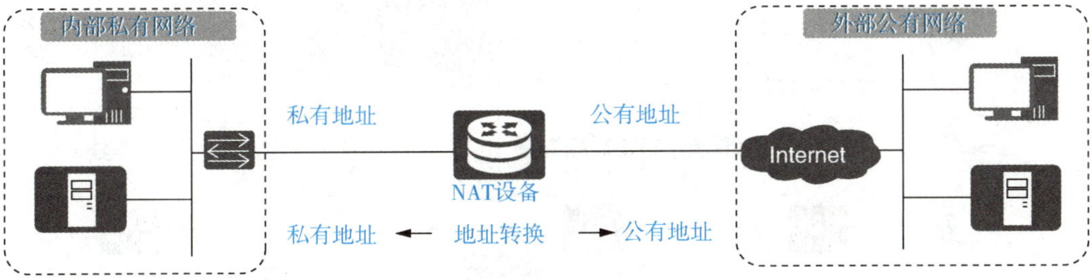

图 4-3-1　NAT 功能

三、NAT 的类型

(1)静态 NAT(图 4-3-2)：在路由器中，将内网 IP 地址固定地转换为外网 IP 地址，每个私有地址都有一个与之对应并且固定的公有地址。通常应用在允许外网用户访问内网服务器的场景中。

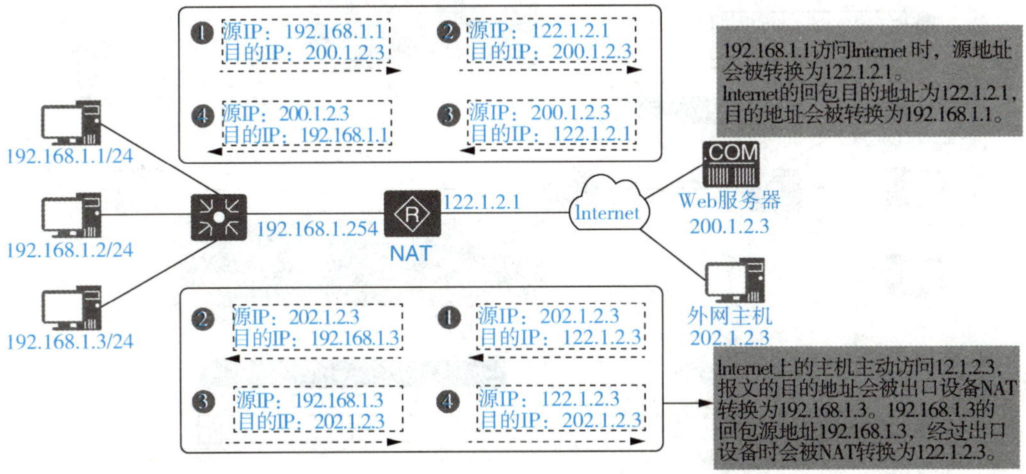

图 4-3-2　静态 NAT

(2)动态 NAT(图 4-3-3)：动态 NAT 指将内部 IP 地址转换为一组外部 IP 地址池中的一个 IP 地址(公有地址)。动态 NAT 和静态 NAT 在地址转换上很相似，只是动态 NAT 可用的公有 IP 地址不是被某个专用网络的计算机永久独自占有。

(3)动态 NAPT(Network Address and Port Translation 网络地址端口转换)(图 4-3-4)：从地址池中选择地址进行地址转换时不仅转换 IP 地址，同时也会对端口号进行转换，从而实现公有地址与私有地址的 1∶n 映射，可以有效提高公有地址利用率。

(4)Easy IP(图 4-3-5)：是 NAPT 的一种简化情况。Easy IP 无须建立公有 IP 地址资源池，因为 Easy IP 只会用到一个公有 IP 地址，该 IP 地址就是路由器连接公网的出口 IP 地址。(实际应用较多)。

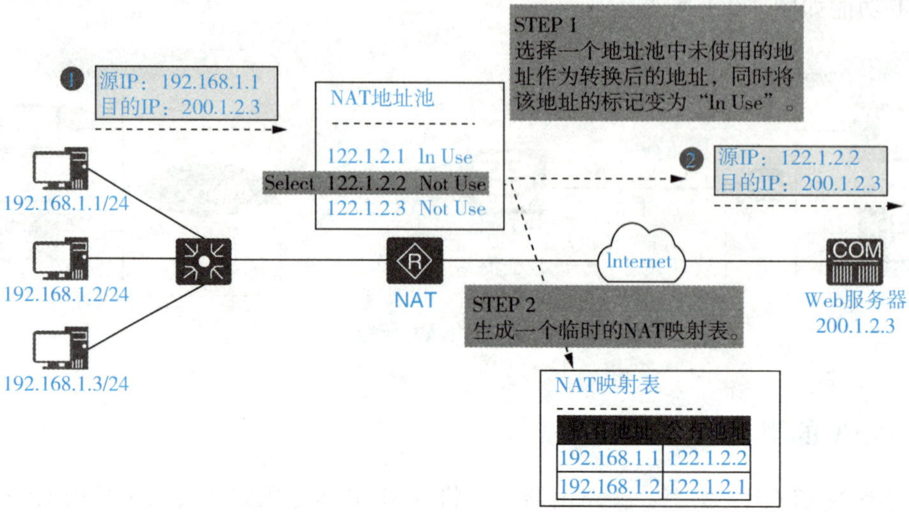

图 4-3-3 动态 NAT

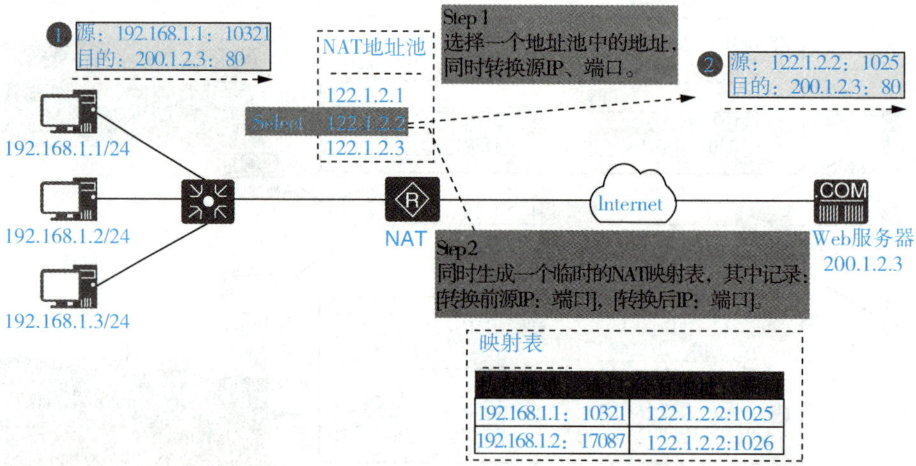

图 4-3-4 动态 NAPT

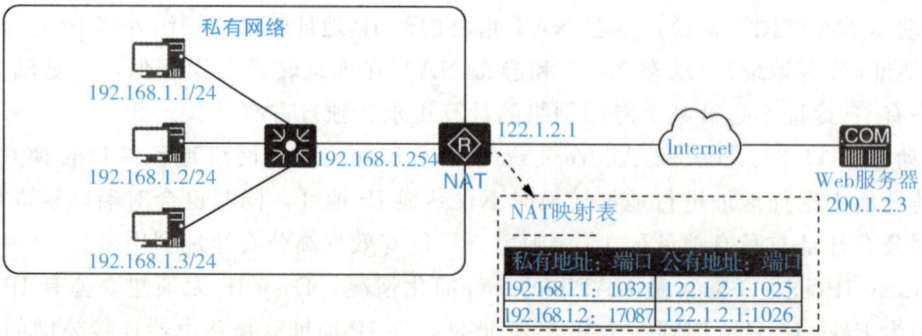

图 4-3-5 Easy IP

(5)NAT Server(图 4-3-6)：指定[公有地址：端口]与[私有地址：端口]的一对一映射关

系，将内网服务器映射到公网，当私有网络中的服务器需要对公网提供服务时使用。

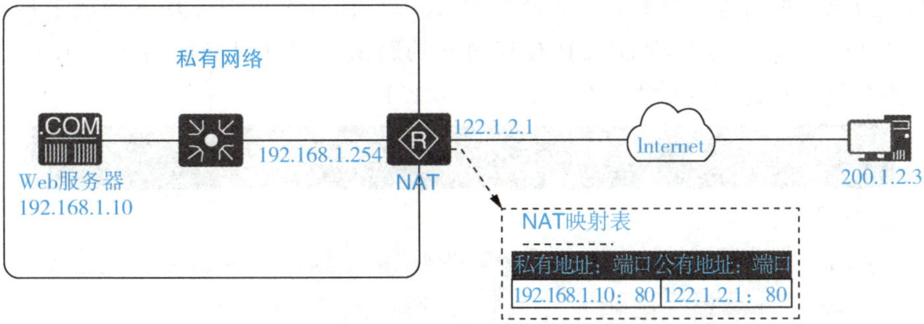

图 4-3-6　NAT Server

任务 1　静态内部源地址转换 NAT 的配置方法

任务描述

你是某公司的网络管理员，内部网络有 FTP 服务器可以为外部用户提供的服务，服务器的 IP 地址必须采用静态地址转换，将内部网络与外部 Internet 隔离开，外部用户根本不知道通过 NAT 设置，但外部用户可以使用这些服务，如图 4-3-7 所示。

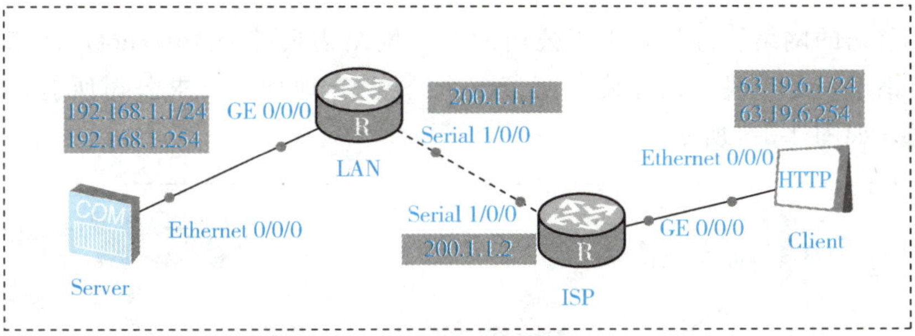

图 4-3-7　静态 NAT 网络拓扑图

操作步骤

1. 设置 Server 和 Client 的 IP 地址。
2. 配置路由器端口地址。

LAN

```
The device is running!

<Huawei>undo ter mo
Info: Current terminal monitor is off.
<Huawei>sys
Enter system view, return user view with Ctrl+Z.
[Huawei]sys LAN
[LAN]int gi 0/0/0
[LAN-GigabitEthernet0/0/0]ip add 192.168.1.254 24
[LAN-GigabitEthernet0/0/0]int se 1/0/0
[LAN-Serial1/0/0]ip add 200.1.1.1 24
[LAN-Serial1/0/0]q
[LAN]
```

ISP

```
The device is running!

<Huawei>undo ter mo
Info: Current terminal monitor is off.
<Huawei>sys
Enter system view, return user view with Ctrl+Z.
[Huawei]sys ISP
[ISP]int gi 0/0/0
[ISP-GigabitEthernet0/0/0]ip add 63.19.6.254 24
[ISP-GigabitEthernet0/0/0]int se 1/0/0
[ISP-Serial1/0/0]ip add 200.1.1.2 24
[ISP-Serial1/0/0]q
[ISP]
```

3. 配置路由器默认路由。

```
[LAN]ip route-static 0.0.0.0 0.0.0.0 se 1/0/0
```

4. 配置 LAN 的静态 NAT 映射：将公网 200.1.1.3(也可以使用其他的公网地址，例如 202.102.128.68，但是需保证 ISP 有到内网的路由，否则只能使用 200.1.1.0/24 网段的地址作为公网访问地址)映射到内网 192.168.1.1。

```
[LAN]int se 1/0/0
[LAN-Serial1/0/0]nat static global 200.1.1.3 inside 192.168.1.1
[LAN-Serial1/0/0]quit
```

5. 验证测试。

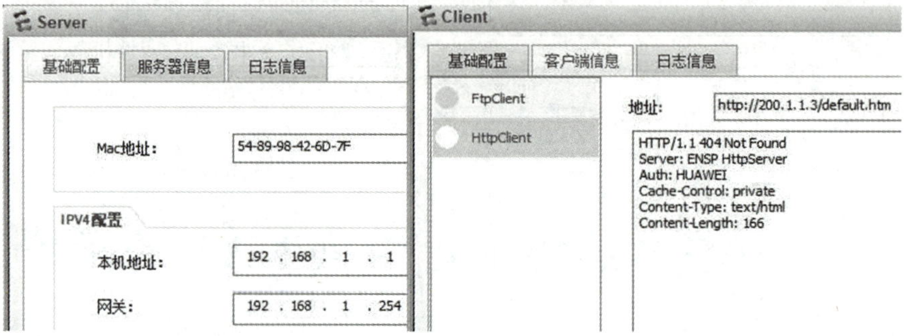

任务 2　利用动态 NAT 技术实现局域网访问 Internet

任务描述

你是某公司的网络管理员，由于公司的办公网络需要接入 Internet，网络管理员向网络运营商申请了一条专线，该专线分配了 4 个公网 IP 地址。要求公司所有部门的主机都能访问外网，如图 4-3-8 所示。

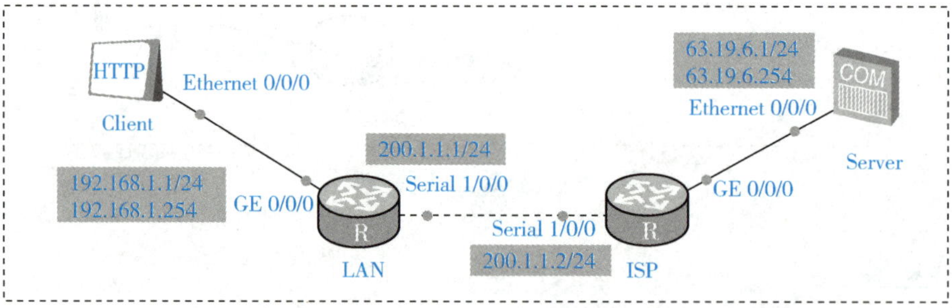

图 4-3-8　动态 NAPT 技术实现局域网访问 Internet 网络拓扑图

操作步骤

1. 设置 Client 和 Server 的 IP 地址。

2. 配置路由器端口地址和默认路由。

```
[Huawei]sys LAN
[LAN]int gi 0/0/0
[LAN-GigabitEthernet0/0/0]ip add 192.168.1.254 24
[LAN-GigabitEthernet0/0/0]int se 1/0/0
[LAN-Serial1/0/0]ip add 200.1.1.1 24
[LAN-Serial1/0/0]q
[LAN]ip route-s 0.0.0.0 0 Se 1/0/0
```

```
[Huawei]sys ISP
[ISP]int se 1/0/0
[ISP-Serial1/0/0]ip add 200.1.1.2 24
[ISP-Serial1/0/0]int gi 0/0/0
[ISP-GigabitEthernet0/0/0]ip add 63.19.6.254 24
[ISP-GigabitEthernet0/0/0]q
```

3. 配置 LAN 路由器动态 NAT 映射，关联一个 ACL 和一个 NAT 地址池，ACL 用来匹配能够转换的源地址，下图中 nat outbound 2000 address-group 1 no-pat，表示动态 NAT，即只转换地址而不转换端口。

```
[LAN]nat address-group 1 200.1.1.3 200.1.1.6
[LAN]acl 2000
[LAN-acl-basic-2000]rule 5 permit source 192.168.1.0 0.0.0.0
[LAN-acl-basic-2000]q
[LAN]int se 1/0/0
[LAN-Serial1/0/0]nat outbound 2000 address-group 1 no-pat
[LAN-Serial1/0/0]q
```

4. 验证测试。

任务 3　利用 NAPT 技术实现局域网访问 Internet

任务描述

你是某公司的网络管理员，由于公司的办公网络需要接入 Internet，网络管理员向网络运营商申请了一个公网 IP 地址。要求公司所有部门的主机都能访问外网，如图 4-3-9 所示。

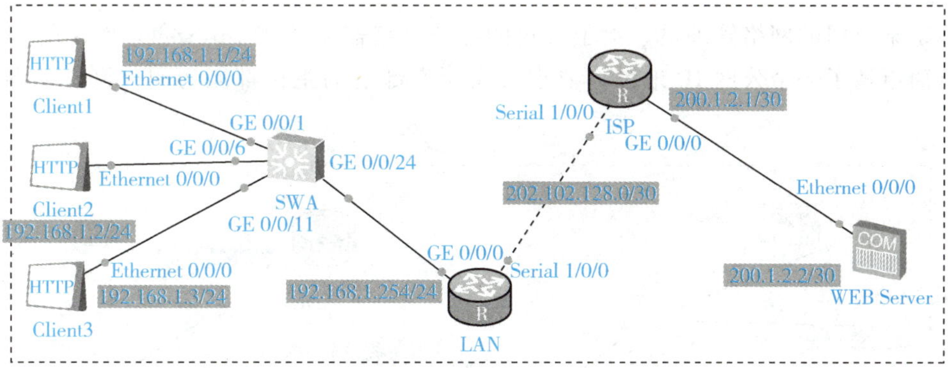

图 4-3-9　动态 NAPT 技术实现局域网访问 Internet 网络拓扑图

操作步骤

1. 设置 Client 和 Server 的 IP 地址。

2. 配置 LAN 路由器端口地址和默认路由，创建地址池，在接口下应用地址池，不使用 no-pat。

```
[Huawei]sys LAN
[LAN]int gi 0/0/0
[LAN-GigabitEthernet0/0/0]ip add 192.168.1.254 24
[LAN-GigabitEthernet0/0/0]int se 1/0/0
[LAN-Serial1/0/0]ip add 202.102.128.1 24
[LAN-Serial1/0/0]q
[LAN]ip route-static 0.0.0.0 0.0.0.0 se 1/0/0
[LAN]nat address-group 1 202.102.128.3 202.102.128.6
[LAN]acl 2000
[LAN-acl-basic-2000]rule permit source 192.168.1.0 0.0.0.255
[LAN-acl-basic-2000]q
[LAN]int se 1/0/0
[LAN-Serial1/0/0]nat outbound 2000 address-group 1
[LAN-Serial1/0/0]q
```

3. 配置 ISP 路由器地址。

```
[Huawei]sys ISP
[ISP]int se 1/0/0
[ISP-Serial1/0/0]ip add 202.102.128.2 30
[ISP-Serial1/0/0]int gi 0/0/0
[ISP-GigabitEthernet0/0/0]ip add 200.1.1.1 30
[ISP-GigabitEthernet0/0/0]q
```

4. 验证测试。

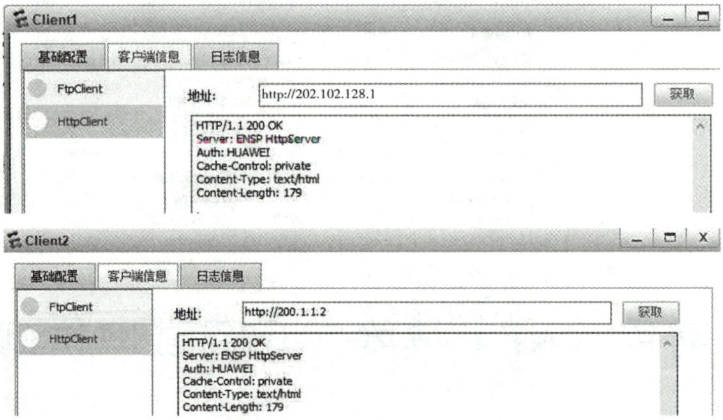

任务 4　利用 Easy IP 技术实现局域网访问 Internet

任务描述

你是某公司的网络管理员，由于公司的办公网络需要接入 Internet，网络管理员向网络运营商申请了一个公网 IP 地址。要求公司所有部门的主机都能访问外网，如图 4-3-10 所示。

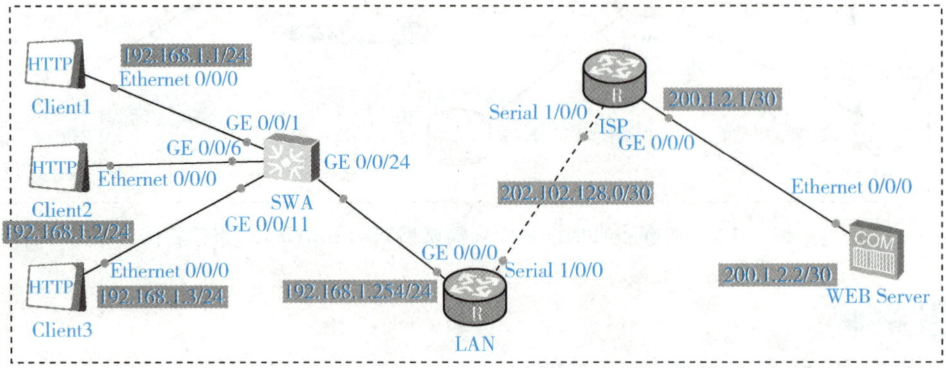

图 4-3-10　Easy IP 技术实现局域网访问 Internet 网络拓扑图

操作步骤

1. 设置 Client 和 Server 的 IP 地址。

2. 配置 LAN 路由器端口地址和默认路由，不需要创建地址池，直接使用公网 IP 地址。

```
[LAN]int gi 0/0/0
[LAN-GigabitEthernet0/0/0]ip add 192.168.1.254 24
[LAN-GigabitEthernet0/0/0]int se 1/0/0
[LAN-Serial1/0/0]ip add 202.102.128.1 30
[LAN-Serial1/0/0]
```

```
[LAN]ip route-s 0.0.0.0 0 se 1/0/0  使用默认路由
[LAN]
[LAN]acl 2000  创建基本访问控制列表，允许192.168.1.0网段通过
[LAN-acl-basic-2000]rule 5 permit source 192.168.1.0 0.0.0.255
[LAN-acl-basic-2000]q
[LAN]int se 1/0/0
[LAN-Serial1/0/0]nat outbound 2000  在接口下应用ACL 2000
[LAN-Serial1/0/0]q
```

3. 配置 ISP 路由器地址。

```
[Huawei]sys ISP
[ISP]int se 1/0/0
[ISP-Serial1/0/0]ip add 202.102.128.2 30
[ISP-Serial1/0/0]int gi 0/0/0
[ISP-GigabitEthernet0/0/0]ip add 200.1.1.1 30
[ISP-GigabitEthernet0/0/0]q
```

4. 验证测试。

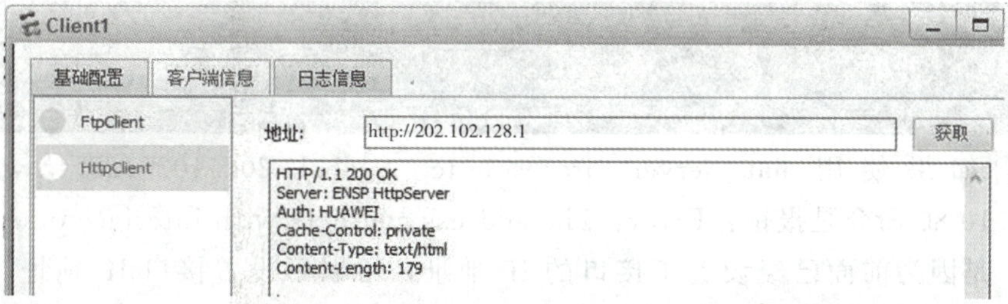

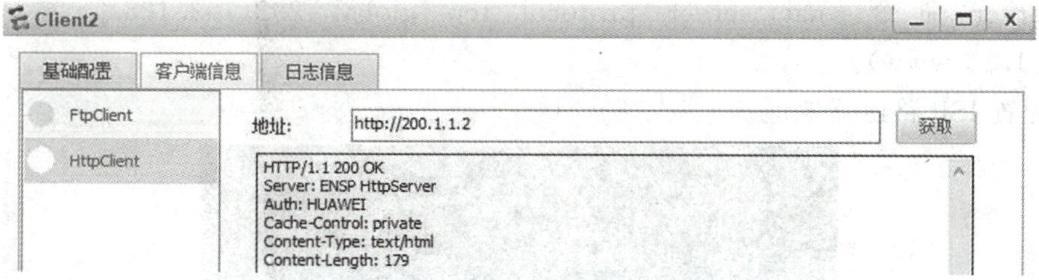

任务 5　利用 NAT Server 技术实现外网访问内部服务器

任务描述

你是某公司的网络管理员，公司有一台 WEB 服务器，需要展示在 Internet 上，便于外部人员了解公司文化，请设置路由器，允许外部网络通过公网 IP 地址访问内部服务器，如图 4-3-11 所示。

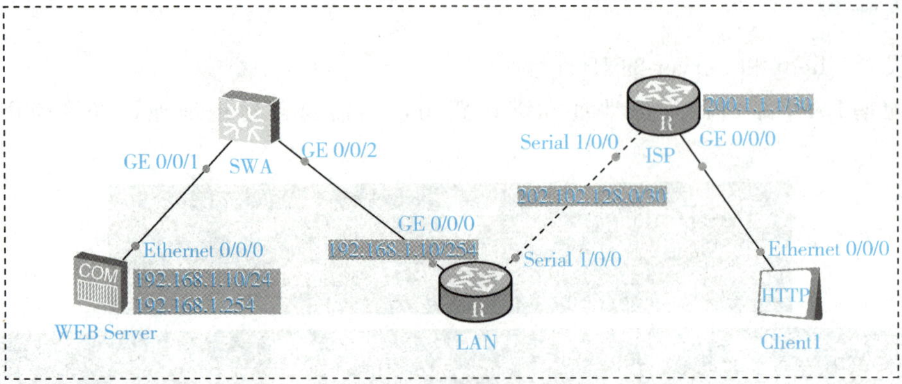

图 4-3-11　NAT Server 技术实现 Internet 访问内网服务器网络拓扑图

操作步骤

1. 设置 Client 和 Server 的 IP 地址。

2. 配置 LAN 路由器端口地址和默认路由，不需要创建地址池，直接使用公网 IP 地址。

```
[Huawei]sys LAN
[LAN]int se 1/0/0
[LAN-Serial1/0/0]ip add 202.102.128.1 30
[LAN-Serial1/0/0]int gi 0/0/0
[LAN-GigabitEthernet0/0/0]ip add 192.168.1.254 24
[LAN-GigabitEthernet0/0/0]q
[LAN]ip route-s 0.0.0.0 0 se 1/0/0
```

```
[LAN-Serial1/0/0]nat server protocol tcp global current-interface www inside 192
.168.1.10 80                此处输入本接口IP地址会提示错误，在接口视图下，使用当前接口命令
Warning:The port 80 is well-known port. If you continue it may cause function fa
ilure.
Are you sure to continue?[Y/N]:y  确认使用80端口进行映射
```

注意：如果使用 nat server protocol tcp global 202.102.128.1 www inside 192.168.1.10 80 命令是报错：Error：The address conflicts with interface or ARP IP.（IP 地址冲突，是因为前面已经设置了接口的 IP 地址，可以不设置接口 IP 地址，直接使用 NAT Server 命令：nat server protocol tcp global 202.102.128.1 www inside 192.168.1.10 www）。

3. 配置 ISP 路由器地址。

```
[Huawei]sys ISP
[ISP]int se 1/0/0
[ISP-Serial1/0/0]ip add 202.102.128.2 30
[ISP-Serial1/0/0]int gi 0/0/0
[ISP-GigabitEthernet0/0/0]ip add 200.1.1.1 30
[ISP-GigabitEthernet0/0/0]q
```

4. 验证测试。

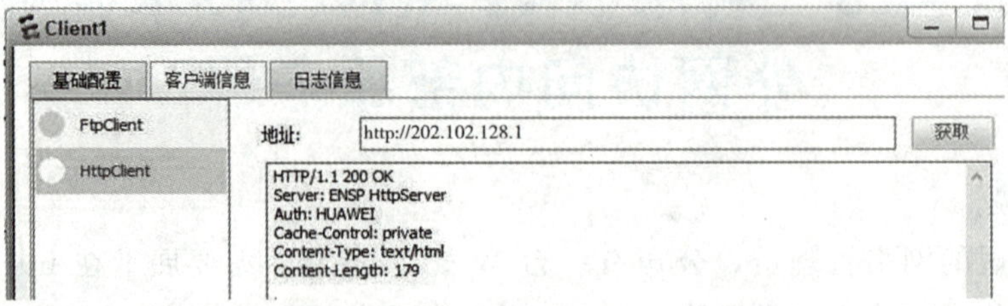

巩固练习

一、选择题

1. 在路由器中，将内网 IP 地址固定地转换为外网 IP 地址，每个私有地址都有一个与之对应并且固定的公有地址，指的是(　　)。

A. 静态 NAT　　B. 动态 NAT　　C. 动态 NAPT　　D. Easy IP

2. 将内部 IP 地址转换为一组公网 IP 地址池中的一个 IP 地址，指的是(　　)。

A. 静态 NAT　　B. 动态 NAT　　C. 动态 NAPT　　D. Easy IP

3. 从地址池中选择地址进行地址转换时不仅转换 IP 地址，同时也会对端口号进行转换，从而实现公有地址与私有地址的 1∶N 映射，指的是(　　)。

A. 静态 NAT　　B. 动态 NAT　　C. 动态 NAPT　　D. Easy IP

4. 只用到一个公网 IP 地址，内网地址通过映射该 IP 地址端口号使用的技术是(　　)。

A. 静态 NAT　　B. 动态 NAT　　C. 动态 NAPT　　D. Easy IP

5. NAT 在系统中的位置属于哪一层(　　)。

A. 物理层　　B. 数据链路层　　C. 网络层　　D. 传输层

6. NAT 的基本工作方式(内网对外网)不包括(　　)。

A. 一对一　　B. 一对多　　C. 多对一　　D. 多对多

7. 下面有关 NAT 叙述不正确的是(　　)。

A. NAT 是英文“地址转换”的缩写

B. 地址转换又称地址代理，用来实现私有地址与公用网络地址之间的转换

C. 当内部网络的主机访问外部网络的时候，一定不需要 NAT

D. 地址转换的提出为解决 IP 地址紧张的问题提供了一个有效途径

8. 让一台 IP 地址是 10.0.0.1 的主机访问 Internet 的必要技术是(　　)。

A. 静态路由　　B. 动态路由　　C. 路由引入　　D. NAT

9. 防火墙支持 EASY IP 的 NAT，这里的 EASY IP 是指(　　)。

A. 地址转换中地址池中只有一个 IP 地址作为转换的源 IP

B. 地址转换以出接口的 IP 作为地址转的的 IP 地址

C. 地址转换中地址池中有多个 IP 地址作为转换的源 IP

D. 地址转换以入接口的 IP 作为地址转的的 IP 地址

10. 不需要创建 ACL 访问规则，并在出口上应用的 NAT 是(　　)。

A. 静态 NAT　　B. 动态 NAT　　C. 动态 NAPT　　D. Easy IP

11. 在出口处设置 nat outbound 2000 address-group 1 no-pat 命令。使用的 NAT 应该是(　　)。

A. 静态 NAT　　B. 动态 NAT　　C. 动态 NAPT　　D. Easy IP

12. 使用(　　)命令查看 NAT 表项。

A. display nat table　　B. display nat entry

C. display nat　　D. display nat session

13. 下面关于 Easy IP 的说法中，错误的是(　　)。

A. Easy IP 是 NAPT 的一种特例

B. 配置 Easy IP 时不需要配置 ACL 来匹配需要被 NAT 转换的报文

C. 配置 Easy IP 时不需要配置 NAT 地址池

D. Easy IP 适合用于 NAT 设备拨号或动态获得公网 IP 地址的场合

14. 若 NAT 设备的公网地址是通过 ADSL 由运营商动态分配的，在这种情况下，可以使用(　　)。

A. 静态 NAT　　B 使用地址池的 NAPT

C. Basic NAT　　D. Easy IP

二、简答题

1. 简述 NAT 的类型。

2. 简述 A、B、C 三类私有 IP 地址范围。

三、操作题

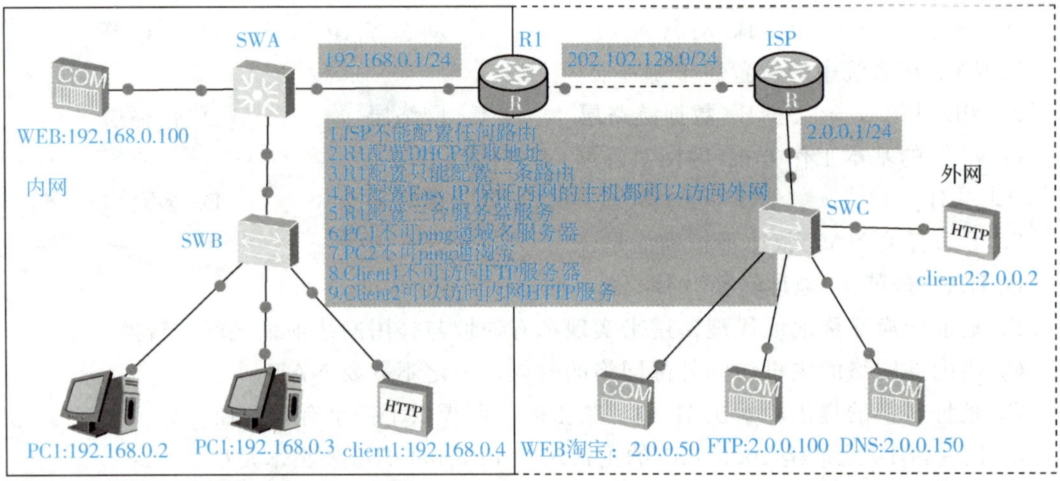

项目 4

网络管理技术

学习目标

知识、技能要求

（1）了解网络管理的概念。

（2）了解网络管理协议（SNMP 协议）。

（3）熟悉常见网络管理产品。

知识点精讲

任务　认识网络管理技术

任务描述

网络管理对象一般包括路由器、交换机、HUB 等。近年来，网络管理对象有扩大化的趋势，即把网络中几乎所有的实体：网络设备，应用程序，服务器系统，辅助设备如 UPS 电源等都作为被管对象；这也给网络管理员提出了新的网络管理任务。那么，网络管理的功能，又该如何去具体认识呢？

通过网络管理的一般模型，理解网络管理的概念，初步认识简单网络管理协议，从而确定网络管理的功能，了解网络管理的产品。

1. 网络管理的概念

网络管理包括对硬件、软件和人力的使用、综合与协调，以便对网络资源进行监视、测试、配置、分析、评价和控制，这样就能以合理的价格满足网络的使用需求，如实时运行性能，服务质量等。网络管理常简称为网管。

2. 简单网络管理协议

简单网络管理协议（simple network management protocol，SNMP）是基于 TCP/IP 协议簇的网络管理标准。SNMP 最重要的设计思想就是要尽可能简单。它的基本功能包括监视网络性能，监测分析网络差错，配置网络设备等。在网络正常工作时，SNMP 可实现统计、配置和测试等功能。当网络出故障时，可实现各种差错检测和恢复功能。虽然 SNMP 是在 TCP/IP 基础上的网络管理协议，但也可扩展到其他类型的网络设备上。

3. 网络管理的功能

在实际网络管理过程中，网络管理应具有的功能非常广泛，包括了很多方面。在网络管理标准中定义了网络管理的 5 大功能：配置管理、性能管理、故障管理、安全管理和计费管理，这 5 大功能是网络管理最基本的功能。

4. 典型的网络管理产品

目前，各大网络厂商几乎都在支持自己的网络管理方案的同时，也支持 SNMP 网络管理方案。典型的网络管理产品主要有 HP 公司的 Open View、IBM 公司的 Net View 和 SUN 公司的 SunNet。

项目 5

防火墙配置与应用

学习目标

知识、技能要求

(1)掌握防火墙的配置方法。

(2)掌握防火墙 NAT 的配置方法。

(3)掌握防火墙 ACL 配置及路由配置。

知识点精讲

防火墙是一种特殊网络互连设备，它用来加强网络之间访问控制，防止外部网络用户以非法手段通过外部网络进入内部网络并访问内部网络资源，保护内部网络操作环境。它对两个或多个网络之间传输的数据包按照一定的安全策略来实施检查，以决定网络之间的通信是否被允许，并监视网络运行状态。作为内部网络与外部公共网络之间的第一道屏障，防火墙是最先受到人们重视的网络安全产品之一。

防火墙的主要用于保护一个网络区域免受来自另一个网络区域的网络攻击和网络入侵。

防火墙应用场景如图 4-6-1 所示。

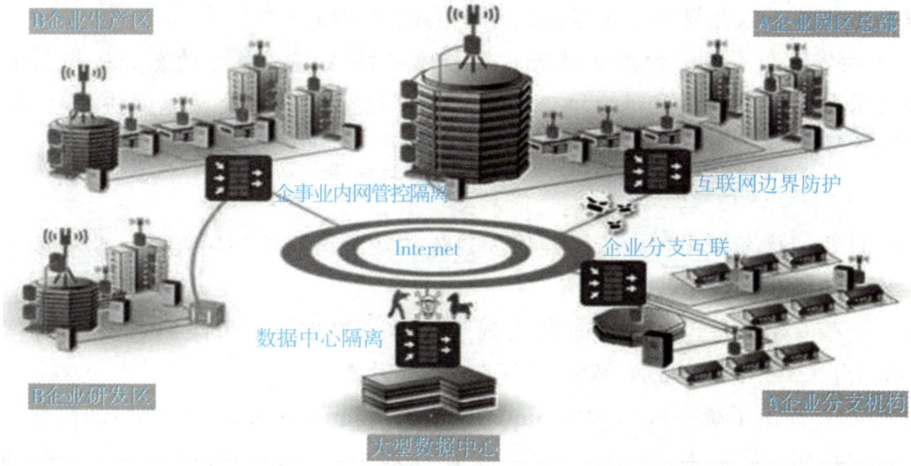

图 4-6-1　防火墙应用场景

防火墙与交换机、路由器不同，交换机和路由器的本质是转发，防火墙的本质是控制。防火墙与路由器、交换机的区别如图 4-6-2 所示，防火墙的发展如图 4-6-3 所示。

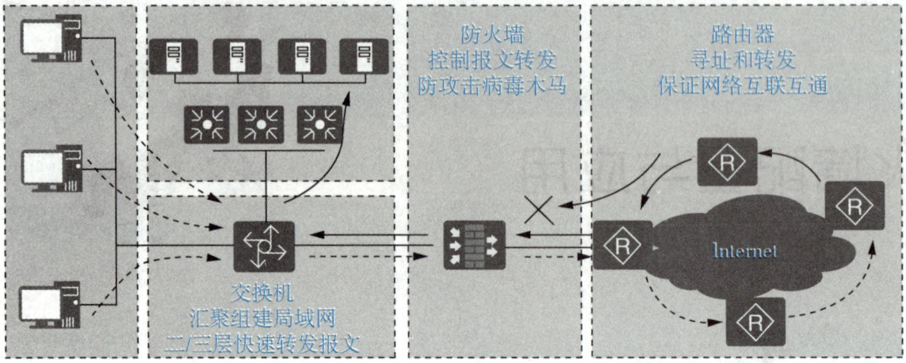

图 4-6-2 防火墙与路由器、交换机的区别

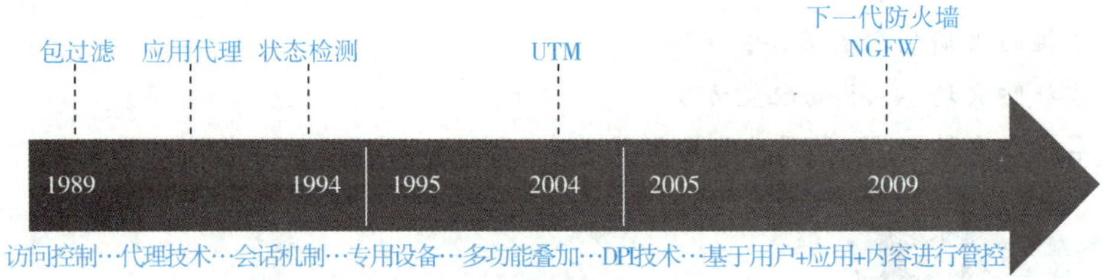

图 4-6-3 防火墙的发展

最早的防火墙可以追溯到上世纪 80 年代末期，距今已有三十多年的历史。在这三十多年间，防火墙的发展过程大致可以划分为下面三个时期。

1. 1989 年至 1994 年

1989 年产生了包过滤防火墙，实现简单的访问控制，称之为第一代防火墙。

随后出现了代理防火墙，在应用层代理内部网络和外部网络之间的通信，属于第二代防火墙。代理防火墙安全性较高，但处理速度慢，而且对每一种应用开发一个对应的代理服务是很难做到的，因此只能对少量的应用提供代理支持。

1994 年业界发布了第一台基于状态检测技术的防火墙，通过动态分析报文的状态来决定对报文采取的动作，不需要为每个应用程序都进行代理，处理速度快而且安全性高。状态检测防火墙被称为第三代防火墙。

2. 1995 年至 2004 年

在这一时期，状态检测防火墙已经成为趋势。除了访问控制功能外，防火墙上也开始增加一些其他功能，如 VPN。

同时，一些专用设备也在这一时期出现了雏形。例如，专门保护 Web 服务器安全的 WAF(Web application firewall，Web 应用防火墙)设备。

2004 年业界提出了统一威胁管理(united threat management，UTM)的概念，将传统防火墙、入侵检测、防病毒、URL 过滤、应用程序控制、邮件过滤等功能融合到一台防火墙上，实现全面的安全防护。

3. 2005 年至今

2004 年后，UTM 市场得到了快速的发展，UTM 产品如雨后春笋般涌现，但面临新的问题。首先是对应用层信息的检测程度受到限制，此时就需要更高级的检测手段，这使得 DPI(Deep Packet Inspection，深度报文检测)技术得到广泛应用。其次是性能问题，多个功能同时运行，UTM 设备的处理性能将会严重下降。

2008 年业界发布了下一代防火墙，解决了多个功能同时运行时性能下降的问题。同时，还可以基于用户、应用和内容来进行管控。

2009 年业界对下一代防火墙进行了定义，明确下一代防火墙应具备的功能特性。随后各个安全厂商也推出了各自的下一代防火墙产品，防火墙进入了一个新的时代。

任务 1　配置防火墙的方法

任务描述

某企业新购买了一台 USG6000V 系列防火墙，网络管理员在使用前，需要了解该防火墙的配置方法，配置该防火墙的命令模式及基本命令，以便对防火墙进行配置和管理。

任务分析

1. 防火墙的网络区域(一般认为三个区域：trust、DMZ、untrust)(图 4-6-4)。

(1)本地区域(安全级别 100，local)(防火墙内部区域，一般不说明此区域)。

(2)信任区域(安全级别 85，trust)。

(3)中间区域(安全级别 50，DMZ)。

(4)非信任区域(安全级别 5，untrust)。

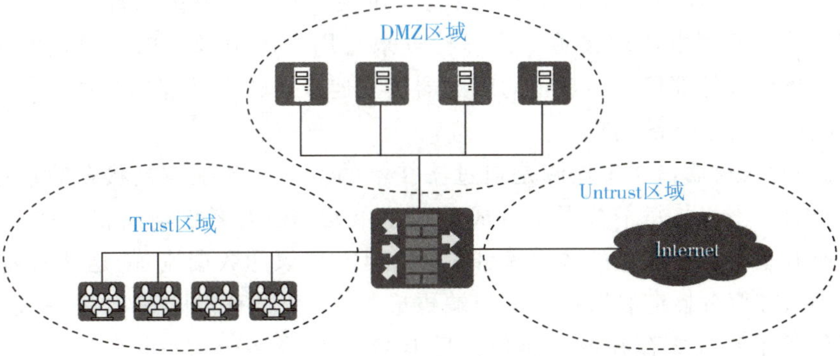

图 4-6-4　防火墙的安全区域

2. 防火墙的配置规则。

(1)trust 访问 untrust 区需要配置防火墙安全策略。

(2)trust 访问 DMZ 需要配合 static NAT(静态地址转换)。

(3)untrust 访问 DMZ 需要配合 NAT Server & 源 NAT。

3. 防火墙的命令模式。

(1)用户视图。

(2)系统视图。

(3)接口视图。

4. 防火墙的基本命令。

(1)配置安全区域：firewall zone [name] zone _ name(安全区域已经存在：不必配置关键字 name，直接进入安全区域视图；安全区域不存在：需要配置关键字 name，进入安全区域视图；若是自建的安全区域，则需要配置安全区域的安全级别：set priority security-priority)

(2)将接口加入安全区域。

① 进入相应的安全区域视图 firewall zone [name] zone _ name。

② 将接口加入安全区域 add interface interface-type interface-number。

(3)配置防火墙安全策略。

① 进入安全策略视图 security-policy。

② 创建安全策略规则，并进入安全策略规则视图 rule name rule-name。

③ 配置安全则略规则的源安全区域和目的安全区域。

```
source-zone {zone-name & < 1-6>  | any}
destination-zone {zone-name & < 1-6>  | any}
```

④ 配置对匹配流量的包过滤动作 action {permit | deny}。

5. 防火墙的分类(按照访问控制方式分)。

(1)包过滤防火墙：包过滤是指在网络层对每一个数据包进行检查，根据配置的安全策略转发或丢弃数据包。包过滤防火墙的基本原理是：通过配置访问控制列表(ACL，Access Control List)实施数据包的过滤。主要基于数据包中的源/目的 IP 地址、源/目的端口号、IP 标识和报文传递的方向等信息。

(2)代理防火墙：代理服务作用于网络的应用层，其实质是把内部网络和外部网络用户之间直接进行的业务由代理接管。代理检查来自用户的请求，用户通过安全策略检查后，该防火墙将代表外部用户与真正的服务器建立连接，转发外部用户请求，并将真正服务器返回的响应回送给外部用户。

(3)状态检测防火墙：状态检测是包过滤技术的扩展。基于连接状态的包过滤在进行数据包的检查时，不仅将每个数据包看成是独立单元，还要考虑前后报文的历史关联性。我们知道，所有基于可靠连接的数据流(即基于 TCP 协议的数据流)的建立都需要经过“客户端同步请求”、“服务器应答”以及“客户端再应答”三个过程(即“三次握手”过程)，这说明每个数据包都不是独立存在的，而是前后有着密切的状态联系的。基于这种状态联系，从而发展出状态检测技术。

首次进入须修改密码，初始用户名：admin，密码 Admin@123。防火墙基本配置如图 4-6-5 所示。

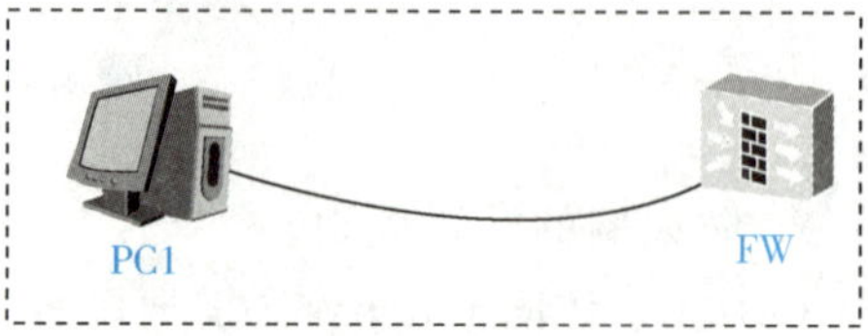

图 4-6-5　防火墙基本配置

操作步骤

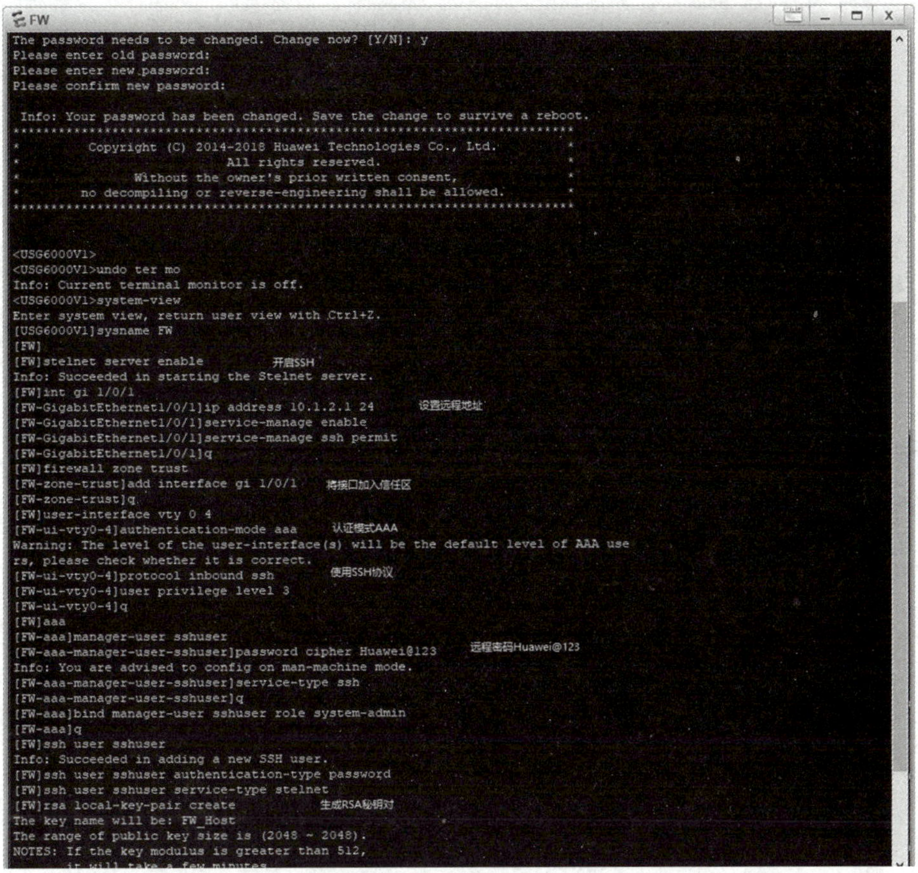

```
FW
The password needs to be changed. Change now? [Y/N]: y
Please enter old password:
Please enter new password:
Please confirm new password:

 Info: Your password has been changed. Save the change to survive a reboot.
*************************************************************************
*         Copyright (C) 2014-2018 Huawei Technologies Co., Ltd.         *
*                           All rights reserved.                        *
*               Without the owner's prior written consent,              *
*        no decompiling or reverse-engineering shall be allowed.        *
*************************************************************************


<USG6000V1>
<USG6000V1>undo ter mo
Info: Current terminal monitor is off.
<USG6000V1>system-view
Enter system view, return user view with Ctrl+Z.
[USG6000V1]sysname FW
[FW]
[FW]stelnet server enable          开启SSH
Info: Succeeded in starting the Stelnet server.
[FW]int gi 1/0/1
[FW-GigabitEthernet1/0/1]ip address 10.1.2.1 24       设置远程地址
[FW-GigabitEthernet1/0/1]service-manage enable
[FW-GigabitEthernet1/0/1]service-manage ssh permit
[FW-GigabitEthernet1/0/1]q
[FW]firewall zone trust
[FW-zone-trust]add interface gi 1/0/1    将接口加入信任区
[FW-zone-trust]q
[FW]user-interface vty 0 4
[FW-ui-vty0-4]authentication-mode aaa     认证模式AAA
Warning: The level of the user-interface(s) will be the default level of AAA use
rs, please check whether it is correct.
[FW-ui-vty0-4]protocol inbound ssh        使用SSH协议
[FW-ui-vty0-4]user privilege level 3
[FW-ui-vty0-4]q
[FW]aaa
[FW-aaa]manager-user sshuser
[FW-aaa-manager-user-sshuser]password cipher Huawei@123     远程密码Huawei@123
Info: You are advised to config on man-machine mode.
[FW-aaa-manager-user-sshuser]service-type ssh
[FW-aaa-manager-user-sshuser]q
[FW-aaa]bind manager-user sshuser role system-admin
[FW-aaa]q
[FW]ssh user sshuser
Info: Succeeded in adding a new SSH user.
[FW]ssh user sshuser authentication-type password
[FW]ssh user sshuser service-type stelnet
[FW]rsa local-key-pair create           生成RSA秘钥对
The key name will be: FW_Host
The range of public key size is (2048 ~ 2048).
NOTES: If the key modulus is greater than 512,
       it will take a few minutes.
```

任务 2　防火墙 trust 区访问 untrust 区

任务描述

假设某企业的网络管理员第一次在设备机房配置防火墙，需要完成防火墙的基本配置，以便进行后续的配置和操作。现要在防火墙上做适当配置，使他可以实现这一愿望。

任务分析

以一台 USG6000V 防火墙为例，两台 PC 机通过交换机 Switch _ A 和 Switch _ B 分别连接到防火墙的 GE 1/0/1 和 GE 1/0/2 端口，防火墙的 GE 0/0/0 端口连接到互联网。假设 PC1 的 IP 地址和子网掩码分别为 192.168.1.11，255.255.255.0，PC2 的 IP 地址和子网掩码分别为 192.168.2.22，255.255.255.0。配置防火墙的 E0 端口的 IP 地址和网络掩码分别为 218.28.128.17，255.255.255.252，GE 1/0/1 端口的 IP 地址和网络掩码分别为 192.168.1.1，255.255.255.0，GE 1/0/2 端口的 IP 地址和网络掩码分别为 192.168.2.1，255.255.255.0。防火墙基本配置如图 4-6-6 所示。

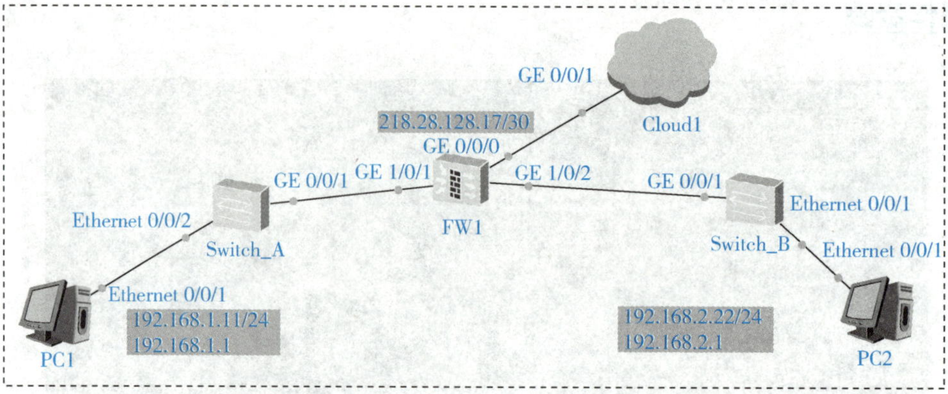

图 4-6-6　防火墙基本配置

操作步骤

1. 在 PC 机上进行设置。

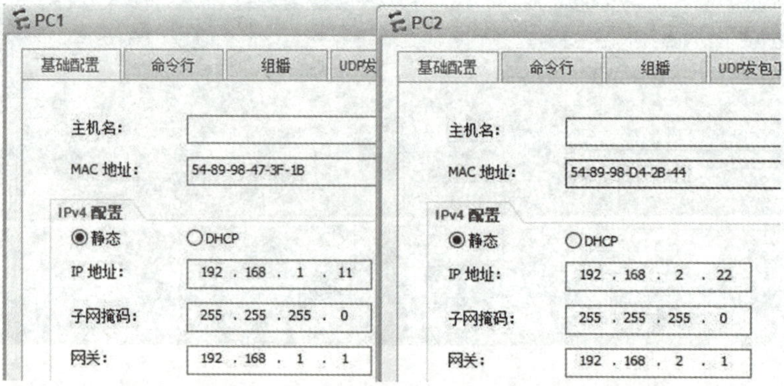

2. 初次使用防火墙命令行界面。

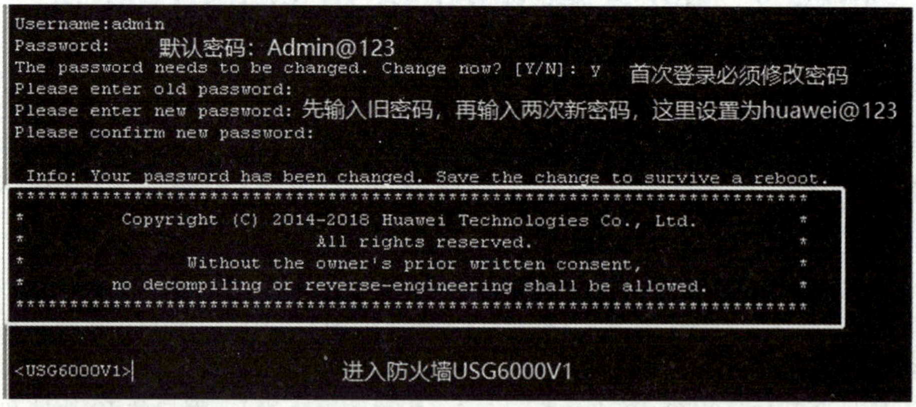

3. 在防火墙上配置接口 IP 地址。
4. 在防火墙上配置安全区域、访问策略。

```
FW1
<USG6000V1>undo ter mo
Info: Current terminal monitor is off.
<USG6000V1>system-view
Enter system view, return user view with Ctrl+Z.
[USG6000V1]sysname FW
[FW]int gi 1/0/1
[FW-GigabitEthernet1/0/1]ip add 192.168.1.1 24
[FW-GigabitEthernet1/0/1]q
[FW]int gi 1/0/2
[FW-GigabitEthernet1/0/2]ip add 192.168.2.1 24
[FW-GigabitEthernet1/0/2]q
[FW]int gi 0/0/0
[FW-GigabitEthernet0/0/0]ip add 218.28.128.17 30
[FW-GigabitEthernet0/0/0]q
[FW]firewall zone trust
[FW-zone-trust]add interface gi 1/0/1
[FW-zone-trust]q
[FW]firewall zone untrust
[FW-zone-untrust]add interface gi 1/0/2
[FW-zone-untrust]q
[FW]security-policy
[FW-policy-security]rule name test
[FW-policy-security-rule-test]source-zone trust
[FW-policy-security-rule-test]destination-zone untrust
[FW-policy-security-rule-test]action permit
[FW-policy-security-rule-test]q
```

5. 验证测试，PC1 可以访问 PC2，PC2 无法访问 PC1。

```
PC1
基础配置 | 命令行 | 组播 | UDP发包工具 | 串口
PC>ping 192.168.2.22

Ping 192.168.2.22: 32 data bytes, Press Ctrl_C to break
From 192.168.2.22: bytes=32 seq=1 ttl=127 time=47 ms
From 192.168.2.22: bytes=32 seq=2 ttl=127 time=47 ms
From 192.168.2.22: bytes=32 seq=3 ttl=127 time=47 ms
From 192.168.2.22: bytes=32 seq=4 ttl=127 time=78 ms
From 192.168.2.22: bytes=32 seq=5 ttl=127 time=62 ms

--- 192.168.2.22 ping statistics ---
  5 packet(s) transmitted
  5 packet(s) received
  0.00% packet loss
  round-trip min/avg/max = 47/56/78 ms
```

```
PC2
基础配置 | 命令行 | 组播 | UDP发包工具 | 串口
Welcome to use PC Simulator!

PC>ping 192.168.1.11

Ping 192.168.1.11: 32 data bytes, Press Ctrl_C to break
Request timeout!
Request timeout!
Request timeout!
Request timeout!
Request timeout!

--- 192.168.1.11 ping statistics ---
  5 packet(s) transmitted
  0 packet(s) received
  100.00% packet loss
```

注意：

(1)PC 机无法 ping 通网关，这是因为防火墙禁 ping。可以进入接口，使用 service-manage ping permit 命令开启 ping 功能。

(2)Trust 区可以 ping 通 untrust 区。

任务 3　防火墙 NAT 实现 trust 区利用公网 IP 访问 untrust

任务描述

某公司为了对外屏蔽公司内部网络的网络地址，同时也希望全公司内部的主机都能利用少数几个公网 IP 地址访问外网，决定在防火墙上做网络地址转换(NAT)，需由公司网络管理员实现。

任务分析

防火墙 NAT 配置与路由器 NAT 配置方法基本一样，需要定义一个全局地址池，以及需要通过 NAT 转换访问外网的本地地址，然后把全局地址池和本地地址池映射在一起，如图 4-6-7 所示。

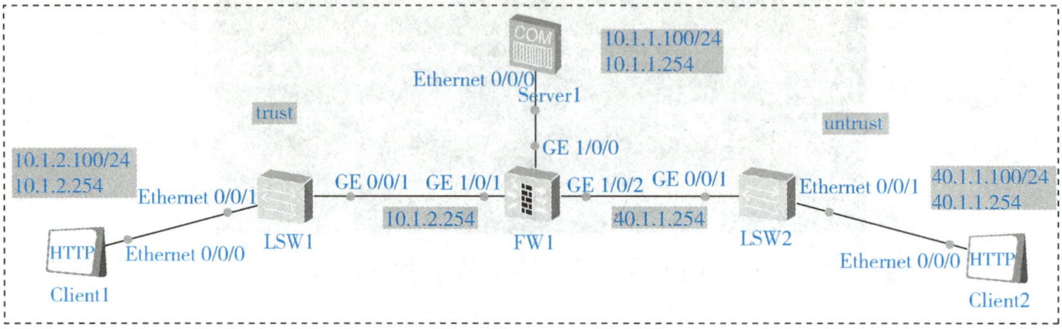

图 4-6-7　防火墙 NAT 配置

操作步骤

1. 在 PC 机上进行设置。
2. 在防火墙上配置接口接口 IP 地址。

```
<USG6000V1>undo ter mo
Info: Current terminal monitor is off.
<USG6000V1>sys
Enter system view, return user view with Ctrl+Z.
[USG6000V1]sysname FW
[FW]int gi 1/0/1
[FW-GigabitEthernet1/0/1]ip add 10.1.2.254 24
[FW-GigabitEthernet1/0/1]int gi 1/0/2
[FW-GigabitEthernet1/0/2]ip add 40.1.1.254 24
[FW-GigabitEthernet1/0/2]int gi 1/0/0
[FW-GigabitEthernet1/0/0]ip add 10.1.1.254 24
[FW-GigabitEthernet1/0/0]q
```

3. 在防火墙上配置安全区域。

```
FW2
[FW]fire zone trust
[FW-zone-trust]add int gi 1/0/1
[FW-zone-trust]q
[FW]fire zone dmz
[FW-zone-dmz]add int gi 1/0/0
[FW-zone-dmz]q
[FW]fire zone untrust
[FW-zone-untrust]add int gi 1/0/2
[FW-zone-untrust]q
[FW]
```

4. 在防火墙上配置区域间转发策略。

```
[FW]security-policy
[FW-policy-security]rule name policy_sec
[FW-policy-security-rule-policy_sec]soutce-zone trust
                                      ^
Error: Unrecognized command found at '^' position.
[FW-policy-security-rule-policy_sec]source-zone trust
[FW-policy-security-rule-policy_sec]dest untrust
[FW-policy-security-rule-policy_sec]action permit
[FW-policy-security-rule-policy_sec]
```

5. 在防火墙上配置 NAT 地址池，公网范围为 2. 2. 2. 2—2. 2. 2. 5。

```
[FW-policy-security]nat address-group natpool
[FW-address-group-natpool]section 2.2.2.2 2.2.2.5
[FW-address-group-natpool]
```

6. 在防火墙上进行 NAT 策略。

```
[FW]nat-policy
[FW-policy-nat]rule name source_nat
[FW-policy-nat-rule-source_nat]dest untrust
[FW-policy-nat-rule-source_nat]source trust
[FW-policy-nat-rule-source_nat]action source-nat address-group natpool
```

7. 验证测试：client1 ping client2，可以看到 10.1.2.100 映射成了公网 IP 地址 2.2.2.5 了。

```
[FW]dis firewall session table
2022-02-19 12:23:07.230
 Current Total Sessions : 1
 icmp  VPN: public --> public  10.1.2.100:256[2.2.2.5:2048] --> 40.1.1.100:2048
```

任务 4　防火墙访问控制(untrust 访问 DMZ 服务器)

任务描述

某公司在 Server1 上安装了 FTP 服务，在 Server2 上安装了 WWW 服务。公司为了保护公司网络系统及信息资源的安全，需要在防火墙上设置网络访问规则。现在希望外网的用户能够通过防火墙访问中间区域上的 WEB 服务，不能访问 FTP 服务。内网用户(通过防火墙分配 IP 地址，排除地址范围：192.168.1.100-192.168.1.109)既可以访问 WEB 服务，也可以访问 FTP 服务，同时要求内网用户能够访问公网地址 218.28.128.17 访问外网，外网不能访问内网，请配置防火墙实现该功能。

任务分析

192.168.2.22 是中间区域一台 Web 服务器，现在希望外网的用户能够通过防火墙访问 WWW 服务。首先需做 easy ip，实现内部地址和全局地址的转换。然后利用 NAT Server 允许任何外部主机对全局地址 2.2.2.2 进行 HTTP 访问，并拒绝其他服务，如图 4-6-8 所示。

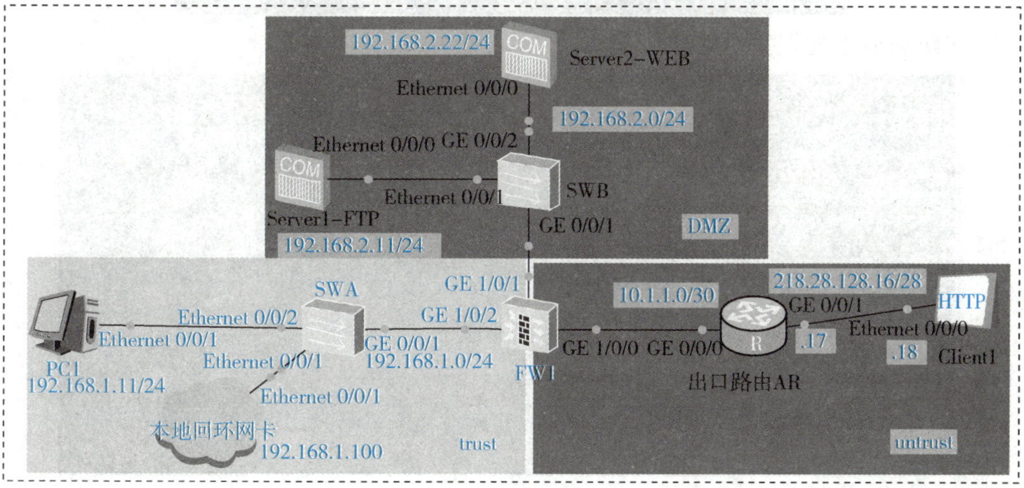

图 4-6-8　防火墙 ACL 配置

操作步骤

1. 在 PC 机上进行设置。

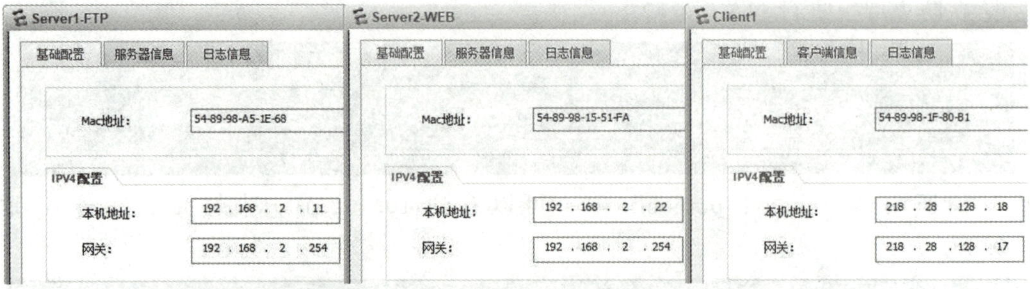

2. 在路由器上设置 IP 地址。

出口路由AR

```
<Huawei>sys
Enter system view, return user view with Ctrl+Z.
[Huawei]sysname AR
[AR]undo info-center enable
Info: Information center is disabled.
[AR]int gi0/0/0
[AR-GigabitEthernet0/0/0]ip add 10.1.1.2 30
[AR-GigabitEthernet0/0/0]int gi 0/0/1
[AR-GigabitEthernet0/0/1]ip add 218.28.128.17 28
[AR-GigabitEthernet0/0/1]q
[AR]ip route-static 0.0.0.0 0.0.0.0 gi 0/0/1    出口默认路由
```

3. 在防火墙上配置接口 IP 地址、安全区域和 DHCP。(注意：GE0/0/0 口默认为管理接口)。

```
[FW]int gi 1/0/0
[FW-GigabitEthernet1/0/0]ip add 10.1.1.1 30
[FW-GigabitEthernet1/0/0]int gi 1/0/1
[FW-GigabitEthernet1/0/1]ip add 192.168.2.254 24
[FW-GigabitEthernet1/0/1]int gi 1/0/2
[FW-GigabitEthernet1/0/2]ip add 192.168.1.254 24
[FW-GigabitEthernet1/0/2]q
[FW]firewall zone trust
[FW-zone-trust]add interface gi 1/0/2
[FW-zone-trust]firewall zone untrust
[FW-zone-untrust]add interface gi 1/0/0
[FW-zone-untrust]firewall zone dmz
[FW-zone-dmz]add interface gi 1/0/1
[FW-zone-dmz]q
```

```
[FW]ip pool trust
[FW-ip-pool-trust]gateway-list 192.168.1.254
[FW-ip-pool-trust]network 192.168.1.0 mask 255.255.255.0
[FW-ip-pool-trust]excluded-ip-address 192.168.1.100 192.168.1.109
[FW-ip-pool-trust]q
[FW]int gi 1/0/2
[FW-GigabitEthernet1/0/2]dhcp select global
[FW-GigabitEthernet1/0/2]q
```

4. 在防火墙上配置安全策略。

```
[FW]security-policy
[FW-policy-security]rule name trust_to_un
[FW-policy-security-rule-trust_to_un]source-zone trust    信任区到非信任区策略
[FW-policy-security-rule-trust_to_un]dest untrust
[FW-policy-security-rule-trust_to_un]action permit
[FW-policy-security-rule-trust_to_un]q
[FW-policy-security]rule name trust_to_dmz
[FW-policy-security-rule-trust_to_dmz]source-zone trust
[FW-policy-security-rule-trust_to_dmz]dest dmz
[FW-policy-security-rule-trust_to_dmz]action permit    信任区到DMZ区策略
[FW-policy-security-rule-trust_to_dmz]q
[FW-policy-security]rule name un_to_dmz
[FW-policy-security-rule-un_to_dmz]source-zone untrust
[FW-policy-security-rule-un_to_dmz]dest dmz    非信任区到信任区策略
[FW-policy-security-rule-un_to_dmz]action permit
[FW-policy-security-rule-un_to_dmz]service http https icmp    允许通过的服务
[FW-policy-security-rule-un_to_dmz]q
[FW-policy-security]
```

5. 设置 FW 的出口路由和 AR 的指向内网的路由，PC1 可以 ping 通外网地址

218.28.128.18。注意，只有开启防火墙本地接口的 ICMP 服务，才能 ping 通防火墙本地接口。

```
[FW]ip route-static 218.28.128.16 255.255.255.240 10.1.1.2
```

```
[AR]ip route-s 192.168.2.0 24 10.1.1.1
[AR]ip route-s 192.168.1.0 24 10.1.1.1
```

```
PC1
基础配置 | 命令行 | 组播 | UDP发包工具 | 串口

PC>ping 218.28.128.18

Ping 218.28.128.18: 32 data bytes, Press Ctrl_C to break
Request timeout!
From 218.28.128.18: bytes=32 seq=2 ttl=253 time=32 ms
From 218.28.128.18: bytes=32 seq=3 ttl=253 time=62 ms
From 218.28.128.18: bytes=32 seq=4 ttl=253 time=31 ms
From 218.28.128.18: bytes=32 seq=5 ttl=253 time=79 ms
```

另外，此场景在实际生产环境中不常使用，一般采用静态 NAT 的方式实现 trust 区访问 untrust 区(即任务 3)。

```
[FW]nat-policy
[FW-policy-nat]rule name nat-to-un
[FW-policy-nat-rule-nat-to-un]source-address 192.168.1.0 mask 255.255.255.0
[FW-policy-nat-rule-nat-to-un]action source-nat easy-ip
```

```
[FW]dis firewall session table
2023-04-18 16:38:20.980 +08:00
 Current Total Sessions : 5
 icmp  VPN: public --> public  192.168.1.117:15191[10.1.1.1:2059] --> 218.28.128
.18:2048
 icmp  VPN: public --> public  192.168.1.117:14935[10.1.1.1:2058] --> 218.28.128
.18:2048
 icmp  VPN: public --> public  192.168.1.117:15959[10.1.1.1:2062] --> 218.28.128
.18:2048
 icmp  VPN: public --> public  192.168.1.117:15447[10.1.1.1:2060] --> 218.28.128
```

6. 在防火墙上配置源地址和目标地址，实现内网访问 DMZ。

```
rule name trust_to_dmz
 source-zone trust
 destination-zone dmz
 source-address 192.168.1.0 mask 255.255.255.0
 destination-address 192.168.2.0 mask 255.255.255.0
 action permit
```

```
PC1
基础配置 | 命令行 | 组播 | UDP发包工具 | 串口

PC>ping 192.168.2.11

Ping 192.168.2.11: 32 data bytes, Press Ctrl_C to break
Request timeout!
From 192.168.2.11: bytes=32 seq=2 ttl=254 time=31 ms
From 192.168.2.11: bytes=32 seq=3 ttl=254 time=31 ms
From 192.168.2.11: bytes=32 seq=4 ttl=254 time=31 ms
From 192.168.2.11: bytes=32 seq=5 ttl=254 time=32 ms

--- 192.168.2.11 ping statistics ---
  5 packet(s) transmitted
  4 packet(s) received
  20.00% packet loss
  round-trip min/avg/max = 0/31/32 ms

PC>ping 192.168.2.22

Ping 192.168.2.22: 32 data bytes, Press Ctrl_C to break
Request timeout!
From 192.168.2.22: bytes=32 seq=2 ttl=254 time=16 ms
From 192.168.2.22: bytes=32 seq=3 ttl=254 time=47 ms
From 192.168.2.22: bytes=32 seq=4 ttl=254 time=31 ms
From 192.168.2.22: bytes=32 seq=5 ttl=254 time=47 ms
```

7. 在防火墙上 NAT Server，实现 untrust 访问 DMZ。

```
[FW]nat server http protocol tcp global 2.2.2.2 8080 inside 192.168.2.22 80
```

创建 nat server 将内网 DMZ 区服务器 192.168.2.22 的 WEB 服务映射为公网地址 2.2.2.2 的 8080 端口，FTP 服务不开启，这样外网用户就可以使用公网地址 2.2.2.2，端口号 8080 访问 DMZ 区的 WEB 服务器。(注意，出口路由必须有到 2.2.2.2 的路由)。

```
[AR]ip route-static 2.2.2.2 32 10.1.1.1
```

8. 验证测试，实现 untrust 访问 DMZ 的 WEB 服务器，访问不到 FTP 服务器。

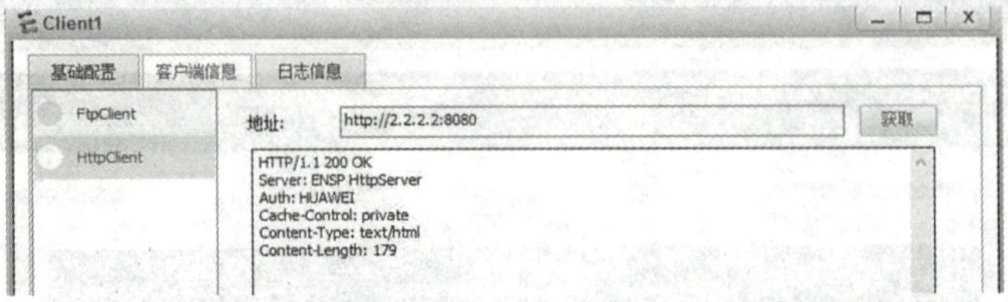

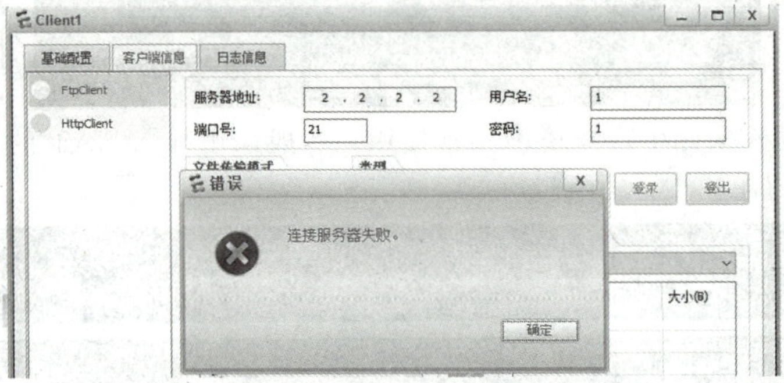

在配置防火墙时，一般采用 WEB 浏览器的方式来配置，方便快捷，以下简单介绍如何适应 WEB 界面来实现本试验任务。

【使用 WEB 界面设置步骤】

1. 添加本地回环网卡。

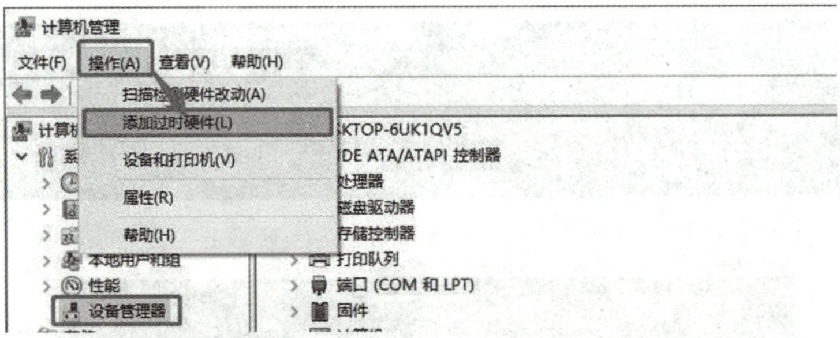

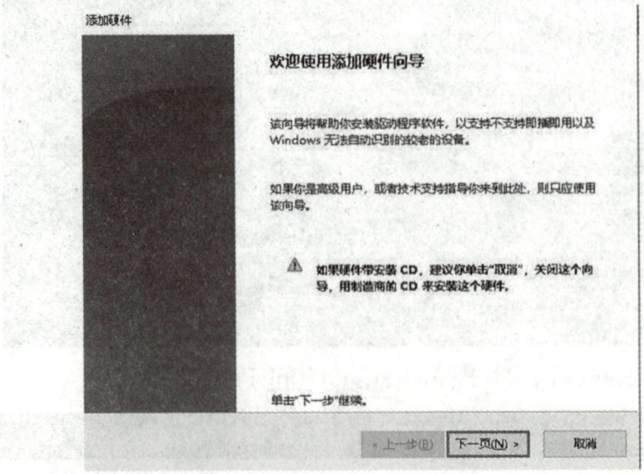

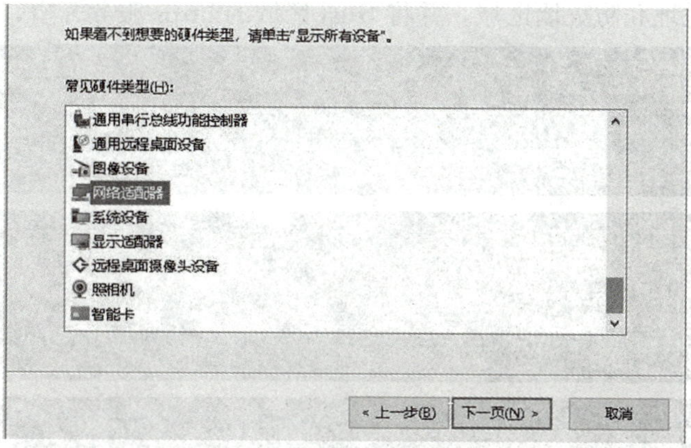

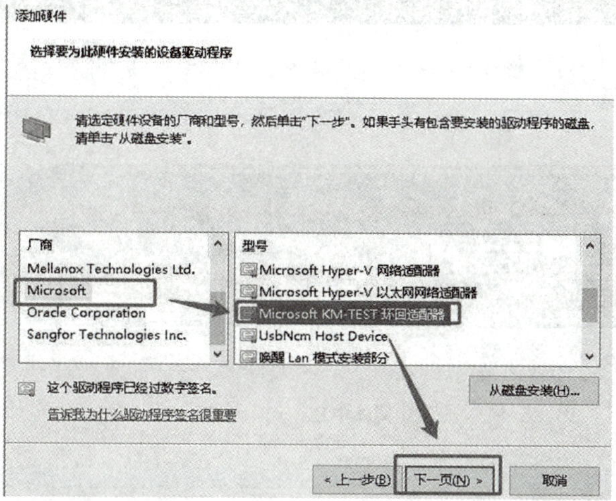

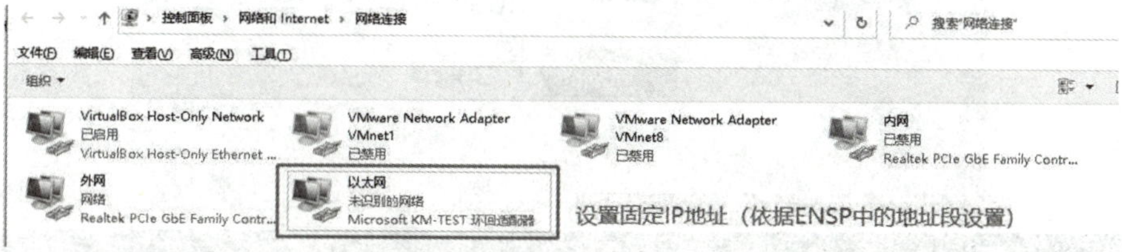

2. 设置 ENSP 与本地回环网卡桥接。

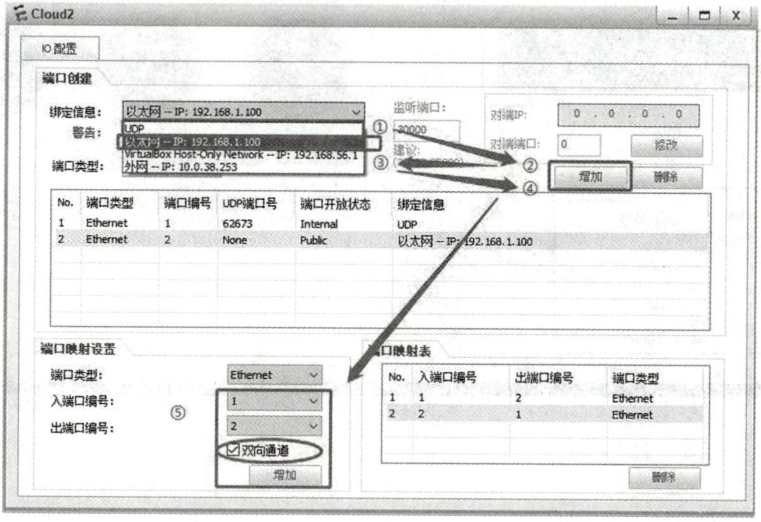

3. 设置好 IP 地址和防火墙区域，并将 trust 区域的 https 服务开启，即可使用网页登录。

```
[FW]int gi 1/0/0
[FW-GigabitEthernet1/0/0]ip add 218.28.128.17 28
[FW-GigabitEthernet1/0/0]int gi 1/0/1
[FW-GigabitEthernet1/0/1]ip add 192.168.2.254 24
[FW-GigabitEthernet1/0/1]int gi 1/0/2
[FW-GigabitEthernet1/0/2]ip add 192.168.1.254 24
```

```
[FW]firewall zone trust
[FW-zone-trust]add interface gi 1/0/2
[FW-zone-trust]firewall zone dmz
[FW-zone-dmz]add interface gi 1/0/1
[FW-zone-dmz]firewall zone untrust
[FW-zone-untrust]add interface gi 1/0/0
[FW-zone-untrust]q
```

```
[FW]int gi 1/0/2
[FW-GigabitEthernet1/0/2]service-manage https permit
[FW-GigabitEthernet1/0/2]q
```

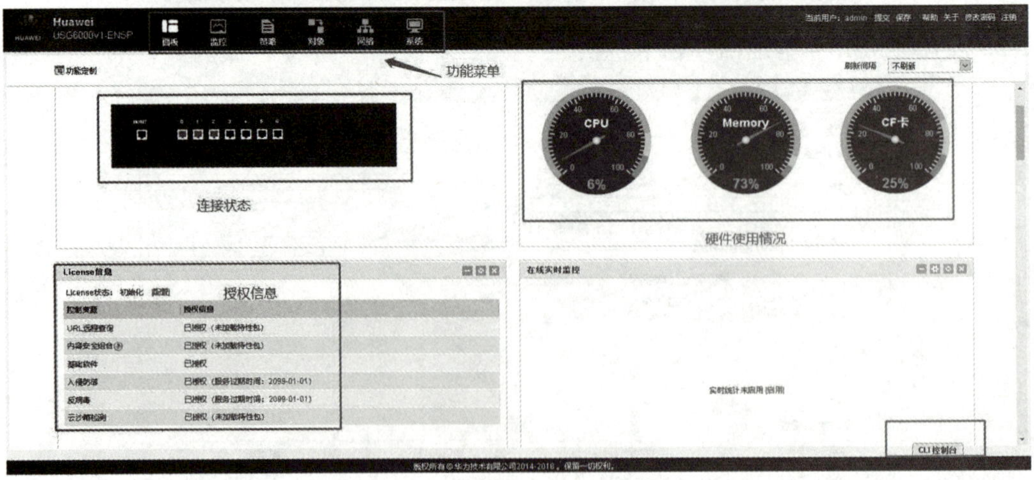

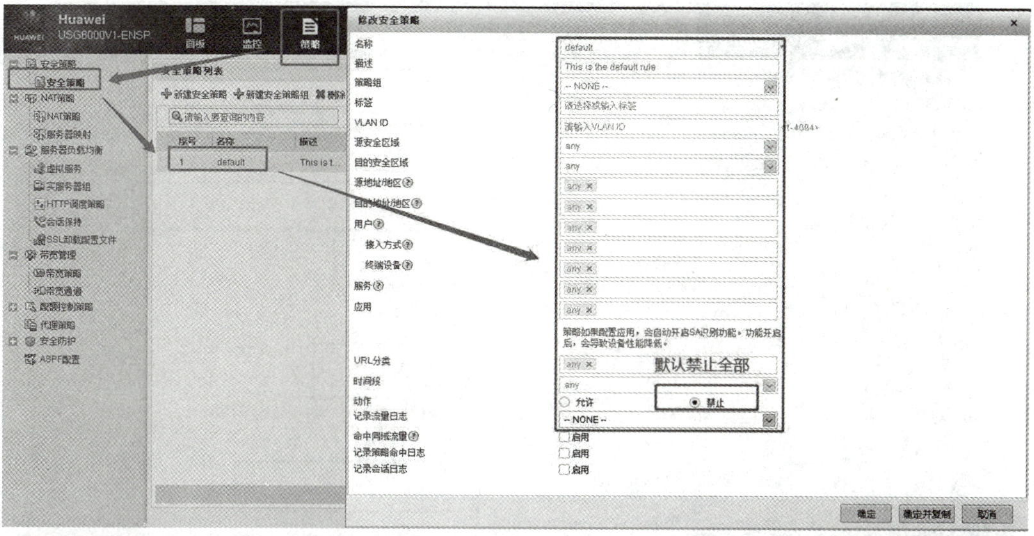
Huawei
USG6000V1-ENSP
面板
监控
策略
安全策略
安全策略
NAT策略
服务器负载均衡
带宽管理
安全策略列表
新建安全策略
新建安全策略组
序号
名称
描述
1
default
修改安全策略
名称
描述
策略组
标签
VLAN ID
源安全区域
目的安全区域
源地址/地区
目的地址/地区
用户
接入方式
终端设备
服务
应用
URL分类
时间段
动作
记录流量日志
命中同统流量
记录策略命中日志
记录会话日志
default
This is the default rule
-- NONE --
请输入VLAN ID
any
默认禁止全部
允许
禁止
启用
确定
确定并复制
取消

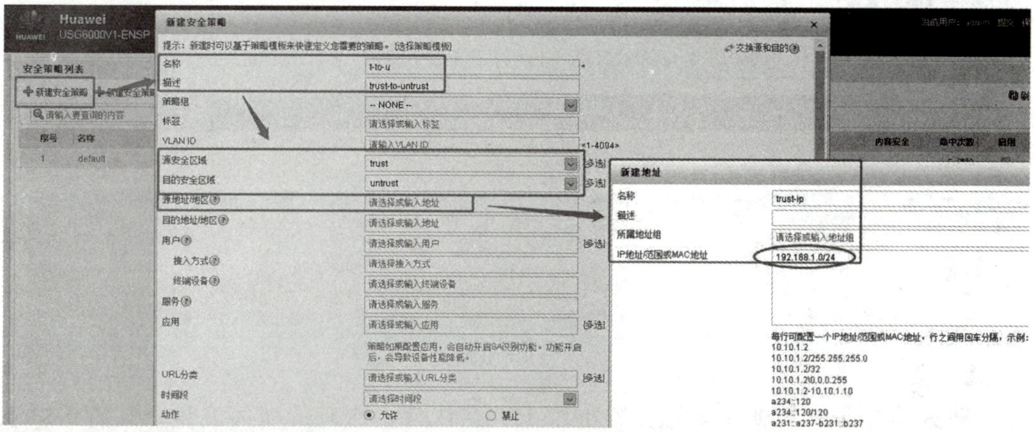
Huawei
USG6000V1-ENSP
新建安全策略
安全策略列表
新建安全策略
序号
名称
1
default
提示：新建时可以基于策略模板来快速定义您需要的策略。[选择策略模板]
名称
描述
策略组
标签
VLAN ID
源安全区域
目的安全区域
源地址/地区
目的地址/地区
用户
接入方式
终端设备
服务
应用
URL分类
时间段
动作
t-to-u
trust-to-untrust
-- NONE --
trust
untrust
允许
禁止
新建地址
名称
描述
所属地址组
IP地址/范围或MAC地址
trust-ip
192.168.1.0/24
10.10.1.2
10.10.1.2/255.255.255.0
10.10.1.2/32
10.10.1.2/0.0.0.255
10.10.1.2-10.10.1.10
a234::120
a234::120/120
a231::a237-b231::b237

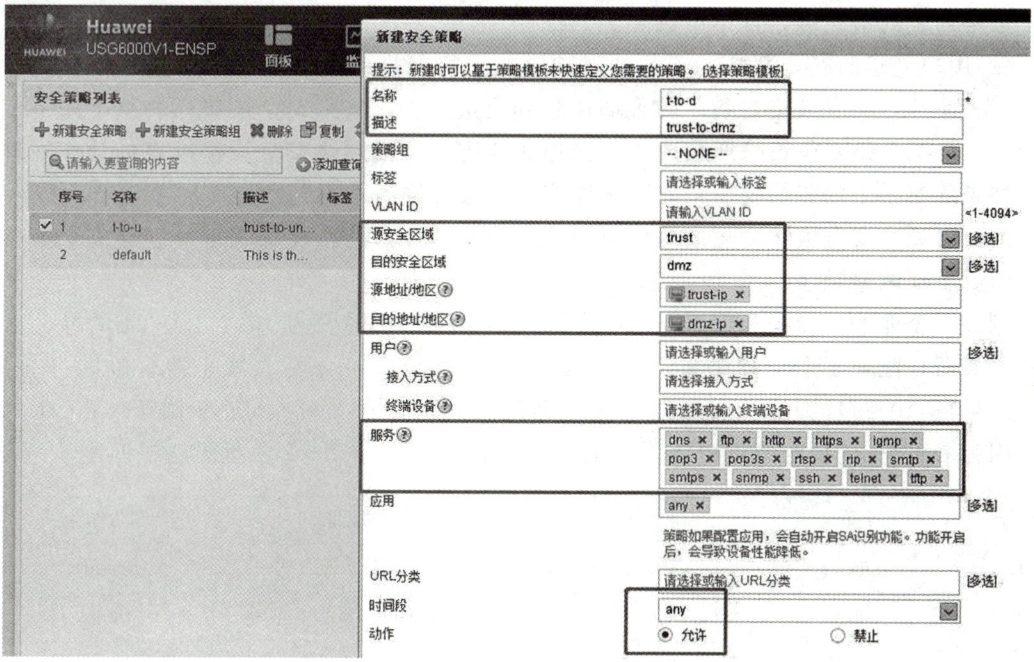
Huawei
USG6000V1-ENSP
面板
安全策略列表
新建安全策略
新建安全策略组
删除
复制
请输入要查询的内容
添加查询
序号
名称
描述
标签
1
t-to-u
trust-to-un...
2
default
This is th...
新建安全策略
提示：新建时可以基于策略模板来快速定义您需要的策略。[选择策略模板]
名称
描述
策略组
标签
VLAN ID
源安全区域
目的安全区域
源地址/地区
目的地址/地区
用户
接入方式
终端设备
服务
应用
URL分类
时间段
动作
t-to-d
trust-to-dmz
-- NONE --
请选择或输入标签
请输入VLAN ID
<1-4094>
trust
dmz
[多选]
trust-ip
dmz-ip
请选择或输入用户
请选择接入方式
请选择或输入终端设备
dns
ftp
http
https
igmp
pop3
pop3s
rtsp
rip
smtp
smtps
snmp
ssh
telnet
tftp
any
策略如果配置应用，会自动开启SA识别功能。功能开启后，会导致设备性能降低。
请选择或输入URL分类
any
允许
禁止

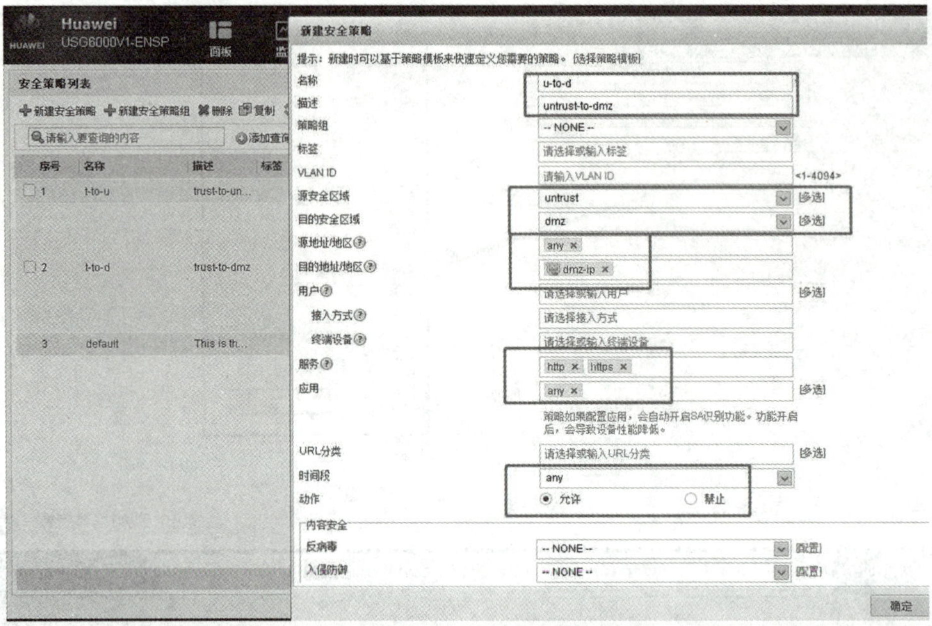

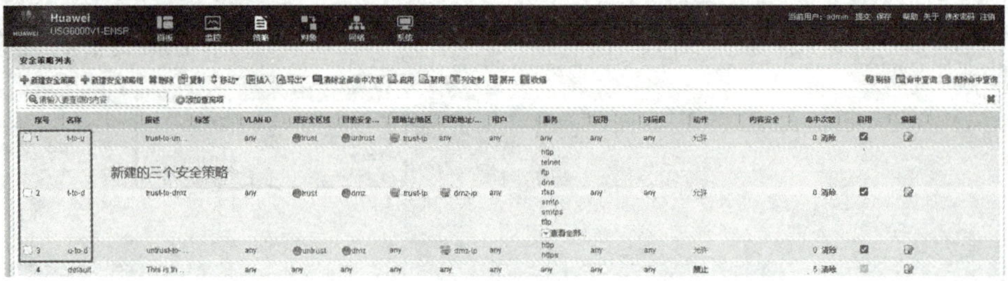

注意：

(1)防火墙存在一条缺省安全策略 default，默认禁止所有的域间流量。缺省策略永远位于策略列表的最底端，且不可删除。

(2)用户创建的安全策略，按照创建顺序从上往下排列，新创建的安全策略默认位于策略列表底部，缺省策略之前。防火墙接收到流量之后，按照安全策略列表从上向下依次匹配。一旦某一条安全策略匹配成功，则停止匹配，并按照该安全策略指定的动作处理流量。如果所有手工创建的安全策略都未匹配，则按照缺省策略处理。

由此可见，安全策略列表的顺序是影响策略是否按预期匹配的关键，新建安全策略后往往需要手动调整顺序。

例如，企业的一台服务器地址为 10.1.1.1，允许 IP 网段为 10.2.1.0/24 的办公区访问此服务器，配置了安全策略 policy1。运行一段时间后，又要求禁止两台临时办公 PC (10.2.1.1、10.2.1.2)访问服务器。此时新配置的安全区策略 policy2 位于 policy1 的下方。因为 policy1 的地址范围覆盖了 policy2 的地址范围，policy2 永远无法被匹配。

序号	名称	源地址	目的地址	动作
1	policy1	10.2.1.0/24	10.1.1.1	permit
2	policy2	10.2.1.1　10.2.1.2	10.1.1.1	deny
3	default	any	any	deny

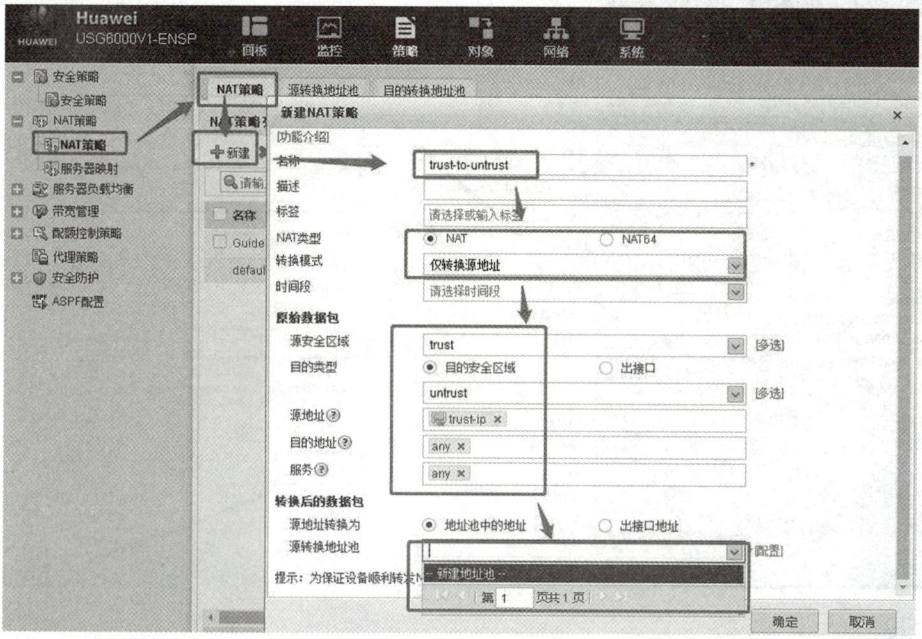

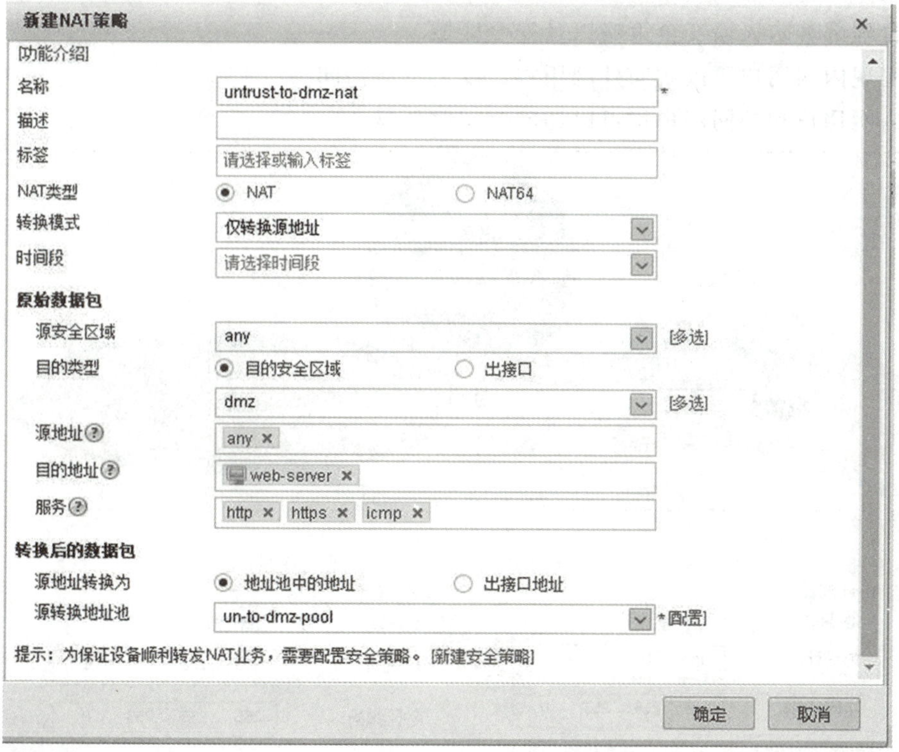

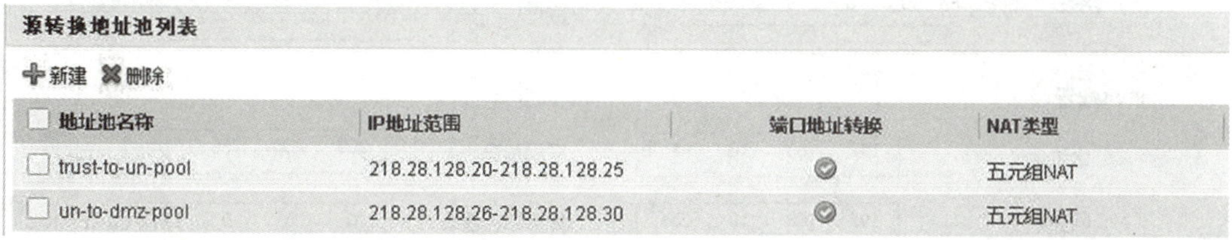
源转换地址池列表

新建　删除

地址池名称	IP地址范围	端口地址转换	NAT类型
trust-to-un-pool	218.28.128.20-218.28.128.25	✓	五元组NAT
un-to-dmz-pool	218.28.128.26-218.28.128.30	✓	五元组NAT

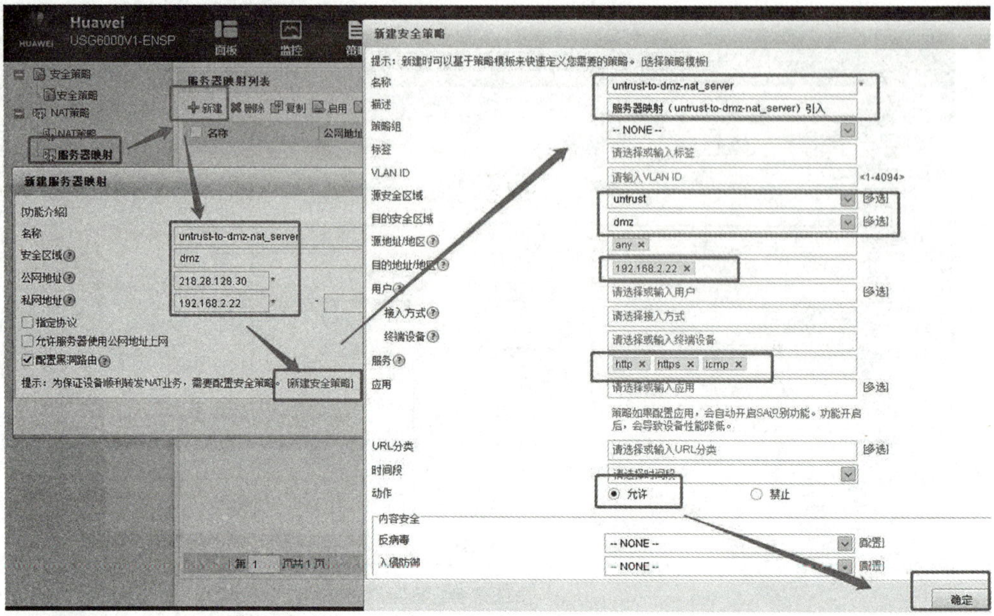

练习题

(1)合理部署防火墙安全策略以及安全区域。

(2)实现内网用户可以访问外网用户，反之不能访问。

(3)内网用户和外网用户均可以访问公司服务器。

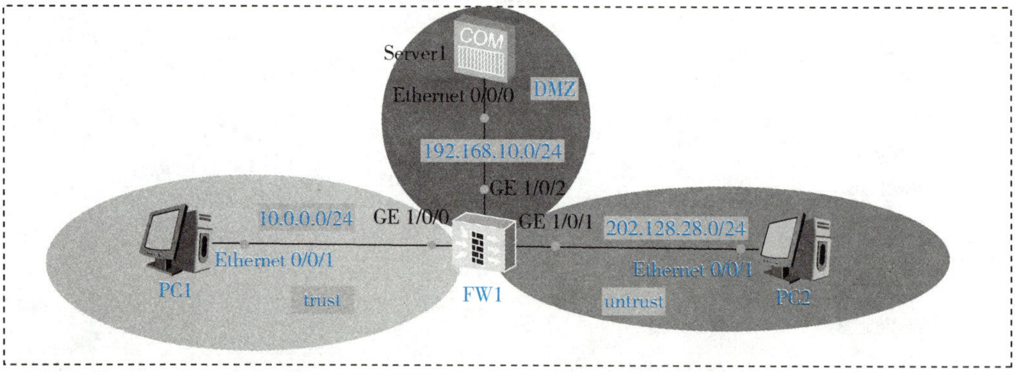

步骤：

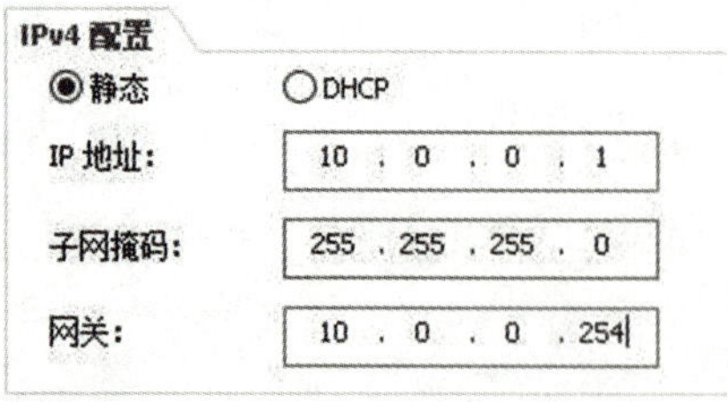

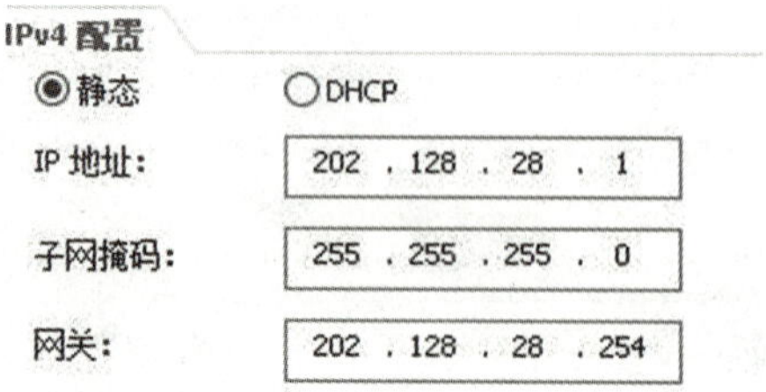

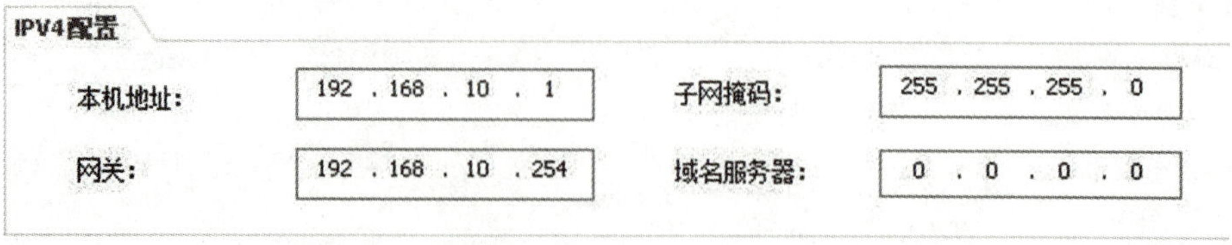

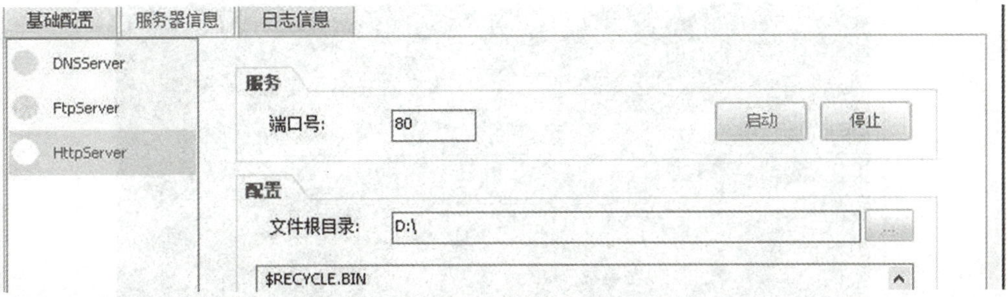

防火墙基本配置。

```
Username:admin
Password:
The password needs to be changed. Change now? [Y/N]: y
Please enter old password:
Please enter new password:
Please confirm new password:

 Info: Your password has been changed. Save the change to survive a reboot.
*************************************************************************
*         Copyright (C) 2014-2018 Huawei Technologies Co., Ltd.         *
*                          All rights reserved.                         *
*                Without the owner's prior written consent,             *
*         no decompiling or reverse-engineering shall be allowed.       *
*************************************************************************
```

设置防火墙接口 IP 地址，将对应接口划分到对应安全区域。

```
[FW]undo info en
Info: Saving log files...
Info: Information center is disabled.
[FW]int gi1/0/0
[FW-GigabitEthernet1/0/0]ip add 10.0.0.254 24
[FW-GigabitEthernet1/0/0]int gi1/0/1
[FW-GigabitEthernet1/0/1]ip add 202.128.28.254 24
[FW-GigabitEthernet1/0/1]int gi 1/0/2
[FW-GigabitEthernet1/0/2]ip add 192.168.10.254 24
[FW-GigabitEthernet1/0/2]q
[FW]firewall zone trust
[FW-zone-trust]add int gi 1/0/0
[FW-zone-trust]q
[FW]firewall zone untrust
[FW-zone-untrust]add int gi 1/0/1
[FW-zone-untrust]q
[FW]firewall zone dmz
[FW-zone-dmz]add int gi 1/0/2
[FW-zone-dmz]q
```

配置安全策略。

```
[FW]sec
[FW-policy-security]rule name trust-to-un-dmz
[FW-policy-security-rule-trust-to-un-dmz]source-zone trust
[FW-policy-security-rule-trust-to-un-dmz]dest untrust dmz
[FW-policy-security-rule-trust-to-un-dmz]source-address 10.0.0.0 24
[FW-policy-security-rule-trust-to-un-dmz]destination-address 202.128.28.0 24
[FW-policy-security-rule-trust-to-un-dmz]destination-address 192.168.10.0 24
[FW-policy-security-rule-trust-to-un-dmz]action permit
[FW-policy-security-rule-trust-to-un-dmz]return
```

验证测试：PC1 ping PC2 和 server 都可以通信，反之则不通。

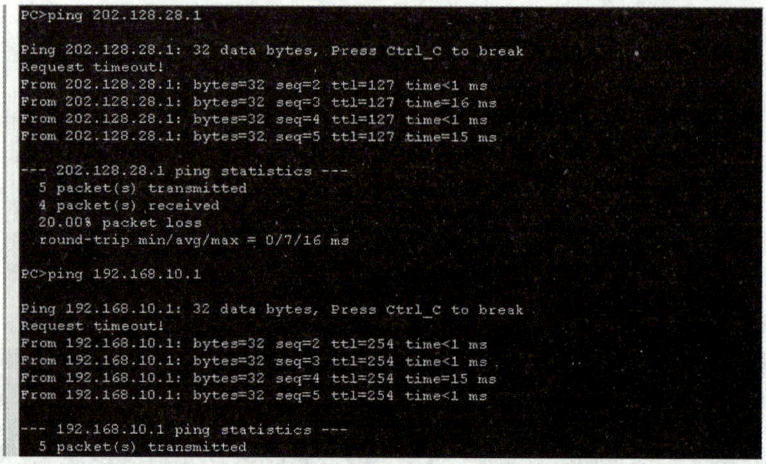
PC>ping 202.128.28.1
Ping 202.128.28.1: 32 data bytes, Press Ctrl_C to break
Request timeout!
From 202.128.28.1: bytes=32 seq=2 ttl=127 time<1 ms
From 202.128.28.1: bytes=32 seq=3 ttl=127 time=16 ms
From 202.128.28.1: bytes=32 seq=4 ttl=127 time<1 ms
From 202.128.28.1: bytes=32 seq=5 ttl=127 time=15 ms
--- 202.128.28.1 ping statistics ---
5 packet(s) transmitted
4 packet(s) received
20.00% packet loss
round-trip min/avg/max = 0/7/16 ms
PC>ping 192.168.10.1
Ping 192.168.10.1: 32 data bytes, Press Ctrl_C to break
Request timeout!
From 192.168.10.1: bytes=32 seq=2 ttl=254 time<1 ms
From 192.168.10.1: bytes=32 seq=3 ttl=254 time<1 ms
From 192.168.10.1: bytes=32 seq=4 ttl=254 time=15 ms
From 192.168.10.1: bytes=32 seq=5 ttl=254 time<1 ms
--- 192.168.10.1 ping statistics ---
5 packet(s) transmitted

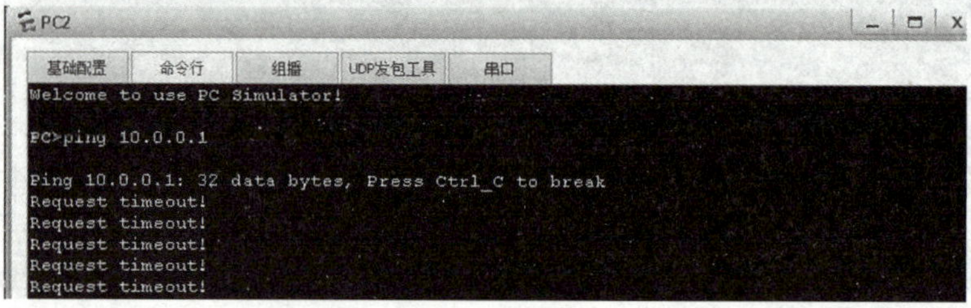
PC2
基础配置
命令行
组播
UDP发包工具
串口
Welcome to use PC Simulator!
PC>ping 10.0.0.1
Ping 10.0.0.1: 32 data bytes, Press Ctrl_C to break
Request timeout!
Request timeout!
Request timeout!
Request timeout!
Request timeout!

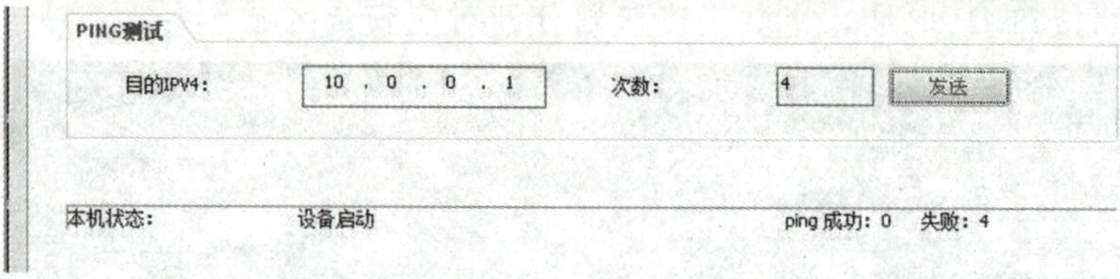
PING测试
目的IPV4:
10 . 0 . 0 . 1
次数:
4
发送
本机状态:
设备启动
ping 成功: 0
失败: 4

配置外网访问内网服务器的安全策略。

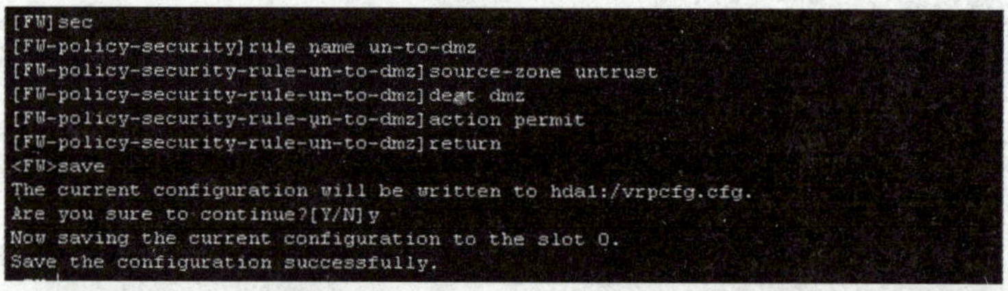
[FW]sec
[FW-policy-security]rule name un-to-dmz
[FW-policy-security-rule-un-to-dmz]source-zone untrust
[FW-policy-security-rule-un-to-dmz]dest dmz
[FW-policy-security-rule-un-to-dmz]action permit
[FW-policy-security-rule-un-to-dmz]return
<FW>save
The current configuration will be written to hda1:/vrpcfg.cfg.
Are you sure to continue?[Y/N]y
Now saving the current configuration to the slot 0.
Save the configuration successfully.

验证：PC2 ping serve 可以通信。

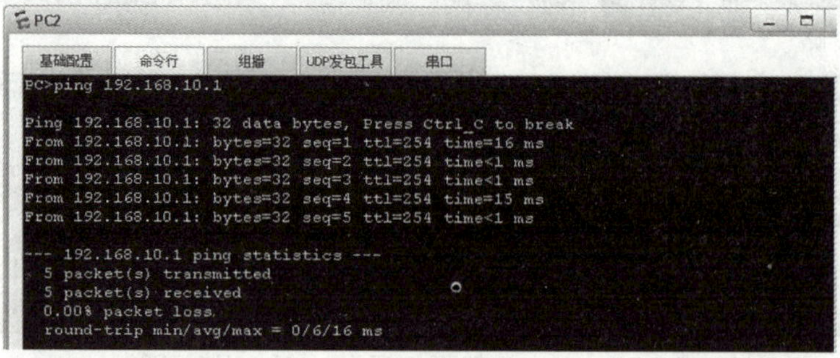
PC2
基础配置
命令行
组播
UDP发包工具
串口
PC>ping 192.168.10.1
Ping 192.168.10.1: 32 data bytes, Press Ctrl_C to break
From 192.168.10.1: bytes=32 seq=1 ttl=254 time=16 ms
From 192.168.10.1: bytes=32 seq=2 ttl=254 time<1 ms
From 192.168.10.1: bytes=32 seq=3 ttl=254 time<1 ms
From 192.168.10.1: bytes=32 seq=4 ttl=254 time=15 ms
From 192.168.10.1: bytes=32 seq=5 ttl=254 time<1 ms
--- 192.168.10.1 ping statistics ---
5 packet(s) transmitted
5 packet(s) received
0.00% packet loss
round-trip min/avg/max = 0/6/16 ms

巩固练习

一、选择题

1. 防火墙的本质是(　　)。

A. 数据转发　　　　B. 对数据进行策略控制

C. 防毒杀毒　　　　D. 行为管理

2. 以下描述不正确的是(　　)。

A. 包过滤防火墙实现简单的访问控制，是第一代防火墙

B. 代理防火墙在应用层代理内部网络和外部网络之间的通信，是第二代防火墙

C. 状态检测防火墙通过分析报文状态来决定对报文采取的动作，速度快、安全性高

D. 防火墙一般部署在核心层和汇聚层之间，以便进行对数据转发进行控制

3. 以下不属于防火墙网络区域的是(　　)。

A. trust　　B. untrust　　C. DMZ　　D. internet

4. 以下防火墙区域，安全级别最高的是(　　)。

A. local　　B. untrust　　C. DMZ　　D. trust

5. 以下关于防火墙安全区域的描述，正确的是(　　)。

A. 防火墙的自带安全区域可以被删除

B. 防火墙的不同接口可以属于同一安全区域

C. 防火墙的同一个接口可以分属不同的安全区域

D. 防火墙的不同安全区域的优先级可以相同

6. 防火墙的必要配置包括(　　)。

A. 修改默认安全区域的优先级　　　　B. 将端口划进相应的安全区域

C. 配置区域之间的安全策略　　　　D. 配置安全策略的规则行为 action

7. 在华为防火墙的部署中，一台需要与互联网通信的企业 WEB 服务器一般规划放置在防火墙的以下哪一项的安全区域中(　　)。

A. local　　B. untrust　　C. DMZ　　D. trust

8. 以下关于防火墙特点的描述，正确的是哪一项(　　)。

A. 防火墙都能准确地追溯到攻击者，即使攻击者是通过肉鸡攻击的

B. 防火墙能够解决全部内网网络攻击

C. 防火墙可以取代反病毒系统

D. 防火墙可以防止把外网未经授权的信息发送到内网

9. 缺省情况下，防火墙安全策略仅对以下哪一项的报文进行控制(　　)。

A. 组播　　B. 单播　　C. 广播　　D. 任播

10. 管理员通过 G1/0/0 接口(已将该接口加入 Trust zone)连接到防火墙，如果允许管理员通过 G1/0/0 登录防火墙进行配置管理，则该如何配置安全策略中放行的流量方向(　　)。

A. 放行 Trust Zone 到 Untrust Zone 的流量

B. 放行 Trust Zone 到 Local Zone 的流量

C. 放行 Local Zone 到 Local Zone 的流量

D. 放行 Trust Zone 到 Trust Zone 的流量

11. 在防火墙域间包过滤中，以下哪一项属于 Inbound 方向(　　)。

A. DMZ→Untrust　　B. Local→DMZ　　C. Untrust→Trust　　D. Local→Trust

12. 关于包过滤防火墙和应用代理防火墙的区别，以下(　　)描述是错误的。

A. 应用代理防火墙能加快内网用户访问常用网站速度

B. 包过滤防火墙通常在传输层以下实现，应用代理防火墙通常在会话层以上实现。

C. 应用层代理防火墙能够提供用户认证。

D. 包过滤防火墙不具备数据转发能为，必须和路由器配合部署。

13. 某公司员工通过防火墙访问公司内部的 Web 服务器，使用浏览器可以打开网站的网页，但是使用 Ping 命令测试到 Web 服务器的可达性，显示不可达。则可能的原因是什么(　　)。

A. 防火墙上部署的安全策略放行了 TCP 协议，但是没有放行 ICMP 协议

B. web 服务器宕机

C. 防火墙上部署的安全策略放行了 HTTP 协议，但是没有放行 ICMP 协议

D. 防火墙连接服务器的接口没有加入安全区域

14. 防火墙 GE1/0/1 和 GE1/0/2 口都属于 DMZ 区域，如果要实现 GE1/0/1 所连接的区域能够访问 GE1/0/2 所连接的区域，以下哪项是正确的(　　)。

A. 需要配置 Local 到 DMZ 的安全策略　　B. 无需做任何配置

C. 需要配置域间安全策略　　D. 需要配置 DMZ 到 local 的安全策略

15. 于防火墙安全策略的说法，以下选项错误的是(　　)。

A. 如果该安全策略时 permit，则被丢弃的报文不会累加“命中次数”

B. 配置安全策略名称时，不可以重复使用同一个名称

C. 调整安全策略的顺序，不需要保存配置文件，立即生效

D. 华为 USG 系列防火墙的安全策略条目数都不能超过 128 条

16. 在 USG 系列防火墙中，可以通过以下哪个命令查询 NAT 转换结果(　　)。

A. display nat translation　　B. display firewall session table

C. display current nat　　D. display firewall nat translation

二、简答题

1. 简述华为防火墙默认安全区域及其级别。

2. 简述防火墙的分类。

第 5 单元
无线局域网搭建

考纲要求

1. 了解常见的无线网络设备。
2. 掌握无线局域网的安全认证方式。
3. 了解有线和无线网络的全网互连。

技能要求

能够完成无线网络设备 AC、AP 的基本配置。

项目 1

无线局域网

学习目标

基本知识

(1)了解无线局域网技术。

(2)了解 Wi-Fi 技术。

(3)了解 IEEE802.11 数据传输标准。

知识点精讲

一、WLAN 相关概念

一般而言，凡采用无线技术传输的计算机网络都可称为无线网。这里指的无线技术不仅仅包含 Wi-Fi，还有红外、蓝牙、ZigBee 等。通过 WLAN 技术，用户可以方便地接入到无线网络并在无线网络覆盖区域内自由移动，摆脱有线网络的束缚。

无线局域网络(wireless local area networks，WLAN)，是指通过无线技术构建的无线局域网络。

无线网络根据应用范围可分为 WPAN、WLAN、WMAN、WWAN，无线网络的分类如图 5-1-1 所示。

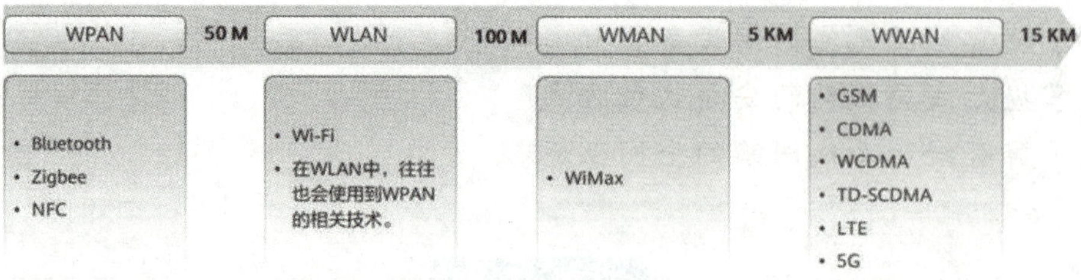

图 5-1-1　无线网络的分类

1. WPAN(Wireless Personal Area Network)——个人无线网

个人无线网提供个人区域无线的连接，一般是点对点连接和小型网络的连接。特点：

易用、低费用、便携等。主要技术：蓝牙、ZigBee 以及 NFC 技术，工作在 2.4GHZ 频段。ZigBee 则应用于低速低功耗的无线网络，如传感器网络，无线读表网络，智能玩具，智能家庭，智能农业等。近场通信(near field communication，NFC)，是一种新兴的技术，使用了 NFC 技术的设备(例如移动电话)可以在彼此靠近的情况下进行数据交换。

2. WLAN(Wireless Local Area Network)——无线局域网

无线局域网使用频段：2.4GHZ 和 5GHZ。能量消耗大，支持多用户，设计更加灵活。主要技术：802.11n/ac/ax。

Wi-Fi 的英文全称为“Wireless Fidelity”，即“无线相容性认证”。Wi-Fi 是一种无线局域网产品的认证标准；而 WLAN 则是无线局域网的技术标准，二者都保持着同步更新的状态。

WLAN 连接示意图如图 5-1-2 所示，WLAN 与 Wi-Fi 的比较如图 5-1-2 所示。

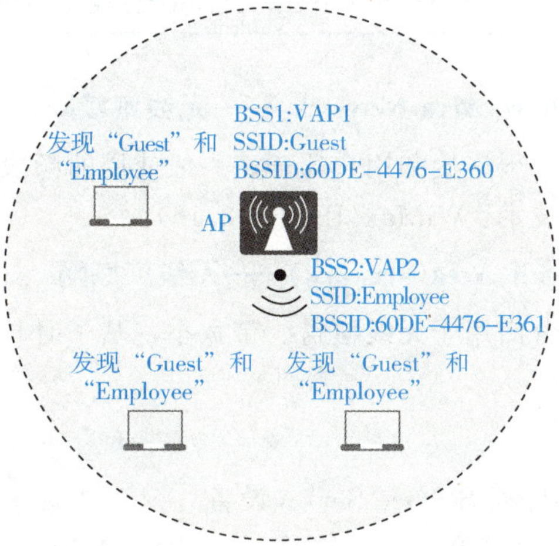
BSS1:VAP1
SSID:Guest
BSSID:60DE-4476-E360
发现“Guest”和“Employee”
AP
BSS2:VAP2
SSID:Employee
BSSID:60DE-4476-E361
发现“Guest”和“Employee”
发现“Guest”和“Employee”

图 5-1-2　WLAN 连接示意图

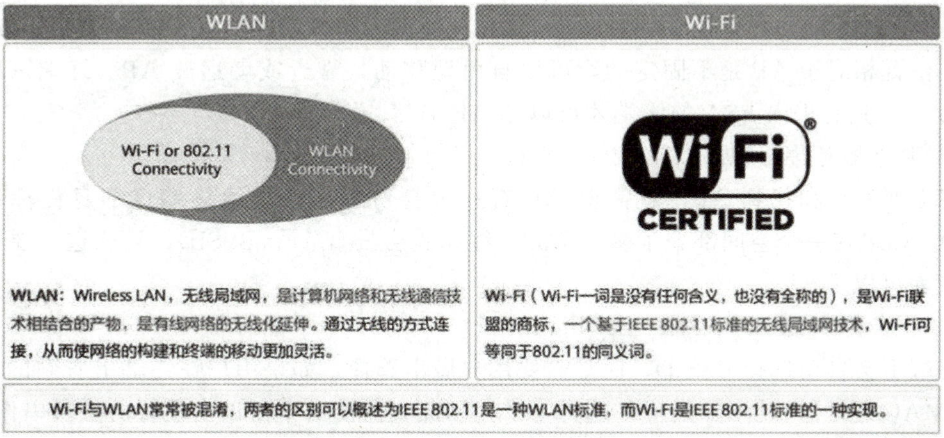
WLAN
Wi-Fi
Wi-Fi or 802.11 Connectivity
WLAN Connectivity
Wi Fi
CERTIFIED
WLAN：Wireless LAN，无线局域网，是计算机网络和无线通信技术相结合的产物，是有线网络的无线化延伸。通过无线的方式连接，从而使网络的构建和终端的移动更加灵活。
Wi-Fi（Wi-Fi一词是没有任何含义，也没有全称的），是Wi-Fi联盟的商标，一个基于IEEE 802.11标准的无线局域网技术，Wi-Fi可等同于802.11的同义词。
Wi-Fi与WLAN常常被混淆，两者的区别可以概述为IEEE 802.11是一种WLAN标准，而Wi-Fi是IEEE 802.11标准的一种实现。

图 5-1-3　WLAN 与 Wi-Fi 的比较

IEEE802.11 第一个版本发表于 1997 年，其中定义了介质访问接入控制层和物理层。此后，更多的基于 IEEE802.11 的补充标准逐渐被定义，最为熟知的是影响 Wi-Fi 演进的标准：802.11b、802.11a、802.11g、802.11n、802.11ac 等，如表 5-1-1 所示。

表 5-1-1 IEEE802.11 标准与 Wi-Fi 的世代

Wi-Fi 世代	802.11 标准	发布年份	工作频段	理论速率
—	802.11	1997	2.4 GHZ	2 Mbps
—	802.11 b	1999	2.4 GHZ	11 Mbps
—	802.11 a	1999	5 GHz	54 Mbps
	802.11 g	2003	2.4 GHZ	54 Mbps
Wi-Fi 4	802.11 n	2009	2.4 GHz 或 5 GHz	600 Mbps
WI-Fi 5	802.11 ac Wave1	2013	5 GHz	3.47 Gbps
	802.11 ac Wave2	2015	5 GHz	6.9 Gbps
WI-Fi 6	802.11 ax	2018/19	2.4 GHz 或 5 GHZ	9.6 Gbps

3. WMAN(Wireless Metro Area Network)——无线城域网

无线城域网主要用于骨干连接和用户覆盖。一般使用的频段需要申请，公用的频段也可以，但是有干扰。主要技术：WiMax(IEEE802.16)。

4. WWAN(Wireless Wide Area Network)——无线广域网

无线广域网主要是运营商用于无线覆盖。带宽小，基于时长或者流量来收费。主要技术：2G/3G，卫星传输等。

5. WLAN 的相关概念

(1)基本服务集 BSS(Basic Service Set)—设备

BSS 是组成 WLAN 的基本单元，它包含一个固定的 AP 和多个终端。其中 AP 作为一种基础设施，为终端提供无线通信服务。

(2)基本服务区域 BSA(Basic Service Area)—范围

AP 是 BSS 的中心，位置相对固定，AP 在哪里，BSS 就在哪里；而终端则分布在 AP 周围，位置相对于 AP 是不固定的，可以自由地移动，靠近或者远离 AP。终端可以自由进出 BSA，只有进入 BSA 的终端才可以和 AP 通信。

(3)基本服务集标识 BSSID(Basic Service Set Identifier)

终端要发现和找到 AP，就需要 AP 有一个身份标识通告给终端这个身份标识就是 BSSID。如果在一个空间部署了多个 BSS，终端就会发现多个 BSSID，只要选择要加入的 BSSID 就可以了。

(4)服务标识 SSID(Service Set Identifier)

终端不会自动选择 BSSID，而是需要用户做出选择，如果用户在终端上看到的是一连串的“MAC 地址”，就不知道应该选哪一个。因此，需要一个可以由设置的字符串作为 AP 的名字，让 AP 的身份更容被辨识，这就是 SSID。

为了区分 BSS，要求每个 BSS 都有唯一的 BSSID，所以 BSSID 使用 AP 的 MAC 地址保证其唯一性。BSSID 位于 802.11 报文的 MAC 层，用于 AP 转发 802.11 报文。

SSID 和 BSSID 并不能划等号，不同的 BSS 可以设置相同的 SSID，如果将 BSSID 比作 BSS 的身份证，则 SSID 就是 BSS 的名字。用户在终端上搜索到的 WLAN 名称就是 SSID。

(5)虚拟 AP：VAP(Virtual Access Point，VAP)

AP 通常支持创建出多个虚拟 AP，每个 VAP 对应 1 个 BSS。这样只需要安放 1 个 AP，就可以提供多个 BSS，再为这些 BSS 设置不同的 SSID，用户就可以看到多个 WLAN 共存，也称为多 SSID。

因为 BSSID 要使用 AP 的 MAC 地址，所以 AP 支持多少个 VAP，就需要多少 MAC 地址。VAP 简化了 WLAN 的部署，但并不意味 VAP 越多越好，要根据实际需求进行规划。一味增加 VAP 的数量，不仅要让用户花费更多的时间找到 SSID，还会增加 AP 配置的复杂度。而且 VAP 并不等同于真正的 AP，所有的 VAP 都共享着这个 AP 的软件和硬件资源所有 VAP 的用户都共享相同的信道资源，所以 AP 的容量是不变的，并不会随着 VAP 数目的增加而成倍增加。

(6)分布式系统 DS(Distribution System)

BSS 解决了 1 个区域内多个终端无线通信的问题，但终端的通信对象往往不在本区域，而是在分散在各个地方，甚至在地球的另一端，这就需要 AP 可以连接到一个更大的网络，把不同区域的 BSS 连接起来，让终端可以通信。这个网络就是 AP 的上行网络，称为 BSS 的分布式系统(DS)，如图 5-1-4 所示。

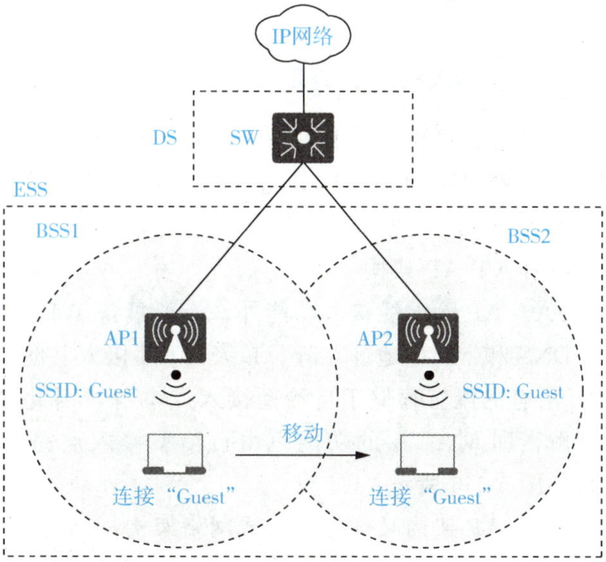

图 5-1-4　DS 连接示意图

AP 的上行网络通常是以太网，所以 AP 除了支持无线射频，还要支持有线接口，和上行网络连接。AP 收到终端的无线报文后，将其转换为有线报文并发送给上行网络由上行网络完成到另一个 AP 的转发任务。除了有线网络外，AP 的上行网络还可以是无线的。例如，在线缆布放困难的区域，AP 可以和其他工作在网桥模式的 AP 进行无线对接，或者在 AP 上扩展 LTE 功能连接到移动网络。

(7)扩展服务集 ESS(Extend Service Set)。

BSS 的有效覆盖半径一般是 10～15m，为了覆盖更大面积，可以通过多个 BSS 实现扩展。同时，为了消除用户对 BSS 变化的感知，可以让每个 BSS 都使用相同的 SSID，这样不管用户移动到哪里，可以认为使用的都是同一个 WLAN。

这种扩展 BSS 范围的方式称为扩展服务集，它以 BSS 为单位自由组合，让 WLAN 部署变得极为灵活各 BSS 相同的 SSID 成了 ESS 的身份标识，叫作扩展服务集标识(Extended Service Set Identifier，ESSID)，用于对终端通告一个连续的 WLAN。

WLAN 各基本概念对比如表 5-1-2 所示。

表 5-1-2 WLAN 各基本概念对比

概念	全称	描述
BSS	基本服务集 BSS	无线网络的基本服务单元，通常由一个 AP 和若干无线终端组成
ESS	扩展服务集 ESS	由多个使用相同 SSID 的 BSS 组成，解决 BSS 覆盖范围有限的问题
SSID	服务集标识符 SSID	用来区分不同的无线网络
ESSID	扩展服务集标识符 ESSID	一个或一组无线网络的标识，和 SSID 是相同的
BSSID	基本服务集标识符 BSSID	在链路层．上用来区分同一个 AP．上的不同 VAP，也可以用来区分同一个 ESS 中的 BSS
VAP	虚拟接入点 VAP	AP 设备上虚拟出来的业务功能实体。用户可以在一个 AP 上创建不同的 VAP 来为不同的用户群体提供无线接入服务

二、无线局域网的架构

无线局域网的架构主要分为：基于控制器的 AP 架构(瘦 AP，Fit AP)；传统的独立 AP 架构(胖 AP，Fat AP)，近几年 WLAN 技术的发展，瘦 AP 正在迅速替代胖 AP 模式。

华为 WLAN 架构还包含云管理架构和 Leader AP 架构两种。

(1)FAT AP 架构

FAT AP 除无线接入功能外，一般具备 WLAN、LAN 两个接口，多支持 DHCP 服务器、DNS 和 MAC 地址克隆，以及 VPN 接入、防火墙等安全功能，FAT AP 也称为独立 AP，所有的配置存储于自治型接入点本身，因此设备的管理和配置均由接入点处理。所有加解密和 MAC 层的功能也由自治型接入点完成，FAT AP 的例子典型的是无线路由器，如图 5-1-5 所示。

FAT AP 架构又称为自治式网络架构，部署单个 AP 时，由于 FAT AP 具备较好的独立性，不需要另外部署集中控制设备，部署起来很方便，成本较低廉。但是，在企业中，随着 WLAN 覆盖面积增大，接入用户增多，需要部署的 FAT AP 数量也会增多。而每个 FAT AP 又是独立工作的，缺少统一的控制设备，因此管理、维护这些 FAT AP 就变得十分麻烦。所以对于企业而言，不推荐 FAT AP 架构。

(2)AC+FIT AP 架构

AC 和 AP 之间使用的通信协议是无线接入点控制和配置协议(Control And Provisioning of Wireless Access Points，CAPWAP)。CAPWAP 协议定义的主要内容有：AP 自动发现 AC，AC 对 AP 进行安全认证，AP 从 AC 获取软件，AP 从 AC 获得初始和动态配置等，通过该协议，AP 和 AC 之间建立起 CAPWAP 隧道。AC+FIT AP 架构示意图如图 5-1-6 所示。

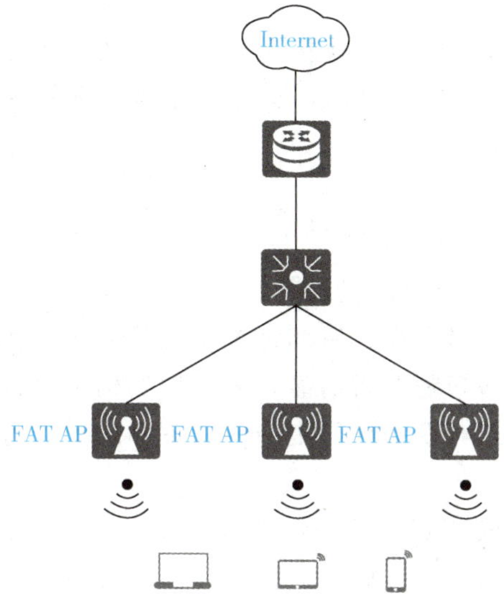

图 5-1-5　FAT AP 架构示意图

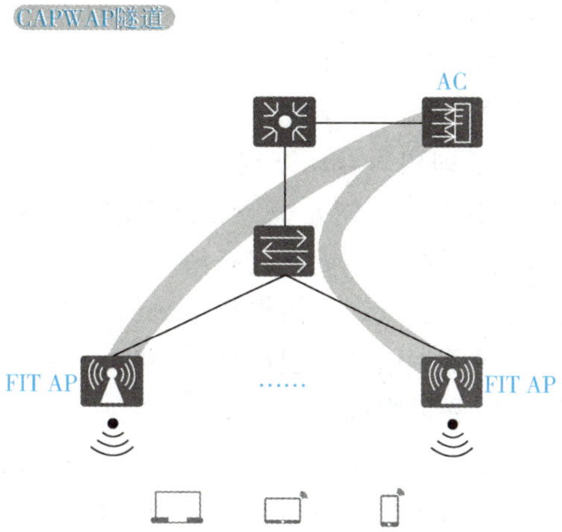

图 5-1-6　AC+FIT AP 架构示意图

CAPWAP 隧道有两种：控制隧道和数据隧道。控制隧道主要传输控制报文(也称管理报文，是 AC 管理控制 AP 的报文)；数据隧道主要传输数据报文。CAPWAP 隧道可以进行数据传输层的安全(Datagram Transport Layer Security，DTLS)加密，因此传输的报文更加安全。

AC 负责 WLAN 的接入控制、转发和统计、AP 的配置监控、漫游管理、AP 的网管代理、安全控制。FIT AP(瘦 AP)负责 802.11 报文的加解密、80211 的物理层功能、接受 AC 的管理、空口的统计等简单功能。AC 和 AP 之间使用的通信协议是 CAPWAP，相比于 FAT AP 架构，AC+FIT AP 架构的优点如下。

① 配置与部署更容易

通过 AC 进行集中地网络配置和管理，不再需要对每个 AP 进行单独配置操作，同时对整网 AP 进行信道、功率的自动调整，免去了烦琐的人工调整过程。

② 安全性更高

由于 FAT AP 无法进行统一的升级操作，无法保证所有 AP 版本都有最新的安全补丁，而 AC+FIT AP 架构主要的安全能力是在 AC 上的，软件更新和安全配置需在 AC 上进行，从而可以快速进行全局安全设置，同时，为了防止加载恶意代码，设备会对软件进行数字签名认证，增强了更新过程的安全性。AC 也实现了 FAT AP 架构无法支持的一些安全功能，包括病毒检测、统一资源定位地址(Uniform Resource Locator，URL)过滤、状态检测防火墙等高级安全特性。

③ 更新与扩展容易

架构的集中管理模式使得同一 AC 下的 AP 有着相同的软件版本。当需要更新时，先由 AC 获取更新包或补丁，然后由 AC 统一更新 AP 版本。AP 和 AC 的功能拆分也减少了对 AP 版本的频繁更新，有关用户认证、网管和安全等功能的更新只需在 AC 上进行。

AC+FIT AP 架构的组网方式有二层组网、三层组网、直连组网、旁挂组网等。

(3)云管理架构

由云管理平台统一管理和配置云 AP，统一管理用户终端接入。云管理架构相比传统的 AC+FIT AP 架构，适用于中小型的无线网络，部署灵活，运维成本低。云管理架构示意图如图 5-1-7 所示。

云管理架构有如下优势。

① 即插即用，自动开局，减少网络部署成本，统一运维。

② 所有云管理网元统一在云管理平台上进行监控和管理。

在部署网络时，传统网络解决方案会存在部署成本高、后期运维困难等问题，尤其是对于分支站点数量多、站点地域分散的企业，这些问题尤为明显，云管理架构可以很好地解决这个问题，通过云管理平台，实现在任意地点对设备进行集中的管理和维护，可大大降低网络部署运维成本。

当云 AP 布放完成后，无须网络管理员到安装现场对云 AP 进行软件调试，云 AP 上电后即可自动连接到指定的云管理平台加载指定的配置文件、软件包和补丁文件等系统文件，实现云 AP 零配置上线。网络管理员可以随时随地通过云管理平台统一给 AP 下发配置，使业务批量配置更快捷。

(4)Leader AP 架构

Leader AP 架构中只包含 AP。用户将其中 1 台 AP 设置为 Leader AP 模式，将其他 AP 以 FIT AP 模式接入网络，和 Leader AP 二层互通。Leader AP 会在二层网络中广播自己的角色，其他 AP 自动发现并接入 Leader AP。Leader AP 架构示意图如图 5-1-8 所示。

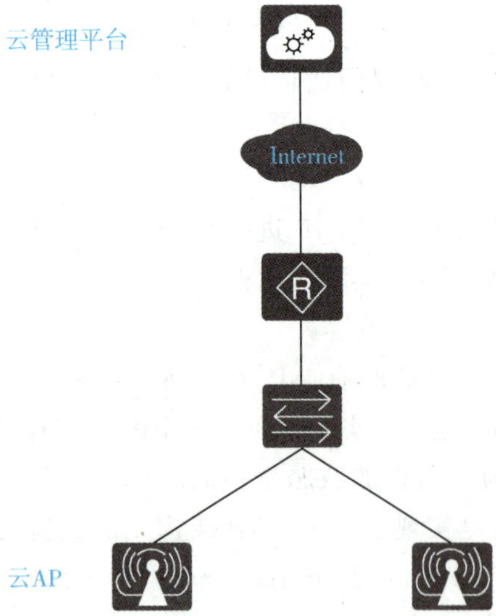

图 5-1-7　云管理架构示意图

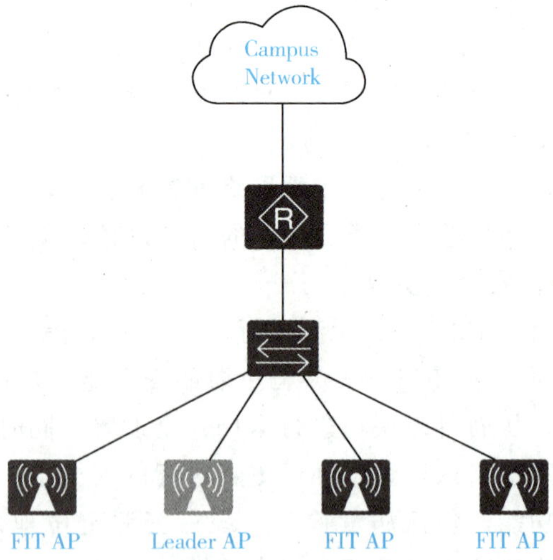

图 5-1-8　Leader AP 架构示意图

Leader AP 的功能和 AC 非常类似，提供基于 CAPWAP 隧道的统一接入管理和配置运维，提供集中的无线资源管理和漫游管理。用户只需登录 Leader AP，配置无线业务，所有 AP 都会提供相同的无线业务，终端可以在不同 AP 间漫游。

三、WLAN 工作原理

1. CAPWAP 隧道

FAT AP 组网已经难于满足需求，主要表现在以下几个方面。

(1)自治管理，安全无法保证。

(2)实现不了精细化的用户管控。

(3)大批量部署难度高，只适合 SOHO 级小规模组网。

FIT AP＋AC 组网架构，适合中大规模组网场景，且可以实现：集中可视化管控，降低运维成本。主要有以下优点。

(1)对用户实现精细化策略管理。

(2)支持认证计费场景，不同层面保证企业数据安全。

(3)增值业务能力：可扩展更多丰富业务。

在此应用背景下，CAPWAP 协议(无线接入点控制和配置协议：Control and Provisioning of Wireless Access Points)，用于 AC 与 AP 通信的协议规范也应运而生，该协议定义了如何对 AP 进行管理、业务配置，即 AC 通过 CAPWAP 隧道来实现对 AP 的集中管理和控制。CAPWAP 协议的功能主要有以下几点。

(1)AP 对 AC 的自动发现；

(2)AP 与 AC 间的状态维护；

(3)AC 通过 CAPWAP 隧道对 AP 进行管理、业务配置下发；

(4)当采用隧道转发模式时，AP 将 STA 发出的数据通过 CAPWAP 隧道实现与 AC 之间的交互。

CAPWAP 是基于 UDP 进行传输的应用层协议，它在传输层运输以下两种类型的消息。

(1)业务数据流量，封装转发无线数据——通过 CAPWAP 数据隧道。

(2)管理流量，管理 AP 和 AC 之间交换的管理消息——通过 CAPWAP 控制隧道。

CAPWAP 数据和控制报文基于不同的 UDP 端口发送。

(1)管理流量端口为 UDP 端口 5246。

(2)业务数据流量端口为 UDP 端口 5247。

CAPWAP 协议示意图如图 5-1-9 所示。

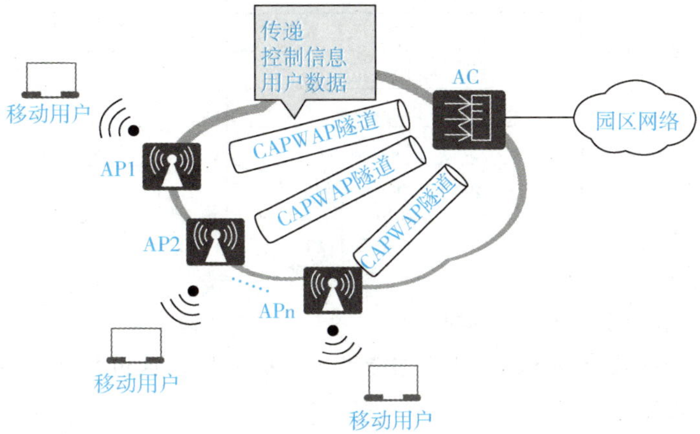

图 5-1-9　CAPWAP 协议示意图

(1)CAPWAP 直接转发

用户的数据报文到达 AP 后，不经过 CAPWAP 的隧道封装而直接转发到上层网络。AC 只对 AP 进行管理，业务数据都是由本地直接转发。

优势：数据流量不经过 AC，AC 负担小，万兆园区推荐方案。

(2)CAPWAP 隧道转发

业务数据报文由 AP 统一封装后到达 AC 实现转发，AC 不但进行对 AP 管理，还作为 AP 流量的转发中枢。用户的数据报文经过 CAPWAP 隧道封装后再由 AC 转发到上层网络。优势：数据流和管理流全部经过 AC，可以更容易对无线用户实施安全控制策略。

CAPWAP 直接转发和隧道转发如图 5-1-10 所示。

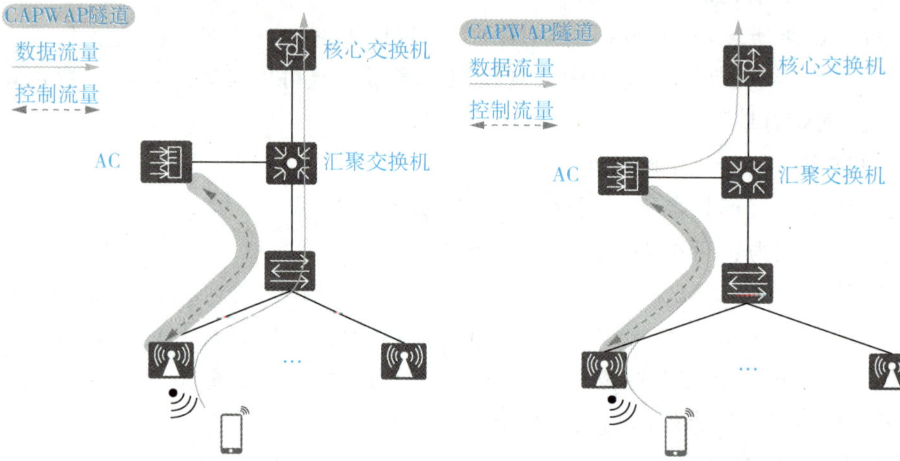

图 5-1-10　CAPWAP 直接转发和隧道转发

CAPWAP 隧道建立过程主要包括 DHCP、discovery、DTLS 连接、join、image data、configure、data check、run 等状态。CAPWAP 隧道建立一总体视图如图 5-1-11 所示。

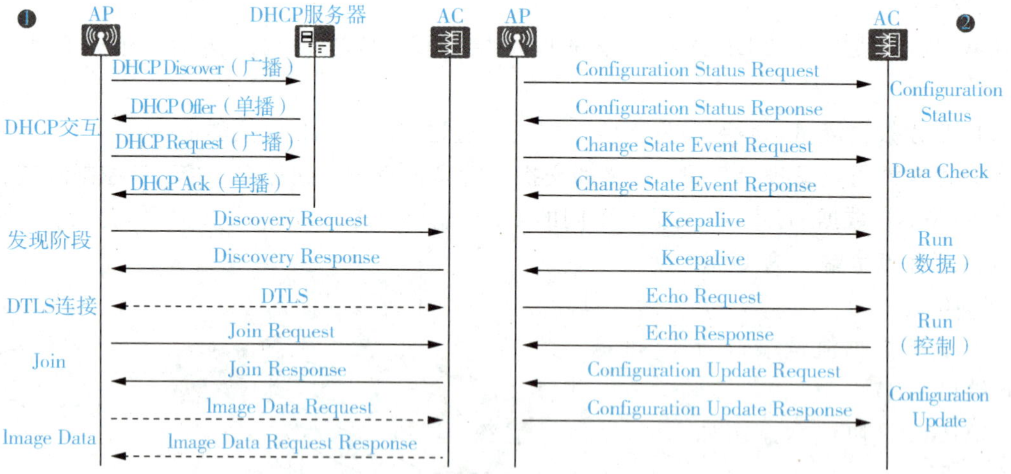

图 5-1-11　CAPWAP 隧道建立一总体视图

① AP 获取 IP 地址

AP 必须获得 IP 地址才能够与 AC 通信，这也是无线网络通信的第一步。它有两种获取方式。

- 静态方式：登录到 AP 设备上手工配置 IP 地址。(大中型组网不常用)。
- DHCP 方式：通过配置 DHCP 服务器，使 AP 作为 DHCP 客户端向 DHCP 服务器请求 IP 地址。

• 首先 AP 发送 discover 广播报文，请求 DHCP 服务器响应。

• 在 DHCP 服务器监听到 discover 报文后，响应 AP 一个 DHCP offer 报文，该报文中会包含一个租约期限的信息。

• 当 AP 端收到多台 DHCP Server 的响应时，只会挑选其中一个 offer(通常是最先抵达的那个)，然后向网络中发送一个 DHCP request 广播报文，告诉所有的 offer 服务器结果，并重新单播发送 DHCP 请求。

• 当 DHCP 服务器接收到 AP 的 request 报文之后，会向 AP 发送一个 DHCP ACK 响应，该报文中携带的信息包括了 AP 的 IP 地址租约期限，网关信息，以及 DNS server IP 等，以确定租约的正式生效，就此完成 DHCP 的四步交互工作。

DHCP 建立过程如图 5-1-12 所示。

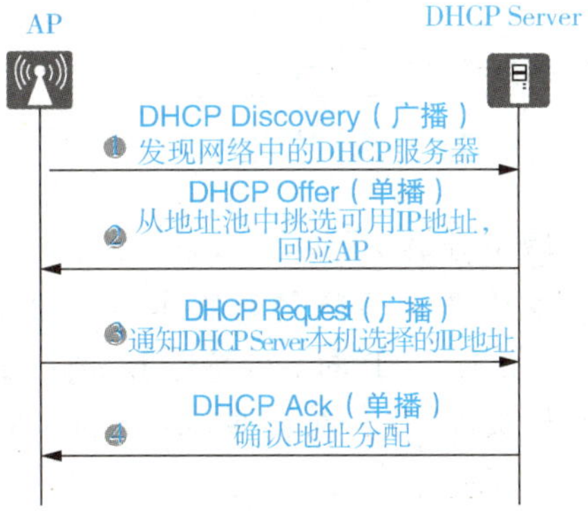

图 5-1-12　DHCP 建立过程

② Discovery 阶段(AC 发现阶段)

AP 以单播(三层组网 DHCP Option 43 获取 AC 的 IP)或广播(二层组网)的形式发送发现请求报文试图关联 AC。AC 收到 AP 的 Discovery Request 以后，会发送一个单播 Discover Response 给 AP，AP 可以通过 Discover Response 中所带的 AC 优先级或者 AC 上当前 AP 的个数等，确定与哪个 AC 建立会话。

③ DTLS 阶段(可选)

AP 与 AC 之间 DTLS connect 消息交互，该过程是可选过程，根据报文是否需要加密来决定。是否需要加密的开关在 discover response 报文中(图 5-1-13)。

IP Header	UDP Header	CAPWAP DTLS Header	DTLS Header	CAPWAP Header	Control Header	Message Ethernet	DTLS Tail

IP Header	UDP Header	CAPWAP DTLS Header	DTLS Header	CAPWAP Header	Ethernet Packet	DTLS Tail

图 5-1-13　DTLS 帧格式

④ Join in 阶段

在完成 DTLS 握手后，AC 与 AP 开始建立控制通道，AP 发送 Join Request 报文请求在 AC 上线。AC 回应的 Join Response 报文中会携带用户配置的升级版本号握手报文间隔/超时时间，控制报文优先级等信息(图 5-1-14)。

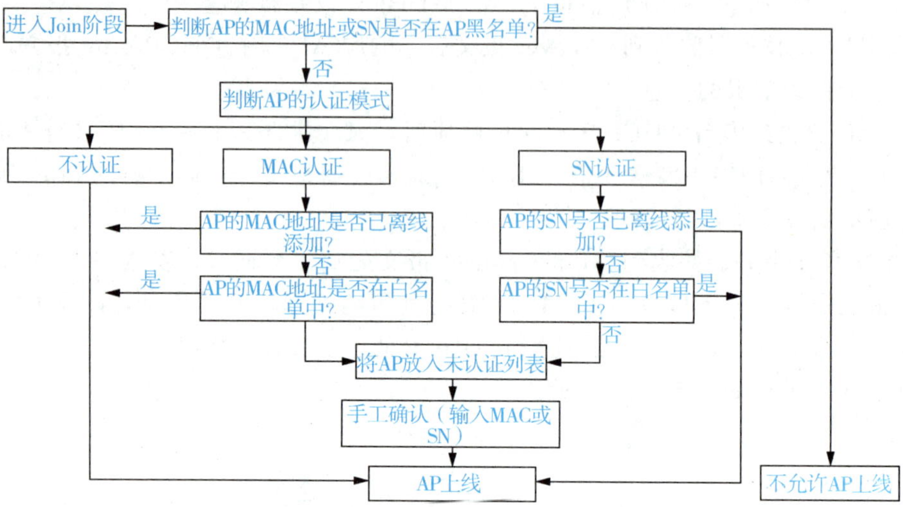

图 5-1-14　AP 认证流程图

⑤ Image Data 阶段(版本升级，版本一致跳过)

AP 根据协商参数判断当前版本是否是最新版本，如果不是最新版本，则 AP 将在 CAPWAP 隧道上开始更新软件版本，AP 向 AC 发送 Image Data Request 请求下载最新软件版本 AC 收到请求后下发软件版本，AP 在软件版本更新完成后重新启动，重复进行 AC 发现、建立 CAPWAP 隧道、加入过程。

⑥ Configuration 阶段

AP 发送 Configuration Status Request 报文(携带 AC Name，Radio 等信息)，启动等待 Configuration Status Response 报文超时定时器。AC 收到报文后，迁移状态并回应 Response 报文(目前此阶段没有下发配置，都是在 run 状态之后统一下发)；AP 收到报文后，停止等待 Response 报文超时定时器，并迁移到 Data Check 状态。

⑦ Data Check 阶段

AP 发送 Change State Event Request 报文(携带 Radio，Result Code 等信息)，并启动等待 Response 超时定时器。

AC 收到 Change State Event Request 后，迁移状态到 Data Check 并回 Response 报文(目前没有携带错误码信息)；AP 收到 Response 报文后停止等待 Response 超时定时器并迁移到 run 状态。

⑧ Run 阶段

• AP 发送 keep alive 到 AC，AC 收到 keep alive 后表示数据隧道建立

• AC 回应 keep alive，AP 进入“normal”状态，开始正常工作。

• AP 进入 Run 状态后，同时发送 echo request 报文给 AC，宣布建立好 CAPWAP 管理隧道并启动 echo 发送定时器和隧道检测超时定时器以检测管理隧道时候异常。

• 当 AC 收到 Echo Request 报文后，同样进入 Run 状态，并回应 Echo Response 报文给 AP，启动隧道超时定时器。AP 收到 Echo Response 报文后，会重设检验隧道超时的定时器。此时，AP 已经正常上线。

⑨ 配置下发阶段

AC 对 AP 的配置进行更新，当 AP 的配置需要进行更新时，AC 会向 AP 发送 configuration update request 报文。AP 接收到 AC 的请求后会向 AC 回一个 Configuration Update Response 报文 AC 收到 AP 的 Configuration Update Response 报文后，进行配置更新。

2. WLAN 关键报文

802.11 一共定义了 3 种帧类型：管理帧、控制帧、数据帧。

• 管理帧：负责监督，主要用来加入或退出无线网络，以及处理基站之间连接的转移事宜。

• 控制帧：通常与数据帧搭配使用，负责区域的清空、信道的取得以及载波监听的维护，并在收到数据时予以正面的应答，借此促进工作站间数据传输的可靠性。

• 数据帧：好比 802.11 的运输工具，负责在工作站之间传输数据。

3. STA 上线流程

CAPWAP 隧道建立完成后，用户就可以接入无线网络。STA 上线流程图如图 5-1-15 所示。

STA 接入过程分为三个阶段。

(1)扫描阶段

STA 进行扫描，定期搜索周围的无线网络，获取到周围的无线网络的信息。

① 主动扫描：STA 可以通过主动扫描，定期搜索周围的无线网络，获取到周围的无线网络信息，根据 Probe Request(探测请求)是否携带 SSID，可以将主动扫描分为两种：携带有指定 SSID 的主动扫描方式(适用于 STA 通过主动扫描接入指定的无线网络)和携带空 SSID 的主动扫描方式(适用于 STA 通过主动扫描可以获知是否存在可使用的无线服务)。

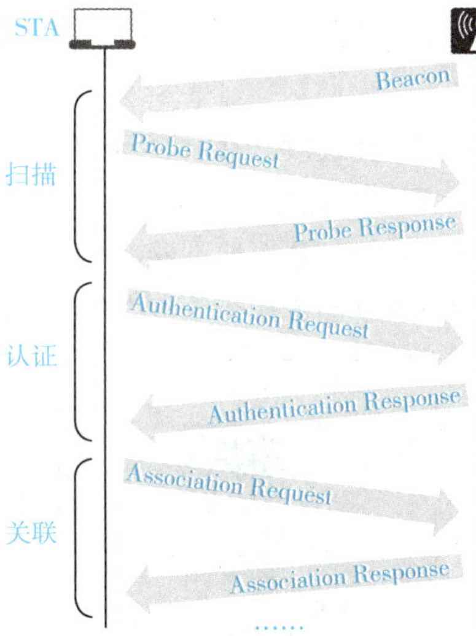

图 5-1-15　STA 上线流程图

② 被动扫描：是指 STA 被动的接收 AP 发送的 Beacon 帧，通过解析 Beacon 帧中的信息来获取当前 AP 列表。STA 在监听 Beacon 帧的时候也是会不停的切换信道，保证每个信道都能监听到。缺省状态下 AP 发送 Beacon 帧的周期为 100TUs(1TU=1024 us)

(2)认证阶段

STA 接入 WLAN 网络前需要进行终端身份验证，即链路认证。链路认证通常被认为是终端连接 AP 并访问 WLAN 的起点。802.11 链路定义了两种认证机制：开放系统认证和共享密钥认证。

① 开放系统认证：即不认证，任意 STA 都可以认证成功

② 共享密钥认证：STA 和 AP 预先配置相同的共享密钥，验证两边的密钥配置是否相同。如果一致，则认证成功；否则认证失败。

(3)关联阶段

完成链路认证后，STA 会继续发起链路服务协商，具体的协商通过 Association 报文实现终端关联过程实质上就是链路服务协商的过程，协商内容包括：支持的速率、信道等。

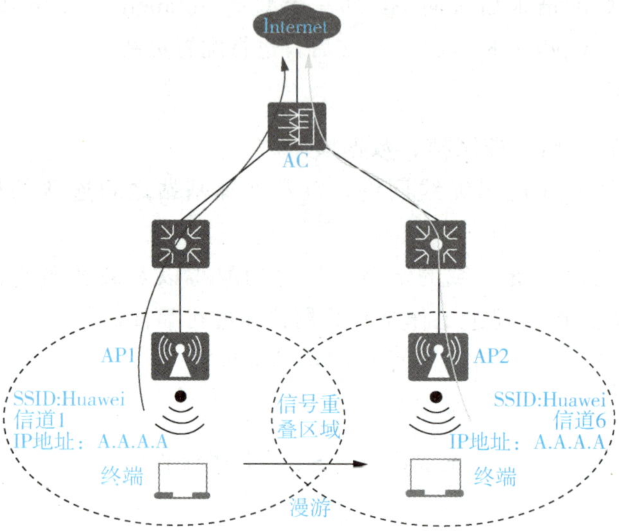

图 5-1-16　WLAN 漫游示意图

4. WLAN 用户漫游

WLAN 漫游是指 STA 在不同 AP 覆盖范围之间移动且保持用户业务不中断的行为。实现 WLAN 漫游的两个 AP 必须使用相同的 SSID 和安全模板(安全模板名称可以不同，但是安全模板下的配置必须相同)，认证模板的认证方式和认证参数也要配置相同。WLAN 漫游示意图如图 5-1-16 所示。

WLAN 漫游策略主要解决以下问题。

- 避免漫游过程中的认证时间过长导致丢包甚至业务中断。
- 保证用户授权信息不变。
- 保证用户 IP 地址不变。

(1)WLAN 的漫游类型分为二层漫游和三层漫游(图 5-1-17)。

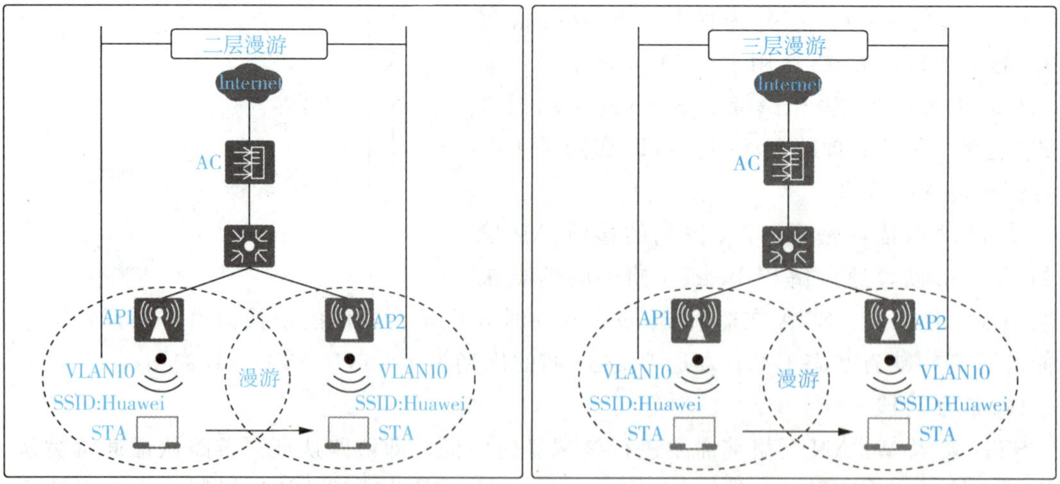

图 5-1-17　WLAN 漫游类型

① 二层漫游：1 个无线客户端在 2 个 AP(或多个 AP)之间来回切换连接无线，前提是这些 AP 都绑定的是同 1 个 SSID 并且业务 VLAN 都在同 1 个 VLAN 内(在同一个 IP 地址段)漫游切换的过程中，无线客户端的接入属性(比如无线客户端所属的业务 VLAN、获取的 IP 地址等属性)不会有任何变化，直接平滑过渡，在漫游的过程中不会有丢包和新线重

连的现象。

② 三层漫游：漫游前后 SSID 的业务 VLAN 不同，AP 所提供的业务网络为不同的三层网络对应不同的网关。此时，为保持漫游用户 IP 地址不变的特性，需要将用户流量迂回到初始接入网段的 AP，实现跨 VLAN 漫游。

(2)AC 间漫游配置介绍。

• 创建漫游组：

```
[AC-wlan-view]mobility-group name group-name
```

• 向漫游组中添加成员，此处添加的 AC 的 IP 地址为 AC 的源 IP 地址。

```
[AC-mc-mg-group-name] member { ip-address ipv4-address | ipv6-address ipv6-address } [
description description]
```

• STA 漫游后在 AC 上查看 STA 的漫游轨迹

```
< AC> display station roam-track sta-mac 28b2-bd35-4af3
```

配置漫游组时，如果指定了漫游组服务器，则需要在漫游组服务器上配置漫游组；如果没有指定漫游组服务器，则各成员 AC 均需配置漫游组。

巩固练习

一、选择题

1. 以下不属于个人无线网的是(   )。

A. 蓝牙　B. Zigbee　C. NFC　D. wifi

2. 无线局域网使用的协议标准是(   )。

A. IEEE802.3　B. IEEE802.1d　C. IEEE802.1q　D. IEEE802.11

3. 能同时工作在 2.4G 和 5G 频段的协议标准是(   )。

A. IEEE802.11a　B. IEEE802.1b　C. IEEE802.11g　D. IEEE802.11n

4. (   )是组成 WLAN 的基本单元，它包含一个固定的 AP 和多个终端。

A. BSS　B. BSA　C. ESS　D. VAP

5. 用于标识设备 AP 的身份，并把此身份标识通告给终端的是(   )。

A. BSS　B. BSSID　C. ESS　D. SSID

6. 用于标识无线网络的名称，使用户可以在终端上搜索到的是(   )。

A. BSS　B. BSSID　C. ESS　D. SSID

7. AP 设备上虚拟出来的业务功能实体，用户可以在一个 AP 上创建不同的(   )来为不同的用户群体提供无线接入服务。

A. BSS　B. BSA　C. ESS　D. VAP

8. 适合 SOHO 级小规模组网，无需借助无线控制器的无线架构为(   )。

A. FAT AP　B. FIT AP　C. 云管理架构　D. Leader AP

9. CAPWAP 协议的管理流量和数据流量基于(   )协议。

A. UDP　B. TCP　C. IP　D. OSPF

10. AC 仅对 AP 进行管理，业务数据都是由本地直接转发，称为(

A. 直通转发　　　　　　　　　B. CAPWAP 直接转发

C. CAPWAP 隧道转发　　　　　　D. 无碎片直通转发

11. AC 不但进行对 AP 管理，还作为 AP 流量的转发中枢，称为(　　)。

A. 直通转发　　　　　　　　　B. CAPWAP 直接转发

C. CAPWAP 隧道转发　　　　　　D. 无碎片直通转发

12. AP 必须获得 IP 地址才能够与 AC 通信，这也是无线网络通信的第一步。以下不属于 AP 获取 IP 地址方式的是(　　)。

A. AC 作为 DHCP 服务器分配 IP 地址

B. 三层交换机作为 DHCP 服务器分配 IP 地址

C. 在 AP 设备上手动输入 IP 地址

D. 以上都不正确

二、简答题

1. 无线网络根据应用范围分类，可以分为哪 4 类?

2. 华为无线局域网的架构有哪些?

3. 简述 AC+FIT AP 架构的优点是什么?

4. CAPWAP 协议的功能。

5. STA 的上线流程主要分为哪三个阶段?

学习目标

基本知识

(1)利用 windows 10 系统搭建点到点无线网络。

(2)利用无线路由器搭建无线网络。

任务 1　Windows 10 组建点到点无线网络

任务描述

某工作组到野外执行勘察任务，需组建一个临时的无线办公网络，以实现各工作人员的移动设备能够及时共享数据。

任务分析

在没有无线接入点的情况下，可以通过无线网卡组建点到点无线网络，以实现设备之间的互连和资源的共享。本次实验使用三台笔记本通过附带的无线网卡来组建点到点模式的网络，网络拓扑如图 5-2-1 所示。

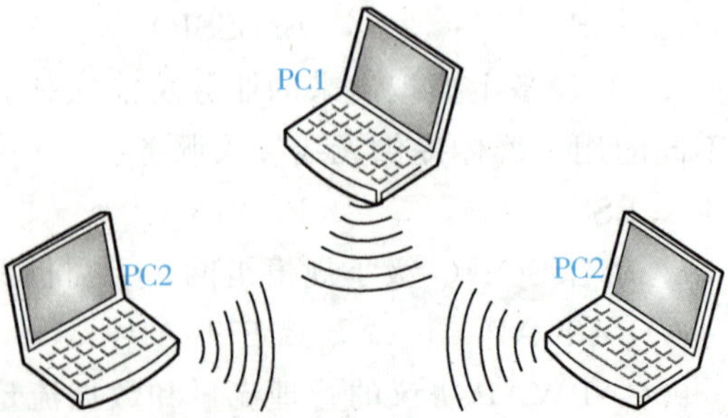

图 5-2-1　点到点网络拓扑结构

操作步骤

1. 配置 PC1 为虚拟 AP。

(1)控制面板—网络和 Internet—网络和共享中心—设置新的连接或网络，弹出设置向导。

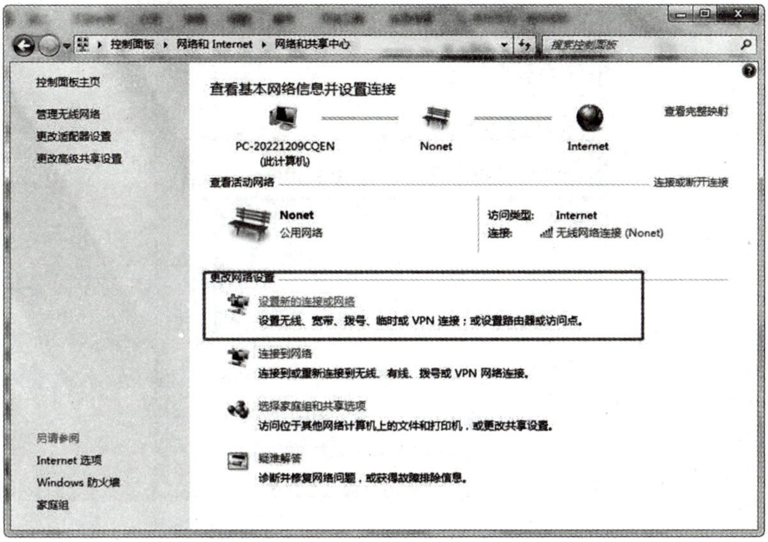

(2)设置无线临时(计算机到计算机)网络。

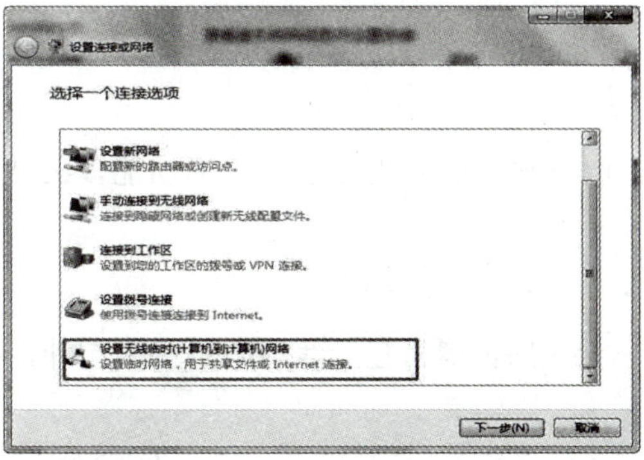

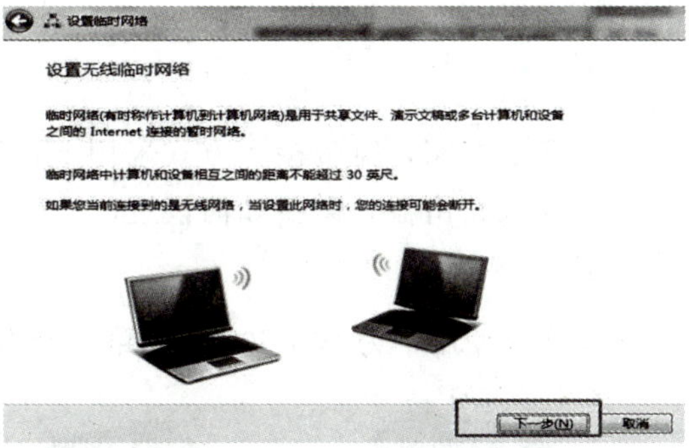

(3)设置 SSID、安全类型和密码。

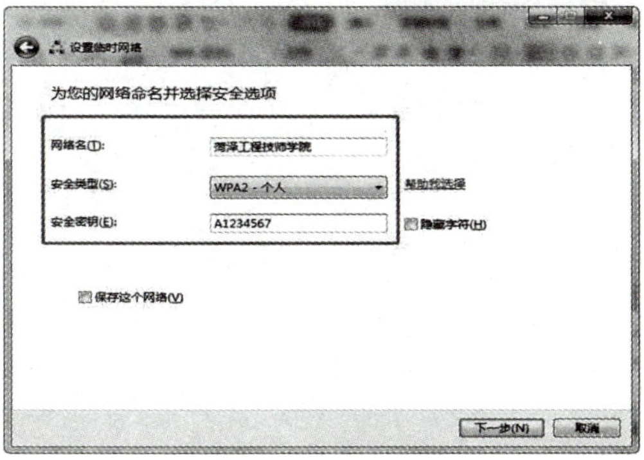

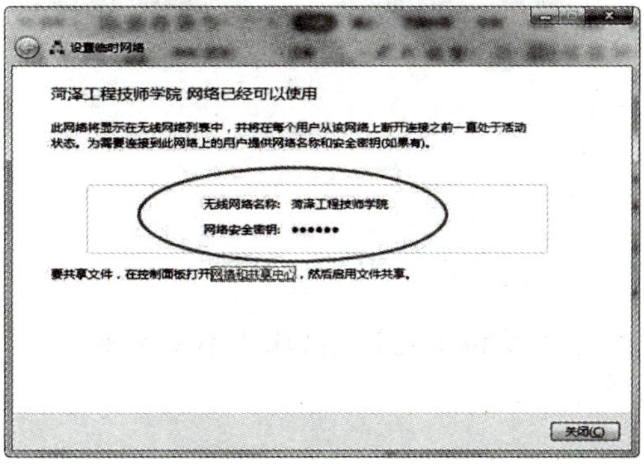

2. 将 PC2 和 PC3 加入到点到点无线网络。

任务 2　无线路由器搭建无线网络

任务描述

小王搬了新家，宽带接入方式采用 FTTH。但光猫无法实现无线上网的功能，因此新购了一台无线路由器，需要如何设置。

任务分析

本次实验使用华为 WS1502 无线路由器为例。无线路由器搭建无线网络如图 5-2-2 所示。

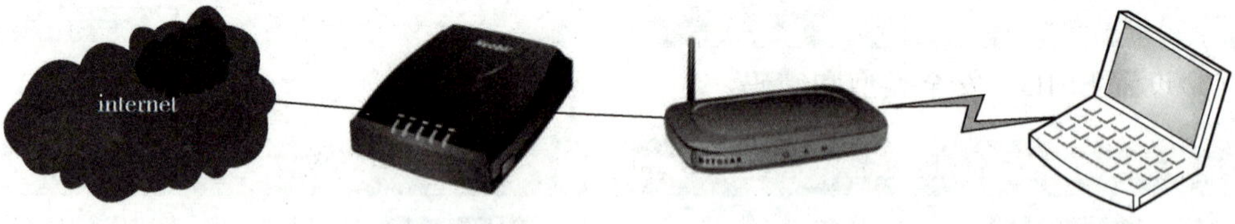

图 5-2-2　无线路由器搭建无线网络

操作步骤

1. 无线路由器连接(输入登录密码)。

2. 进入路由器配置界面。

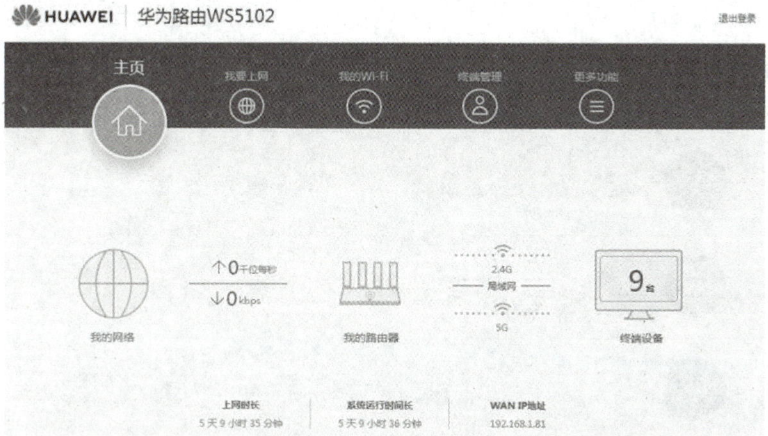

3. 无线路由器基本配置(WAN 设置)。

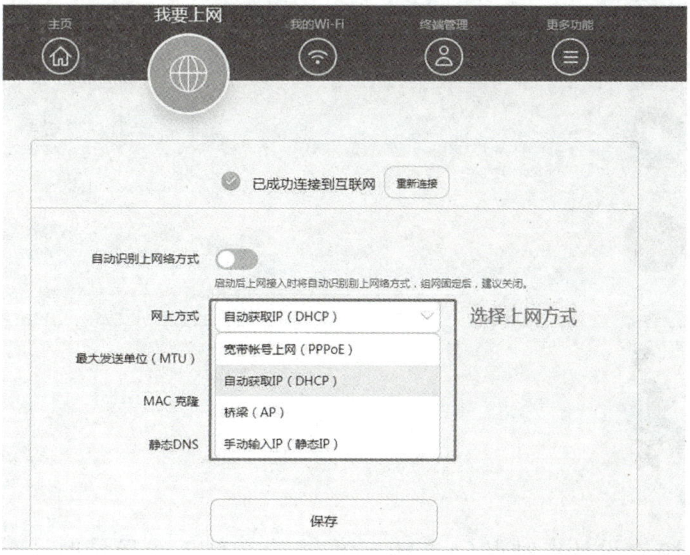

4. 无线网络设置。

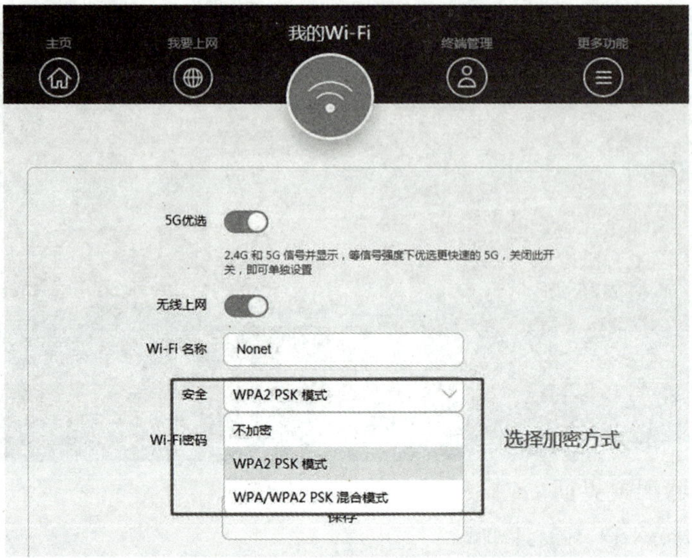

5. 查看连接的终端设备。

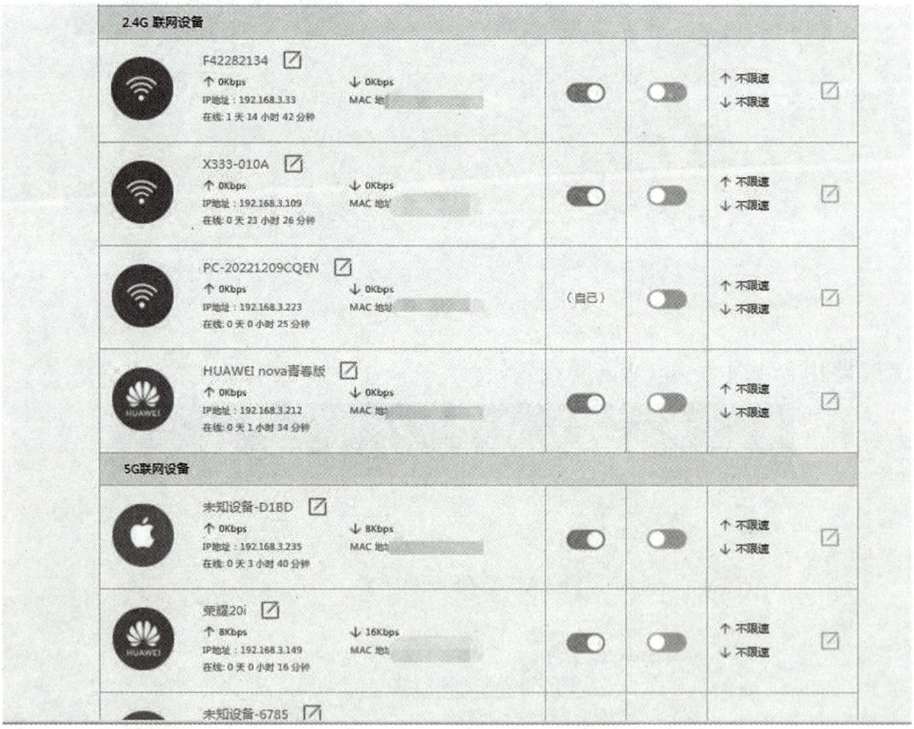

巩固练习

一、选择题

1. Windows 10 在设计点对点(Ad Hoc)模式的小型无线局域时，需要使用的设备是(　　)。

A. 无线网卡　　B. 无线路由器　　C. AP　　D. 无线网桥

2. Windows 10 组建点对点无线网络，不需要进行的网络设置是(　　)。

A. SSID 名称　　B. 开启文件共享　　C. 设置安全加密方式　D. 设置安全密码

3. 进行无线路由器组建小型无线局域网，需要设置的无线上网方式不包括(　　)。

A. DHCP　　B. 静态 IP　　C. PPPOE 拨号　　D. NAT

4. 无线路由器组建小型局域网，设置 wifi 密码的加密方式不包活(　　)。

A. 不加密　　B. WPA2 PSK

C. WPA/WPA2 PSK 混合模式　　D. WAP

二、简答题

请描述利用无线路由器组建无线局域网的步骤。

项目 2

无线 AP 在无线网络中的应用

学习目标

基本知识

(1)掌握无线 AP 的工作原理。

(2)利用无线 AP 搭建无线网络。

(3)搭建无线分布式模式无线网络。

知识点精讲

任务 1　利用 FAT AP 架构搭建基础结构模式无线网络

任务描述

某企业已经部署了有线上网方式的网络，现需要将 FAT AP 透明植入原有网络，不改变网络拓扑和周边设备的配置，为员工提供无线上网服务。

任务分析

可以搭建一个基础结构模式的无线网络，即各客户端通过无线 Wi-Fi 设备连接到无线接入点，无线接入点与有线网络互连，实现用户终端设备满足连接互联网的要求，无线业务：SSID 为 employee，密码为 huawei@123。网络拓扑如图 5-2-1 所示。

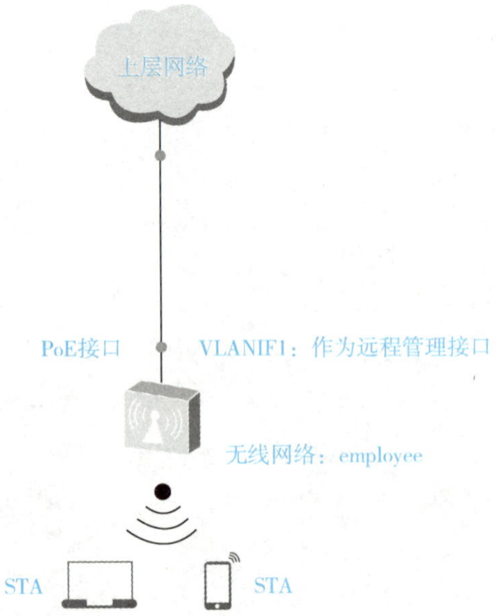

图 5-2-1　基础结构模式无线网络拓扑结构

操作步骤

1. 确认国家码：当设备空配置启动时，需要确认或者配置国家码信息。若出现以下提示信息，则输入 n 后回车确认即可(默认为中国不进行修改)。

```
Info: Current mode: Fat(working independently).
Warning: The default country code is CN.Ensure that AP radio attributes comply with laws and regula-
tions in different countries.Do you want to change the country code? [Y/N]:n
```

2. 删除“障碍”配置：设备上默认存在的部分多余配置可能会影响到透明模式后续的正常业务配置，需要进行删除。

```
< Huawei> system-view     //先从用户视图切换到系统视图再进行配置
[Huawei]undo interface VLANif 100//删除默认存在的 VLANif100 接口及其网段
```

3. 配置 WLAN 业务。

```
[AP]wlan                          //进入 WLAN 视图
[AP-wlan-view]security-profile name test     //进入默认信号的安全模板
[AP-wlan-sec-prof-test]security wpa-wpa2 psk pass-phrase hua@123 aes
                                              //设置无线密码。
[AP-wlan-sec-prof-test]quit
[AP-wlan-view]ssid-profile name test     //进入默认信号的 SSID 模板
[AP-wlan-ssid-prof-default-ssid]ssid employee     //修改 SSID 为“employee”,
[AP-wlan-ssid-prof-default-ssid]quit
[AP-wlan-view]vap-profile name test     //进入默认信号的 VAP 模板
[AP-wlan-vap-prof-test]service-vlan //修改业务 VLAN 为 1
[AP-wlan-vap-prof-test]return
```

4. 配置 WLAN 业务(可选)配置 FAT AP 的管理 IP，如果不需要远程管理 FAT AP 的话，可以跳过此步骤。

5. 确认 FAT AP 的管理 IP 信息：手工配置 IP 方式和自动获得 IP 方式。

6. 添加 FAT AP 的管理 IP 和默认网关，假设通过上面步骤确认到的信息如下。

```
• IP 地址:192.168.1.128
• 子网掩码:255.255.255.0
• 默认网关:192.168.1.1
< Huawei> system-view          //先从用户视图切换到系统视图再进行配置
[Huawei]interface VLANif1
[Huawei-VLANif1]ip address 192.168.1.128 24 sub     //为管理接口增加一个 IP 地址
[Huawei-VLANif1]quit
[Huawei]ip route-static 0.0.0.0 0 192.168.1.1     //配置默认网关(用于跨网段管理 AP)
[Huawei]return
```

注：华为 eNSP 软件中没有 FAT AP。

任务 2　利用 AC+FIT AP 架构搭建基础结构模式无线网络

任务描述

菏泽工程技师学院新建了图书馆，需要构建无线网络，实现用户无线设备的接入。

任务分析

1. 组网方式对比

二层组网和三层组网拓扑结构如图 5-2-2 所示，直连式和旁挂式组网拓扑结构如图 5-2-3 所示。

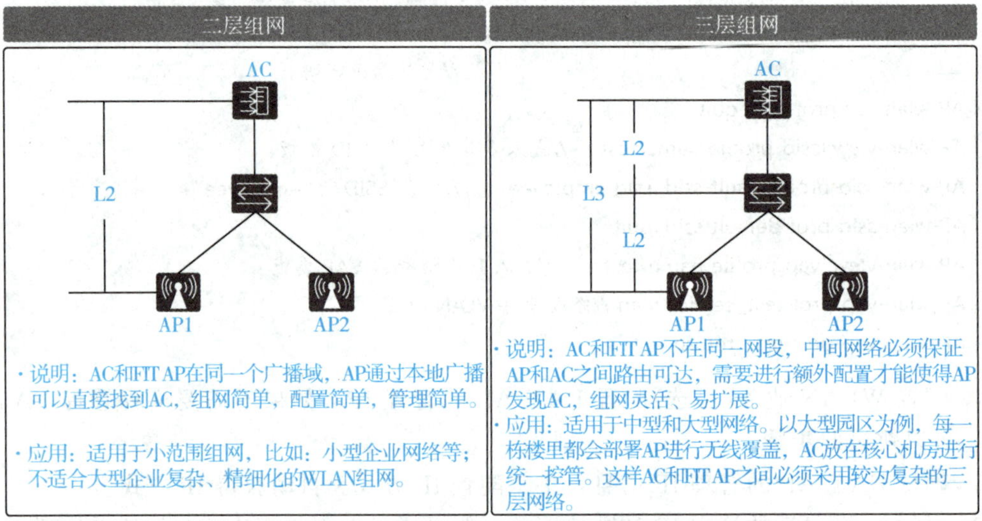
二层组网
AC
L2
AP1
AP2
· 说明：AC和FIT AP在同一个广播域，AP通过本地广播可以直接找到AC，组网简单，配置简单，管理简单。
· 应用：适用于小范围组网，比如：小型企业网络等；不适合大型企业复杂、精细化的WLAN组网。
三层组网
AC
L2
L3
L2
AP1
AP2
· 说明：AC和FIT AP不在同一网段，中间网络必须保证AP和AC之间路由可达，需要进行额外配置才能使得AP发现AC，组网灵活、易扩展。
· 应用：适用于中型和大型网络。以大型园区为例，每一栋楼里都会部署AP进行无线覆盖，AC放在核心机房进行统一控管。这样AC和FIT AP之间必须采用较为复杂的三层网络。

图 5-2-2　二层组网和三层组网拓扑结构

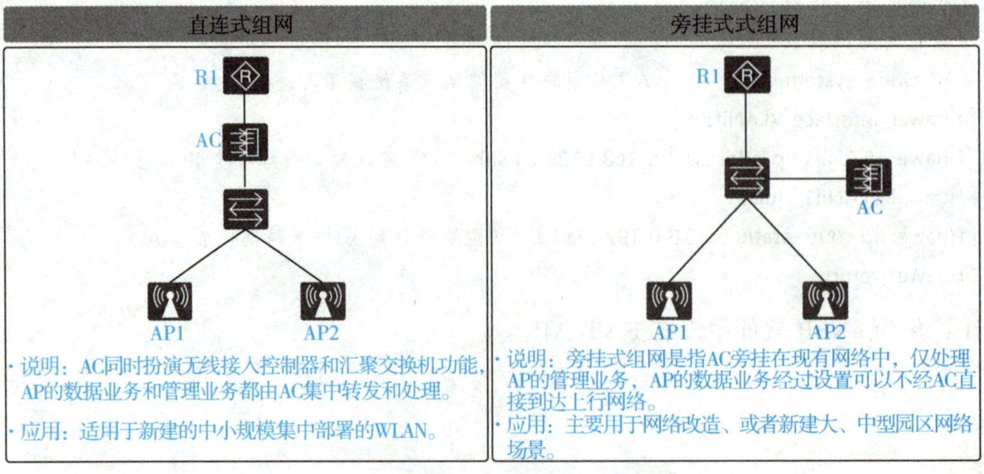
直连式组网
R1
AC
AP1
AP2
· 说明：AC同时扮演无线接入控制器和汇聚交换机功能，AP的数据业务和管理业务都由AC集中转发和处理。
· 应用：适用于新建的中小规模集中部署的WLAN。
旁挂式式组网
R1
AC
AP1
AP2
· 说明：旁挂式组网是指AC旁挂在现有网络中，仅处理AP的管理业务，AP的数据业务经过设置可以不经AC直接到达上行网络。
· 应用：主要用于网络改造、或者新建大、中型园区网络场景。

图 5-2-3　直连式和旁挂式组网拓扑结构

2. 无线局域网中的 VLAN 规划

WLAN 中的 VLAN 主要分为两类：管理 VLAN 和业务 VLAN。

- 管理 VLAN：负责传输 CAPWAP 隧道转发的报文，包括管理报文和 CAPWAP 隧道转发的业务数据报文。
- 业务 VLAN：负责传输业务数据报文。

在进行 VLAN 规划需要注意以下原则。

- 管理 VLAN 和业务 VLAN 分离。
- 业务 VLAN 应根据实际业务需要与 SSID 匹配映射关系。

在实际业务需求中，有时为了实现无线网络的覆盖，不同区域用户只使用同一个 SSID，而无需更换无线信号，但有的业务需求则需要不同区域使用不同转发策略，因此，VLAN 和 SSID 有以下四种对应关系：

（1）SSID/VLAN＝1/1

企业需对区域 A 和区域 B 进行 WLAN 看盖，希望用户搜索到的 WLAN 只有一个 SSID，并采用相同的数据转发控制策略，则 SSID 和 VLAN 都只需要规划。

（2）SSID/VLAN＝1/N

企业需对区域 A 和区域 B 进行 WLAN 覆盖，希望用户搜索到的 WLAN 只有一个 SSID，同时需要采用不同的数据转发控制策略，则可规划一个 SSID，两个 VLAN 对应不同区域。此时，SSID/VLAN＝1/2。

SSID/VLAN＝1/1 和 1/2 对比图，如图 5-2-4 所示。

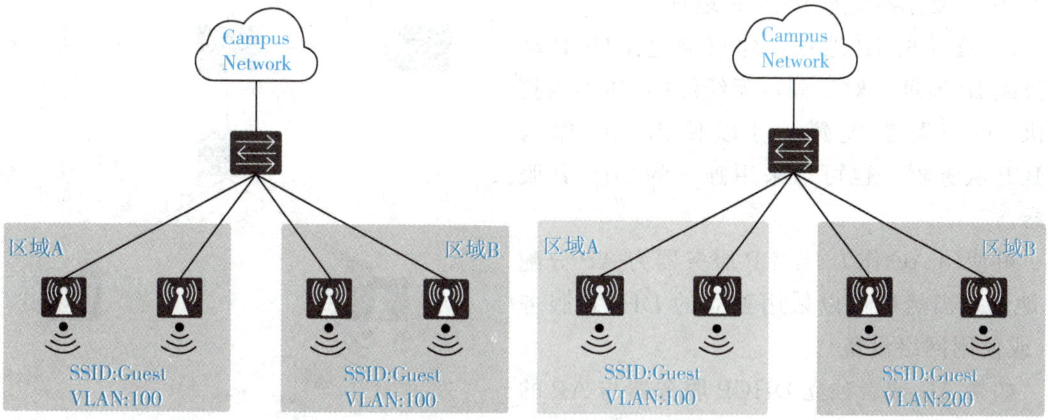

图 5-2-4　SSID/VLAN＝1/1 和 1/2 对比图

（3）SSID/VLAN＝N/1

企业需对区域 A 和区域 B 进行 WLAN 看盖，希望用户搜索到 WLAN 即可了解地点信息等，但可采用相同的数据转发控制策略，则可规划两个 SSID，同一个 VLAN。此时，SSID/VLAN＝2/1。

（4）SSID/VLAN＝N/M

企业需对区域 A 和区域 B 进行 WLAN 覆盖，希望用户搜索到 WLAN 即可了解地点信息等，同时需要采用不同的数据转发控制策路，则可规划两个 SSID 两个 VLAN。此时，SSID/VLAN＝2/2。

SSID/VLAN=N/1 和 N/M 对比图如图 5-2-5 所示

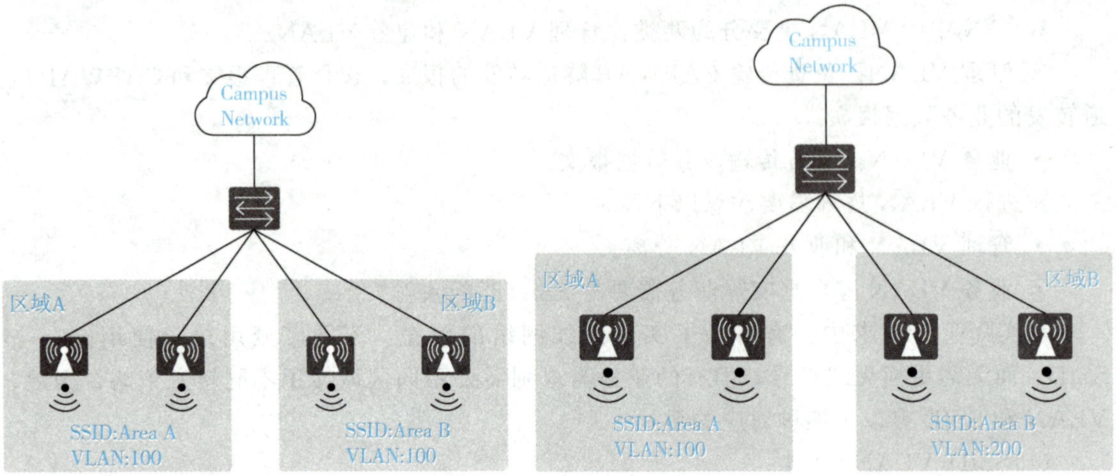

图 5-2-5　SSID/VLAN=N/1 和 N/M 对比图

3. 无线局域网中的 IP 地址规划(图 5-2-6)

(1)AC 的源 IP 地址：用于管理 AP，一般通过静态手工配置。

(2) AP 的 IP 地址：用于和 AC 进行 CAPWAP 通信，由于 AP 数量较多，一般使用 DHCP 服务器动态分配 IP 地址。

(3)终端的 IP 地址：建议通过 DHCP 动态分配 IP 地址，对于固定无线终端(如无线打印机)可以静态配置。可以使用 AC 作为 DHCP 服务器，也可以采用独立的 DHCP 服务器。

可使用 AC 作为 DHCP 服务器为 AP 分配 IP 地址，当然也可以采用独立的 DHCP 服务器(或使用网络设备)。

如果 AC 或者独立 DHCP 服务器与 AP 的中间网络是三层网络，则中间网络需要配置 DHCP 中继，并且保证两者之间路由可达。

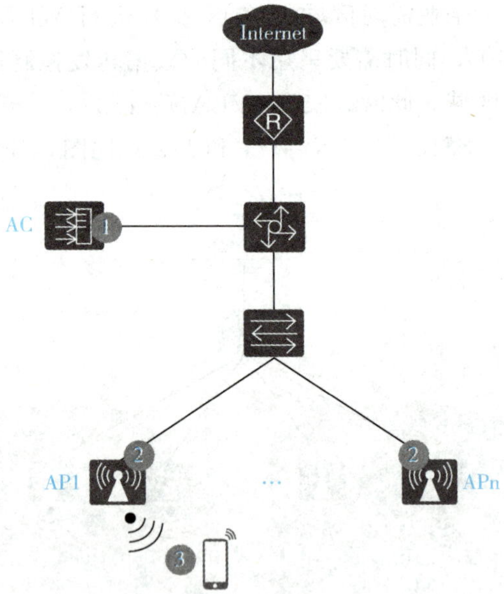

图 5-2-6　无线局域网中的 IP 地址规划

4. AC 可靠性

在 AC+FIT AP 架构的 WLAN 网络中，所有 AP 由 AC 通过 CAPWAP 隧道统一管理和下发配置。一旦 AC 出现故障，AC 和所有 AP 之间的 CAPWAP 隧道断开，AP 掉线用户搜索不到 WLAN 信号。该网络下所有 WLAN 用户无法上网。AC 单点故障如图 5-2-7 所示。

华为无线控制器为了解决 AC 的单点故障问题，通常采用 VRRP 双机热备、双链路双机热备和 N+1 备份三种方法。

(1)VRRP 双机热备(图 5-2-8)

两台 AC 组成一个 VRRP 组，主、备 AC 对 AP 始终显示为同一个虚拟 IP 地址，主 AC 通过 Hot Standby(HSB)主备通道同步业务信息到备 AC 上。

两台 AC 通过 VRRP 协议产生一台“虚拟 AC”，缺省情况下，主 AC 担任虚拟 AC 的具体工作，当主 AC 故障时，备 AC 接替其工作。所有 AP 与“虚拟 AC”建立 CAPWAP 隧道。AP 只看到一个 AC 的存在，AC 间的切换由 VRRP 决定。这种方式一般将主备 AC 部署在同一地理位置，和其他备份方式比较，其业务切换速度非常快。

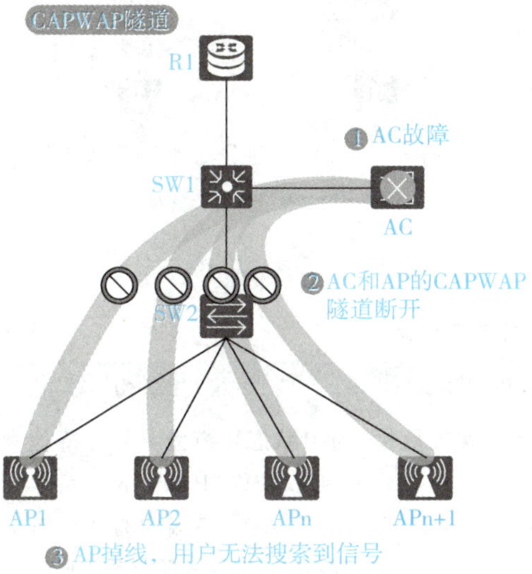

图 5-2-7　AC 单点故障

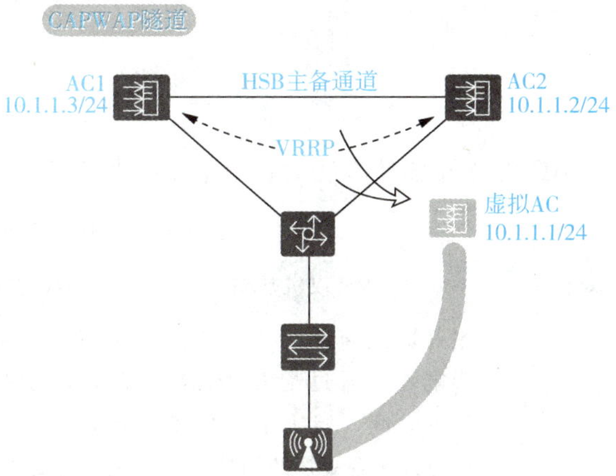

图 5-2-8　VRRP 双机热备

注：热备份(Hot Standby，HSB)是华为主备公共机制。主备服务(HSB service)：建立和维护备通道，为各个备业务模块提供通道通断事件和报文发送/接收接口。主备备份组(HSB group)：HSB 备份组内部绑定 HSB service 为各个主备业务模块提供数据备份通道。HSB 备份组与一个 VRRP 实例绑定，借用 VRRP 机制协商出主备实例。同时，HSB 备份组还负责通知各个业务模块处理批量备份、实时备份、主备切换等事件。

(2)双链路双机热备(图 5-2-9)

AP 同时与主备 AC 之间分别建立 CAPWAP 隧道，AC 间的业务信息通过 HSB 主备通道同步。当 AP 和主 AC 间链路断开，AP 会通知备 AC 切换成主 AC。通过 AC 优先级确立主备 AC。AC 优先级相同的情况下，根据 AC 负载(AP 和 STA 个数)确立主备 AC。

(3)N+1 备份(图 5-2-10)

使用一台 AC 作为备 AC，为多台主 AC 提供备份服务。网络正常情况下，AP 只与各自所属的主 AC 建立 CAPWAP 隧道当主 AC 故障或主 AC 与 AP 间 CAPWAP 链路故障时，备 AC 替代主 AC 来管理 AP，备 AC 与 AP 间建立 CAPWAP 链路，为 AP 提供业务服务。支持主备倒换，支持主备回切。

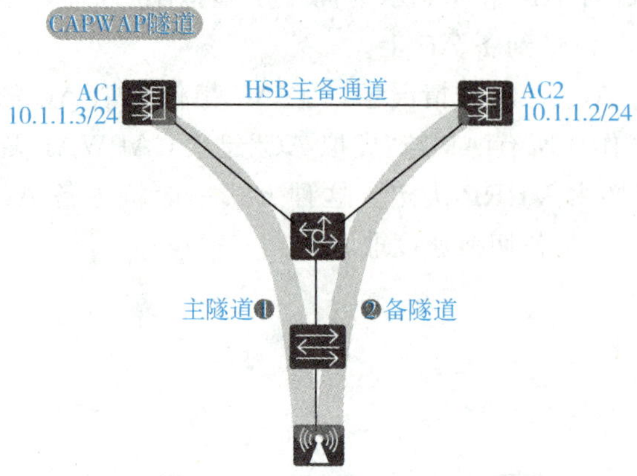

图 5-2-9　双链路双机热备

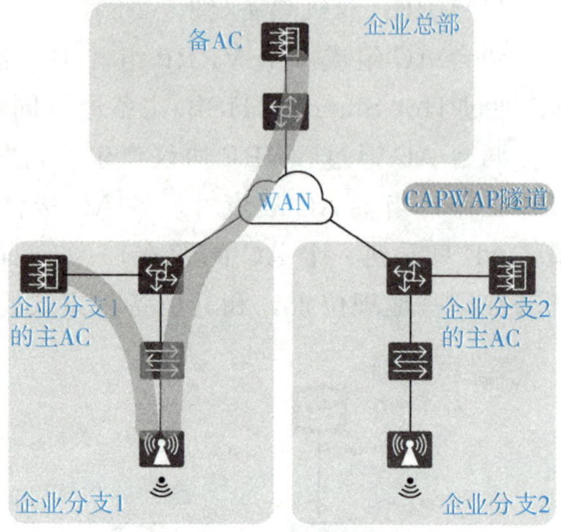

图 5-2-10　N+1 备份

AC 可靠性各种方法对比如表 5-2-1 所示。

表 5-2-1　AC 可靠性各种方法对比

对比项	VRRP 双机热备	双链路双机热备	N+1 备份
切换速度	主备切换速度快，对业务影响小。通过配置 VRRP 抢占时间，相比于其他备份方式实现更快的切换	AP 状态切换慢，需等待检测到 CAPWAP 断链超时后才会切换，主备切换后终端不需要重新上线	AP 状态切换慢，需等待检测到 CAPWAP 断链超时后才会切换 AP、终端均需要重新上线，业务会出现短暂中断
主备 AC 异地部署	VRRP 协议是二层协议，不支持主备 AC 异地部署	支持	支持
适用范围	对可靠性要求高，且无须异地部署主备 AC 的场景	对可靠性要求高，且要求异地部署要求较高的场景	对可靠性要求较低，对成本控制要求较高的场景

5. WLAN 配置模板

为了方便用户配置和维护 WLAN 的各个功能，针对 WLAN 的不同功能和特性设计了各种类型的模板，这些模板统称为 WLAN 模板。各个 WLAN 模板间存在着相互引用的关系，通过了解这些引用关系，明确 WLAN 模板的引用关系配置思路，便于用户顺利完成 WLAN 模板的配置。AC 模板图如图 5-3-11 所示。

6. WLAN 基本业务配置流程

WLAN 基本业务配置流程如图 5-3-12 所示。

(1)创建 AP 组。

(2)配置网络互通。

(3)配置 AC 系统参数。

(4)配置 AC 为 FIT AP 下发 WLAN 业务

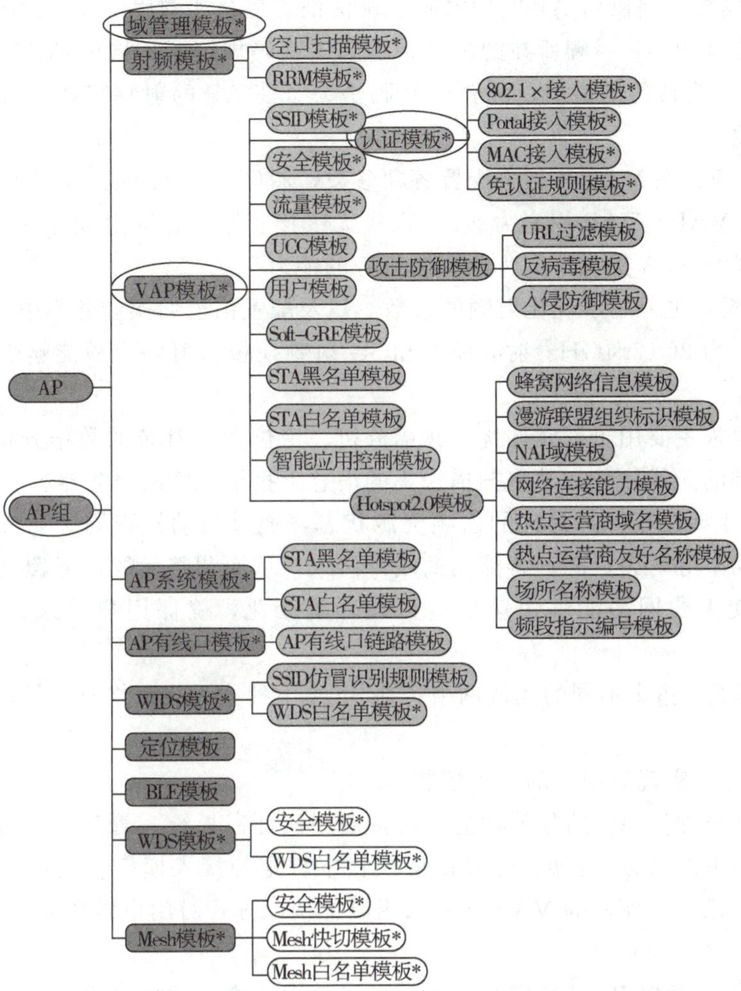

图 5-3-11　AC 模板图

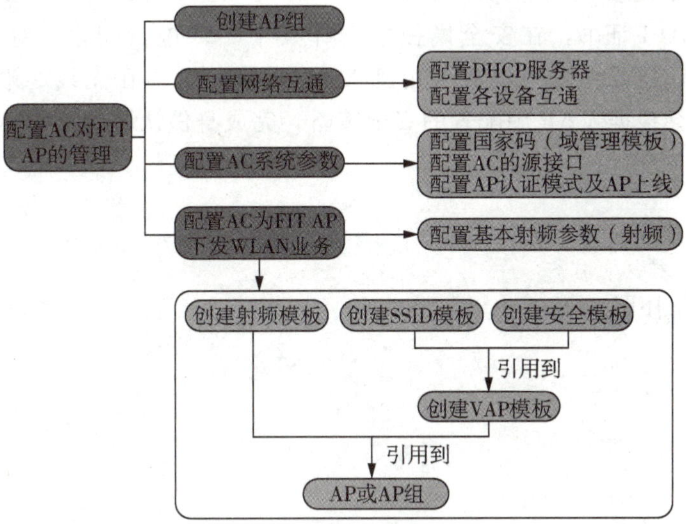

图 5-3-12　AP、STA 上线流程

• 域管理模板：提供对 AP 的国家码、调优信道集合和调优带宽等的配置。

国家码用来标识 AP 射频所在的国家，不同国家码规定了不同的 AP 射频特性，包括 AP 的发送功率、支持的信道等。配置国家码是为了使 AP 的射频特性符合不同国家或区域的法律法规要求。

• VAP 模板：在 VAP 模板下配置各项参数，然后在 AP 组或 AP 中引用 VAP 模板，AP 上就会生成 VAP，VAP 用来为 STA 提供无线接入服务。通过配置 VAP 模板下的参数，使 AP 实现为 STA 提供不同无线业务服务的能力。

• 射频模板：主要用于优化射频的参数，以及配置信道切换业务不中断功能。

射频模板分为 2G(2.4GHz)射频模板和 5G 射频模板。射频模板能够引用空口扫描模板和 RRM 模板。

空口扫描模板主要用于射频调优、频谱分析、定位和 WIDS 的数据分析，通过 AP 周期性地扫描周围的无线信号，并将扫描采集的信息上报给 AC 或服务器。

RRM 模板主要用于保持最优的射频资源状态，通过自动检查周边无线环境、动态调整信道和发射功率等射频资源、智能均衡用户接入，从而调整无线信号覆盖范围，降低射频信号干扰，使无线网络能够快速适应无线环境变化，确保用户接入无线网络的服务质量。

• SSID 模板：指定不同的无线网络。在 STA 上搜索无线网络时，显示出来的网络名称就是 SSID。

• 认证模板：实现对用户的接入控制。

为便于管理员配置 AC 的相关功能，设备使用认证模板统一管理 AC 的配置信息。通过配置认证模板下的参数(例如：配置认证模板下绑定的接入模板，确定认证模板的认证方式；之后应用该认证模板的 VAP 模板采用以上认证方式对用户做认证)，实现对不同的用户进行不同的接入控制。

• 安全模板：配置 WLAN 安全策略，可以对无线终端进行身份验证，对用户的报文进行加密，保护 WLAN 网络和用户的安全。

WLAN 安全策略支持开放认证、WEP、WPA/WPA2-PSK、WPA/WPA2-802.1X、WAPI-PSK 和 WAPI-证书，在安全模板中选择其中一种进行配置。对于无线终端接入 WLAN 网络业务，需要将安全模板引用到 VAP 模板，这样在无线终端通过 SSID 接入 WLAN 网络时，会根据 VAP 中配置的安全策略，完成身份认证后接入 WLAN 网络。

操作步骤

实验一：二层直连组网(适用于小型企业)

1. 绘制网络拓扑图。

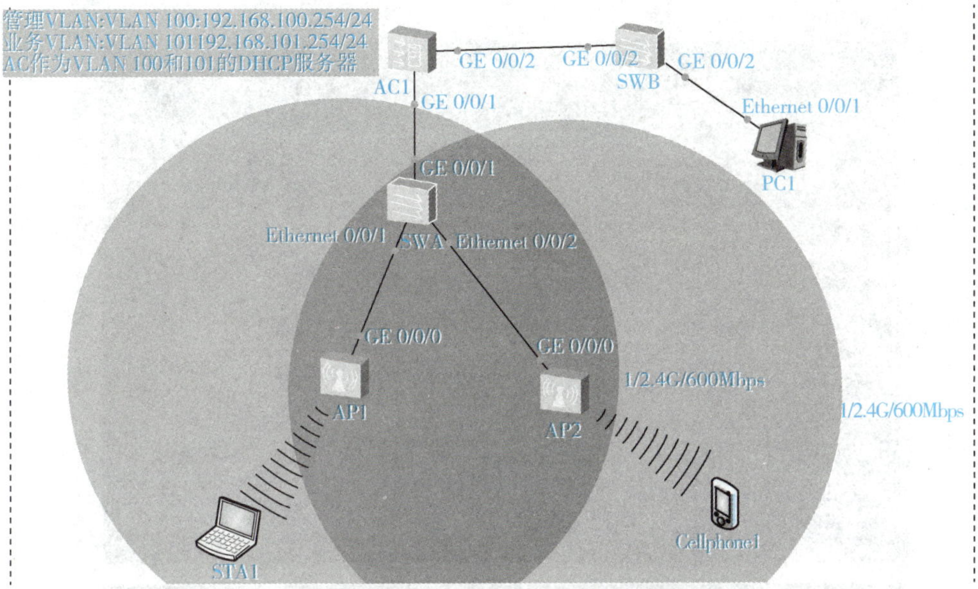

2. SW 基本配置。

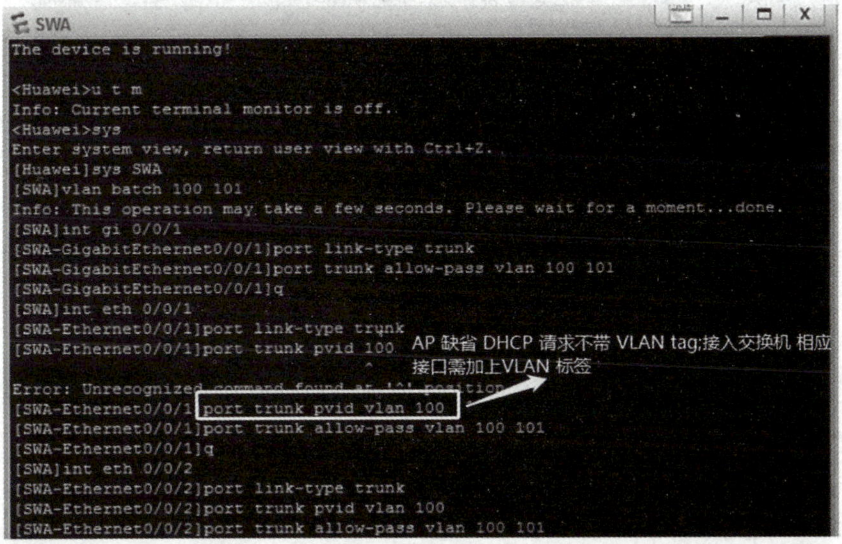

```
SWA
The device is running!

<Huawei>u t m
Info: Current terminal monitor is off.
<Huawei>sys
Enter system view, return user view with Ctrl+Z.
[Huawei]sys SWA
[SWA]vlan batch 100 101
Info: This operation may take a few seconds. Please wait for a moment...done.
[SWA]int gi 0/0/1
[SWA-GigabitEthernet0/0/1]port link-type trunk
[SWA-GigabitEthernet0/0/1]port trunk allow-pass vlan 100 101
[SWA-GigabitEthernet0/0/1]q
[SWA]int eth 0/0/1
[SWA-Ethernet0/0/1]port link-type trunk
[SWA-Ethernet0/0/1]port trunk pvid 100
                                  ^
Error: Unrecognized command found at '^' position.
[SWA-Ethernet0/0/1]port trunk pvid vlan 100
[SWA-Ethernet0/0/1]port trunk allow-pass vlan 100 101
[SWA-Ethernet0/0/1]q
[SWA]int eth 0/0/2
[SWA-Ethernet0/0/2]port link-type trunk
[SWA-Ethernet0/0/2]port trunk pvid vlan 100
[SWA-Ethernet0/0/2]port trunk allow-pass vlan 100 101
```


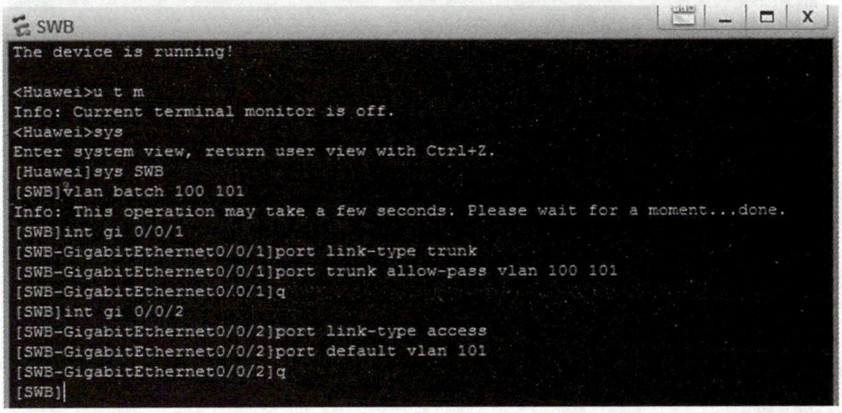

```
SWB
The device is running!

<Huawei>u t m
Info: Current terminal monitor is off.
<Huawei>sys
Enter system view, return user view with Ctrl+Z.
[Huawei]sys SWB
[SWB]vlan batch 100 101
Info: This operation may take a few seconds. Please wait for a moment...done.
[SWB]int gi 0/0/1
[SWB-GigabitEthernet0/0/1]port link-type trunk
[SWB-GigabitEthernet0/0/1]port trunk allow-pass vlan 100 101
[SWB-GigabitEthernet0/0/1]q
[SWB]int gi 0/0/2
[SWB-GigabitEthernet0/0/2]port link-type access
[SWB-GigabitEthernet0/0/2]port default vlan 101
[SWB-GigabitEthernet0/0/2]q
[SWB]
```

3. AC 基本配置(VLAN、DHCP，注意进入 vlan100 和 101，开启全局 dhcp)。

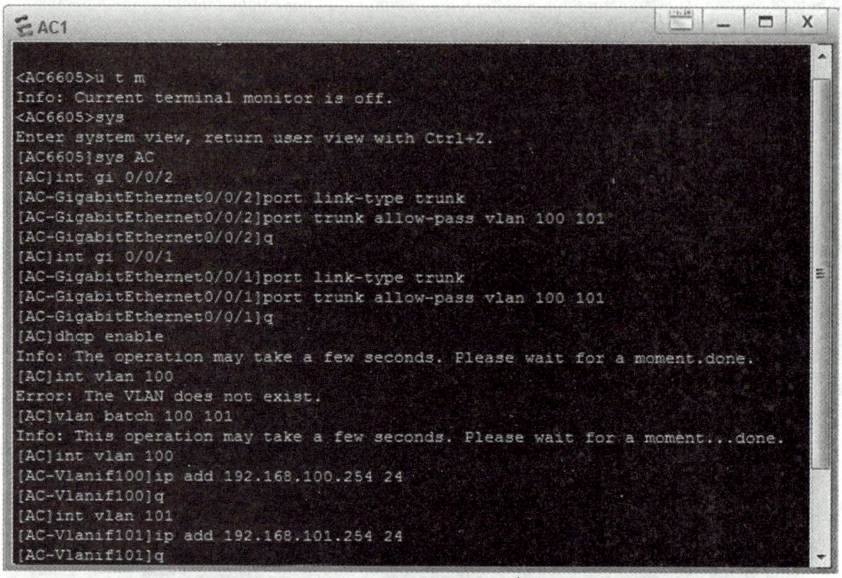

```
AC1
<AC6605>u t m
Info: Current terminal monitor is off.
<AC6605>sys
Enter system view, return user view with Ctrl+Z.
[AC6605]sys AC
[AC]int gi 0/0/2
[AC-GigabitEthernet0/0/2]port link-type trunk
[AC-GigabitEthernet0/0/2]port trunk allow-pass vlan 100 101
[AC-GigabitEthernet0/0/2]q
[AC]int gi 0/0/1
[AC-GigabitEthernet0/0/1]port link-type trunk
[AC-GigabitEthernet0/0/1]port trunk allow-pass vlan 100 101
[AC-GigabitEthernet0/0/1]q
[AC]dhcp enable
Info: The operation may take a few seconds. Please wait for a moment.done.
[AC]int vlan 100
Error: The VLAN does not exist.
[AC]vlan batch 100 101
Info: This operation may take a few seconds. Please wait for a moment...done.
[AC]int vlan 100
[AC-Vlanif100]ip add 192.168.100.254 24
[AC-Vlanif100]q
[AC]int vlan 101
[AC-Vlanif101]ip add 192.168.101.254 24
[AC-Vlanif101]q
```

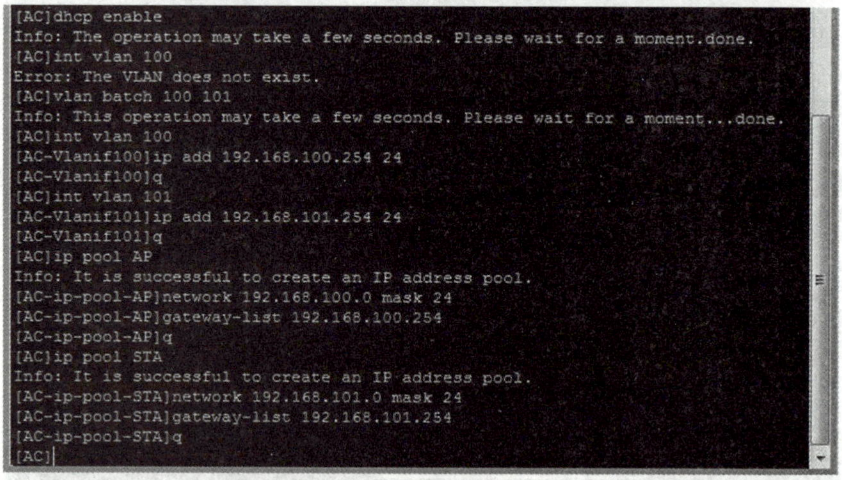

```
[AC]dhcp enable
Info: The operation may take a few seconds. Please wait for a moment.done.
[AC]int vlan 100
Error: The VLAN does not exist.
[AC]vlan batch 100 101
Info: This operation may take a few seconds. Please wait for a moment...done.
[AC]int vlan 100
[AC-Vlanif100]ip add 192.168.100.254 24
[AC-Vlanif100]q
[AC]int vlan 101
[AC-Vlanif101]ip add 192.168.101.254 24
[AC-Vlanif101]q
[AC]ip pool AP
Info: It is successful to create an IP address pool.
[AC-ip-pool-AP]network 192.168.100.0 mask 24
[AC-ip-pool-AP]gateway-list 192.168.100.254
[AC-ip-pool-AP]q
[AC]ip pool STA
Info: It is successful to create an IP address pool.
[AC-ip-pool-STA]network 192.168.101.0 mask 24
[AC-ip-pool-STA]gateway-list 192.168.101.254
[AC-ip-pool-STA]q
[AC]
```

4. 配置 AP 上线(AP 组、域管理模板、CAPWAP 隧道、认证方式)。

(1)创建 AP 组：ap-group1。

(2)配置域管理模板：heze。

(3)在 AP 组中引用域管理模板。

(4)配置 CAPWAP 隧道。

(5)配置 AP1 和 AP2，认证方式为 mac 认证。

(6)在 WLAN 视图中查看 AP 信息(display AP all)。

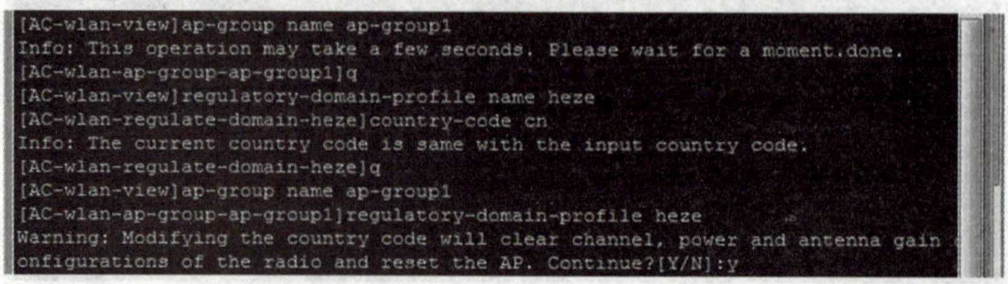

```
[AC-wlan-view]ap-group name ap-group1
Info: This operation may take a few seconds. Please wait for a moment.done.
[AC-wlan-ap-group-ap-group1]q
[AC-wlan-view]regulatory-domain-profile name heze
[AC-wlan-regulate-domain-heze]country-code cn
Info: The current country code is same with the input country code.
[AC-wlan-regulate-domain-heze]q
[AC-wlan-view]ap-group name ap-group1
[AC-wlan-ap-group-ap-group1]regulatory-domain-profile heze
Warning: Modifying the country code will clear channel, power and antenna gain
onfigurations of the radio and reset the AP. Continue?[Y/N]:y
```

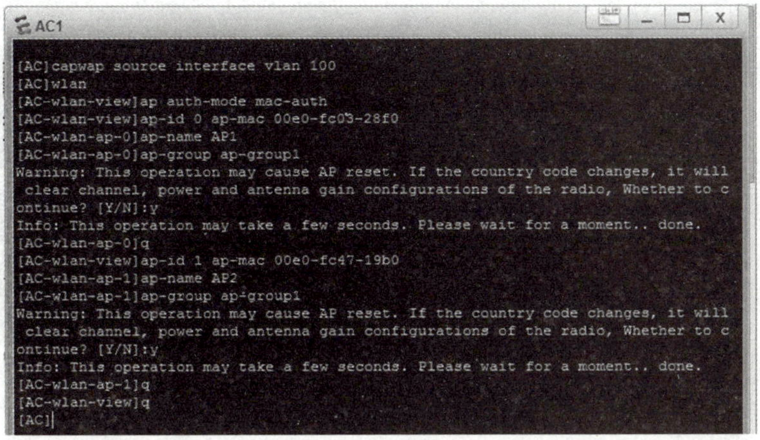
AC1
[AC]capwap source interface vlan 100
[AC]wlan
[AC-wlan-view]ap auth-mode mac-auth
[AC-wlan-view]ap-id 0 ap-mac 00e0-fc03-28f0
[AC-wlan-ap-0]ap-name AP1
[AC-wlan-ap-0]ap-group ap-group1
Warning: This operation may cause AP reset. If the country code changes, it will
clear channel, power and antenna gain configurations of the radio, Whether to c
ontinue? [Y/N]:y
Info: This operation may take a few seconds. Please wait for a moment.. done.
[AC-wlan-ap-0]q
[AC-wlan-view]ap-id 1 ap-mac 00e0-fc47-19b0
[AC-wlan-ap-1]ap-name AP2
[AC-wlan-ap-1]ap-group ap-group1
Warning: This operation may cause AP reset. If the country code changes, it will
clear channel, power and antenna gain configurations of the radio, Whether to c
ontinue? [Y/N]:y
Info: This operation may take a few seconds. Please wait for a moment.. done.
[AC-wlan-ap-1]q
[AC-wlan-view]q
[AC]

5. 配置 WLAN 业务参数。

(1)配置安全模板(security psk 命令用来配置 WPA/WPA2 的预共享密钥认证和加密)。

(2)配置 SSID 模板(创建名为:“SSID”的 SSID 模板,并配置 SSID 名称为“SSID_name”)。

(3)配置 VAP 模板。

(4)引用 VAP 模板,配置 AP 组引用 VAP 模板,AP 上射频 0 和射频 1 都使用 VAP 模板“VAP”的配置。

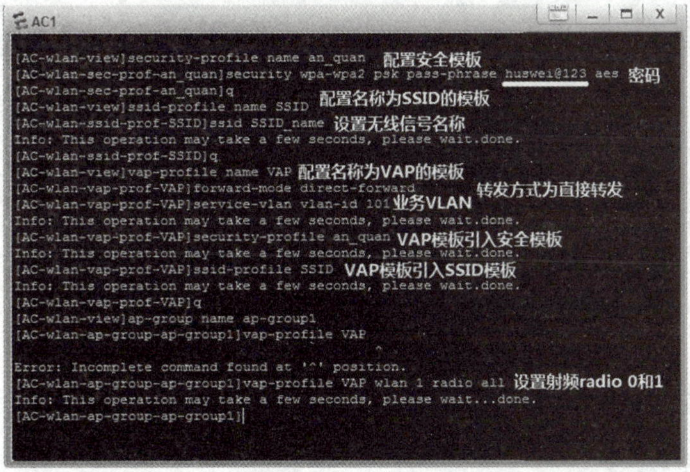
AC1
[AC-wlan-view]security-profile name an_quan
配置安全模板
[AC-wlan-sec-prof-an_quan]security wpa-wpa2 psk pass-phrase huswei@123 aes
密码
[AC-wlan-sec-prof-an_quan]q
[AC-wlan-view]ssid-profile name SSID
配置名称为SSID的模板
[AC-wlan-ssid-prof-SSID]ssid SSID_name
设置无线信号名称
Info: This operation may take a few seconds, please wait.done.
[AC-wlan-ssid-prof-SSID]q
[AC-wlan-view]vap-profile name VAP
配置名称为VAP的模板
[AC-wlan-vap-prof-VAP]forward-mode direct-forward
转发方式为直接转发
[AC-wlan-vap-prof-VAP]service-vlan vlan-id 101
业务VLAN
Info: This operation may take a few seconds, please wait.done.
[AC-wlan-vap-prof-VAP]security-profile an_quan
VAP模板引入安全模板
Info: This operation may take a few seconds, please wait.done.
[AC-wlan-vap-prof-VAP]ssid-profile SSID
VAP模板引入SSID模板
Info: This operation may take a few seconds, please wait.done.
[AC-wlan-vap-prof-VAP]q
[AC-wlan-view]ap-group name ap-group1
[AC-wlan-ap-group-ap-group1]vap-profile VAP
Error: Incomplete command found at '^' position.
[AC-wlan-ap-group-ap-group1]vap-profile VAP wlan 1 radio all
设置射频radio 0和1
Info: This operation may take a few seconds, please wait...done.
[AC-wlan-ap-group-ap-group1]

6. 结果验证。

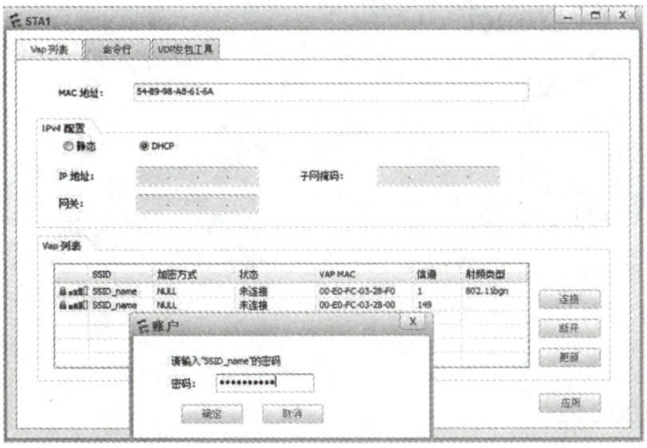
STA1
Vap列表
命令行
UDP发包工具
MAC 地址:
54-89-98-A8-61-6A
IPv4 配置
静态
DHCP
IP 地址:
子网掩码:
网关:
Vap 列表
SSID
加密方式
状态
VAP MAC
信道
射频类型
SSID_name
NULL
未连接
00-E0-FC-03-28-F0
1
802.11bgn
SSID_name
NULL
未连接
00-E0-FC-03-28-00
149
账户
请输入"SSID_name"的密码
密码:
确定
取消
连接
断开
更新
应用

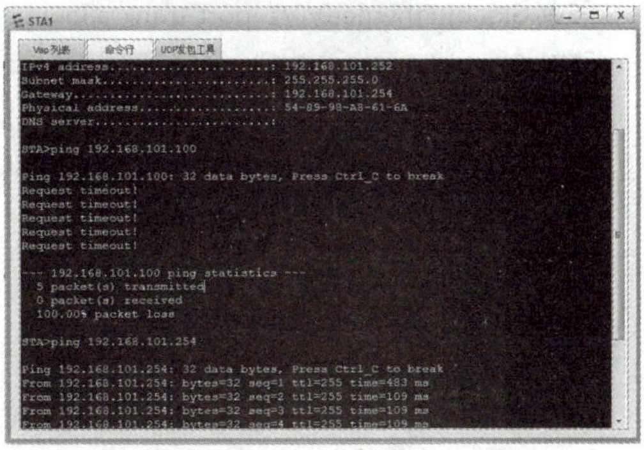
STA1
Vap列表
命令行
UDP发包工具
IPv4 address.......................: 192.168.101.252
Subnet mask........................: 255.255.255.0
Gateway............................: 192.168.101.254
Physical address...................: 54-89-98-A8-61-6A
DNS server.........................:
STA>ping 192.168.101.100
Ping 192.168.101.100: 32 data bytes, Press Ctrl_C to break
Request timeout!
Request timeout!
Request timeout!
Request timeout!
Request timeout!
--- 192.168.101.100 ping statistics ---
5 packet(s) transmitted
0 packet(s) received
100.00% packet loss
STA>ping 192.168.101.254
Ping 192.168.101.254: 32 data bytes, Press Ctrl_C to break
From 192.168.101.254: bytes=32 seq=1 ttl=255 time=483 ms
From 192.168.101.254: bytes=32 seq=2 ttl=255 time=109 ms
From 192.168.101.254: bytes=32 seq=3 ttl=255 time=109 ms

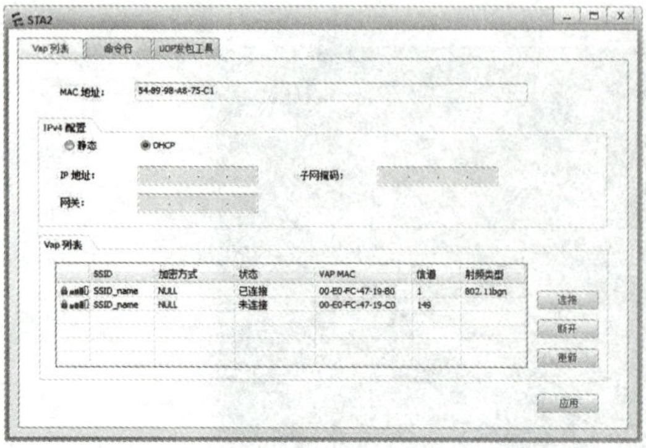

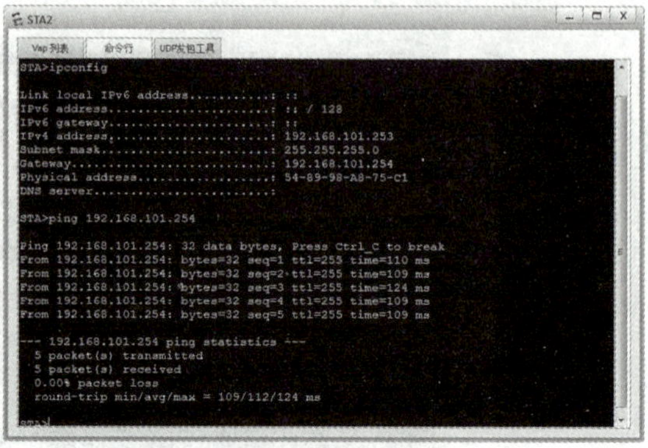

实验二：二层旁挂组网

1. 绘制网络拓扑图。

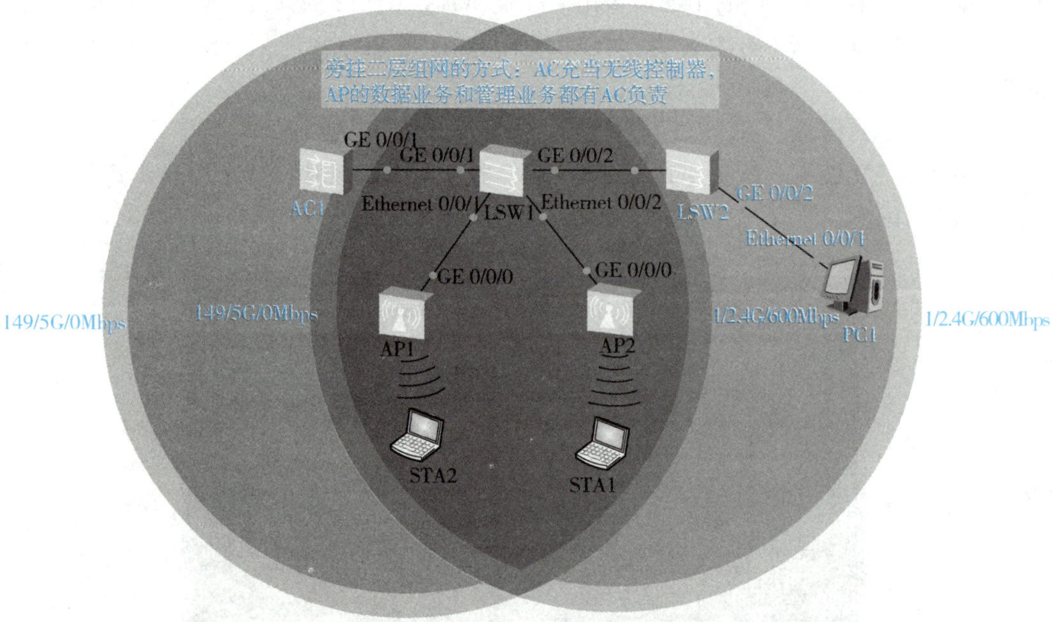

2. SW 基本配置。

```
[SW]int gi 0/0/1
[SW-GigabitEthernet0/0/1]port link-type trunk
[SW-GigabitEthernet0/0/1]port trunk allow-pass VLAN 100 101
[SW-GigabitEthernet0/0/1]q
[SW]int gi 0/0/2
[SW-GigabitEthernet0/0/2]port link-type trunk
[SW-GigabitEthernet0/0/2]port trunk allow-pass VLAN 100 101
[SW-GigabitEthernet0/0/2]q
[SW]int eth 0/0/1
[SW-Ethernet0/0/1]port link-type trunk
[SW-Ethernet0/0/1]port trunk allow-pass VLAN 100 101
[SW-Ethernet0/0/1]port trunk pvid VLAN 100
```

```
[SW-Ethernet0/0/1]q
[SW]int eth 0/0/2
[SW-Ethernet0/0/2]port link-type trunk
[SW-Ethernet0/0/2]port trunk pvid VLAN 100
[SW-Ethernet0/0/2]port trunk allow-pass VLAN 100 101
[SW-Ethernet0/0/2]q
[SW]int VLAN 101
[SW-VLANif101]ip address 192.168.101.254 24
[SW]ip pool sta
[SW-ip-pool-sta]network 192.168.101.0 mask 24
[SW-ip-pool-sta]gateway-list 192.168.101.254
[SW-ip-pool-sta]dns 8.8.8.8
[SW-ip-pool-sta]q
[SW]int VLAN 101
[SW-VLANif101]dhcp select global
[SW-VLANif101]q
[Huawei]sys SW2
[SW2]VLAN batch 100 101
[SW2]int gi 0/0/1
[SW2-GigabitEthernet0/0/1]port link-type trunk
[SW2-GigabitEthernet0/0/1]port trunk allow-pass VLAN 100 101
[SW2-GigabitEthernet0/0/1]q
[SW2]int gi 0/0/2
[SW2-GigabitEthernet0/0/2]port link-type access
[SW2-GigabitEthernet0/0/2]port default VLAN 100
[SW2-GigabitEthernet0/0/2]q
```

3. AC 基本配置。

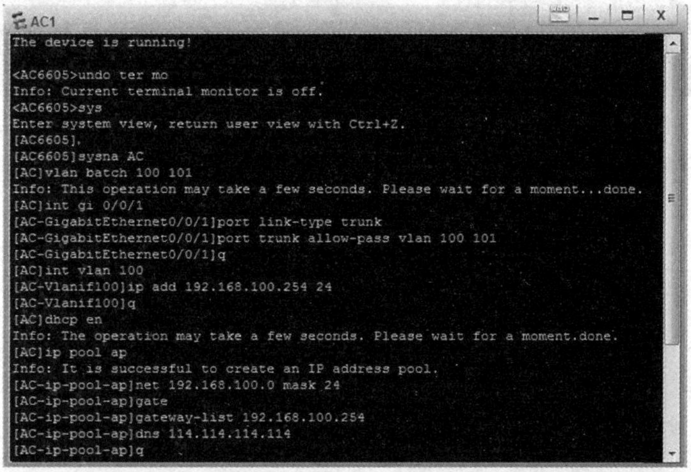

```
AC1
The device is running!

<AC6605>undo ter mo
Info: Current terminal monitor is off.
<AC6605>sys
Enter system view, return user view with Ctrl+Z.
[AC6605].
[AC6605]sysna AC
[AC]vlan batch 100 101
Info: This operation may take a few seconds. Please wait for a moment...done.
[AC]int gi 0/0/1
[AC-GigabitEthernet0/0/1]port link-type trunk
[AC-GigabitEthernet0/0/1]port trunk allow-pass vlan 100 101
[AC-GigabitEthernet0/0/1]q
[AC]int vlan 100
[AC-Vlanif100]ip add 192.168.100.254 24
[AC-Vlanif100]q
[AC]dhcp en
Info: The operation may take a few seconds. Please wait for a moment.done.
[AC]ip pool ap
Info: It is successful to create an IP address pool.
[AC-ip-pool-ap]net 192.168.100.0 mask 24
[AC-ip-pool-ap]gate
[AC-ip-pool-ap]gateway-list 192.168.100.254
[AC-ip-pool-ap]dns 114.114.114.114
[AC-ip-pool-ap]q
```

```
[AC-Vlanif100]dhcp select global
[AC-Vlanif100]q
```

4. 配置 AP 上线。

(1)创建 AP 组：ap-group1。

(2)配置域管理模板：heze。

(3)在 AP 组中引用域管理模板。

(4)配置 CAPWAP 隧道。

(5)配置 AP1 和 AP2，认证方式为不认证。

(6)在 WLAN 视图中查看 AP 信息(display AP all)。

```
AC1
[AC]wlan
[AC-wlan-view]ap-group name ap-group1
Info: This operation may take a few seconds. Please wait for a moment.done.
[AC-wlan-ap-group-ap-group1]q
[AC-wlan-view]regulatory-domain-profile name heze
[AC-wlan-regulate-domain-heze]country-code cn
Info: The current country code is same with the input country code.
[AC-wlan-regulate-domain-heze]q
[AC-wlan-view]ap-group name ap-group1
[AC-wlan-ap-group-ap-group1]regulatory-domain-profile heze
Warning: Modifying the country code will clear channel, power and antenna gain c
onfigurations of the radio and reset the AP. Continue?[Y/N]:y
[AC-wlan-ap-group-ap-group1]return
```

```
AC1
[AC]capwap source interface vlan 100
[AC]wlan
[AC-wlan-view]ap auth-mode ?
  mac-auth  MAC authenticated mode, default authenticated mode
  no-auth   No authenticated mode
  sn-auth   SN authenticated mode
[AC-wlan-view]ap auth-mode no-auth
Warning: It is insecure to configure none authentication mode.
[AC-wlan-view]ap-id 0
[AC-wlan-ap-0]ap-name AP1
[AC-wlan-ap-0]ap-group ap-group1
Warning: This operation may cause AP reset. If the country code changes, it will
 clear channel, power and antenna gain configurations of the radio, Whether to c
ontinue? [Y/N]:y
Info: This operation may take a few seconds. Please wait for a moment.. done.
[AC-wlan-ap-0]q
[AC-wlan-view]ap-id 1
[AC-wlan-ap-1]ap-name AP2
[AC-wlan-ap-1]ap-group ap-group1
Warning: This operation may cause AP reset. If the country code changes, it will
 clear channel, power and antenna gain configurations of the radio, Whether to c
ontinue? [Y/N]:y
Info: This operation may take a few seconds. Please wait for a moment.. done.
[AC-wlan-ap-1]
```

5. 配置 WLAN 业务参数。

(1)配置安全模板(security psk 命令用来配置 WPA/WPA2 的预共享密钥认证和加密)。

(2)配置 SSID 模板(创建名为："SSID"的 SSID 模板，并配置 SSID 名称为"SSID_NAME")。

(3)配置 VAP 模板。

(4)引用 VAP 模板，配置 AP 组引用 VAP 模板，AP 上射频 0 和射频 1 都使用 VAP 模板"VAP"的配置。

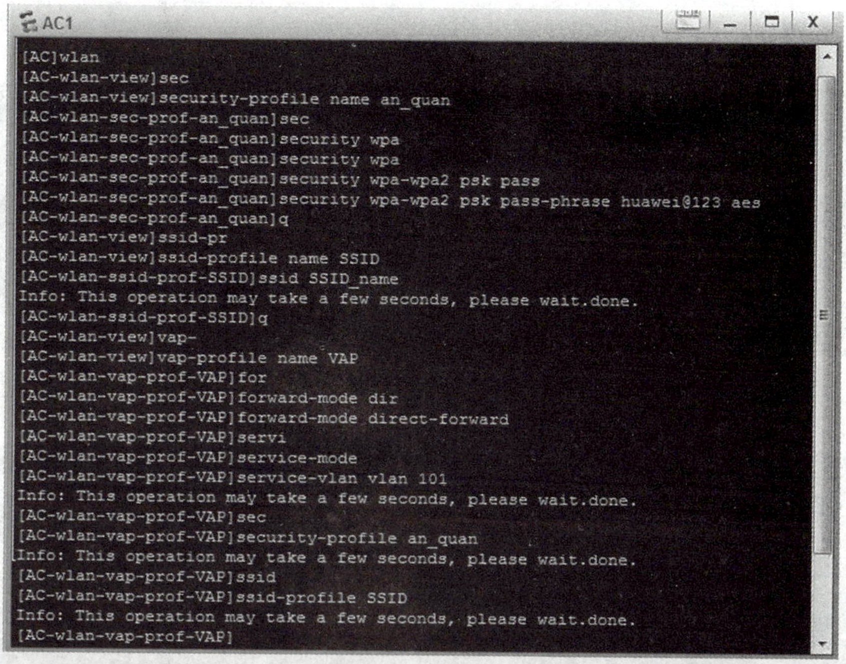

```
[AC]wlan
[AC-wlan-view]sec
[AC-wlan-view]security-profile name an_quan
[AC-wlan-sec-prof-an_quan]sec
[AC-wlan-sec-prof-an_quan]security wpa
[AC-wlan-sec-prof-an_quan]security wpa
[AC-wlan-sec-prof-an_quan]security wpa-wpa2 psk pass
[AC-wlan-sec-prof-an_quan]security wpa-wpa2 psk pass-phrase huawei@123 aes
[AC-wlan-sec-prof-an_quan]q
[AC-wlan-view]ssid-pr
[AC-wlan-view]ssid-profile name SSID
[AC-wlan-ssid-prof-SSID]ssid SSID_name
Info: This operation may take a few seconds, please wait.done.
[AC-wlan-ssid-prof-SSID]q
[AC-wlan-view]vap-
[AC-wlan-view]vap-profile name VAP
[AC-wlan-vap-prof-VAP]for
[AC-wlan-vap-prof-VAP]forward-mode dir
[AC-wlan-vap-prof-VAP]forward-mode direct-forward
[AC-wlan-vap-prof-VAP]servi
[AC-wlan-vap-prof-VAP]service-mode
[AC-wlan-vap-prof-VAP]service-vlan vlan 101
Info: This operation may take a few seconds, please wait.done.
[AC-wlan-vap-prof-VAP]sec
[AC-wlan-vap-prof-VAP]security-profile an_quan
Info: This operation may take a few seconds, please wait.done.
[AC-wlan-vap-prof-VAP]ssid
[AC-wlan-vap-prof-VAP]ssid-profile SSID
Info: This operation may take a few seconds, please wait.done.
[AC-wlan-vap-prof-VAP]
```

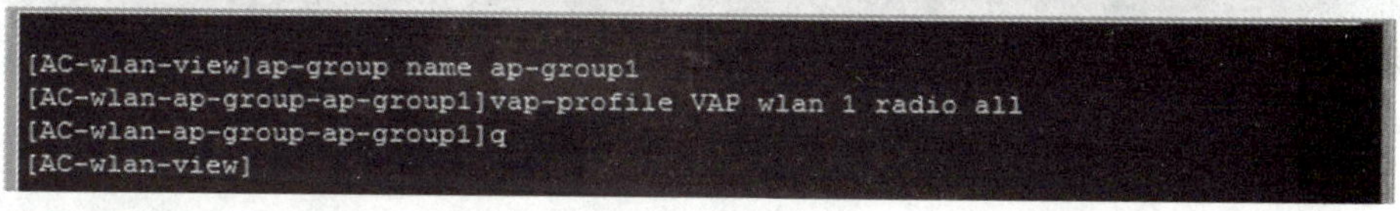

```
[AC-wlan-view]ap-group name ap-group1
[AC-wlan-ap-group-ap-group1]vap-profile VAP wlan 1 radio all
[AC-wlan-ap-group-ap-group1]q
[AC-wlan-view]
```

6. 结果验证。

(1)使用无线终端接入到 SSID 为“SSID _ name”的无线信号，查看 STA 获取的 IP 地址。

(2)在 STA 连接的同时，在 AC 上使用命令：display station all 查看 STA 信息。

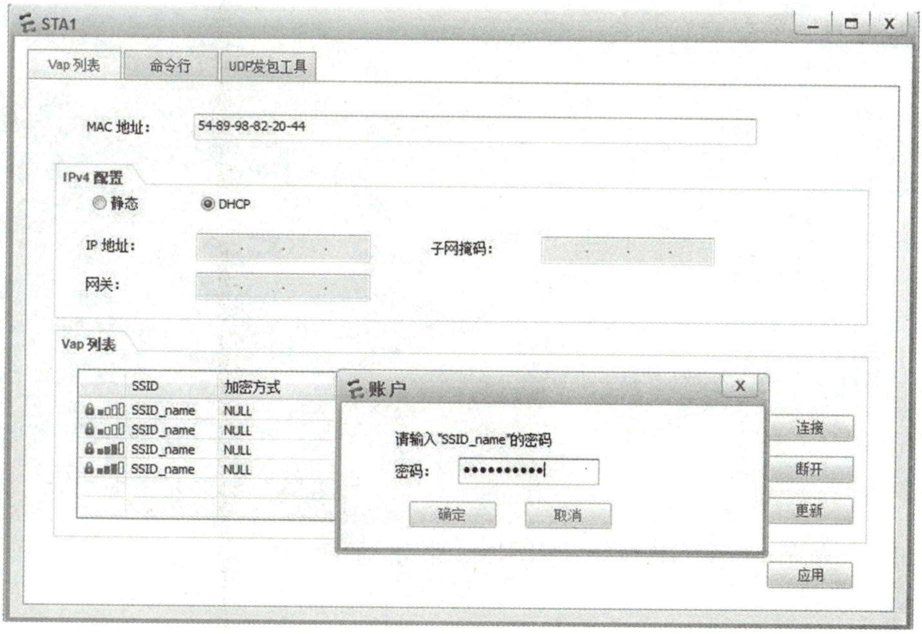

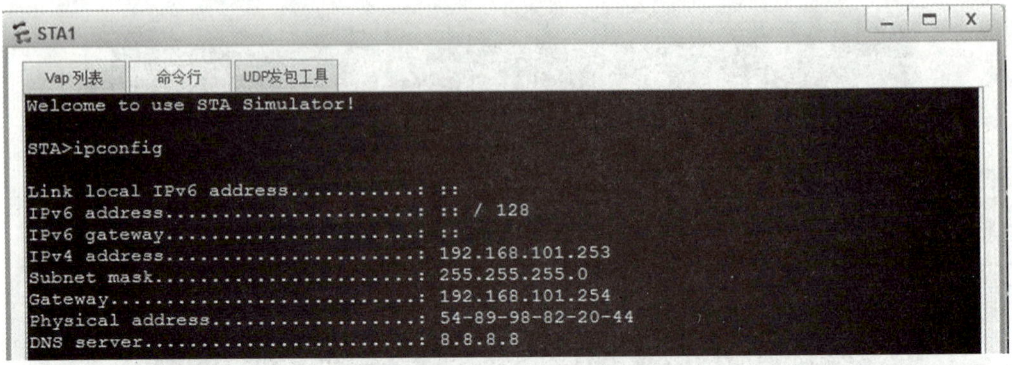

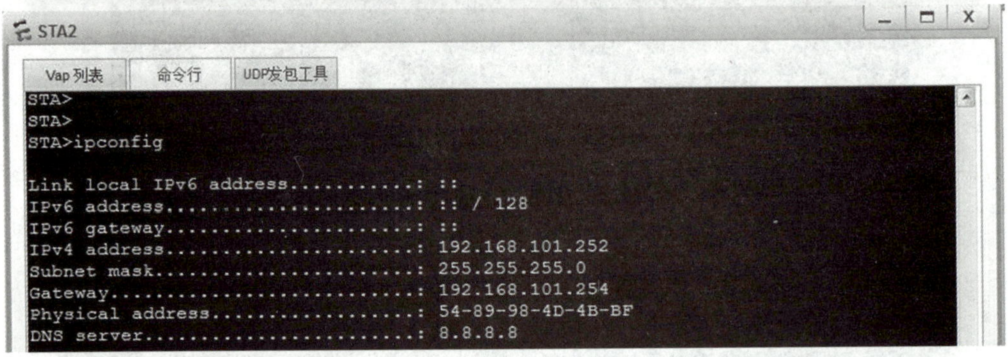

实验三：三层旁挂组网(将 WLAN 分为员工网络和访客网络)

1. 绘制网络拓扑图。

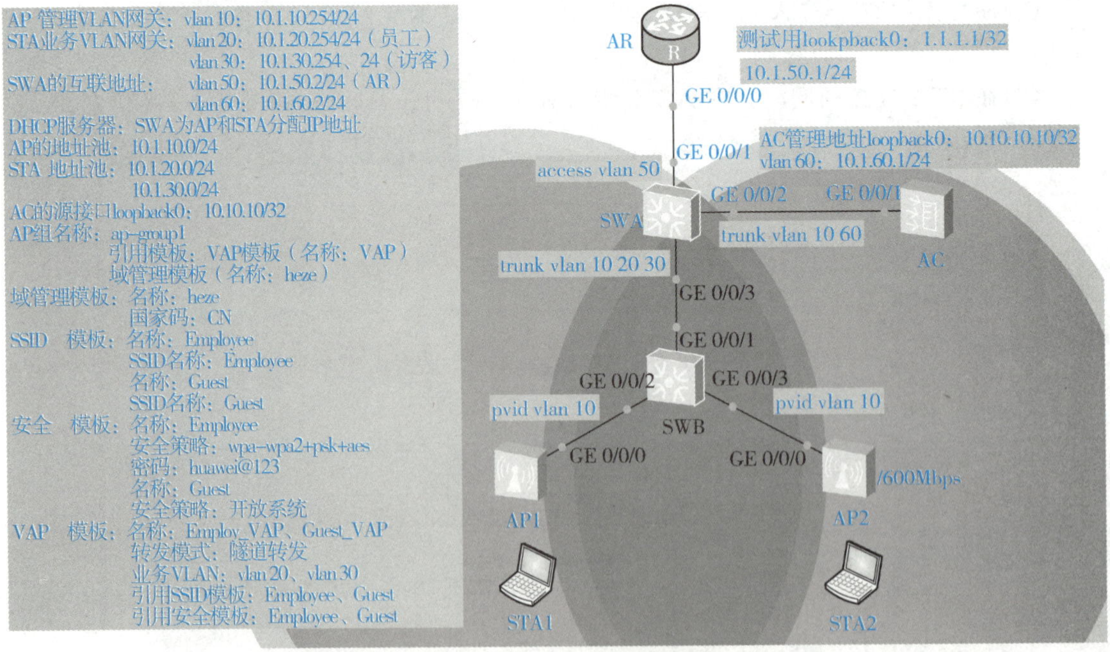

2. AR、SW 基本配置(IP 地址、VLAN、路由、DHCP)。

AR

```
The device is running!

<Huawei>u t m
Info: Current terminal monitor is off.
<Huawei>sys
Enter system view, return user view with Ctrl+Z.
[Huawei]sysname AR
[AR]int gi 0/0/0
[AR-GigabitEthernet0/0/0]ip add 10.1.50.1 24
[AR-GigabitEthernet0/0/0]q
[AR]int loopback0
[AR-LoopBack0]ip add 1.1.1.1 32
[AR-LoopBack0]q
[AR]ip route-static 10.1.20.0 24 10.1.50.2
[AR]ip route-static 10.1.30.0 24 10.1.50.2
```

SWA

```
[SWA]vlan batch 10 20 30 50 60
Info: This operation may take a few seconds. Please wait for a moment...done.
[SWA]int vlan 10
[SWA-Vlanif10]ip add 10.1.10.254 24
[SWA-Vlanif10]int vlan 20
[SWA-Vlanif20]ip add 10.1.20.254 24
[SWA-Vlanif20]int vlan 30
[SWA-Vlanif30]ip add 10.1.30.254 24
[SWA-Vlanif30]int vlan 50
[SWA-Vlanif50]ip add 10.1.50.2 24
[SWA-Vlanif50]int vlan 60
[SWA-Vlanif60]ip add 10.1.60.2 24
[SWA-Vlanif60]q
[SWA]int gi 0/0/1
[SWA-GigabitEthernet0/0/1]description Link_to_AR
[SWA-GigabitEthernet0/0/1]port link-type access
[SWA-GigabitEthernet0/0/1]port default vlan 50
[SWA-GigabitEthernet0/0/1]q
[SWA]int gi 0/0/2
[SWA-GigabitEthernet0/0/2]description Link_to_AC
[SWA-GigabitEthernet0/0/2]port link-type trunk
[SWA-GigabitEthernet0/0/2]port trunk allow-pass vlan 10 60
[SWA-GigabitEthernet0/0/2]q
[SWA]int gi 0/0/3
[SWA-GigabitEthernet0/0/3]description Link_to_SWB
[SWA-GigabitEthernet0/0/3]port link-type trunk
[SWA-GigabitEthernet0/0/3]port trunk allow-pass vlan 10 20 30
[SWA-GigabitEthernet0/0/3]q
```

```
[SWA]dhcp enable
Info: The operation may take a few seconds. Please wait for a moment.done.
[SWA]ip pool AP
Info:It's successful to create an IP address pool.
[SWA-ip-pool-ap]gateway-list 10.1.10.254
[SWA-ip-pool-ap]network 10.1.10.0 mask 24
[SWA-ip-pool-ap]option 43 sub-option 2 ip-address 10.10.10.10
[SWA-ip-pool-ap]q
[SWA]ip pool employee
Info:It's successful to create an IP address pool.
[SWA-ip-pool-employee]gateway-list 10.1.20.254
[SWA-ip-pool-employee]network 10.1.20.0 mask 24
[SWA-ip-pool-employee]dns-list 114.114.114.114
[SWA-ip-pool-employee]q
[SWA]ip pool guest
Info:It's successful to create an IP address pool.
[SWA-ip-pool-guest]gateway-list 10.1.30.254
[SWA-ip-pool-guest]network 10.1.30.0 mask 24
[SWA-ip-pool-guest]dns-list 8.8.8.8
[SWA-ip-pool-guest]q
[SWA]int vlan 10
[SWA-Vlanif10]dhcp select global
[SWA-Vlanif10]int  vlan 20
[SWA-Vlanif20]dhcp select global
[SWA-Vlanif20]int vlan 30
[SWA-Vlanif30]dhcp select global
[SWA-Vlanif30]q
```

```
[SWA]ip route-static 0.0.0.0 0.0.0.0 10.1.50.1
[SWA]ip route-static 10.10.10.10 32 10.1.60.1
[SWA]ip route-static 192.168.0.0 24 10.1.60.1
```

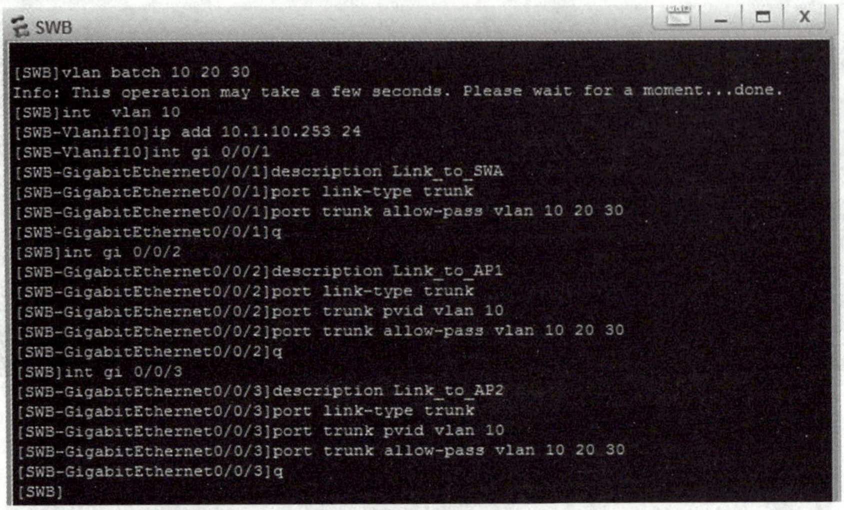

```
[SWB]vlan batch 10 20 30
Info: This operation may take a few seconds. Please wait for a moment...done.
[SWB]int  vlan 10
[SWB-Vlanif10]ip add 10.1.10.253 24
[SWB-Vlanif10]int gi 0/0/1
[SWB-GigabitEthernet0/0/1]description Link_to_SWA
[SWB-GigabitEthernet0/0/1]port link-type trunk
[SWB-GigabitEthernet0/0/1]port trunk allow-pass vlan 10 20 30
[SWB-GigabitEthernet0/0/1]q
[SWB]int gi 0/0/2
[SWB-GigabitEthernet0/0/2]description Link_to_AP1
[SWB-GigabitEthernet0/0/2]port link-type trunk
[SWB-GigabitEthernet0/0/2]port trunk pvid vlan 10
[SWB-GigabitEthernet0/0/2]port trunk allow-pass vlan 10 20 30
[SWB-GigabitEthernet0/0/2]q
[SWB]int gi 0/0/3
[SWB-GigabitEthernet0/0/3]description Link_to_AP2
[SWB-GigabitEthernet0/0/3]port link-type trunk
[SWB-GigabitEthernet0/0/3]port trunk pvid vlan 10
[SWB-GigabitEthernet0/0/3]port trunk allow-pass vlan 10 20 30
[SWB-GigabitEthernet0/0/3]q
[SWB]
```

注意：华为设备在设置 AP 的 DHCP 时，通过命令 option 43 sub-option 2 ip-address 10.10.10.10 指定 AC 的信息。因为，如果 AP 和 AC 是二层组网的时候，AP 可直接通过广播方式发现 AC，而当 AP 和 AC 是三层组网时，AP 无法通过广播方式发现 AC，必须使用 DHCP 的 Option 43 字段携带 AC 的信息，由 DHCP 服务器发送给 AP，AP 解析出 AC 的地址后通过单播方式和 AC 建立连接。当然在二层组网中，也同样可以使用 DHCP 的 Option 43 字段将 AC 的信息带给 AP，优先级高于广播方式。

为华为 AP 指定单个 AC 时，AP 支持识别 Option 43 的子选项 1、子选项 2、子选项 3。子选项 1 为十六进制、子选项 2 为十进制、子选项 3 位 ASCII 码。(以下假设 AC：192.168.100.1)。

```
dhcp server option 43 sub-option 1 hex c0a86401
dhcp server option 43 sub-option 2 ip-address 192.168.100.1
dhcp server option 43 sub-option 3 ascii 192.168.100.1
```

也可直接使用 HEX 格式配置子选项，和上面的配置等价，配置可互相覆盖。

dhcp server option 43 hex 0204 c0a86401(02 表示 sub-option 2；04 表示子选项长度(后面 IP 地址长度为 4 字节)，c0a86401 是 192.168.100.1 的十六进制数)。

3. AC 基本配置(IP 地址、VLAN、路由)。

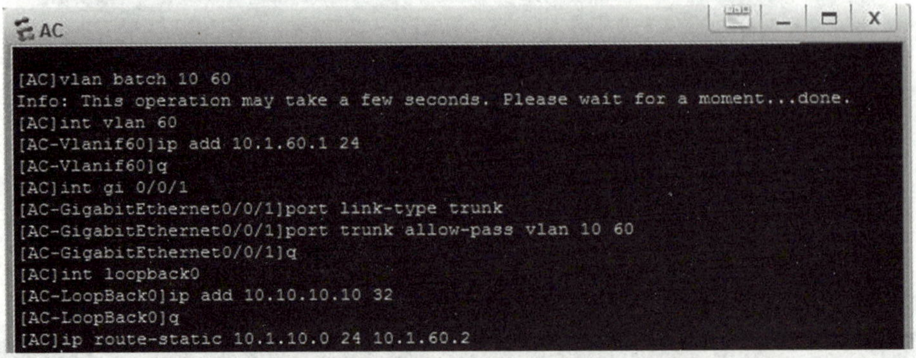

```
[AC]vlan batch 10 60
Info: This operation may take a few seconds. Please wait for a moment...done.
[AC]int vlan 60
[AC-Vlanif60]ip add 10.1.60.1 24
[AC-Vlanif60]q
[AC]int gi 0/0/1
[AC-GigabitEthernet0/0/1]port link-type trunk
[AC-GigabitEthernet0/0/1]port trunk allow-pass vlan 10 60
[AC-GigabitEthernet0/0/1]q
[AC]int loopback0
[AC-LoopBack0]ip add 10.10.10.10 32
[AC-LoopBack0]q
[AC]ip route-static 10.1.10.0 24 10.1.60.2
```

4. 配置 AP 上线(CAPWAP 隧道、AP 组、域管理模板、认证方式)。

(1)配置 CAPWAP 隧道。

(2)创建 AP 组：ap-group1。

(3)创建域管理模板：heze。

(4)配置 AP1 和 AP2，认证方式为 mac 认证。

(5)在 WLAN 视图中查看 AP 信息(display AP all)。

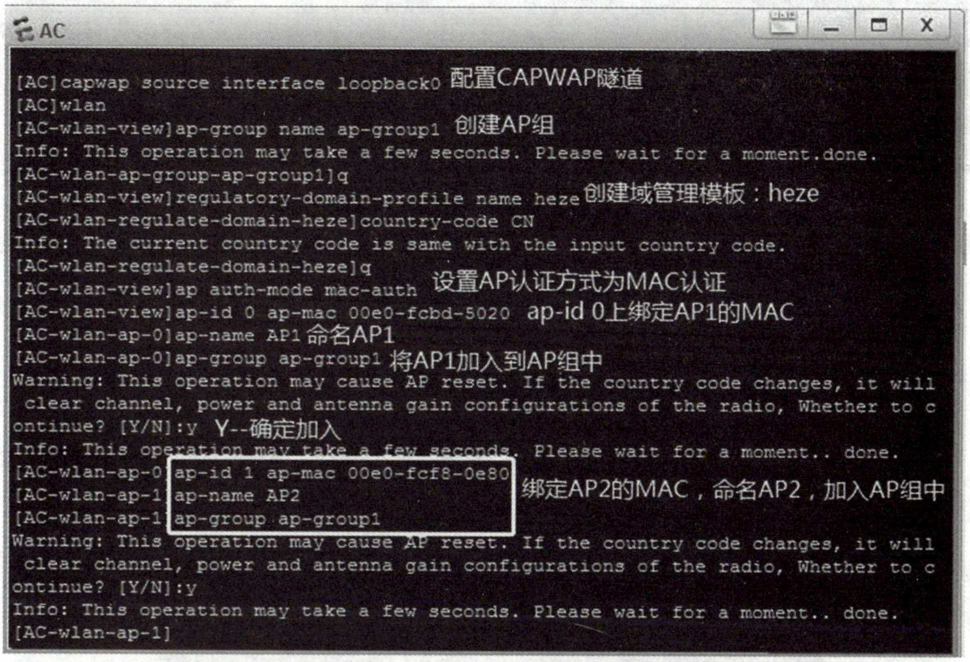
AC
[AC]capwap source interface loopback0 配置CAPWAP隧道
[AC]wlan
[AC-wlan-view]ap-group name ap-group1 创建AP组
Info: This operation may take a few seconds. Please wait for a moment.done.
[AC-wlan-ap-group-ap-group1]q
[AC-wlan-view]regulatory-domain-profile name heze 创建域管理模板：heze
[AC-wlan-regulate-domain-heze]country-code CN
Info: The current country code is same with the input country code.
[AC-wlan-regulate-domain-heze]q
[AC-wlan-view]ap auth-mode mac-auth 设置AP认证方式为MAC认证
[AC-wlan-view]ap-id 0 ap-mac 00e0-fcbd-5020 ap-id 0上绑定AP1的MAC
[AC-wlan-ap-0]ap-name AP1 命名AP1
[AC-wlan-ap-0]ap-group ap-group1 将AP1加入到AP组中
Warning: This operation may cause AP reset. If the country code changes, it will clear channel, power and antenna gain configurations of the radio, Whether to continue? [Y/N]:y Y--确定加入
Info: This operation may take a few seconds. Please wait for a moment.. done.
[AC-wlan-ap-0]ap-id 1 ap-mac 00e0-fcf8-0e80
[AC-wlan-ap-1]ap-name AP2
[AC-wlan-ap-1]ap-group ap-group1
绑定AP2的MAC，命名AP2，加入AP组中
Warning: This operation may cause AP reset. If the country code changes, it will clear channel, power and antenna gain configurations of the radio, Whether to continue? [Y/N]:y
Info: This operation may take a few seconds. Please wait for a moment.. done.
[AC-wlan-ap-1]

使用 display ap all 命令，发现只有一台 AP 设备在线，查找原因发现绑定 MAC 地址错误。使用 undo ap ap-id 0 命令将 AP1 删除，重新绑定 MAC，加入到 AP 组中即可。

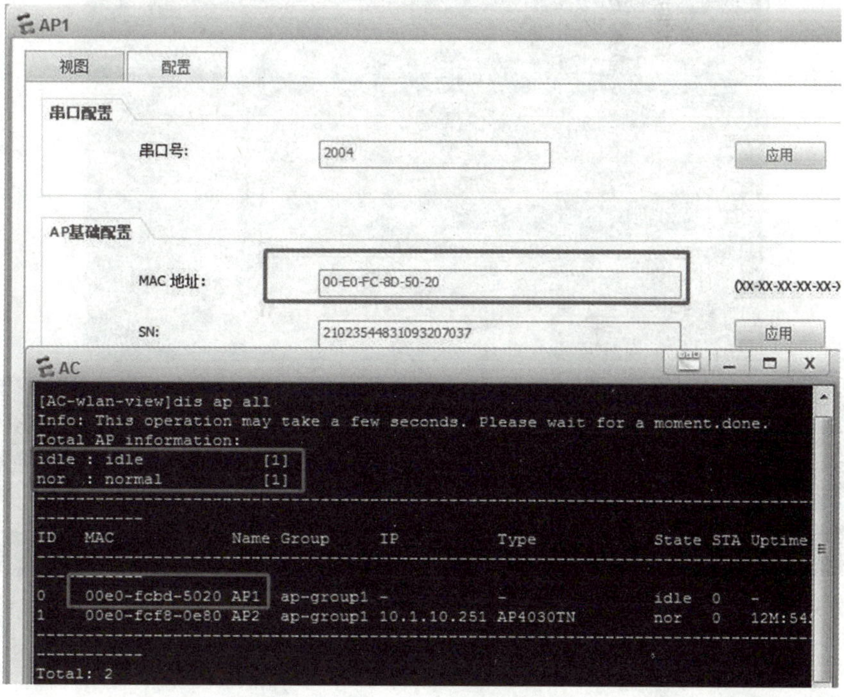
AP1
视图
配置
串口配置
串口号:
2004
应用
AP基础配置
MAC 地址:
00-E0-FC-8D-50-20
(XX-XX-XX-XX-XX-X
SN:
21023544831093207037
应用
AC
[AC-wlan-view]dis ap all
Info: This operation may take a few seconds. Please wait for a moment.done.
Total AP information:
idle : idle [1]
nor : normal [1]
ID MAC Name Group IP Type State STA Uptime
0 00e0-fcbd-5020 AP1 ap-group1 - - idle 0 -
1 00e0-fcf8-0e80 AP2 ap-group1 10.1.10.251 AP4030TN nor 0 12M:54
Total: 2

```
[AC-wlan-view]dis ap all
Info: This operation may take a few seconds. Please wait for a moment.done.
Total AP information:
nor  : normal          [2]
-----------------------------------------------------------------------------------------
-----------
ID   MAC            Name Group      IP            Type          State STA Uptime
-----------------------------------------------------------------------------------------
-----------
0    00e0-fc8d-5020 AP1  ap-group1  10.1.10.252  AP4030TN      nor   0   32S
1    00e0-fcf8-0e80 AP2  ap-group1  10.1.10.251  AP4030TN      nor   0   30M:48S
-----------------------------------------------------------------------------------------
-----------
Total: 2
```

5. 配置 WLAN 业务参数。

(1)配置安全模板(security psk 命令用来配置 WPA/WPA2 的预共享密钥认证和加密)。

(2)配置 SSID 模板(创建名为:“Employee”和“Guest”的 SSID 模板,并配置 SSID 名称为“Employee”和“Guest”)。

(3)配置 VAP 模板(创建名为:“Employ_VAP”的模板)。

(4)引用 VAP 模板,配置 AP 组引用 VAP 模板,AP 上射频 0 和射频 1 都使用 VAP 模板“Employ_VAP”的配置。

```
AC
[AC-wlan-view]ssid-profile name Employee   创建SSID模板1,无线名称为Employee.
[AC-wlan-ssid-prof-Employee]ssid Emplotee
Info: This operation may take a few seconds, please wait.done.
[AC-wlan-ssid-prof-Employee]q
[AC-wlan-view]ssid-profile name Guest
[AC-wlan-ssid-prof-Guest]ssid Guest   创建SSID模板2,无线名称为Guest
Info: This operation may take a few seconds, please wait.done.
[AC-wlan-ssid-prof-Guest]q
[AC-wlan-view]security-profile name Employee 创建安全模板:Employee
[AC-wlan-sec-prof-Employee]security wpa-wpa2 psk pass-phrase huawei@123 aes
[AC-wlan-sec-prof-Employee]q
[AC-wlan-view]security-profile name Guest   安全认证:无线密码huawei@123
[AC-wlan-sec-prof-Guest]security open
[AC-wlan-sec-prof-Guest]q
[AC-wlan-view]vap-profile name Employ_VAP 创建员工VAP模板,引入SSID和安全模板
[AC-wlan-vap-prof-Employ_VAP]ssid-profile Employee
Info: This operation may take a few seconds, please wait.done.
[AC-wlan-vap-prof-Employ_VAP]security-profile Employee
Info: This operation may take a few seconds, please wait.done.
[AC-wlan-vap-prof-Employ_VAP]service-vlan vlan-id 20 业务VLAN设定为vlan 20
Info: This operation may take a few seconds, please wait.done.
[AC-wlan-vap-prof-Employ_VAP]forward-mode direct-forward  转发方式为直接转发
[AC-wlan-vap-prof-Employ_VAP]q
[AC-wlan-view]vap-profile name Guest_VAP 创建访客VAP模板,引入SSID和安全模板
[AC-wlan-vap-prof-Guest_VAP]ssid-profile Guest
Info: This operation may take a few seconds, please wait.done.
[AC-wlan-vap-prof-Guest_VAP]security-profile Guest
Info: This operation may take a few seconds, please wait.done.
[AC-wlan-vap-prof-Guest_VAP]service-vlan vlan-id 30 业务VLAN设定为vlan 30
Info: This operation may take a few seconds, please wait.done.
[AC-wlan-vap-prof-Guest_VAP]forward-mode direct-forward 转发方式为直接转发
[AC-wlan-vap-prof-Guest_VAP]q
```

```
[AC-wlan-view]ap-group name ap-group1
[AC-wlan-ap-group-ap-group1]reg heze  AP组引入域管理模板heze
Warning: Modifying the country code will clear channel, power and antenna gain c
onfigurations of the radio and reset the AP. Continue?[Y/N]:y
[AC-wlan-ap-group-ap-group1]vap Employ_VAP wlan 1 radio all AP组引入员工VAP模板
Info: This operation may take a few seconds, please wait...done.
[AC-wlan-ap-group-ap-group1]vap Guest_VAP wlan 2 radio all  AP组引入访客VAP模板
Info: This operation may take a few seconds, please wait...done.
[AC-wlan-ap-group-ap-group1]q
```

6. 结果验证。

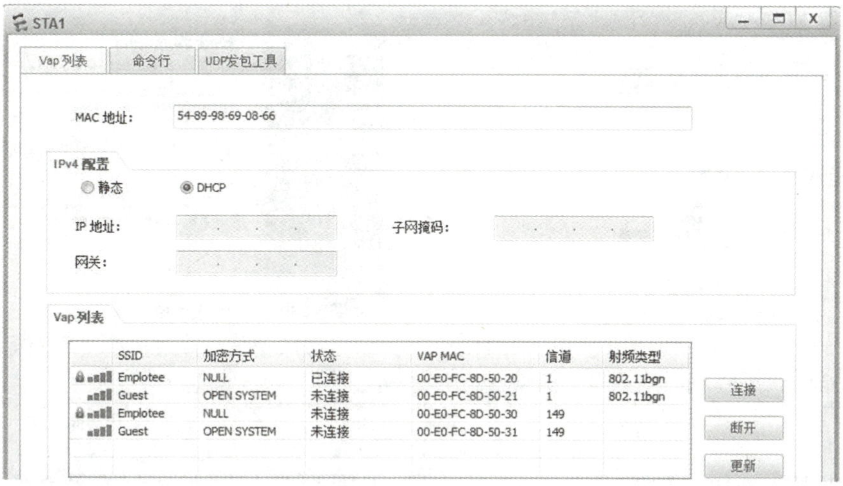

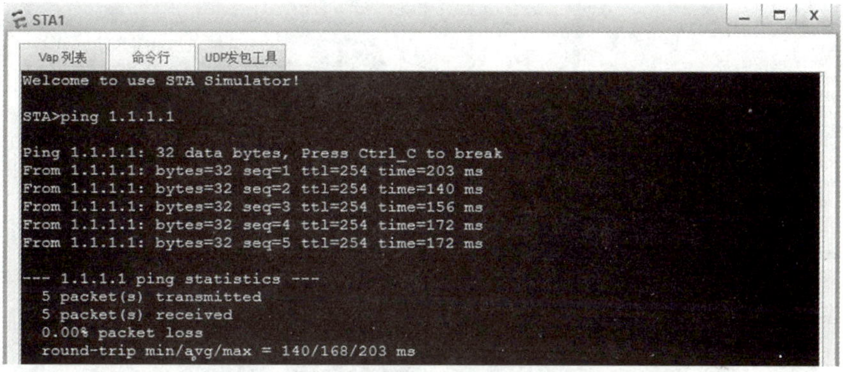

实验四：通过网页管理无线控制器

1. 绘制网络拓扑图(使用实验三的配置和拓扑图)。

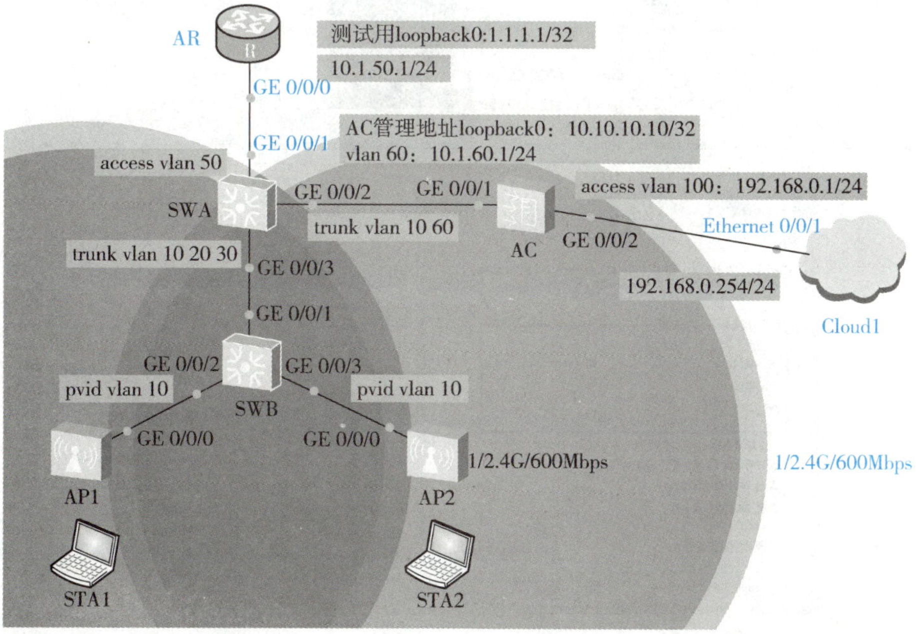

2. 设置本地回环网卡。

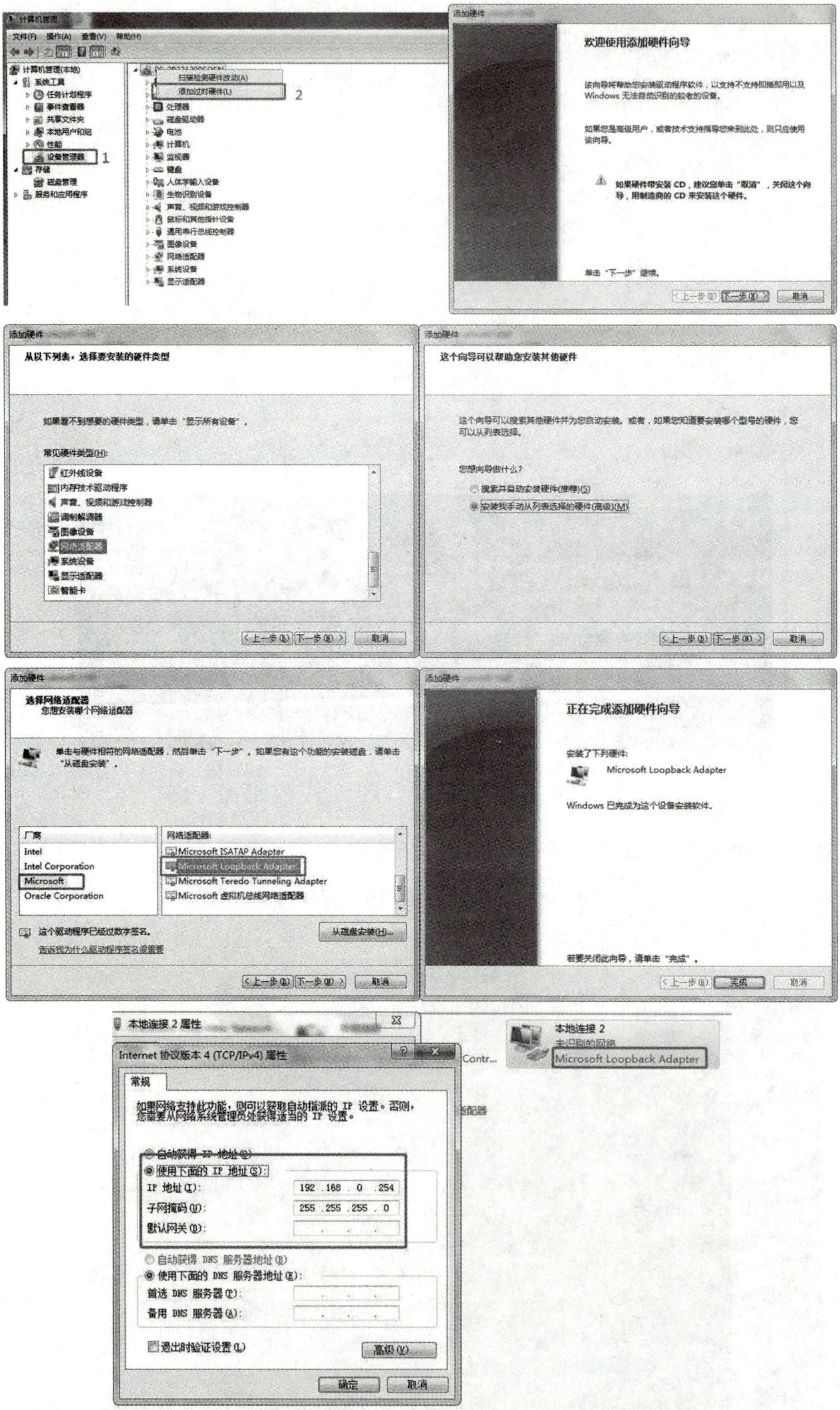

3. 在 ENSP 中绑定本地回环网卡。

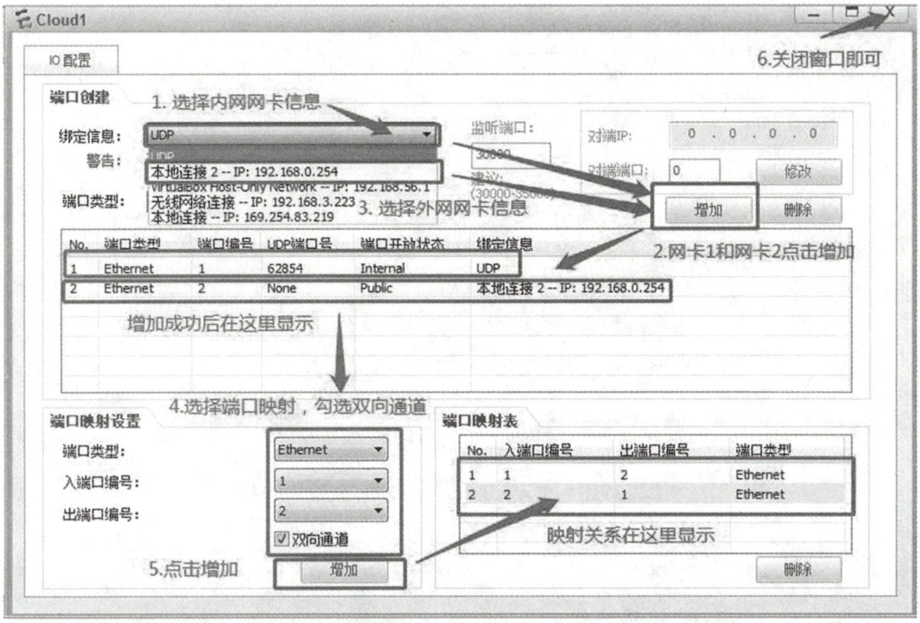

4. CLI 命令行设置 IP 地址，实现网络互通，开启 HTTP 功能。

```
[AC]vlan 100
Info: This operation may take a few seconds. Please wait for a moment...done.
[AC-vlan100]q
[AC]int vlan 100
[AC-Vlanif100]ip add 192.168.0.1 24
[AC-Vlanif100]q
[AC]int gi 0/0/2
[AC-GigabitEthernet0/0/2]port link-type access
[AC-GigabitEthernet0/0/2]port default vlan 100
[AC-GigabitEthernet0/0/2]q
```

```
[AC]http server en
This operation will take several minutes, please wait...
Info: Succeeded in starting the HTTP server
```

5. 在拓扑图中连接物理主机。

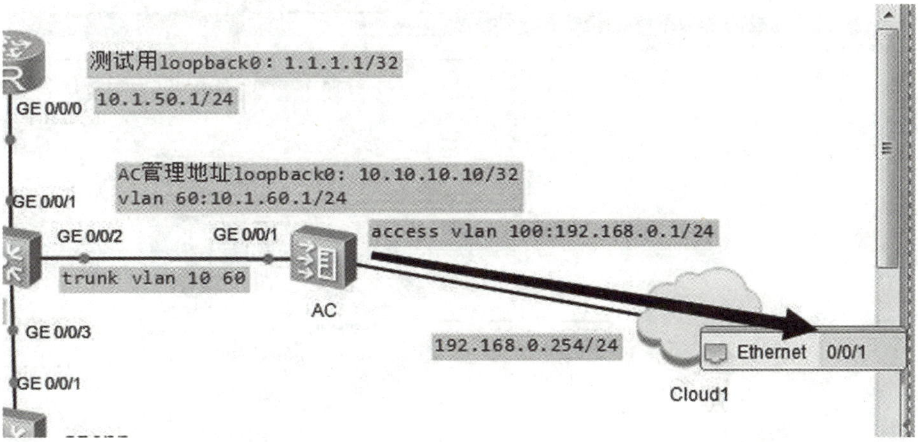

6. 通过网页登录无线控制器，默认用户名密码：admin/admin@huawei. com。

https://192.168.0.1/view/login.html
证书错误
WLAN Web登录
天猫
游戏娱乐
黄历网
京东购物
老毛桃官网
热点新闻
网址导航
Wireless LAN
Access Controller
用户名:
admin
admin
密 码:
admin@huawei.com
语 言:
中文
登 录

Wireless LAN
Access Controller
新用户首次登录，请立即修改密码
旧密码:
新密码:
确认密码:
确 定
取 消

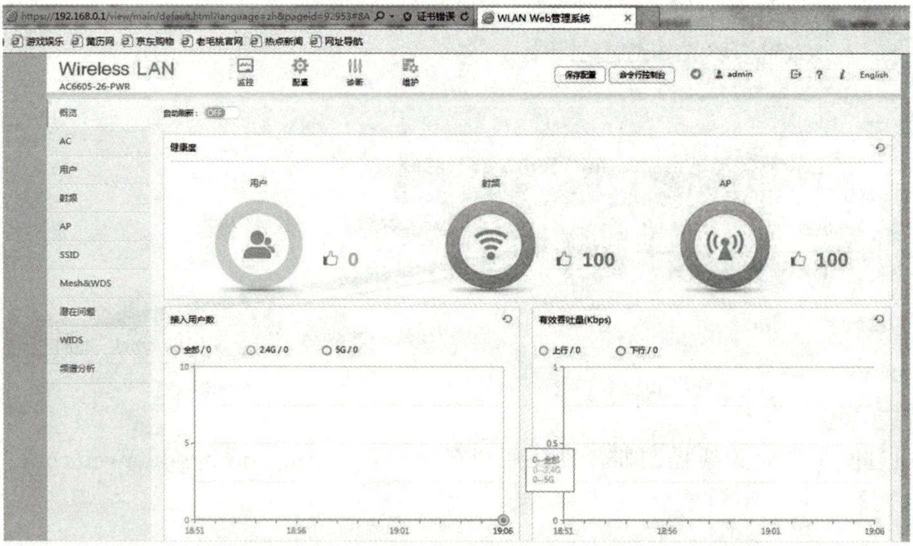
证书错误
WLAN Web管理系统
Wireless LAN
AC6605-26-PWR
监控
配置
诊断
维护
保存配置
命令行控制台
admin
English
概览
AC
用户
射频
AP
SSID
Mesh&WDS
潜在问题
WIDS
频谱分析
健康度
0
100
100
接入用户数
有效吞吐量(Kbps)
上行/0
下行/0

任务 3　搭建无线分布式模式无线网络

任务描述

为实现每个办公室都能够通过无线的方式联网，除了在各个办公区域合理的范围内加装无线接入点外，还需在南北两个厂区之间的网络使用 AP 实现网络的桥接。也就是说，在公司整个办公区域部署无线网络，各 AP 之间也是通过无线的方式连接，从而将整个公司网络连接在一起。

任务分析

传统的 WLAN 网络中，STA 与 AP 之间是以无线信道为传输介质，AP 的上行链路都是有线网络。为了扩大无线网络的覆盖面积，需要用交换机等设备将 AP 相互连接，这将导致最终的部署成本较高，且需要时间较长。同时，有些复杂的环境(例如，地铁、隧道、码头等)中部署 AP 时，AP 间采用有线模式连接 Internet 的难度很大。通过 WDS 技术，AP 之间可以做到无线连接，方便在一些复杂的环境中部署无线局域网，节约网络部署成本，易于扩展，实现灵活组网。

无线分布式系统(wireless distribution system，WDS)模式无线网络是一种为了扩展无线网络的范围，能够使无线接入点设备相互通信的技术。AP 之间通过无线链路连接两个或者多个独立的局域网(包括有线局域网和无线局域网)，组建一个互通的网络实现数据传输。本次实验无线 AP 为华为 AP4030，PC 机操作系统为 Windows 7。无线分布式拓扑网络如图 5-3-13 所示。

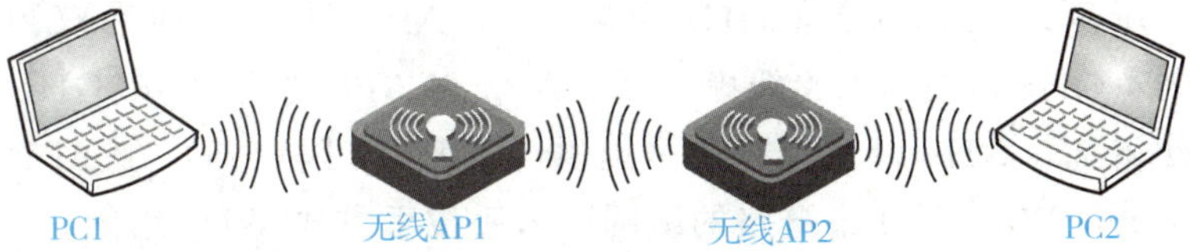

图 5-3-13　无线分布式拓扑网络

1. WDS 的基本概念

(1)业务型 VAP：传统 WLAN 网络中，AP 是为 STA 提供的 WLAN 业务功能实体。

VAP 是 AP 设备上虚拟出来的概念，即一个 AP 上可以创建多个 VAP 以满足多个用户群组的接入服务。如图 5-3-14 所示，AP3 上创建的 VAP0 即为业务型 VAP。

(2)WDS 型 VAP：WDS 网络中，AP 是为邻居设备提供 WDS 服务的功能实体。

WDS 型 VAP 又分为 AP 型 VAP 和 STA 型 VAP，STA 型 VAP ID 固定为 13，AP 型 VAP ID 固定为 12。AP 型 VAP 为 STA 型 VAP 提供连接功能。如图 5-3-14 所示，AP3 上创建的 VAP13 即为 STA 型 VAP，AP2 上创建的 VAP12 即为 AP 型 VAP。

(3)无线虚链路 WVL(Wireless Virtual Link)：相邻 AP 之间 STA 型 VAP 和 AP 型 VAP 建立的 WDS 链路，如图 5-3-14 所示。

(4)AP 的工作模式：根据 AP 在 WDS 网络中的实际位置，AP 的工作模式分为 root

模式、middle 模式和 leaf 模式，如图 5-3-14 所示。

- root 模式：AP 作为根节点与 AC 通过有线相连，同时以 AP 型 VAP 向下与 STA 型 VAP 建立无线虚链路。
- middle 模式：AP 作为中间节点以 STA 型 VAP 向上连接 AP 型 VAP、以 AP 型 VAP 向下连接 STA 型 VAP。
- leaf 模式：AP 作为叶子节点以 STA 型 VAP 向上连接 AP 型 VAP。

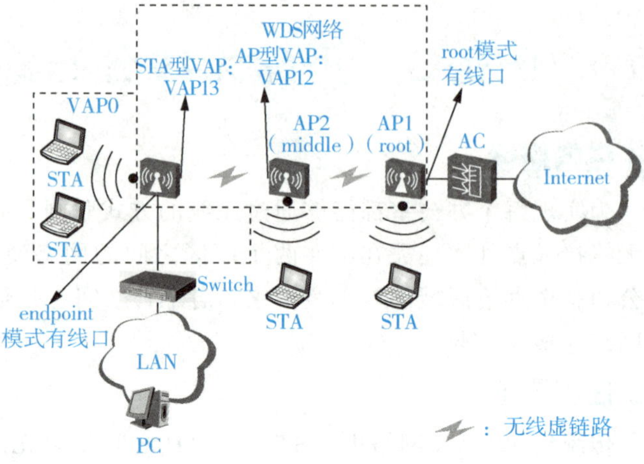

图 5-3-14　WDS 组网图

(5)AP 有线口的工作模式：WDS 网络中的 AP 与传统 WLAN 网络中的 AP 有所不同，其有线口不仅仅只用于连接上行有线网络，还可以下行连接主机或局域网。根据 AP 在 WDS 网络中的实际位置，AP 有线口的工作模式分为 root 模式和 endpoint 模式。

- root 模式：连接上行有线网络。
- endpoint 模式：下行连接主机或局域网。

2. WDS 应用

在 WDS 的实际应用中，根据组网方式不同可以分为手拉手方式和背靠背方式。

(1)手拉手方式 WDS 组网应用

如图 5-3-15 所示，AP1 为 2.4 GHz 单频 AP，AP2 和 AP3 均为双频 AP。AP1 和 AP2 之间使用 2.4 GHz 射频建立无线虚链路，AP2 和 AP3 之间使用 5GHz 射频建立无线虚链路，AP3 使用 2.4 GHz 射频为客户端提供 WLAN 上网业务。在 AP1、AP2 和 AP3 之间用不同射频建立 WDS 无线虚链路的组网称为手拉手方式 WDS 组网。

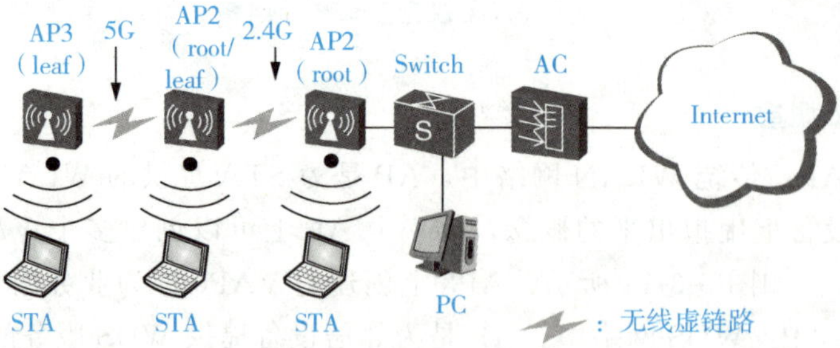

图 5-3-15　手拉手方式 WDS 组网应用

(2)背靠背方式 WDS 组网应用

在某些室外场景(例如校园、种植园和山区等)，可以解决有线网络部署受施工条件限制的问题。当需要连接的网络之间有障碍物或传输距离较远时，可以采用背靠背方式 WDS 技术将 AP 通过有线方式级联组成中继网桥，保证了长距离网络传输中的无线链路带宽，如图 5-3-16 所示。

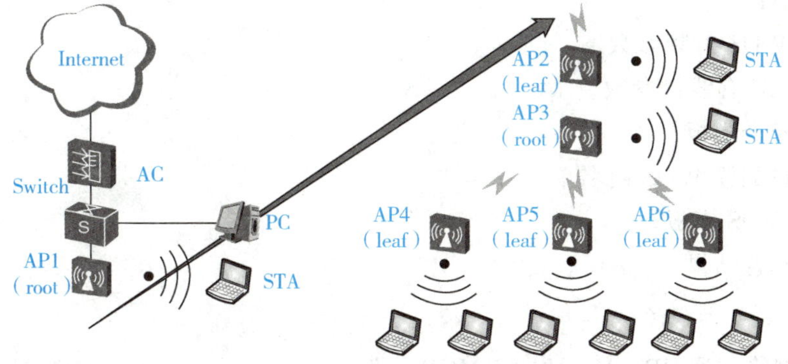

图 5-3-16　背靠背方式 WDS 组网应用

3. WDS 模板

WDS 模板包含了配置 WDS 功能所需要的主要参数。AP 组或指定 AP 的射频引用 WDS 模板，是 AP 射频建立 WDS 链路的基本条件。在配置 WDS 业务时，WDS 模板主要与以下模板配合使用。

(1)安全模板：WDS 模板引用安全模板后，建立的 WDS 链路会引用安全模板的配置参数，建议为 WDS 使用的安全模板配置 WPA2＋PSK＋AES 的安全策略，确保 WDS 链路的安全。

(2)WDS 白名单模板：WDS 白名单模板里记录的是 WDS 链路允许接入的邻居 AP 的 MAC 地址。AP 射频引用 WDS 白名单模板后，只有匹配了白名单中的 MAC 的邻居 AP 才被允许接入，其他的邻居 AP 被拒绝接入。在 WDS 中，只有射频工作在 root 模式和 middle 模式的 AP 才能配置白名单，工作在 leaf 模式下的 AP 不需要配置。

(3)AP 组射频或指定 AP 射频：用户可以直接为 AP 组的射频或指定 AP 的射频配置射频的主要特征参数，主要包括：射频工作信道和带宽、天线增益、发射功率、射频覆盖距离等。如，在配置 WDS 时，需要将 WDS 节点 AP 的射频配置为同一信道。

(4)射频模板：射频模板分为 2G 射频模板和 5G 射频模板，用户可以通过射频模板配置 WDS 链路的其他射频参数。

注意：缺省情况下，系统已经创建名称为“default”的 WDS 模板。无论是“default”还是用户自定义创建的 WDS 模板，缺省情况下均会引用系统已经创建的名称为“default-wds”的安全模板，“default-wds”的安全策略未配置。

4. 配置 WDS

(1)前置任务

在配置 WDS 之前，需完成以下任务。

① 创建 AP 组。

② 配置网络互通。

③ 配置国家码。

④ 配置源接口或源地址。

(2)配置流程

以下配置步骤是顺序关系，请依序配置。

① 添加 AP。

② 配置 WDS 射频参数。

③ 配置 AP 有线口参数。

④ 配置安全模板。

⑤ (可选)配置 WDS 白名单。

⑥ 配置 WDS 模板。

⑦ 检查配置结果。

操作步骤

1. 配置网络互通(IP、VLAN、DHCP、路由)。

AR

```
<Huawei>u t m
Info: Current terminal monitor is off.
<Huawei>sy
Enter system view, return user view with Ctrl+Z.
[Huawei]sys AR
[AR]int loopback0
[AR-LoopBack0]ip add 1.1.1.1 32
[AR-LoopBack0]int gi 0/0/0
[AR-GigabitEthernet0/0/0]ip add 192.168.30.1 24
[AR-GigabitEthernet0/0/0]q
[AR]ip route-static 192.168.20.0 24 192.168.30.2
[AR]
```

```
<Huawei>u t m
Info: Current terminal monitor is off.
<Huawei>sys
Enter system view, return user view with Ctrl+Z.
[Huawei]sys SWA
[SWA]vlan batch 10 20 30
Info: This operation may take a few seconds. Please wait for a moment...done.
[SWA]int vlan 30
[SWA-Vlanif30]desc link-to-AR
[SWA-Vlanif30]ip add 192.168.30.2 24
[SWA-Vlanif30]q
[SWA]int vlan 20
[SWA-Vlanif20]desc STA-dhcp
[SWA-Vlanif20]ip add 19.168.20.254 24  192.168.20.254 24
[SWA-Vlanif20]q
[SWA]int gi 0/0/1
[SWA-GigabitEthernet0/0/1]port link-type access
[SWA-GigabitEthernet0/0/1]port default vlan 30
[SWA-GigabitEthernet0/0/1]q
[SWA]int gi 0/0/2
[SWA-GigabitEthernet0/0/2]desc link-to-swb
[SWA-GigabitEthernet0/0/2]p l t
[SWA-GigabitEthernet0/0/2]p t a v 10 20
[SWA-GigabitEthernet0/0/2]q
[SWA]int gi 0/0/3
[SWA-GigabitEthernet0/0/3]desc link-to-ac
[SWA-GigabitEthernet0/0/3]p l t
[SWA-GigabitEthernet0/0/3]p t a v 10 20
[SWA-GigabitEthernet0/0/3]q
```

```
[SWA]dhcp en
Info: The operation may take a few seconds. Please wait for a moment.done.
[SWA]ip pool sta-pool
Info:It's successful to create an IP address pool.
[SWA-ip-pool-sta-pool]gateway 192.168.20.254
[SWA-ip-pool-sta-pool]network 192.168.20.0 mask 24
[SWA-ip-pool-sta-pool]dns 8.8.8.8
[SWA-ip-pool-sta-pool]q
[SWA]int vlan 20
[SWA-Vlanif20]dhcp select global
[SWA-Vlanif20]q
```

```
[SWA]ip route-s  0.0.0.0 0 192.168.30.1
[SWA]ip route-s  192.168.0.0 24 192.168.30.3
```

```
[Huawei]sys SWB
[SWB]vlan batch 10 20
Info: This operation may take a few seconds. Please wait for a moment...done.
[SWB]int gi 0/0/1
[SWB-GigabitEthernet0/0/1]p l t
[SWB-GigabitEthernet0/0/1]
[SWB-GigabitEthernet0/0/1]p t a vlan 10 20
[SWB-GigabitEthernet0/0/1]q
[SWB]int gi 0/0/2
[SWB-GigabitEthernet0/0/2]p l t
[SWB-GigabitEthernet0/0/2]p t a vlan 10 20
[SWB-GigabitEthernet0/0/2]p t p vlan 10
[SWB-GigabitEthernet0/0/2]
```

```
<AC6605>u t m
Info: Current terminal monitor is off.
<AC6605>sy
Enter system view, return user view with Ctrl+Z.
[AC6605]sys AC
[AC]vlan bat 10 30 100
Info: This operation may take a few seconds. Please wait for a moment...done.
[AC]int vlan 10
[AC-Vlanif10]desc AP-DHCP
[AC-Vlanif10]ip add 192.168.10.254 24
[AC-Vlanif10]int vlan 30
[AC-Vlanif30]ip add 192.169.30.3 24
[AC-Vlanif30]int vlan 100
[AC-Vlanif100]ip add 192.168.0.1 24
[AC-Vlanif100]q
[AC]int gi 0/0/1
[AC-GigabitEthernet0/0/1]p l t
[AC-GigabitEthernet0/0/1]p t a v 10 30 100
[AC-GigabitEthernet0/0/1]q
[AC]int gi 0/0/2
[AC-GigabitEthernet0/0/2]p l a
[AC-GigabitEthernet0/0/2]p d v 100
[AC-GigabitEthernet0/0/2]q
[AC]http server enable
This operation will take several minutes, please wait...
Info: Succeeded in starting the HTTP server
```

```
[AC]dhcp en
[AC]ip pool ap-pool
Info: It is successful to create an IP address pool.
[AC-ip-pool-ap-pool]gate 192.168.10.254
[AC-ip-pool-ap-pool]net 192.168.10.0 mask 24
[AC-ip-pool-ap-pool]q
[AC]int vlan 10
[AC-Vlanif10]dhcp select gl
[AC-Vlanif10]q
```

2. 创建模板，配置 AP1 上线。

```
[AC]dhcp en
[AC]ip pool ap-pool
Info: It is successful to create an IP address pool.
[AC-ip-pool-ap-pool]gate 192.168.10.254
[AC-ip-pool-ap-pool]net 192.168.10.0 mask 24
[AC-ip-pool-ap-pool]q
[AC]int vlan 10
[AC-Vlanif10]dhcp select gl
[AC-Vlanif10]q
[AC]capwap source inter vlan 10
[AC]wlan
[AC-wlan-view]re name heze
[AC-wlan-regulate-domain-heze]cou CN
Info: The current country code is same with the input country code.
[AC-wlan-regulate-domain-heze]q
[AC-wlan-view]ap-group name ap-root
Info: This operation may take a few seconds. Please wait for a moment.done.
```

```
[AC-wlan-view]ap-group name ap-leaf
Info: This operation may take a few seconds. Please wait for a moment.done.
```

```
[AC-wlan-view]sec name user
[AC-wlan-sec-prof-user]sec wpa2 psk pass huawei@123 aes
[AC-wlan-sec-prof-user]q
[AC-wlan-view]sec name wds-sec
[AC-wlan-sec-prof-wds-sec]sec wpa2 psk pass huawei@123 aes
[AC-wlan-sec-prof-wds-sec]q
[AC-wlan-view]ssid-profile name user
[AC-wlan-ssid-prof-user]ssid user
Info: This operation may take a few seconds, please wait.done.
[AC-wlan-ssid-prof-user]q
[AC-wlan-view]vap-profile name user_VAP
[AC-wlan-vap-prof-user_VAP]service-vlan vlan-id 20
Info: This operation may take a few seconds, please wait.done.
[AC-wlan-vap-prof-user_VAP]security-profile user
Info: This operation may take a few seconds, please wait.done.
[AC-wlan-vap-prof-user_VAP]ssid-profile user
Info: This operation may take a few seconds, please wait.done.
[AC-wlan-vap-prof-user_VAP]q
[AC-wlan-view]
```

```
[AC-wlan-view]ap auth-mode mac-auth
[AC-wlan-view]ap-id 1 ap-mac 00e0-fc5e-15c0
[AC-wlan-ap-1]ap-name AP1
[AC-wlan-ap-1]ap-group ap-root
Warning: This operation may cause AP reset. If the country code changes, it will
 clear channel, power and antenna gain configurations of the radio, Whether to c
ontinue? [Y/N]:y
Info: This operation may take a few seconds. Please wait for a moment.. done.
[AC-wlan-ap-1]q
[AC-wlan-view]ap-id 2 ap-mac 00e0-fcfe-68e0
[AC-wlan-ap-2]ap-name AP2
[AC-wlan-ap-2]ap-group ap-leaf
Warning: This operation may cause AP reset. If the country code changes, it will
 clear channel, power and antenna gain configurations of the radio, Whether to c
ontinue? [Y/N]:y
Info: This operation may take a few seconds. Please wait for a moment.. done.
[AC-wlan-ap-2]q
[AC-wlan-view]dis ap all
Info: This operation may take a few seconds. Please wait for a moment.done.
Total AP information:
idle : idle          [1]
nor  : normal        [1]     AP1在线，AP2不在线，因为WDS还未设置
--------------------------------------------------------------------------------
-----------
ID  MAC             Name Group   IP             Type            State STA Uptime
--------------------------------------------------------------------------------
-----------
1   00e0-fc5e-15c0 AP1  ap-root 192.168.10.239 AP4030TN        nor   0   1M:34S
2   00e0-fcfe-68e0 AP2  ap-leaf -              -               idle  0   -
--------------------------------------------------------------------------------
```

3. 配置 WDS 和 WLAN 业务。

```
[AC-wlan-view]wds-whitelist-profile name wds-bmd
[AC-wlan-wds-whitelist-wds-bmd]peer-ap mac 00e0-fcfe-68e0      创建WDS白名单
[AC-wlan-wds-whitelist-wds-bmd]q
```

```
[AC-wlan-view]wds-profile name wds-root
[AC-wlan-wds-prof-wds-root]security-profile wds-sec    配置WDS模板，引用安全模板
Info: This operation may take a few seconds, please wait.done.
[AC-wlan-wds-prof-wds-root]vlan tagged 20
[AC-wlan-wds-prof-wds-root]wds-name root    设置WDS名称root
[AC-wlan-wds-prof-wds-root]q
[AC-wlan-view]wds-profile name wds-leaf
[AC-wlan-wds-prof-wds-leaf]security-profile wds-sec
Info: This operation may take a few seconds, please wait.done.
[AC-wlan-wds-prof-wds-leaf]vlan tagged 20
[AC-wlan-wds-prof-wds-leaf]wds-name leaf    设置WDS名称leaf，默认为leaf，可不输入
[AC-wlan-wds-prof-wds-leaf]
```

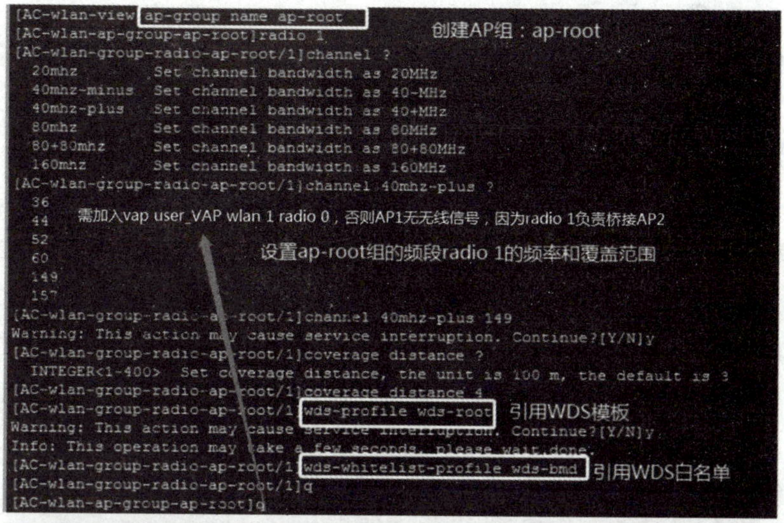
[AC-wlan-view]ap-group name ap-root
[AC-wlan-ap-group-ap-root]radio 1
[AC-wlan-group-radio-ap-root/1]channel ?
20mhz Set channel bandwidth as 20MHz
40mhz-minus Set channel bandwidth as 40-MHz
40mhz-plus Set channel bandwidth as 40+MHz
80mhz Set channel bandwidth as 80MHz
80+80mhz Set channel bandwidth as 80+80MHz
160mhz Set channel bandwidth as 160MHz
[AC-wlan-group-radio-ap-root/1]channel 40mhz-plus ?
36
44
52
60
149
157
[AC-wlan-group-radio-ap-root/1]channel 40mhz-plus 149
Warning: This action may cause service interruption. Continue?[Y/N]y
[AC-wlan-group-radio-ap-root/1]coverage distance ?
INTEGER<1-400> Set coverage distance, the unit is 100 m, the default is 3
[AC-wlan-group-radio-ap-root/1]coverage distance 4
[AC-wlan-group-radio-ap-root/1]wds-profile wds-root
Warning: This action may cause service interruption. Continue?[Y/N]y
Info: This operation may take a few seconds, please wait.done.
[AC-wlan-group-radio-ap-root/1]wds-whitelist-profile wds-bmd
[AC-wlan-group-radio-ap-root/1]q
[AC-wlan-ap-group-ap-root]q
创建AP组：ap-root
需加入vap user_VAP wlan 1 radio 0，否则AP1无无线信号，因为radio 1负责桥接AP2
设置ap-root组的频段radio 1的频率和覆盖范围
引用WDS模板
引用WDS白名单

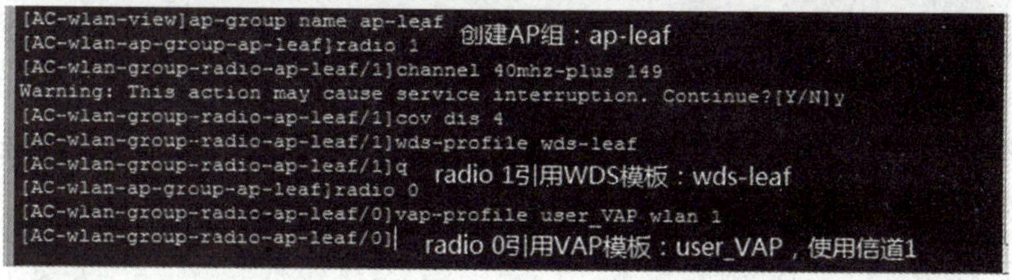
[AC-wlan-view]ap-group name ap-leaf
[AC-wlan-ap-group-ap-leaf]radio 1
[AC-wlan-group-radio-ap-leaf/1]channel 40mhz-plus 149
Warning: This action may cause service interruption. Continue?[Y/N]y
[AC-wlan-group-radio-ap-leaf/1]cov dis 4
[AC-wlan-group-radio-ap-leaf/1]wds-profile wds-leaf
[AC-wlan-group-radio-ap-leaf/1]q
[AC-wlan-ap-group-ap-leaf]radio 0
[AC-wlan-group-radio-ap-leaf/0]vap-profile user_VAP wlan 1
[AC-wlan-group-radio-ap-leaf/0]
创建AP组：ap-leaf
radio 1引用WDS模板：wds-leaf
radio 0引用VAP模板：user_VAP，使用信道1

4. STA 上线验证。

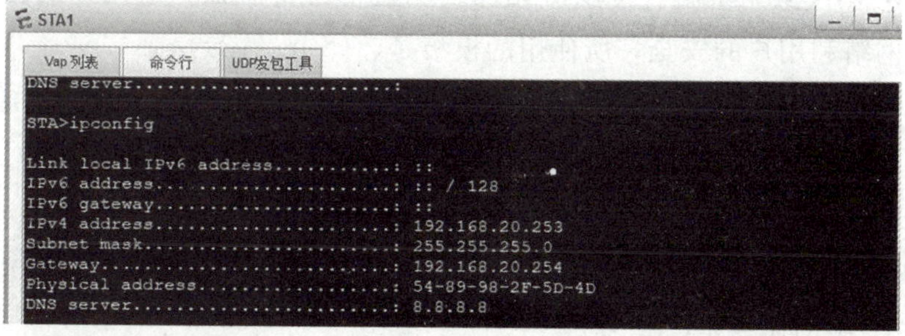
STA1
Vap 列表
命令行
UDP发包工具
DNS server..........................:
STA>ipconfig
Link local IPv6 address...........: ::
IPv6 address......................: :: / 128
IPv6 gateway......................: ::
IPv4 address......................: 192.168.20.253
Subnet mask.......................: 255.255.255.0
Gateway...........................: 192.168.20.254
Physical address..................: 54-89-98-2F-5D-4D
DNS server........................: 8.8.8.8

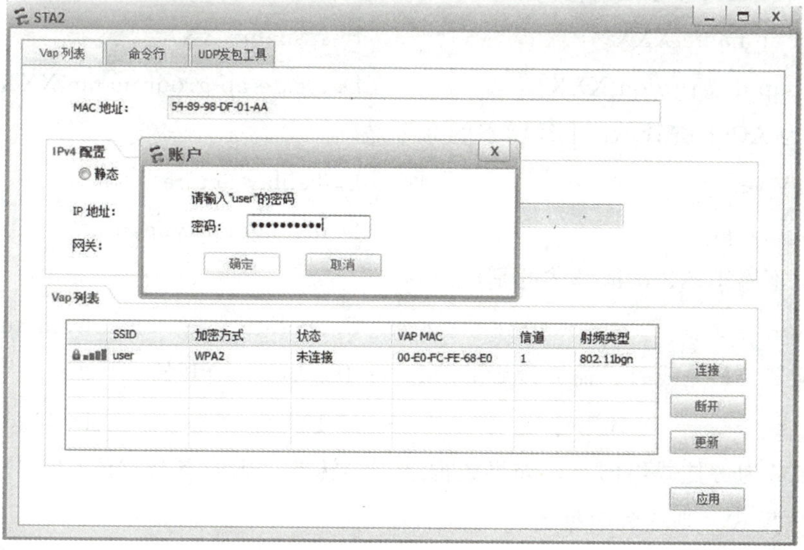
STA2
Vap 列表
命令行
UDP发包工具
MAC 地址：
54-89-98-DF-01-AA
IPv4 配置
静态
IP 地址：
网关：
账户
请输入"user"的密码
密码：
确定
取消
Vap 列表
SSID
加密方式
状态
VAP MAC
信道
射频类型
user
WPA2
未连接
00-E0-FC-FE-68-E0
1
802.11bgn
连接
断开
更新
应用

巩固练习

一、选择题

1. AC 和 AP 在同一个广播域，AP 通过本地广播可以直接找到 AC 的方式是(　　)。

A. 二层组网　　B. 三层组网　　C. 直连式组网　　D. 旁挂式组网

2. AC 和 AP 不在同一网段，中间网络须保证 AP 和 AC 之间路由可达的方式是(　　)。

A. 二层组网　　B. 三层组网　　C. 直连式组网　　D. 旁挂式组网

3. AC 同时扮演无线接入控制器和汇聚交换机功能，AP 的数据业务和管理业务都由 AC 集中转发和处理的组网方式是(　　)。

A. 二层组网　　B. 三层组网　　C. 直连式组网　　D. 旁挂式组网

4. AC 仅处理 AP 的管理业务，AP 的数据业务不经过 AC 直接到达上行网络的组网方式是(　　)。

A. 二层组网　　B. 三层组网　　C. 直连式组网　　D. 旁挂式组网

5. 提供对 AP 的国家码、调优信道集合和调优带宽等的配置指的是(　　)模板。

A. 域管理模板　　B. 射频模板　　C. 系统模板　　D. 定位模板

6. 配置 WLAN 安全策略，可以对无线终端进行身份验证，对用户的报文进行加密，保护 WLAN 网络和用户的安全，所使用的模板是(　　)。

A. 域管理模板　　B. 安全模板　　C. 认证模板　　D. SSID 模板

7. AP 缺省 DHCP 请求不带 VLAN tag，需要使用以下(　　)命令添加 VLAN 标签。

A. port default vlan 100　　B. port trunk allow vlan 100

C. port trunk pvid vlan 100　　D. switchport access vlan 100

8. 创建 AP 组的命令是(　　)。

A. ap-group name XXX　　B. sysname XXX

C. ap-group description XXX　　D. create ap-group name XXX

9. 在华为 AC 上查看 AP 上线状态的命令是(　　)。

A. display version　　B. display device

C. display ap all　　D. display ap-type all

10. 以下不属于 AP 认证模式的是(　　)。

A. mac-auth　　B. no-auth　　C. sn-auth　　D. ip-auth

11. 在配置 AP 上线时，需要设置 ap-id，该 ID 从(　　)开始。

A. 0　　B. 1　　C. 10　　D. 4096

12. 当 AC 为旁挂式组网时，如果数据是直接转发，则业务数据流(　　)AC；如果数据是隧道转发模式，则业务数据流(　　)AC。

A. 不经过，经过　　B. 不经过，不经过

C. 经过，经过　　D. 经过，不经过

13. 当 AC 只有一个接口接入汇聚层交换机，用户流量直接通过汇聚层交换机进入公网，而不流经 AC 时，此时组网模式应该是(　　)。

A. 旁挂模式+隧道转发　　B. 旁挂模式+直接转发

C. 直连模式+隧道转发　　D. 直连模式+直接转发

14. 在大型无线网络部署场景下，AC 配置成"三层组网+旁挂模式+直接转发"的时候，无线用户的网关设置在(　　)位置合适。

A. 汇聚层三层交换机　　B. 单臂路由器

C. AC　　D. AP

15. 关于组网方式，下面描述正确的是(　　)。

A. 相对于三层组网，二层组网更适用于园区、体育场等大型网络

B. 三层组网的优势在于配置简单、组网容易

C. 如果 AC 处理数据的能力比较弱，推荐使用旁挂式组网

D. 在直连式组网中，AP 的业务数据可以不经过 AC 而直接到达上行网络

16. CAPWAP 协议是由(　　)组织制定的。

A. IETF　　B. IEEE　　C. Wi-Fi 联盟　　D. ETSI

17. 对于 AC+FIT AP 的组网架构，下面描述错误的是(　　)。

A. AP 不能单独工作，需要由 AC 集中代理维护管理

B. 可以通过 AC 增强业务、QoS、安全等功能。

C. AP 本身零配置，适合大规模组网

D. AP 可以实现对用户的管理

18. 如果无线客户端想要通过 AP 连接到 WLAN 网络，那么它是通过(　　)来连接到无线网络。

A. SSID　　B. IBSS　　C. BSID　　D. BSA

19. 在无线局域网中，关于对等模式(Ad-hoc)下列描述正确的是(　　)。

A. Ad-Hoc 模式需要使用无线网桥以连接两个或多个无线客户端

B. Ad-Hoc 模式需要使用 AP 以连接两个或多个无线客户端

C. Ad-Hoc 模式不需使用 AP 或无线网桥

D. Ad-Hoc 模式需要使用 AP 和无线网桥以连接两个或多个无线客户端

20. 采用三层旁挂方式组网时，AP 无法通过广播发现 AC，必须使用 DHCP 的 option 43 字段携带 AC 信息，假如 AC 的地址为 192.168.100.1，以下命令不正确的是(　　)。

A. dhcp server option 43 sub-option 1 hex c0a86401

B. dhcp server option 43 sub-option 2 ip-address 192.168.100.1

C. dhcp server option 43 sub-option 3 ascii 192.168.100.1

D. dhcp server option 43 sub-option 4 ip address 192.168.100.1

二、简答题

1. 基础架构模式无线网络组建是一种常见的无线组网方式，请简述其原理。

2. 简述以下主要参数的含义。

(1)SSID (2)channel (3)VAP (4)radio (5)forward-mode

三、操作题

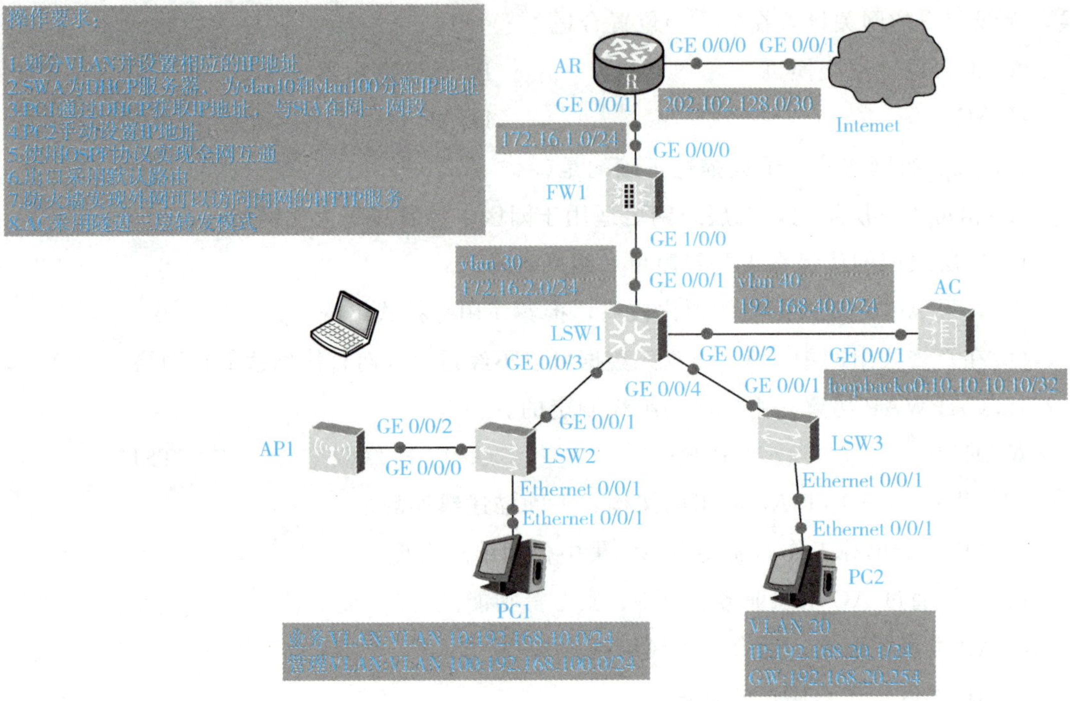

第6单元
网络故障诊断

考纲要求

1. 了解常见网络故障。
2. 理解网络故障的诊断流程。
3. 掌握常见网络故障的排除方法。
4. 掌握常用网络测试命令的用法。

技能要求

会使用网络故障诊断工具排除网络常见故障。

项目 1

网络故障诊断思路

学习目标

基本知识

(1)了解网络故障诊断的方法。

(2)掌握解决网络故障的步骤。

(3)了解 OSI 模型与故障诊断。

知识点精讲

任务 1　网络故障诊断的方法

知识链接

解决网络故障的过程中，可以采用多种方法，包括试错法、参照法、替换法。每一种方法的实施都离不开具体的网络环境，因此在排除故障之前，必须弄清楚以下情况。

- 了解网络的物理结构。
- 了解网络中所使用的协议及协议的相关配置。
- 了解网络操作系统的配置情况。

1. 试错法

试错法是一种通过推测解决问题而得出故障原因的方法。网络管理员需要对问题评价，依据经验对解决方法的推测，随后实施这种解决方案并对得到的结果进行检验，然后不断地重复这一过程直到得到了正确的解决方法。

根据上面的定义，试错法并不是一种科学的、严谨的解决网络故障的方法。尤其是在一些复杂的情况下，并不能保证对故障做出正确的推测。然而大量的实践表明，试错法可以帮助排出不少网络故障。以下可以采用试错法。

- 在没有解决网络故障之前，每次测试仅有一项改变。
- 确保所做的修改具有可恢复性。
- 根据工作经验，可以确定可能产生的故障的原因，并能够提出相应的解决办法。

• 与其他故障排除法相比，采用试错法会节约很多时间，耗费更少的人力和物力。

试错法流程图如图 6-1-1 所示。

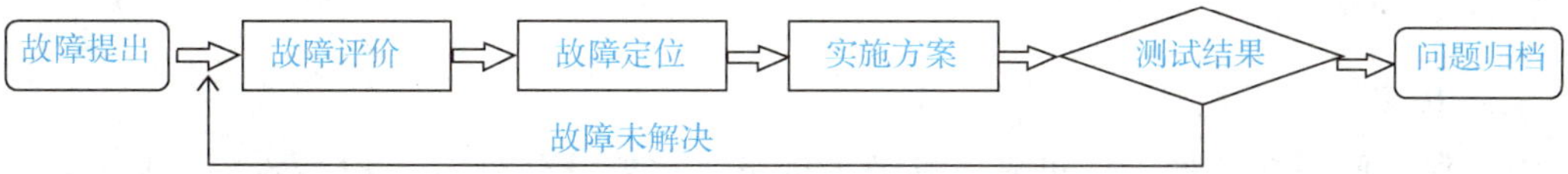

图 6-1-1　试错法流程图

① 故障提出。网络管理员首先了解网络故障发生的现象。

② 故障评价。网络管理员根据网络故障发生的现象分析、评价故障可能发生的原因及需要采取的方法。

③ 故障定位。根据上一步的分析，为故障定位，确定可能的故障原因

④ 实施方案。实施相应的解决方案

⑤ 测试结果。判断测试结果是否解决了网络故障。如果没有解决，重复②

⑥ 问题归档。问题解决，记下这种情况下解决问题的方法，为再次发生此类故障现象积累经验。

2. 参照法

参照法是一种比较快速解决网络故障的方法，因为它并不需要懂得太多的网络知识或者网络故障排除的经验。但前提是只有当故障设备与正常工作设备具有相近的情况下才可以使用参照法。参照法流程图如图 6-1-2 所示。

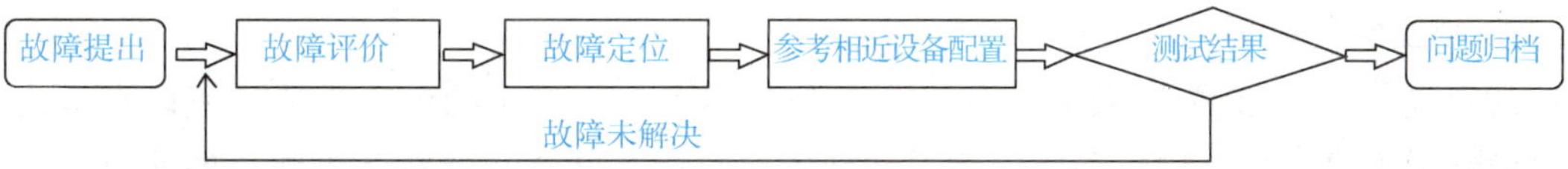

图 6-1-2　参照法流程图

在下列情况下可以选择采用参照法。

• 只有当故障设备与正常工作设备具有相近的条件下才可以使用参照法。

• 不要做出任何会导致冲突的配置修改。

• 确保所做的修改具有可恢复性。

3. 替换法

替换法是一种常用的网络检测与维护方法。采取这种方法时，网络管理员必须了解可能导致故障的原因，并且手边有正常的工作设备可供选择。在下列情况下可以选择采用替换法。

• 故障定位的网络设备限定 1～2 个组件之间。

• 确保可以更换正常工作的网络设备。

• 每次只能更换一个组件。

• 如果先前更换的网络设备并没有解决问题，则在替换第二个网络设备之前必须将先前被更换的设备安装回去。

任务 2　解决网络故障的步骤

知识链接

为了保证网络能够稳定、可靠、高效的服务，确定从何处着手相关的工作是网络故障的难点，所以必须制定一套有效的维护方法，从根本解决问题。

虽然网络故障的形式很多，但大部分的网络在维护时都可以使用一套故障诊断的框架，具体采用什么措施取决于实际的情况。解决网络故障流程图如图 6-1-3 所示。

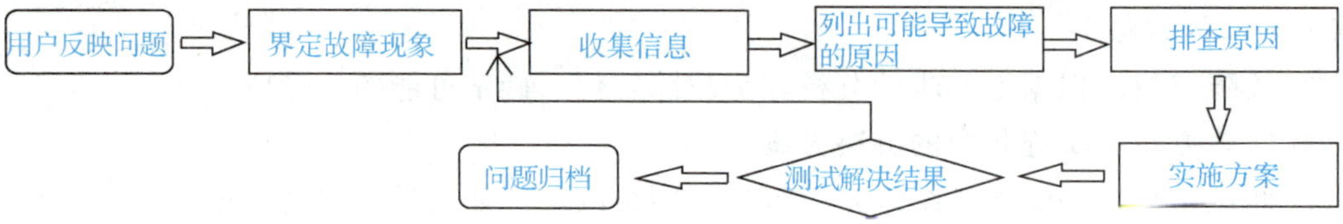

图 6-1-3　解决网络故障流程图

① 界定故障现象。

② 收集信息。

③ 列举可能导致故障的原因。

④ 排查原因。

⑤ 实施方案。

⑥ 测试解决效果。

其中步骤② ～步骤⑥ 要多次重复，直到找到了一个确定的解决方法。所以在解决问题前最好用记事本记下操作的每一步，这样随时对细节问题有较清楚了解，即使对大型复杂的网络维护起来也轻松自如。

1. 界定故障现象

明确故障范围不仅可以帮助确定解决方法的基本思路，还可以确定解决问题的优先顺序。

2. 收集信息

网络管理员亲自操作运行导致故障的程序，并注明相关出错信息。

① 设备之前是否工作正常→② 故障发生前后对比→③ 不能忽视的一些明显问题。

3. 列举可能导致故障的原因

根据收集的信息列举可能产生的原因，找出出错的可能性并分层次排序，按轻重缓急进行故障排除。

4. 排查原因

分层次列出故障原因列表后，初步利用网络故障检测的软件工具和硬件工具缩小搜索范围，更加准确地定位引起网络故障的原因，及时设计解决网络故障的方案。在排查原因时，应注意做好以下工作。

① 保存全部的网络设备配置文件

② 记录下网络连线所对应的端口

5. 实施方案

做好前面4个步骤的工作后，在方案的实施阶段就会相对容易，因为发现一个导致故障的真正原因，比解决一个问题对网络管理员来说更有成就感。

例如，在局域网中与互联网相连的路由器发生了故障，在实施安装路由器的同时，在关键点处同样要进行测试，步骤如下。

① 配置路由器。

② 使用 ping 测试每个接口，以确定这是唯一的操作。

③ 将路由器与网络的其他部分相连接。

④ 使用 ping 测试，确保网络中所有部件的连接方法正确。

⑤ 使用 tracert 程序确定网络路径。

⑥ 确定在工作站上通过 ping 命令可以访问路由器接口。

⑦ 确定从工作站可以访问互联网。

可以看出，关键点的及时测试为方案的正确实施提供了可靠的基础。

6. 测试解决

判断是否正确解决了网络故障，仅使用 ping 工具确定网络畅通与否还是不够的。如果可能，网络管理员一定要测试用户所需的网络服务是否能正常运行。如果用户所需要的网络服务仍不能运行，则要从解决网络故障的步骤② ～步骤⑤ 重复测试，直到问题得到解决。

任务3　OSI 模型与故障诊断

知识链接

OSI 模型是对任何计算机网络有关的问题进行故障诊断的主要工具。即使这种网络不采用 OSI 模型，但所有的模型与 OSI 模型一样，只有当模型的所有低层结构工作正常时，它的高层才能正常工作。

OSI 模型由7层组成，每层结构中都包含了一些由软件、硬件单独实现或两者共同完成的特定工作。如图6-1-4所示，熟悉每一层的作用，即可将复杂的网络故障分割成便于处理的小问题。图中还将 OSI 模型与 TCP/IP 模型进行了对比，从图中不难发现 TCP/IP 模型有4层，它将 OSI 模型中的上面3层合成为应用层，下面两层为网络接口层。

记这种关系对于排除网络的故障非常重要。下面将逐步从 OSI 模型的最低层讨论各层结构以及与这些相关的维护问题。

1. 物理层

物理层只有3项功能。前两个功能是发送和接收数据信息。后一个功能是提供到另一个设备的正确物理连接，以保证正常传输数据。物理层包含的组件有：网络介质(双绞线、光纤、同轴电缆、无线电波)、连接器、网卡(NIC)以及集线器等。

2. 数据链路层

数据链路层负责网络层与物理层之间进行信息传输。它还负责将二进制信息格式化成帧。帧的实际格式取决于帧的技术规范。数据链路层可分割成两个子层，即介质访问子层(MAC)和逻辑链路控制子层(LLC)。它使硬件制造商能够对 MAC 层进行编程，同时又使软件供应商能够对 LLC 层进行编程。使用这种方法，网卡制造商就能够制造出可以用相应的软件在许多不同类型的帧上运行的网卡。

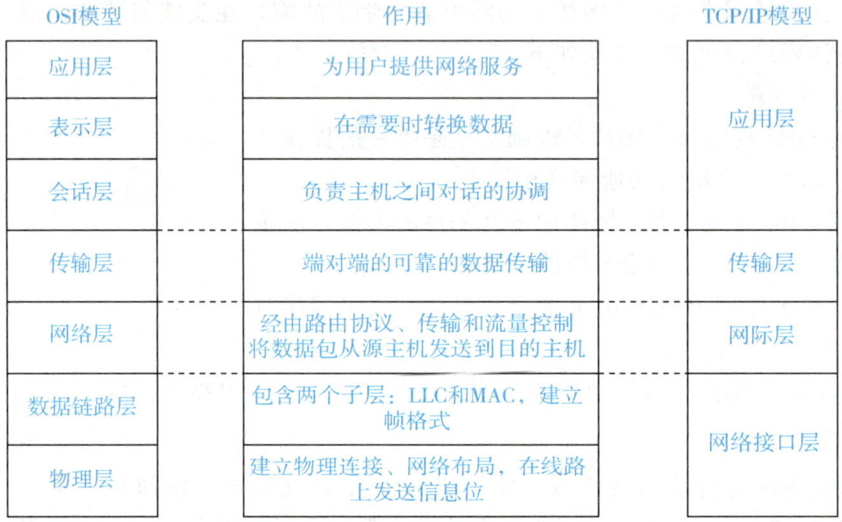

图 6-1-4　OSI 模型与 TCP? IP 模型

3. 网络层和传输层

在网络的第三层和第四层结构中，网络管理员需要花大量的时间来进行分配工作站地址、安装服务器和配置路由器等工作。

网络层的主要功能是网络提供路由，即选择到达目标主机的最佳路径，并沿该路径传送数据包。网络层还要能够清除网络拥挤，具有流量控制和拥挤控制的能力。网络边界中的路由器就工作在这层次上，现在较高档的交换机也可直接工作在这个层次上，因此它们也提供了路由功能，俗称“第三层交换机”，传输层主要任务是提供可靠的端到端的数据传输，如常说的 Qos 就是这一层的主要服务。

4. 更高层

OSI 模型中的上 3 层是指会话层、表示层和应用层，它们的功能分别是负责主机之间对话的协调，在需要时转换数据以及为用户提供网络服务。

大部分网络操作系统把上层的功能合并为一个可安装型的功能。如在 TCP/IP 协议中支持应用层的协议很多，如 HTTP 协议，SMTP 协议和支持文件传送的 FTP 协议等。

巩固练习

一、选择题

1. 解决网络故障的方法不包括(　　)。

A. 试错法　　B. 参照法　　C. 替换法　　D. 案例法

2.(　　)并不是一种科学的、严谨的解决网络故障的方法，它依据经验对解决方法进行推测。

A. 试错法　　B. 参照法　　C. 替换法　　D. 案例法

3.(　　)是一种比较快速解决网络故障的方法，前提是只有当故障设备与正常工作设备具有相近的情况下才可以使用。

A. 试错法　　B. 参照法　　C. 替换法　　D. 案例法

4.(　　)是一种常用的网络检测与维护方法，网络管理员必须了解可能导致故障的原因，并且手边有正常的工作设备可供选择。

A. 试错法　　B. 参照法　　C. 替换法　　D. 案例法

5. 解决网络故障的一般步骤排列正确的是(　　)。

① 界定故障现象　② 列举可能导致故障的原因　③ 搜集信息　④ 实施方案　⑤ 排查原因　⑥ 测试解决效果

A. ①②③④⑤⑥　B. ①③②⑤④⑥　C. ①②③⑥⑤④　D. ①③②④⑤⑥

6. 网络管理员接到某老师的报修，计算机突然无法上网了，首先要做的是(　　)。

A. 列举可能导致故障的原因　　B. 界定故障现象

C. 排查原因　　D. 实施方案

7. OSI 模型中，一条重要的故障排除原则是每一层(　　)。

A. 有嵌入的冗余机制来排除来自其他层的错误

B. 都相对独立

C. 运行都依赖于他的上一层

D. 运行都依赖于他的下一层

8. 排除物理层故障过程中，最容易被忽略的设备是(　　)。

A. 传输介质　　B. 中继器　　C. 配线架　　D. 收发器

9. QoS 是(　　)提供的服务。

A. 传输层　　B. 网络层　　C. 数据链路层　　D. 物理层

10. 数据链路层分为两个子层，(　　)和(　　)。

A. MAC 子层、LLC 子层　　B. MAC 子层、IP 子层

C. MAC 子层、LAC 子层　　D. LAC 子层、IP 子层

二、简答题

1. 简述解决网络故障的步骤。
2. 简述 OSI 参考模型及其各层的作用。
3. 简述 TCP/IP 模型各层与 OSI 的对应关系。
4. 列举网络故障诊断的常用方法。
5. 简述试错法的步骤。
6. 简述参照法的步骤。

项目 2

网络故障诊断工具

学习目标

基本知识

(1)掌握使用硬件工具进行检测。

(2)掌握使用网络分析仪——Sniffer、wireshark。

(3)掌握使用网络模拟器—eNSP。

(4)了解其他诊断方法。

知识点精讲

任务 1　使用硬件工具进行检测

知识链接

硬件设备通常都可以用于 OSI 模型的物理层检查。这些设备可以分成两类，一类是中低端设备，如电缆测试仪和网络万用表 NetTool；另一类是高端设备，如 Fluke 公司生产的 DSP-4300 型高精度数字式电缆分析仪。当进行网络故障的诊断时，这些设备都可以用于检测网络电缆和连接器。

(1)电缆测试仪(图 6-2-1)：电缆测试仪通过使用电气原理来检查电缆的连通性。

(2)网络万用表(图 6-2-2)：是一种集电缆、网络及 PC 配置功能于一体的手持式网络测试仪。

Fluke 公司生产的网络万用表(NetTool)如图 6-2-1 所示，分为在线型和增加型。在线型网络万用表可以连接两个网络设备，监听它们之间的流量，检测一般连通性问题。增强型网络万用表不但具备在线型万用表的所有功能，还有一些更强的功能。

网络万用表的基本功能如下。

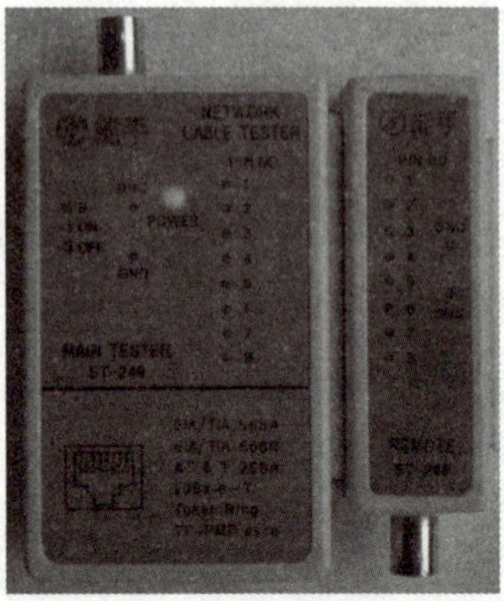

图 6-2-1　测线仪

① 可同时连接两个网络设备，监听它们之间的流量，检测一般连通性问题。

② 自动 ping 关键设备：验证至路由器、服务器和打印机的连接(只有增强型支持)。

③ 识别可用的网络资源：查看由运行着的服务器、路由器、打印机提供的 MAC 地址、IP 地址、子网及服务。

④ 生成网络资源报告：下载测试结果，进行网络性能文档备案(增强型网络万用表支持)。

⑤ 识别计算机所在网络：检查计算机所配置的服务列表。

⑥ 电缆验证：测试电缆长度，是否短路、串绕或开路，包括点到点的接线图。

3. 数字式电缆分析仪主要内容如下。

(1)DSP-4300 分析仪(图 6-2-3)：可进行 cat5e、cat6、单模、千兆和多模光缆布线系统的测试；具有 350MHz 的高带宽测试能力，并可保证对同一条电缆多次测试的准确性；包含永久链路接口适配器，从而使双绞线布线现场测试符合标准要求。

(2)DTX-1800 分析仪(图 6-2-4)：FLUKE DTX-1800 电缆认证分析仪是一款电缆认证分析仪。增加了测试同轴电缆系统的功能，包括上一代的数据电缆(例如 1，0Base-2 或 10Base-5 以太网)和视频分发同轴电缆，功能得到了进一步增强。

图 6-2-2　Fluke 网络万用表

图 6-2-3　Fluke DSP-4300

图 6-2-4　DTX-1800 数字式电缆分析仪

DTX 系列数字式电缆分析仪的特点如下。

① 出众的 IV 级测试精度，超越了超 5 类、6 类和 7 类线测试的标准要求。

② 完成一次 6 类线自动测试只需要 9 s 的时间，比以前的测试仪快了至少 3 倍。

③ 先进省时的故障诊断能力，能准确指出故障，还能提供修复建议。

④ 提供最高达 900 MHz 的频率范围，为未来的应用做好准备。

⑤ 背插式光缆模块，单键即可在铜缆和光缆测试之间进行切换。

⑥ 采用 Link-Ware 软件提供广泛的数据管理能力。

任务 2　网络分析仪—Sniffer

知识链接

Sniffer(嗅探器)是一种常用的收集有用数据的工具。使用这种工具，可以监视网络的状态、数据流动情况以及网络上传输的信息。

Sniffer 软件是 NAI 公司推出的一款一流的便携式网管和应用故障诊断分析软件，不管是在有线网络还是在无线网络中，它都能够给予网管管理人员实时的网络监视、数据包捕获以及故障诊断分析能力。对于在现场运行快速的网络和应用问题故障诊断，基于便携式软件的解决方案具备最高的性价比，却能够让用户获得强大的网管和应用故障诊断功能。

Sniffer pro 4.7.5 版本仅支持 10 M、100 M、10/100 M 网卡，对于 1 000 M 网卡，请安装 SP5 补丁，或 4.8 及更高的版本。该软件不支持 Windows 7 以上版本操作系统。

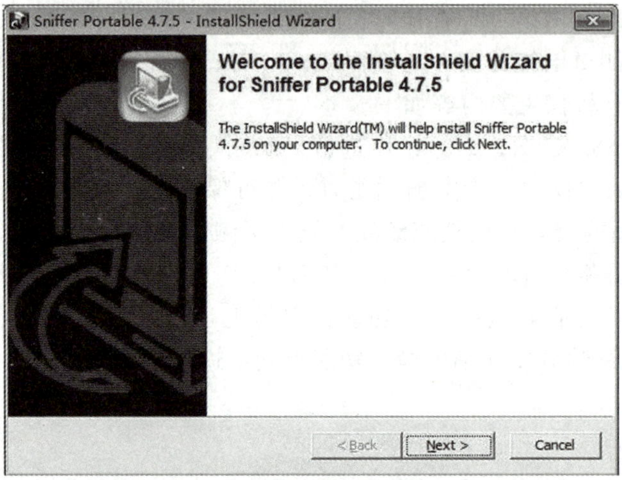
Sniffer Portable 4.7.5 - InstallShield Wizard
Welcome to the InstallShield Wizard for Sniffer Portable 4.7.5
The InstallShield Wizard(TM) will help install Sniffer Portable 4.7.5 on your computer. To continue, click Next.
< Back
Next >
Cancel

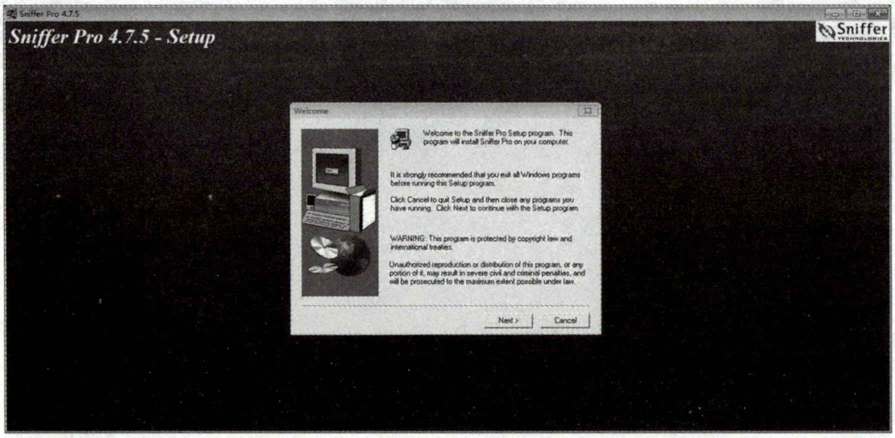
Sniffer Pro 4.7.5 - Setup
Sniffer
Welcome
Welcome to the Sniffer Pro Setup program. This program will install Sniffer Pro on your computer.
It is strongly recommended that you exit all Windows programs before running this Setup program.
Click Cancel to quit Setup and then close any programs you have running. Click Next to continue with the Setup program.
WARNING: This program is protected by copyright law and international treaties.
Unauthorized reproduction or distribution of this program, or any portion of it, may result in severe civil and criminal penalties, and will be prosecuted to the maximum extent possible under law.
Next >
Cancel

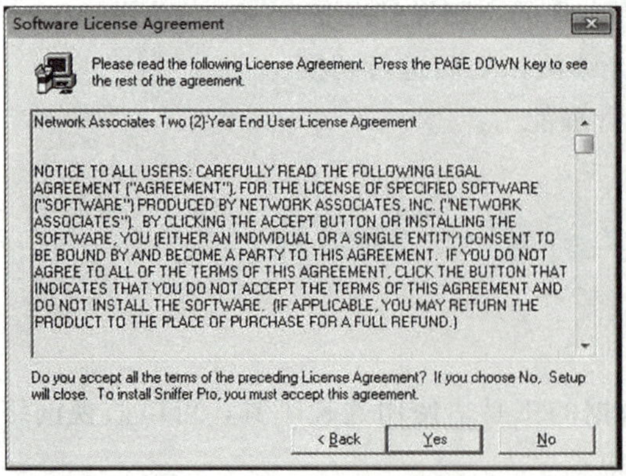
Software License Agreement
Please read the following License Agreement. Press the PAGE DOWN key to see the rest of the agreement.
Network Associates Two (2)-Year End User License Agreement
NOTICE TO ALL USERS: CAREFULLY READ THE FOLLOWING LEGAL AGREEMENT ("AGREEMENT"), FOR THE LICENSE OF SPECIFIED SOFTWARE ("SOFTWARE") PRODUCED BY NETWORK ASSOCIATES, INC. ("NETWORK ASSOCIATES"). BY CLICKING THE ACCEPT BUTTON OR INSTALLING THE SOFTWARE, YOU (EITHER AN INDIVIDUAL OR A SINGLE ENTITY) CONSENT TO BE BOUND BY AND BECOME A PARTY TO THIS AGREEMENT. IF YOU DO NOT AGREE TO ALL OF THE TERMS OF THIS AGREEMENT, CLICK THE BUTTON THAT INDICATES THAT YOU DO NOT ACCEPT THE TERMS OF THIS AGREEMENT AND DO NOT INSTALL THE SOFTWARE. (IF APPLICABLE, YOU MAY RETURN THE PRODUCT TO THE PLACE OF PURCHASE FOR A FULL REFUND.)
Do you accept all the terms of the preceding License Agreement? If you choose No, Setup will close. To install Sniffer Pro, you must accept this agreement.
< Back
Yes
No

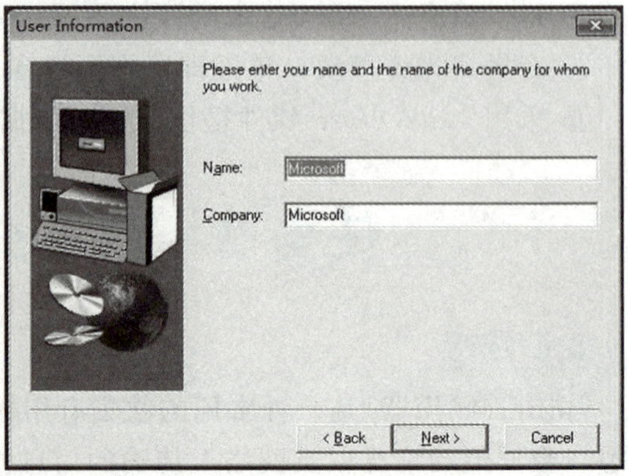
User Information
Please enter your name and the name of the company for whom you work.
Name:
Microsoft
Company:
Microsoft
< Back
Next >
Cancel

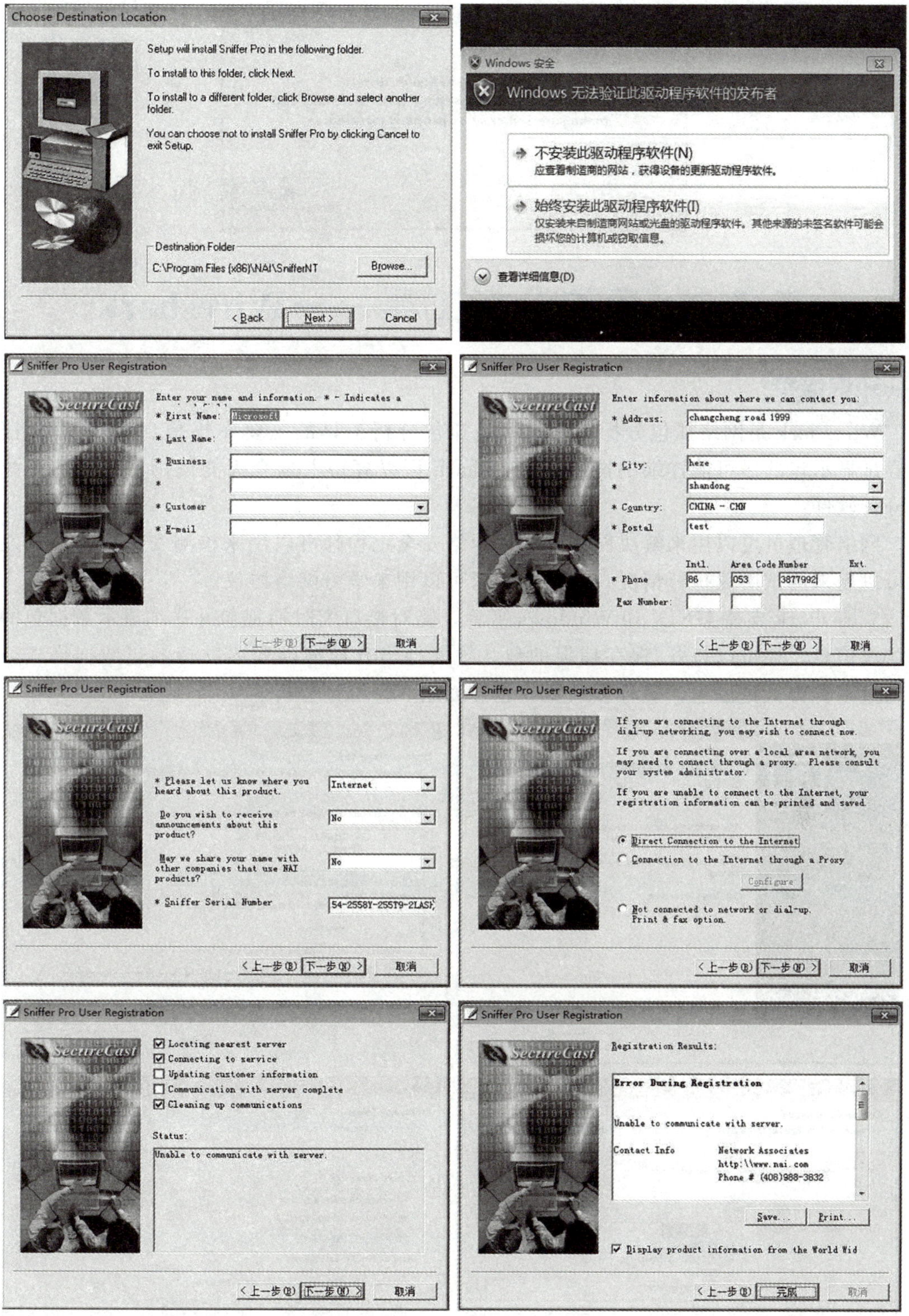
Choose Destination Location
Setup will install Sniffer Pro in the following folder.
To install to this folder, click Next.
To install to a different folder, click Browse and select another folder.
You can choose not to install Sniffer Pro by clicking Cancel to exit Setup.
Destination Folder
C:\Program Files (x86)\NAI\SnifferNT
Browse...
< Back
Next >
Cancel
Windows 安全
Windows 无法验证此驱动程序软件的发布者
不安装此驱动程序软件(N)
应查看制造商的网站，获得设备的更新驱动程序软件。
始终安装此驱动程序软件(I)
仅安装来自制造商网站或光盘的驱动程序软件。其他来源的未签名软件可能会损坏您的计算机或窃取信息。
查看详细信息(D)
Sniffer Pro User Registration
Enter your name and information. * - Indicates a
* First Name:
Microsoft
* Last Name:
* Business
* Customer
* E-mail
< 上一步(B)
下一步(N) >
取消
Sniffer Pro User Registration
Enter information about where we can contact you:
* Address:
changcheng road 1999
* City:
heze
shandong
* Country:
CHINA - CHN
* Postal
test
Intl.
Area Code Number
Ext.
* Phone
86
053
3877992
Fax Number:
< 上一步(B)
下一步(N) >
取消
Sniffer Pro User Registration
* Please let us know where you heard about this product.
Internet
Do you wish to receive announcements about this product?
No
May we share your name with other companies that use NAI products?
No
* Sniffer Serial Number
54-2558Y-255T9-2LASK
< 上一步(B)
下一步(N) >
取消
Sniffer Pro User Registration
If you are connecting to the Internet through dial-up networking, you may wish to connect now.
If you are connecting over a local area network, you may need to connect through a proxy. Please consult your system administrator.
If you are unable to connect to the Internet, your registration information can be printed and saved.
Direct Connection to the Internet
Connection to the Internet through a Proxy
Configure
Not connected to network or dial-up. Print & fax option.
< 上一步(B)
下一步(N) >
取消
Sniffer Pro User Registration
Locating nearest server
Connecting to service
Updating customer information
Communication with server complete
Cleaning up communications
Status:
Unable to communicate with server.
< 上一步(B)
下一步(N) >
取消
Sniffer Pro User Registration
Registration Results:
Error During Registration
Unable to communicate with server.
Contact Info
Network Associates
http:\\www.nai.com
Phone # (408)988-3832
Save...
Print...
Display product information from the World Wid
< 上一步(B)
完成
取消

Windows 7 以上版本操作系统无法安装 sniffer 网卡驱动，无法使用，因此本节内容略过。

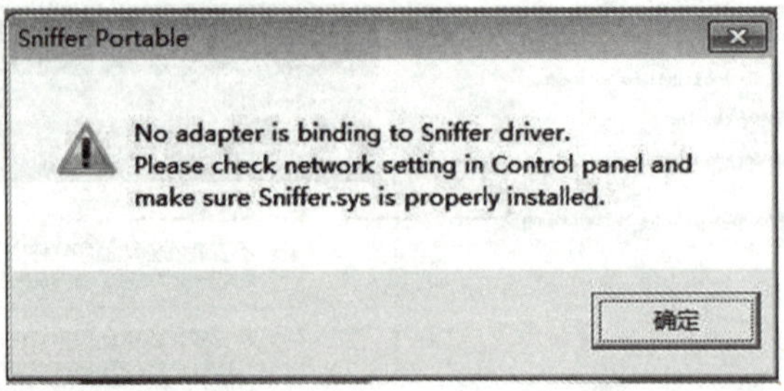
Sniffer Portable
No adapter is binding to Sniffer driver.
Please check network setting in Control panel and
make sure Sniffer.sys is properly installed.
确定

任务 3　网络分析工具——Wireshark

知识链接

Wireshark 是网络抓包分析工具。网络抓包分析工具的主要作用是尝试捕获网络包，并尝试显示包的尽可能详细的情况。Wireshark 可以算得上是今天能使用的最好的开源网络分析软件。

网络管理员可以用来解决网络问题；网络安全工程师可以用来检测安全隐患；开发人员可以用来测试协议执行情况；普通使用者可以用来学习网络协议。

Wireshark 支持 UNIX 和 Windows 平台，能对接口实时捕捉包并详细显示数据包的详细协议信息，还可以打开/保存捕捉的包，导入导出其他捕捉程序支持的包数据格式，可以通过多种方式过滤包，多种方式查找包，创建多种统计分析。

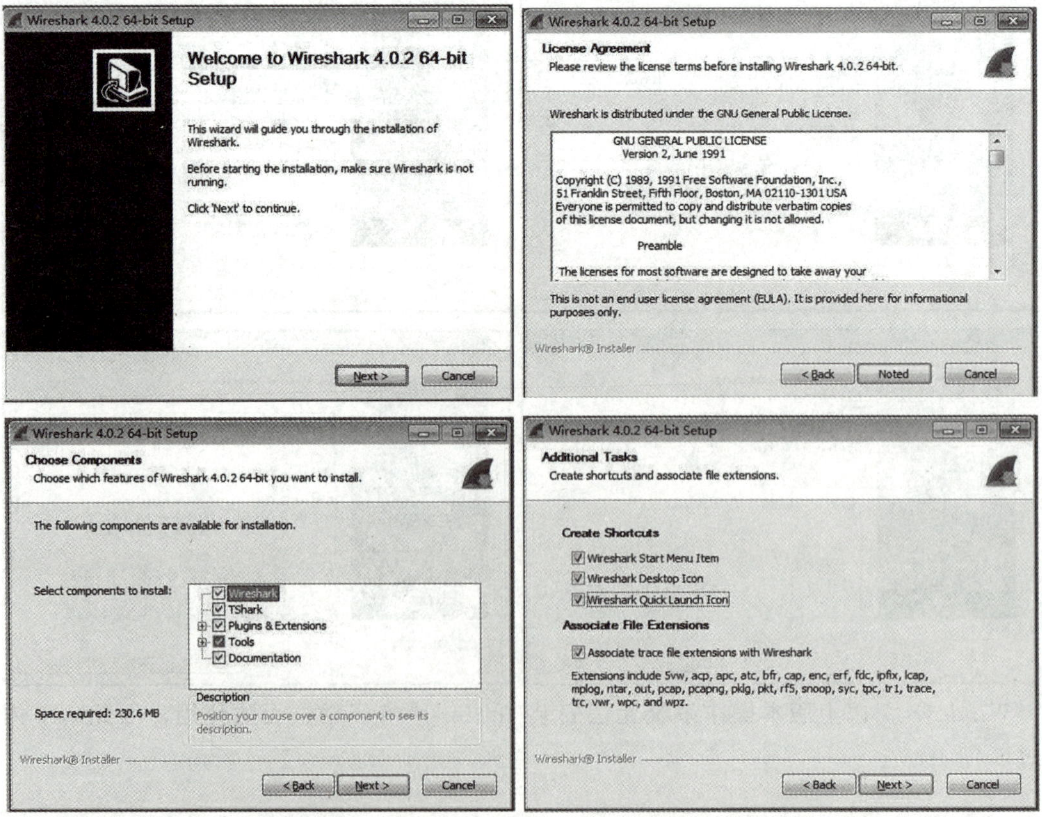
Wireshark 4.0.2 64-bit Setup
Welcome to Wireshark 4.0.2 64-bit Setup
This wizard will guide you through the installation of Wireshark.
Before starting the installation, make sure Wireshark is not running.
Click 'Next' to continue.
Next >
Cancel
Wireshark 4.0.2 64-bit Setup
License Agreement
Please review the license terms before installing Wireshark 4.0.2 64-bit.
Wireshark is distributed under the GNU General Public License.
GNU GENERAL PUBLIC LICENSE
Version 2, June 1991
Copyright (C) 1989, 1991 Free Software Foundation, Inc.,
51 Franklin Street, Fifth Floor, Boston, MA 02110-1301 USA
Everyone is permitted to copy and distribute verbatim copies
of this license document, but changing it is not allowed.
Preamble
The licenses for most software are designed to take away your
This is not an end user license agreement (EULA). It is provided here for informational purposes only.
Wireshark® Installer
< Back
Noted
Cancel
Wireshark 4.0.2 64-bit Setup
Choose Components
Choose which features of Wireshark 4.0.2 64-bit you want to install.
The following components are available for installation.
Select components to install:
Wireshark
TShark
Plugins & Extensions
Tools
Documentation
Space required: 230.6 MB
Description
Position your mouse over a component to see its description.
Wireshark® Installer
< Back
Next >
Cancel
Wireshark 4.0.2 64-bit Setup
Additional Tasks
Create shortcuts and associate file extensions.
Create Shortcuts
Wireshark Start Menu Item
Wireshark Desktop Icon
Wireshark Quick Launch Icon
Associate File Extensions
Associate trace file extensions with Wireshark
Extensions include 5vw, acp, apc, atc, bfr, cap, enc, erf, fdc, ipfix, lcap, mplog, ntar, out, pcap, pcapng, pkg, pkt, rf5, snoop, syc, tpc, tr1, trace, trc, vwr, wpc, and wpz.
Wireshark® Installer
< Back
Next >
Cancel

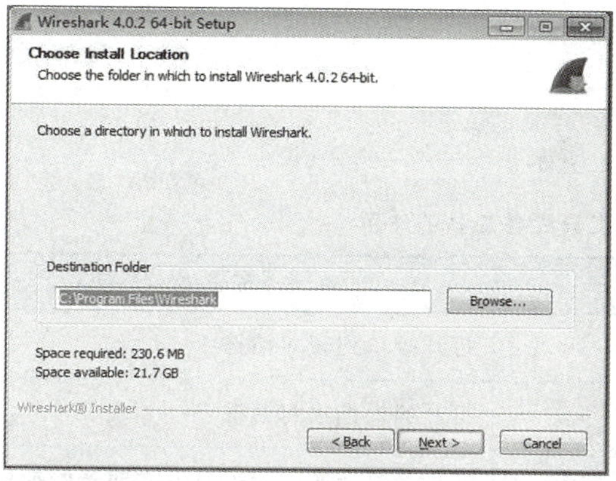
Wireshark 4.0.2 64-bit Setup
Choose Install Location
Choose the folder in which to install Wireshark 4.0.2 64-bit.
Choose a directory in which to install Wireshark.
Destination Folder
C:\Program Files\Wireshark
Browse...
Space required: 230.6 MB
Space available: 21.7 GB
Wireshark® Installer
< Back
Next >
Cancel

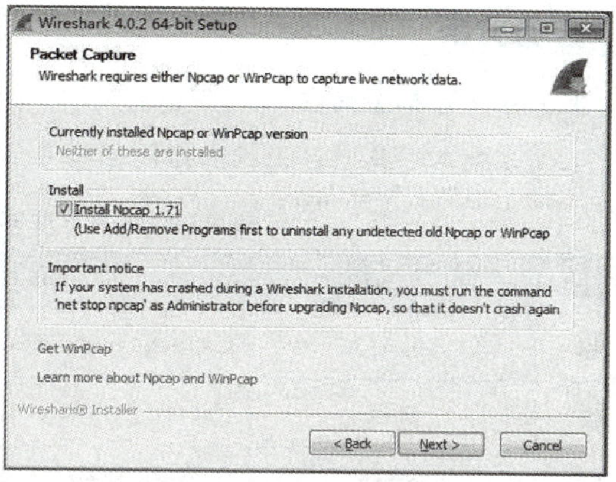
Wireshark 4.0.2 64-bit Setup
Packet Capture
Wireshark requires either Npcap or WinPcap to capture live network data.
Currently installed Npcap or WinPcap version
Neither of these are installed
Install
Install Npcap 1.71
(Use Add/Remove Programs first to uninstall any undetected old Npcap or WinPcap
Important notice
If your system has crashed during a Wireshark installation, you must run the command
'net stop npcap' as Administrator before upgrading Npcap, so that it doesn't crash again
Get WinPcap
Learn more about Npcap and WinPcap
Wireshark® Installer
< Back
Next >
Cancel

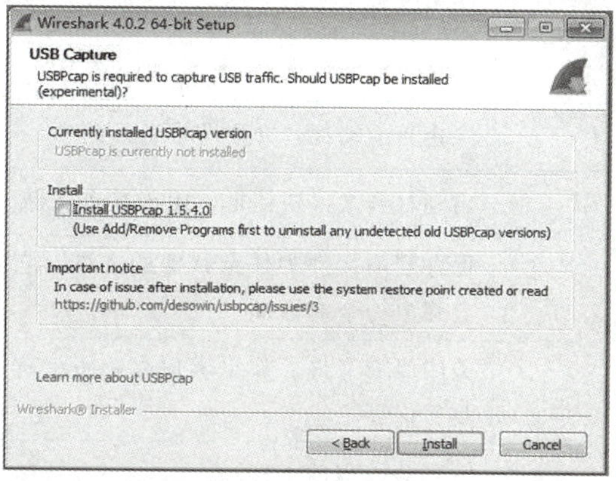
Wireshark 4.0.2 64-bit Setup
USB Capture
USBPcap is required to capture USB traffic. Should USBPcap be installed
(experimental)?
Currently installed USBPcap version
USBPcap is currently not installed
Install
Install USBPcap 1.5.4.0
(Use Add/Remove Programs first to uninstall any undetected old USBPcap versions)
Important notice
In case of issue after installation, please use the system restore point created or read
https://github.com/desowin/usbpcap/issues/3
Learn more about USBPcap
Wireshark® Installer
< Back
Install
Cancel

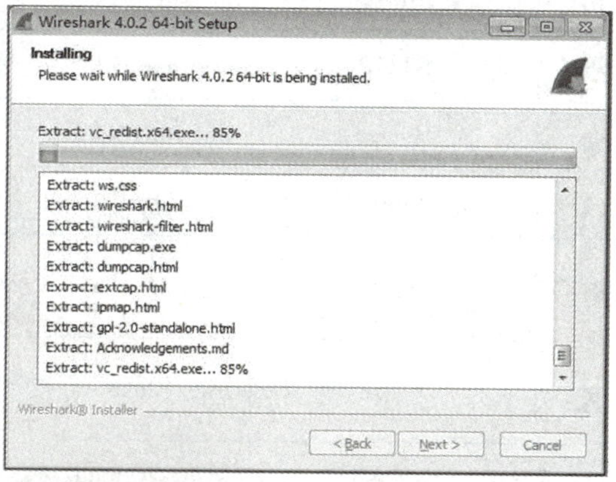
Wireshark 4.0.2 64-bit Setup
Installing
Please wait while Wireshark 4.0.2 64-bit is being installed.
Extract: vc_redist.x64.exe... 85%
Extract: ws.css
Extract: wireshark.html
Extract: wireshark-filter.html
Extract: dumpcap.exe
Extract: dumpcap.html
Extract: extcap.html
Extract: ipmap.html
Extract: gpl-2.0-standalone.html
Extract: Acknowledgements.md
Extract: vc_redist.x64.exe... 85%
Wireshark® Installer
< Back
Next >
Cancel

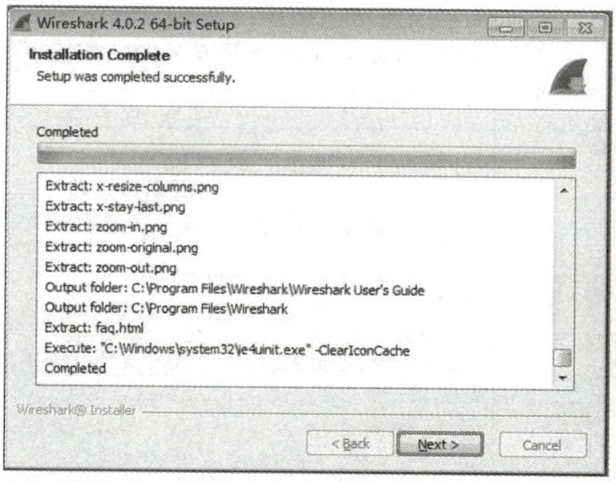
Wireshark 4.0.2 64-bit Setup
Installation Complete
Setup was completed successfully.
Completed
Extract: x-resize-columns.png
Extract: x-stay-last.png
Extract: zoom-in.png
Extract: zoom-original.png
Extract: zoom-out.png
Output folder: C:\Program Files\Wireshark\Wireshark User's Guide
Output folder: C:\Program Files\Wireshark
Extract: faq.html
Execute: "C:\Windows\system32\ie4uinit.exe" -ClearIconCache
Completed
Wireshark® Installer
< Back
Next >
Cancel

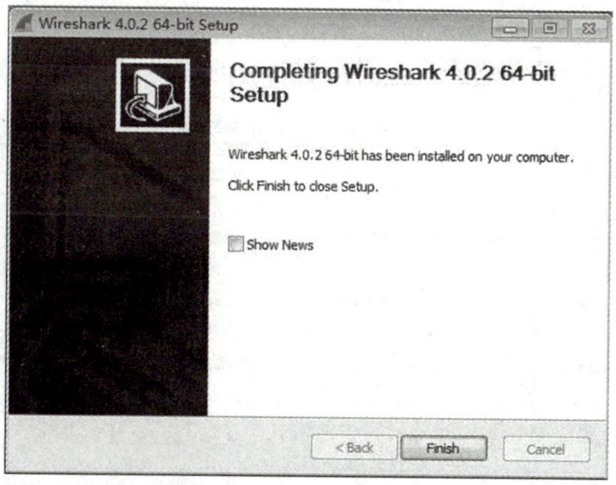
Wireshark 4.0.2 64-bit Setup
Completing Wireshark 4.0.2 64-bit Setup
Wireshark 4.0.2 64-bit has been installed on your computer.
Click Finish to close Setup.
Show News
< Back
Finish
Cancel

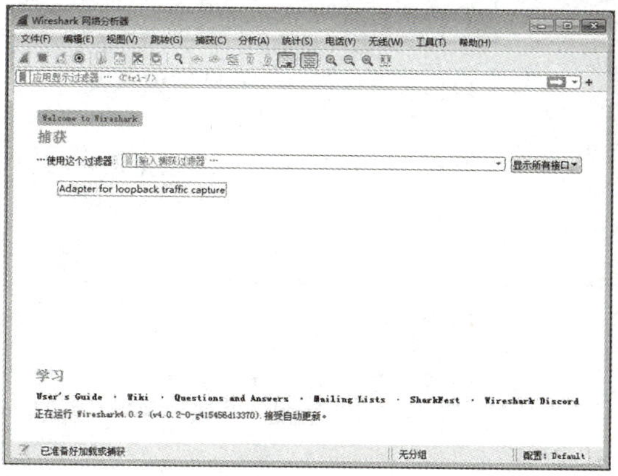
Wireshark 网络分析器
Welcome to Wireshark
捕获
Adapter for loopback traffic capture
学习
User's Guide · Wiki · Questions and Answers · Mailing Lists · SharkFest · Wireshark Discord

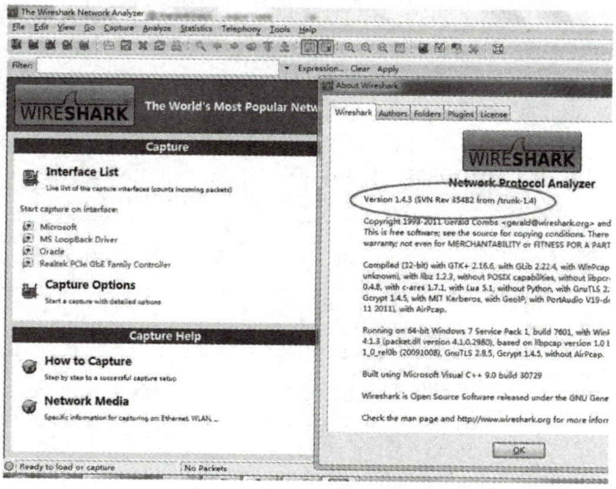
The Wireshark Network Analyzer
WIRESHARK
Capture
Interface List
Capture Options
Capture Help
How to Capture
Network Media
About Wireshark
WIRESHARK
Network Protocol Analyzer
OK

任务分析

1.1.4.3 版本工具栏

1.4.3 版本工具栏各工具的作用如表 6-2-1 所示。

表 6-2-1　1.4.3 版本工具栏各工具的作用

图标	定义	对应菜单项	描述
	接口	Capture/Interfaces...	打开接口列表对话框
	选项	Capture/Options	打开捕捉选项对话框
	Start	Capture/Start	使用最后一次的捕捉设置立即开始捕捉
	STOP	Capture/Stop	停止当前的捕捉
	Restar	Caputer/Rstart	停止当前捕捉，并立即重新开始
	Open	File/Open	启动打开文件对话框，用于载入文件
	Save	File/Save As...	保存当前文件为任意其他的文件，它将会弹出一个对话框
	Close	File/Close	关闭当前文件。如果未保存，将会提示是否保存
	Reload	View/Reload	重新载入当前文件
	Print	File/Print	打印捕捉文件的全部或部分，将会弹出一个打印对话框
	Find packet	Edit/Find Packet...	打开一个对话框，查找包
	Go Back	Go/Go Back	返回历史记录中的上一个
	Go Forward	Go/Go Forward	跳转到历史记录中的下一个包
	Go to Packet	Go/Go to Packet...	弹出一个设置跳转到指定的包的对话框
	Go To First Packet	Go/First Packet	跳转到第一包
	Go To Last Packet	Go/Last Packet	跳转到最后一个包
	Colorize	View/Coloreze	切换是否以彩色方式显示包列表
	Auto Scroll in Live	View/Auto Scrool in Live Capture	开启/关闭实时捕捉时自动滚动包列表
	Zoom in	View/Zoom In	增大字体
	zoom out	View/Zoom Out	缩小字体
	Normal Size	View/Normal Size	设置缩放大小为 100%

（续表）

图标	定义	对应菜单项	描述
	Resize Columns	View/Resize Columns	重置列宽，使内容适合列宽（使包列表内的文字可以完全显示）
	Capture Filters. .	Capture/Capture Filters. . .	打开对话框，用于创建、编辑过滤器
	Display Filters. .	Analyze/ Filters. . .	打开对话框，用于创建、编辑过滤器
	Coloring Rules. . .	View/Coloring Rules. . .	定义以色彩方式显示数据包的规则
	Preferences. . .	Edit/Preferences	打开首选项对话框
	Help	Help/Contents	打开帮助对话框

2. 实时捕捉数据包

打开捕捉方法有以下几种。

(1)使用打开捕捉接口对话框，浏览可用的本地网络接口，选择需要进行捕捉的接口启动。

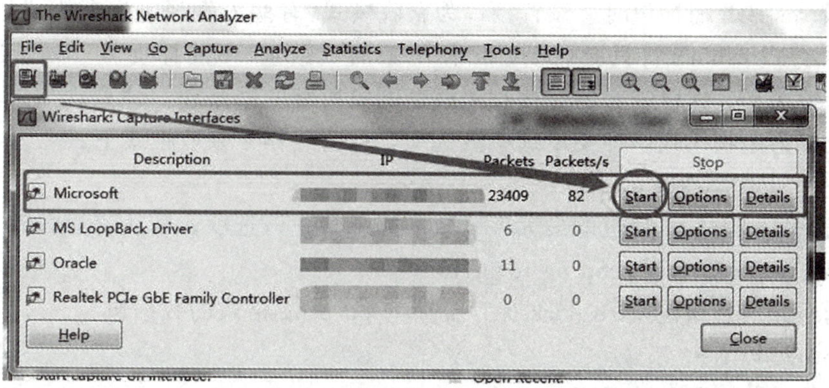

(2)使用"捕捉选项"按钮启动对话框开始捕捉。

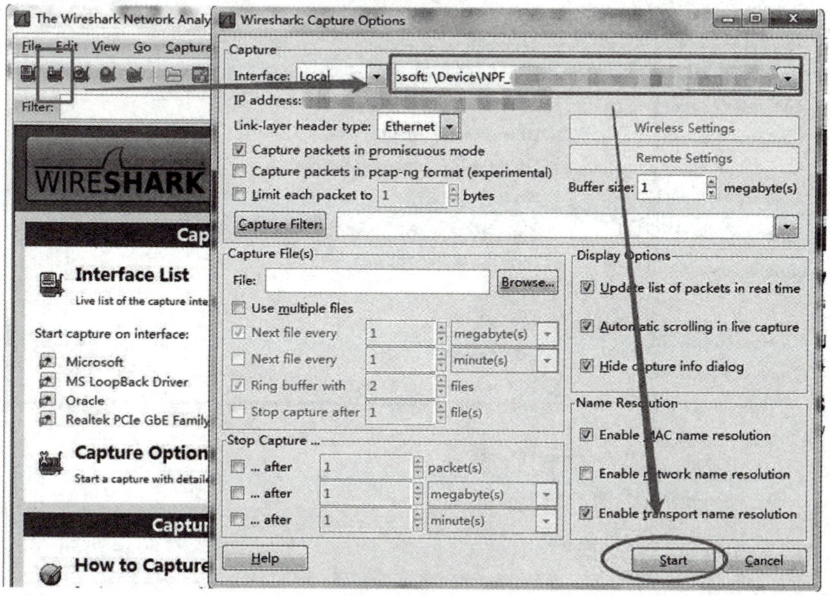

* capture

• Interface

该字段指定想用于进行捕捉的借口。一次只能使用一个接口。这是一个下拉列表，简单点击右侧的按钮，选择你想要使用的接口。默认第一是支持捕捉的 non-loopback(非环回)接口，如果没有这样的接口，第一个将是环回接口。在某些系统中，环回接口不支持捕捉包(windows 平台下的环回接口就不支持)。

在命令行使用-i <interface>参数可以替代该选项

• IP address

表示选择接口的 IP 地址。如果系统未指定 IP 地址，将会显示为“unknown”

• Link-layer header type

链路层包头类型，除非你有些特殊应用，尽量保持此选项默认。

• Buffer size：n megabyte(s)

输入用于捕捉的缓存大小。该选项是设置写入数据到磁盘前保留在核心缓存中捕捉数据的大小，如果你发现丢包，尝试增大该值。注意，该选项仅适用于 Windows 平台。

• Capture packets in promiscuous mode

指定 Wireshark 捕捉包时，设置接口为杂收模式(有些人翻译为混杂模式)。如果你未指定该选项，Wireshark 将只能捕捉进出你电脑的数据包(不能捕捉整个局域网段的包)。即使在杂收模式下，你也未必能够接收到整个网段所有的网络包。注意，如果其他应用程序将网卡设置为杂收模式，即使不选中该选项，也会工作于杂收模式下。

• Limit each packet to n bytes

指定捕捉过程中，每个包的最大字节数。如果禁止该选项，默认值为 65535。

• Capture packets in pcap-ng format

该复选框允许您指定 wireshark 保存捕获的 pcap-ng 格式的数据包。

• Capture Filter

指定捕捉过滤。默认情况下是空的。

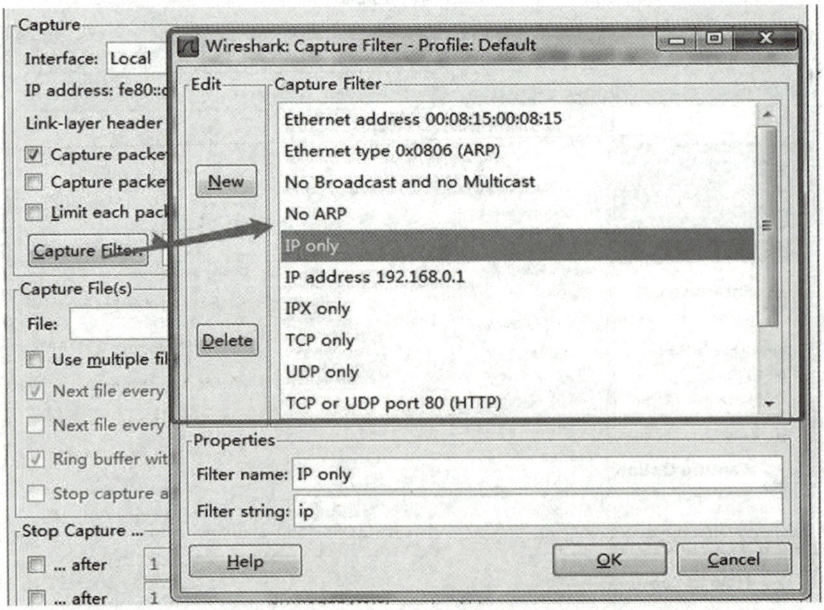

* 用特定文件捕捉

• File

指定将用于捕捉的文件名。默认是空白。如果保持空白，捕捉数据将会存储在临时文件夹。

• Use multiple files

如果指定条件达到临界值，Wireshark 将会自动生成一个新文件，而不是适用单独文件。

• Next file every n megabyte(s)

指定将用于捕捉的文件名。默认是空白。如果保持空白，捕捉数据将会存储在临时文件夹。

• Use multiple files

如果指定条件达到临界值，Wireshark 将会自动生成一个新文件，而不是适用单独文件。

• Next file every n megabyte(s)

仅适用选中 Use multiple files，如果捕捉文件容量达到指定值，将会生成切换到新文件。

• Next file every n minutes(s)

仅适用选中 Use multiple files，如果捕捉文件持续时间达到指定值，将会切换到新文件。

• Ring buffer with n files

仅适用选中 Use multiple files，仅生成制定数目的文件。

• Stop capture after n file(s)

仅适用选中 Use multiple files，当生成指定数目文件时，在生成下一个文件时停止捕捉。

* 停止捕捉桢

• ...after n packet(s)　　在捕捉到指定数目数据包后停止捕捉。

• ...after n megabytes(s)

在捕捉到指定容量的数据(byte(s)/kilobyte(s)/megabyte(s)/gigabyte(s))后停止捕捉。如果没有适用"user multiple files"，该选项将是灰色。

• ...after n minute(s)　　在达到指定时间后停止捕捉。

* Display Options 显示选项

• Update list of packets in real time

在包列表面板实时更新捕捉数据。如果未选定该选项，在 Wireshark 捕捉结束之前将不能显示数据。如果选中该选项，Wireshark 将生成两个独立的进程，通过捕捉进程传输数据给显示进程。

• Automatic scrolling in live capture

指定 Wireshark 在有数据进入时实时滚动包列表面板，这样您将一直能看到最近的包。反之，则最新数据包会被放置在行末，但不会自动滚动面板。如果未设置"update list of packets in real time"，该选项将是灰色不可选的。

• Hide capture info dialog　　选中该选项，将会隐藏捕捉信息对话框

* Name Resolution：名称解析设置

• Enable MAC name resolution　设置是否让 Wireshark 翻译 MAC 地址为名称。

• Enable network name resolution 是否允许 Wireshark 对网络地址进行解析。

(3)如果你已经知道捕捉接口的名称，可以使用如下命令从命令行开始捕捉。

```
wireshark -i eth0 -k //从 eht0 接口开始捕捉。
```

3. 保存文件

可以通过 File→Save As... 菜单或者工具栏上得保存按钮来保存捕捉文件。在保存时可以选择保存哪些包，以什么格式保存。

操作步骤

实验需求：利用 wireshark 抓包工具了解“利用三层交换机实现不同 VLAN 间路由通信”实验的数据传输过程。(其他实验亦可采用类似方法)。

1. 创建网络拓扑图。

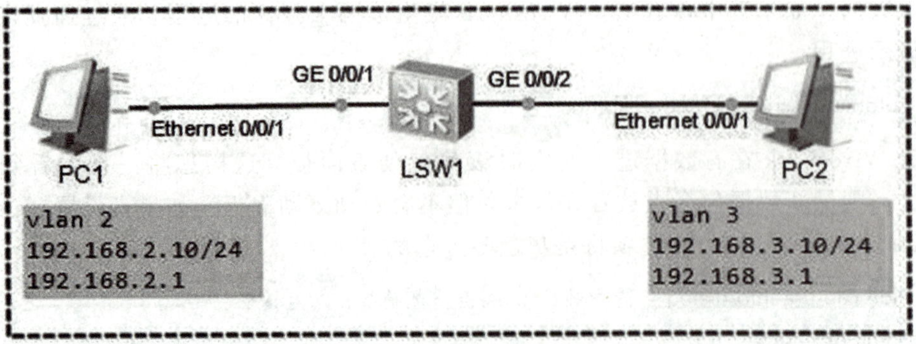

2. 配置交换机。

```
<Huawei>u t m
Info: Current terminal monitor is off.
<Huawei>sy
Enter system view, return user view with Ctrl+Z.
[Huawei]sys SW
[SW]vlan batch 2 3
Info: This operation may take a few seconds. Please wait for a moment...done.
[SW]int vlan 2
[SW-Vlanif2]ip add 192.168.2.1 24
[SW-Vlanif2]int vlan 3
[SW-Vlanif3]ip add 192.168.3.1 24
[SW-Vlanif3]q
[SW]int gi 0/0/1
[SW-GigabitEthernet0/0/1]port link-type access
[SW-GigabitEthernet0/0/1]port default vlan 2
[SW-GigabitEthernet0/0/1]int gi 0/0/2
[SW-GigabitEthernet0/0/2]port link-type access
[SW-GigabitEthernet0/0/2]port default vlan 3
[SW-GigabitEthernet0/0/2]q
```

3. 捕捉数据包。

(1)在 ENSP 软件中调用 wireshark 工具，PC1 ping PC2。

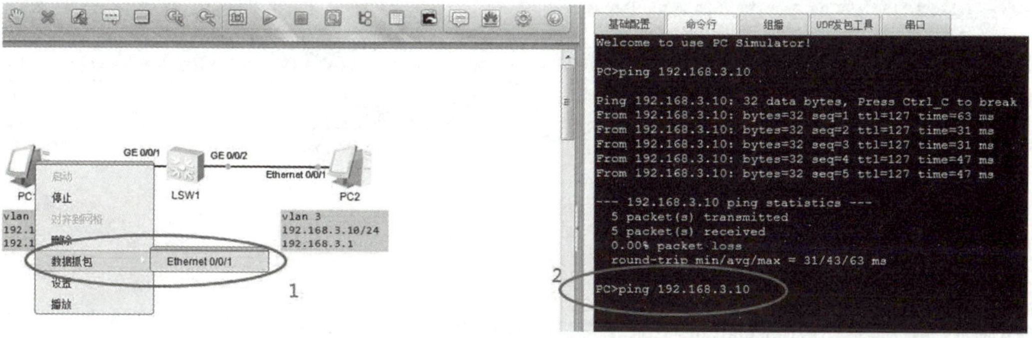

(2)PC1 向 PC2 发起 Ping 操作，在发送第一个 ICMP 请求报文时，由于 PC1 与 PC2 在同一个网段，PC1 配置了网关(SW 上的 VLANIF2 接口)IP 地址，但 PC1 上没有网关的 ARP 表项，因此没有网关的 MAC 地址，所以先触发向网关 SW 发送一个 ARP 请求报文。此 ARP 请求报文中帧头的“目的 MAC 地址”字段为 48 位全 1(对应 12 个全 F)的广播 MAC 地址，表示是采用广播方式发送的，帧头和 ARP 报头中的“目的 IP 地址”字段值均为网关 VLANIF2 接口的 IP 地址 192.168.2.1，“源 IP 地址”字段值均为 PC1 的 IP 地址 192.168.2.10，“源 MAC 地址”字段值为 PC1 的 MAC 地址 54:89:98:94:18:31。

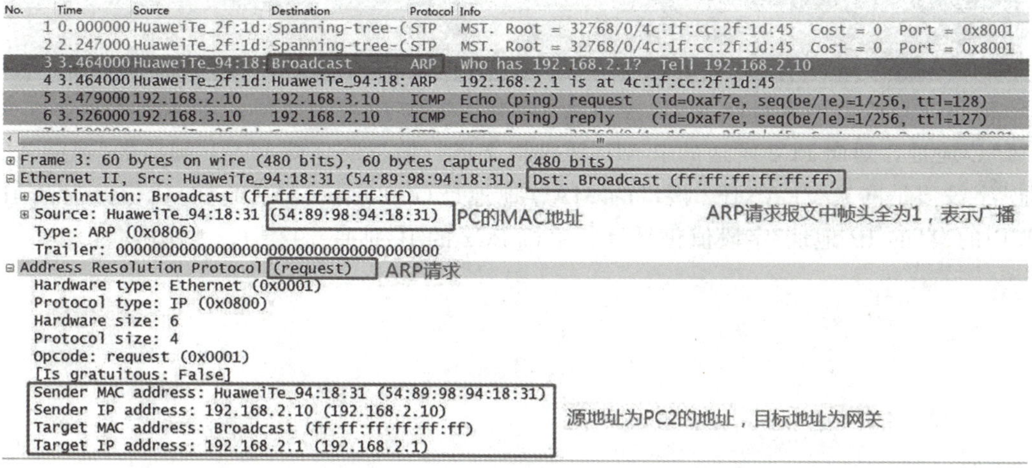

(3)因为 PC1 以广播方式发送 ARP 请求报文，所以与 PC1 处于相同 IP 网段的设备，包括网关 VLANIF2 接口都可以收到 ARP 请求报文。但只有网关会接收，因为 ARP 请求报文中的“目的 IP 地址”字段值是网关 VLANIF2 的 IP 地址，其他同网段的设备接收 ARP 请求报文后会直接丢弃。网关在收到 ARP 请求报文后，首先从中学习源 MAC 地址信息和源 IP 地址信息，然后在交换机上为 PC1 生成一条动态 ARP 表项、一条动态 MAC 地址表项，并根据 PC1 的动态 ARP 表项在三层交换芯片中添加一条三层转发表项，最后以单播方式向 PC1 发送 ARP 应答报文，对 PC1 发送的 ARP 请求报文进行响应。在这个 ARP 应答报文中，帧头和 ARP 报头中的“源 MAC 地址”字段值为网关 VLANIF2 接口的 MAC 地址(4c：1f：cc：2f：1d：45)，“源 IP 地址”字段值为网关 VLANIF2 接口的 IP 地址(192.168.2.1)，“目的 MAC 地址”字段值为 PC1 的 MAC 地址(54：89：98：94：18：31)，“目的 IP 地址”字段值为 PC1 的 IP 地址(192.168.2.10)。

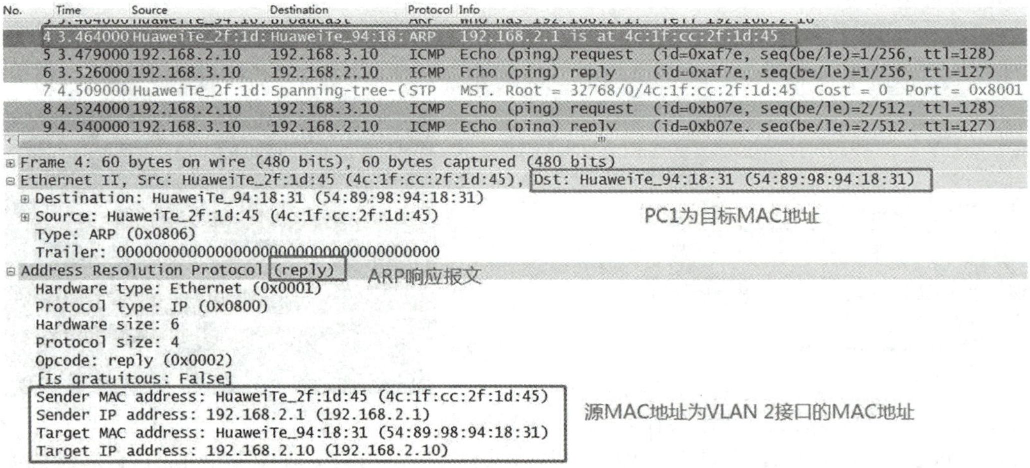

(4)PC1 收到来自网关 SW 的 ARP 应答报文后，学习其中的源 MAC 地址、源 IP 地址信息，为网关 VLANIF2 接口生成一条动态的 ARP 表项。

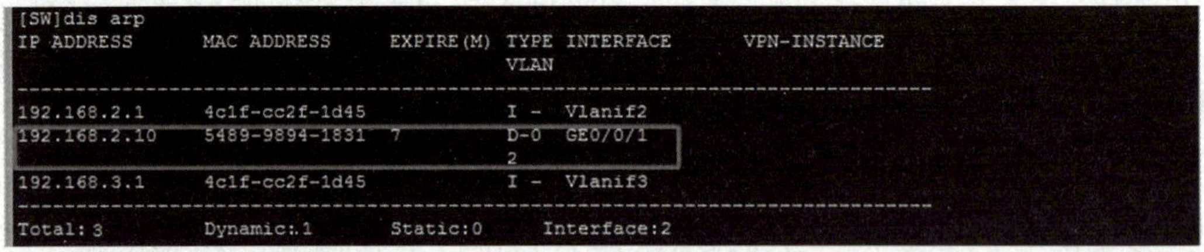

(5)PC1 以收到的来自网关 VLANIF2 接口的 ARP 应答报文中的源 MAC 地址作为目的 MAC 地址，对向 PC2 发送的 ICMP 请求报文进行帧封装，即 ICMP 帧头的“目的 MAC 地址”字段值是网关 VLANIF2 接口的 MAC 地地址(4c：1f：cc：2f：1d：45)。但此时的 IPv4 报头中的“目的 IP 地址”字段值仍是目的主机 PC2 的 IP 地址 192.168.3.10。

```
No.  Time      Source             Destination        Protocol Info
  2 2.199000 HuaweiTe_2f:1d:    Spanning-tree-(    STP    MST. Root = 32768/0/4c:1f:cc:2f:1d:45  Cost = 0  Port = 0x8001
  3 3.713000 HuaweiTe_94:18:    Broadcast          ARP    Who has 192.168.2.1?  Tell 192.168.2.10
  4 3.728000 HuaweiTe_2f:1d:    HuaweiTe_94:18:    ARP    192.168.2.1 is at 4c:1f:cc:2f:1d:45
  5 3.728000 192.168.2.10       192.168.3.10       ICMP   Echo (ping) request  (id=0xfa83, seq(be/le)=1/256, ttl=128)

⊞ Frame 5: 74 bytes on wire (592 bits), 74 bytes captured (592 bits)
⊟ Ethernet II, Src: HuaweiTe_94:18:31 (54:89:98:94:18:31), Dst: HuaweiTe_2f:1d:45 (4c:1f:cc:2f:1d:45)
  ⊞ Destination: HuaweiTe_2f:1d:45 (4c:1f:cc:2f:1d:45)
  ⊞ Source: HuaweiTe_94:18:31 (54:89:98:94:18:31)
    Type: IP (0x0800)
⊟ Internet Protocol, Src: 192.168.2.10 (192.168.2.10), Dst: 192.168.3.10 (192.168.3.10)
    Version: 4
    Header length: 20 bytes
  ⊞ Differentiated Services Field: 0x00 (DSCP 0x00: Default; ECN: 0x00)
    Total Length: 60
    Identification: 0x83fa (33786)
  ⊞ Flags: 0x02 (Don't Fragment)
    Fragment offset: 0
    Time to live: 128
    Protocol: ICMP (1)
  ⊞ Header checksum: 0xf061 [correct]
    Source: 192.168.2.10 (192.168.2.10)
    Destination: 192.168.3.10 (192.168.3.10)
⊞ Internet Control Message Protocol
```

帧头中：源MAC地址为PC1的MAC地址，目的MAC地址为VLAN2接口的MAC地址

PC1向PC2发送的ICMP请求报文

目的主机PC2的IP地址

网关 SW 在收到 PC1 发给 PC2 的 ICMP 请求报文后，发现“目的 MAC 地址”为自己的三层接口 VLANIF2 接口的 MAC 地址，但“目的 IP 地址”却不是该接口的 IP 地址，于是判定该数据包需要进行三层转发。网关首先根据 ICMP 报文的目的 IP 地址信息在本地三层交换芯片中查找三层转发表，但由于 PC1 与 PC2 是初次通信，没有找到匹配的三层转发表项，于是把 ICMP 数据包发送到 CPU 进行处理。

CPU 进行软件处理时，根据 ICMP 数据包的目的 IP 地址（PC2 的 IP 地址 192.168.3.10）在本地 IP 路由表中查看是否有匹配的路由表项。由于 PC1 和 PC2 所在网段都是直接连接在网关 SW 上的，所以 CPU 在 IP 路由表中会找到与目的 IP 地址匹配的直连路由表项。网络管理员可在 SW 上执行 display ip routing-table 命令，查看匹配目的 IP 地址的直连路由表项有两条，分别为 PC2 主机的直连路由和 PC2 所在网段的直连路由，但出口均为 VLANIF3（也是目的主机 PC2 的网关接口）。

```
[SW]display ip routing-table
Route Flags: R - relay, D - download to fib
------------------------------------------------------------------------------
Routing Tables: Public
         Destinations : 6        Routes : 6

Destination/Mask    Proto   Pre  Cost      Flags NextHop         Interface

      127.0.0.0/8   Direct  0    0           D   127.0.0.1       InLoopBack0
      127.0.0.1/32  Direct  0    0           D   127.0.0.1       InLoopBack0
    192.168.2.0/24  Direct  0    0           D   192.168.2.1     Vlanif2
    192.168.2.1/32  Direct  0    0           D   127.0.0.1       Vlanif2
    192.168.3.0/24  Direct  0    0           D   192.168.3.1     Vlanif3
    192.168.3.1/32  Direct  0    0           D   127.0.0.1       Vlanif3
```

CPU 根据路由表把 ICMP 报文转发送到 VLANIF3 接口后，网关想要继续向目的主机 PC2 转发报文，必须要获知 PC2 的 MAC 地址，在进行帧封装时将该地址作为帧的目的 MAC 地址。但由于是初次通信，所以 SW 上没有 PC2 的 ARP 表项和 MAC 表项，也就没有 PC2 的 MAC 地址。于是 SW 触发 ARP，通过 PC2 的网关接口 VLANIF3 以广播方式发送一条 ARP 请求报文，以获取 PC2 的 MAC 地址。

此 ARP 请求报文中帧头的“目的 MAC 地址”字段为 48 位全 1 的广播 MAC 地址，表示是采用广播方式发送的，而 ARP 报头中的“目的 MAC 地址”字段为 48 位全 0，表示未知；帧头和 ARP 报头中的“目的 IP 地址”字段均为 PC2 的 IP 地址 192.168.3.10，“源 IP 地址”字段均为网关 VLANIF3 接口的 IP 地址 192.168.3.1，“源 MAC 地址”字段均为网

关 VLANIF3 接口的 MAC 地址 4c:1f:cc:2f:1d:45(同一台交换机上各个 VLANIF 接口的 MAC 地址均相同)。

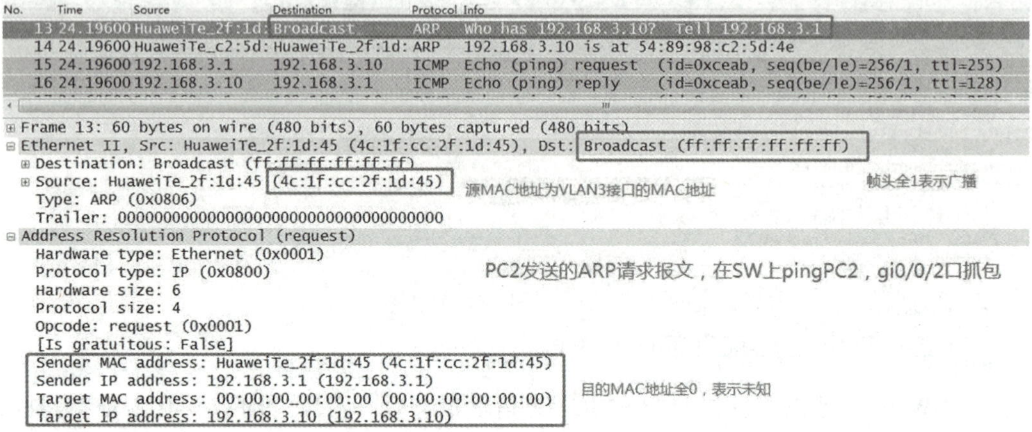

因为网关 SW 是以广播方式发送 ARP 请求报文的，所以与 VLANIF3 接口处于相同 IP 网段的设备，包括 PC2 都可以收到 ARP 请求报文，但只有 PC2 会接收 ARP 请求报文，因为 ARP 请求报文中的“目的 IP 地址”字段值是 PC2 的 IP 地址 192.168.3.10。

PC2 在收到 ARP 请求报文后，首先从中学习源 MAC 地址和源 IP 地址信息，然后在本地为网关接口 VLANIF3 生成一条动态 ARP 表项。最后以单播方式向网关 VLANIF3 要口进行应答。在这个 ARP 应答报文中，帧头和 ARP 报头中的“源 MAC 地址”和“源 IP 地址”字段值都是 PC2 的 MAC 地址和 IP 地址，“目的 MAC 地址”和“目的 IP 地址”都是网关 VLANIF3 的 MAC 地址(4c:1f:cc:2f:1d:45)和 IP 地址(192.168.3.1)。

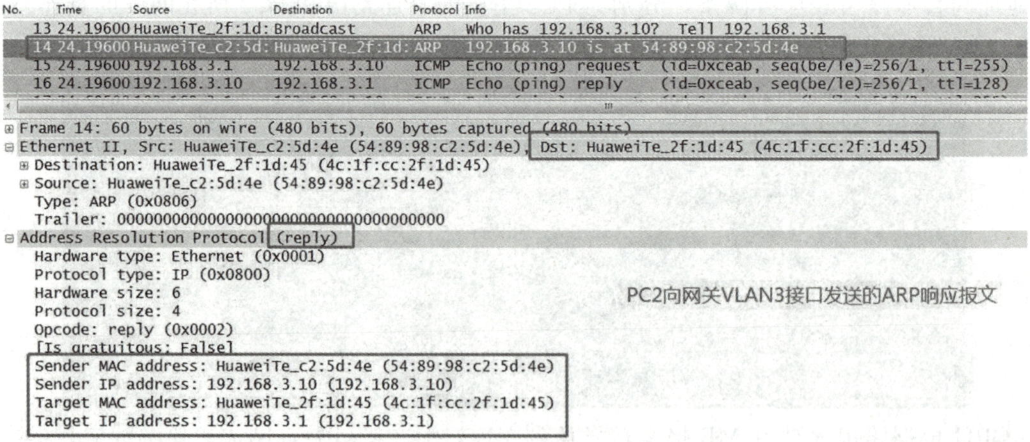

(6)网关在在收到来自 PC2 的 ARP 应答报文后，根据学习到的 PC2 MAC 地址(ARP 应答报文中的源 MAC 地址)，对接收的 PC1 向 PC2 发送的 ICMP 请求报文进行帧封装然后转发给目的主机 PC2。此时帧头中的源 MAC 地址和目的 MAC 地址要进行重新封装，“源 MAC 地址”字段值改为网关 VLANIF3 接口的 MAC 地址(4c: 1f: cc: 2f: 1d: 45)，“目的 MAC 地址”字段值改为 PC2 的 MAC 地址(54:89:98:C2:5D:4E)，IPv4 报头中的“源 IP 地址”和“目的 IP 地址”不变，仍分别是 PC1 的 IP 地址(192.168.2.10)和 PC2 的 IP 地址(192.168.3.10)。

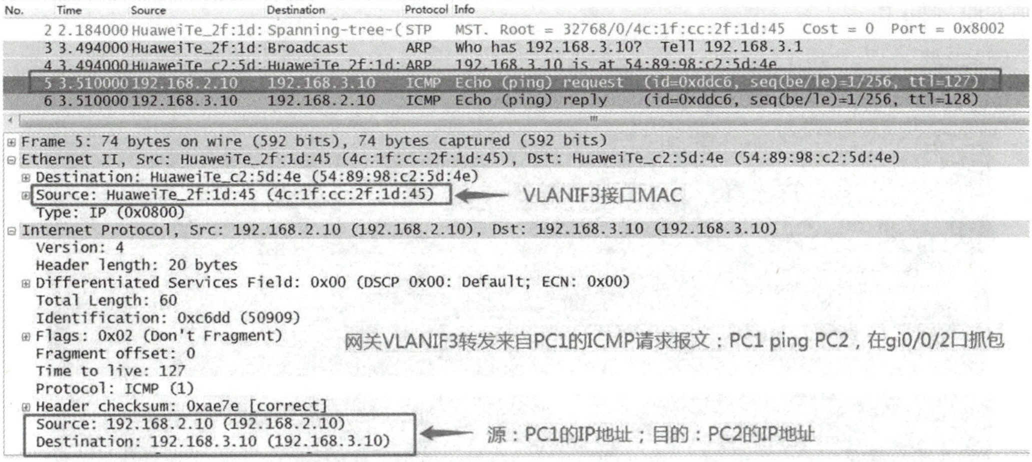
No. Time Source Destination Protocol Info
2 2.184000 HuaweiTe_2f:1d: Spanning-tree-(STP MST. Root = 32768/0/4c:1f:cc:2f:1d:45 Cost = 0 Port = 0x8002
3 3.494000 HuaweiTe_2f:1d: Broadcast ARP Who has 192.168.3.10? Tell 192.168.3.1
4 3.494000 HuaweiTe_c2:5d: HuaweiTe_2f:1d: ARP 192.168.3.10 is at 54:89:98:c2:5d:4e
5 3.510000 192.168.2.10 192.168.3.10 ICMP Echo (ping) request (id=0xddc6, seq(be/le)=1/256, ttl=127)
6 3.510000 192.168.3.10 192.168.2.10 ICMP Echo (ping) reply (id=0xddc6, seq(be/le)=1/256, ttl=128)
Frame 5: 74 bytes on wire (592 bits), 74 bytes captured (592 bits)
Ethernet II, Src: HuaweiTe_2f:1d:45 (4c:1f:cc:2f:1d:45), Dst: HuaweiTe_c2:5d:4e (54:89:98:c2:5d:4e)
Destination: HuaweiTe_c2:5d:4e (54:89:98:c2:5d:4e)
Source: HuaweiTe_2f:1d:45 (4c:1f:cc:2f:1d:45)
VLANIF3接口MAC
Type: IP (0x0800)
Internet Protocol, Src: 192.168.2.10 (192.168.2.10), Dst: 192.168.3.10 (192.168.3.10)
Version: 4
Header length: 20 bytes
Differentiated Services Field: 0x00 (DSCP 0x00: Default; ECN: 0x00)
Total Length: 60
Identification: 0xc6dd (50909)
Flags: 0x02 (Don't Fragment)
网关VLANIF3转发来自PC1的ICMP请求报文：PC1 ping PC2，在gi0/0/2口抓包
Fragment offset: 0
Time to live: 127
Protocol: ICMP (1)
Header checksum: 0xae7e [correct]
Source: 192.168.2.10 (192.168.2.10)
Destination: 192.168.3.10 (192.168.3.10)
源：PC1的IP地址；目的：PC2的IP地址

同时，SW 学习来自 PC2 的 ARP 应答报文中的源 MAC 地址和源 IP 地址等信息，PC2 生成一条动态 ARP 表项和一条动态 MAC 地址，然后再根据 ARP 表项信息在三层芯片中添加一条 PC2 的三层转发表项。

(7)PC2 在收到由网关 SW 转发的来自 PC1 的 ICMP 请求报文后，对 PC1 进行应答，发送 ICMP 应答报文。此时报文中的“源 MAC 地址”字段值为 PC2 的 MAC 地址，“目的 MAC 地址”字段值为网关 VLANIF3 接口的 MAC 地址，IPv4 报头中的“源 IP 地址”字段值为 PC2 的 IP 地址(192.168.3.10)，“目的 IP 地址”字段值为 PC1 的 IP 地址(192.168.2.10)。

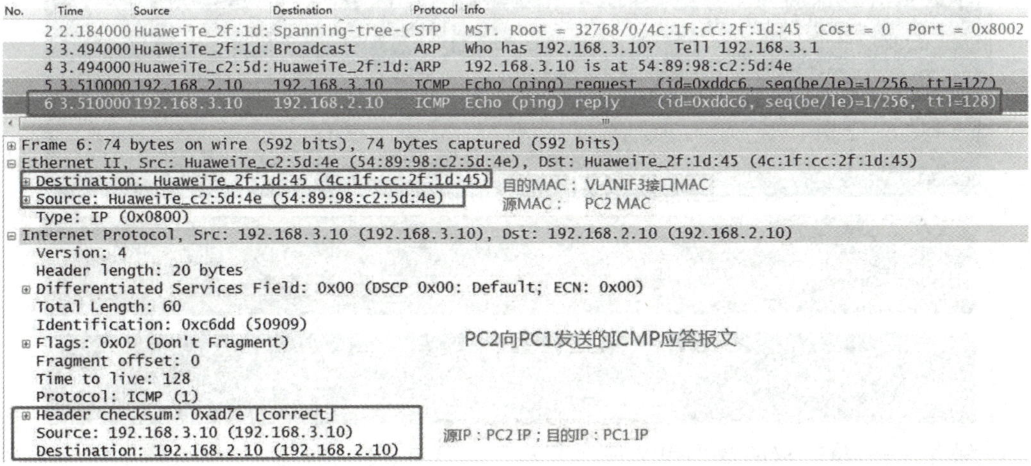
No. Time Source Destination Protocol Info
2 2.184000 HuaweiTe_2f:1d: Spanning-tree-(STP MST. Root = 32768/0/4c:1f:cc:2f:1d:45 Cost = 0 Port = 0x8002
3 3.494000 HuaweiTe_2f:1d: Broadcast ARP Who has 192.168.3.10? Tell 192.168.3.1
4 3.494000 HuaweiTe_c2:5d: HuaweiTe_2f:1d: ARP 192.168.3.10 is at 54:89:98:c2:5d:4e
5 3.510000 192.168.2.10 192.168.3.10 ICMP Echo (ping) request (id=0xddc6, seq(be/le)=1/256, ttl=127)
6 3.510000 192.168.3.10 192.168.2.10 ICMP Echo (ping) reply (id=0xddc6, seq(be/le)=1/256, ttl=128)
Frame 6: 74 bytes on wire (592 bits), 74 bytes captured (592 bits)
Ethernet II, Src: HuaweiTe_c2:5d:4e (54:89:98:c2:5d:4e), Dst: HuaweiTe_2f:1d:45 (4c:1f:cc:2f:1d:45)
Destination: HuaweiTe_2f:1d:45 (4c:1f:cc:2f:1d:45)
目的MAC：VLANIF3接口MAC
Source: HuaweiTe_c2:5d:4e (54:89:98:c2:5d:4e)
源MAC：PC2 MAC
Type: IP (0x0800)
Internet Protocol, Src: 192.168.3.10 (192.168.3.10), Dst: 192.168.2.10 (192.168.2.10)
Version: 4
Header length: 20 bytes
Differentiated Services Field: 0x00 (DSCP 0x00: Default; ECN: 0x00)
Total Length: 60
Identification: 0xc6dd (50909)
Flags: 0x02 (Don't Fragment)
PC2向PC1发送的ICMP应答报文
Fragment offset: 0
Time to live: 128
Protocol: ICMP (1)
Header checksum: 0xad7e [correct]
Source: 192.168.3.10 (192.168.3.10)
Destination: 192.168.2.10 (192.168.2.10)
源IP：PC2 IP；目的IP：PC1 IP

注意：此时 PC2 不会为 PC1 生成动态 ARP 表项，一则因为 ARP 表项仅会在收到 ARP 报文时才会生成，二则因为 PC2 此时收到的 ICMP 请求报文中的源 IP 地址虽然是 PC1 的，但源 MAC 地址不是 PC1 的，而是网关 VLANIF3 接口的 MAC 地址不统一。

(8)网关 SW 在收到来自 PC2 的 ICMP 应答报文后，根据原来在交换芯片中为 PC1 生成的三层转发表项，找到对应的出接口 VLANIF2，然后经过帧重新封装后直接转发给 PC1。此时网关转发的来自 PC2 的 ICMP 应答中的“源 MAC 地址”字段值改为 PC1 的网关 VLANIF2 接口的 MAC 地址，“目的 MAC 地址”字段值为 PC1 的 MAC 地址，IPv4 报头中的“源 IP 地址”和“目的 IP 地址”不变，仍分别是 PC2 的 IP 地址和 PC1 的 IP 地址。但 PC1 收到网关 VLANIF2 接口转发的来自 PC2 的 ICMP 应答报文也不会生成 PC2 的 ARP

表项，原因同上。

(9)至此，PC1 和 PC2 的一组通信过程完成。通过命令可查看动态 MAC 地址表、动态 ARP 表和动态三层转发表。

```
[SW]dis mac-address
MAC address table of slot 0:
-------------------------------------------------------------------------------
MAC Address    VLAN/       PEVLAN CEVLAN Port            Type      LSP/LSR-ID
               VSI/SI                                              MAC-Tunnel
-------------------------------------------------------------------------------
5489-98c2-5d4e 3           -      -      GE0/0/2         dynamic   0/-
5489-9894-1831 2           -      -      GE0/0/1         dynamic   0/-
-------------------------------------------------------------------------------
Total matching items on slot 0 displayed = 2
```

```
[SW]display arp
IP ADDRESS      MAC ADDRESS     EXPIRE(M) TYPE INTERFACE      VPN-INSTANCE
                                          VLAN
------------------------------------------------------------------------------
192.168.2.1     4c1f-cc2f-1d45            I -  Vlanif2
192.168.2.10    5489-9894-1831  15        D-0  GE0/0/1
                                          2
192.168.3.1     4c1f-cc2f-1d45            I -  Vlanif3
192.168.3.10    5489-98c2-5d4e  15        D-0  GE0/0/2
                                          3
------------------------------------------------------------------------------
Total:4         Dynamic:2       Static:0     Interface:2
```

```
[SW]display fib
Route Flags: G - Gateway Route, H - Host Route,    U - Up Route
             S - Static Route,  D - Dynamic Route, B - Black Hole Route
--------------------------------------------------------------------------------
 FIB Table:
 Total number of Routes : 6

Destination/Mask   Nexthop         Flag  TimeStamp     Interface     TunnelID
192.168.3.1/32     127.0.0.1       HU    t[72408]      InLoop0       0x0
192.168.2.1/32     127.0.0.1       HU    t[12]         InLoop0       0x0
127.0.0.1/32       127.0.0.1       HU    t[6]          InLoop0       0x0
127.0.0.0/8        127.0.0.1       U     t[6]          InLoop0       0x0
192.168.2.0/24     192.168.2.1     U     t[12]         Vlanif2       0x0
192.168.3.0/24     192.168.3.1     U     t[72408]      Vlanif3       0x0
```

```
PC>arp -a

Internet Address    Physical Address    Type
192.168.2.1         4C-1F-CC-2F-1D-45   dynamic
```

```
PC>arp -a

Internet Address    Physical Address    Type
192.168.3.1         4C-1F-CC-2F-1D-45   dynamic
```

4. 保存文件(将抓取的数据包文件保存)

任务 4　网络模拟器——ENSP

任务描述

ENSP(Enterprise Network Simulation Platform)是一款由华为提供的免费的、可扩展的、图形化的网络设备仿真平台，主要对企业网路由器、交换机、WLAN 等设备进行软件仿真，完美呈现真实设备部署实景，支持大型网络模拟，让你有机会在没有真实设备的情况下也能够开展实验测试，学习网络技术。主要有以下功能特色。

（1）图形化操作

ENSP 提供便捷的图形化操作界面，让复杂的组网操作变得更简单，可以直观感受设备形态，并且支持一键获取帮助和在华为网站查询设备资料。

（2）高仿真度

按照真实设备支持特性情况进行模拟，模拟的设备形态多，支持功能全面，模拟程度高。

（3）可与真实设备对接

支持与真实网卡的绑定，实现模拟设备与真实设备的对接，组网更灵活。

（4）分布式部署

ENSP 不仅支持单机部署，同时还支持 Server 端分布式部署在多台服务器上。分布式部署环境下能够支持更多设备组成复杂的大型网络。

任务分析

1. 界面介绍

ENSP 各区域的作用如表 6-2-2 所示，ENSP 界面如图 6-2-5 所示。

表 6-2-2　ENSP 各区域的作用

序号	区域名	简要描述
1	主菜单	提供“文件”、“编辑”、“视图”、“工具”、“考试”、“帮助”菜单
2	工具栏	提供常用的工具，如新建拓扑、打印等
3	网络设备区	提供设备和网线，供选择到工作区
4	工作区	在此区域创建网络拓扑
5	设备接口区	显示拓扑中的设备和设备已连接的接口

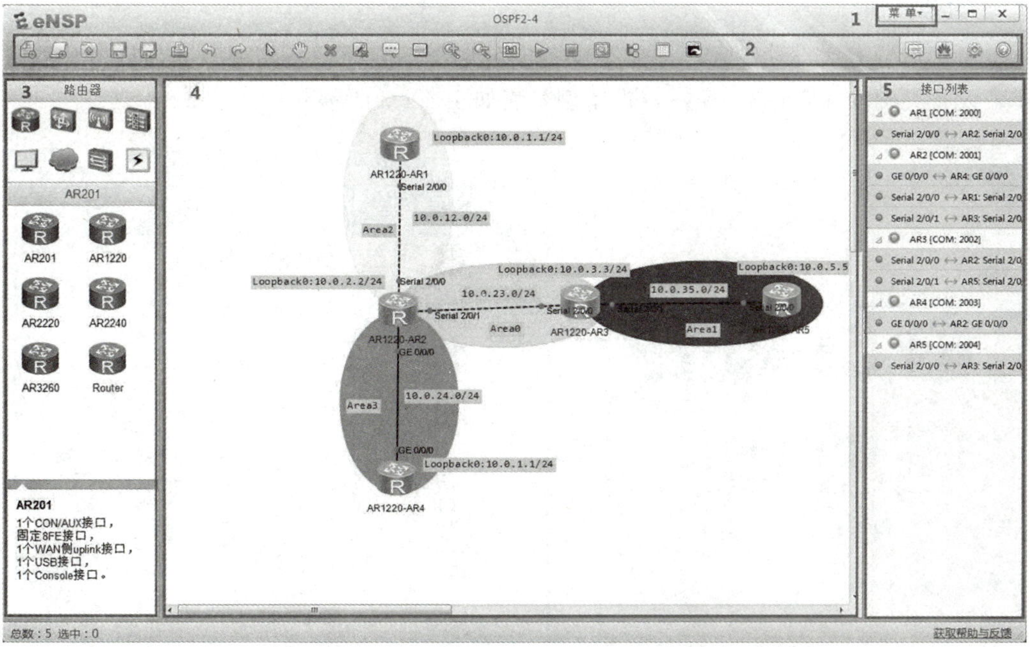

图 6-2-5　ENSP 界面

2. 工具栏说明

工具栏说明如表 6-2-3 所示。

表 6-2-3　工具栏说明

工具	简要说明	工具	简要说明
	新建拓扑		新建试卷工程
	打开拓扑		保存拓扑
	另存为指定文件名和文件类型		打印拓扑
	撤销上次操作		恢复上次操作
	恢复鼠标		选定工作区，便于移动
	删除对象		删除所有连线
	添加描述框		添加图形
	放大		缩小
	恢复原大小		启动设备
	停止设备		采集数据报文
	显示所有接口		显示网格
	打开拓扑中设备的命令行界面		eNSP 论坛
	华为官网		选项设置
	帮助文档		

3. 设备区域

设备区域分七大类设备区，每大类设备还可选择不同的设备型号。其他设备如图 6-2-6 所示，设备类别表如表 6-2-4 所示，设备型号表如表 6-2-5 所示。

图 6-2-6　其他设备

表 6-2-4　设备类别表

图标	说明
	企业路由器
	企业交换机
	WLAN 设备
	防火墙
	终端设备
	其他设备
	自定义设备
	连接线

表 6-2-5　设备型号表

图标	说明
	AR 系列的接入路由器，包含 CON/AUX 接口、以太网接口、WAN 侧上行接口、USB 接口，Console 口
	S5700 – 28C-HI 型号的企业级交换机，包含 24 个 10/100/1000Base-T 以太网接口、1 个 Console 口、1 个管理网口、1 个 USB 口
	S3700 – 26C-HI 型号的企业级交换机，包含 22 个 10/100Base-T 以太网接口、2 个千兆 Combo 口（10/100/1000Base-T＋100/1000Base-X）、1 个 Console 口、1 个管理网口、1 个 USB 口
	CE6800 型号的数据中心交换机
	AC6005 型号的 AC 设备，包含 6 个 10/100/1000Base-T 以太网接口、2 个 Combo 接口、1 个 Console 接口和 1 个 USB 接口
	AC6605 型号的 AC 设备，包含 24 个 10/100/1000Base-T 以太网接口、4 个 Combo 接口、1 个 Console 接口、1 个 RS-232 维护串口和 1 个 Mini USB 维护接口（与 RS-232 口互斥）
	AP 设备包含 AP2010、AP2030、AP2050、AP3030、AP4030、AP4050、AP5030、AP6050、AP7030、AP7050、AP8030、AP8130 和 AP9131
	AD9430 型号的 AD（中心 AP）设备
	R250D 型号的 SAP（RRU）设备
	USG 防火墙设备包括 USG5500 和 USG6000v
	PC 机，包含 1 个以太网接口，可模拟发送和接收数据报文
	组播源，包含 1 个以太网接口，可向 PC 发送组播数据报文
	客户端，包含 1 个以太网接口，可模拟 FTP 客户端和 HTTP 客户端
	服务器，包含 1 个以太网接口，可模拟 DNS、FTP 和 HTTP 服务器
	带无线网卡的笔记本，包括一个 wifi 口，可模拟发送和接收无线数据报文
	手机模拟器，一个 wifi 口，可模拟收发无线报文
	云，可动态配置设备接口，管理端口映射规则，将端口与真实网卡绑定
	帧中继交换机，包含 16 个串口。可模拟 DLCI 标签交换过程

（续表）

图标	说明
	集线器，包含 16 个以太口
	以太网线，连接设备的以太网接口
	串口线，连接设备的串口
	POS 口连接线，连接路由器的 POS 口
	E1 口连接线，连接路由器的 E1 口
	ATM 口连接线，连接路由器的 4G. SHDSL 口
	Console 口连接线，PC 与设备之间的串口连线

4. 设备接口区(图 6-2-7)

此区域显示拓扑中的设备和设备已连接的接口。双击或者拖动标题栏时可以将其脱离主界面，增大工作区可视面积。再次双击或者拖动标题栏时，可以将其放回至原位置。

指示灯颜色含义如下。

- 红色：设备未启动或接口处于物理 DOWN 状态。
- 绿色：设备已启动或接口处于物理 UP 状态。
- 蓝色：接口正在采集报文。

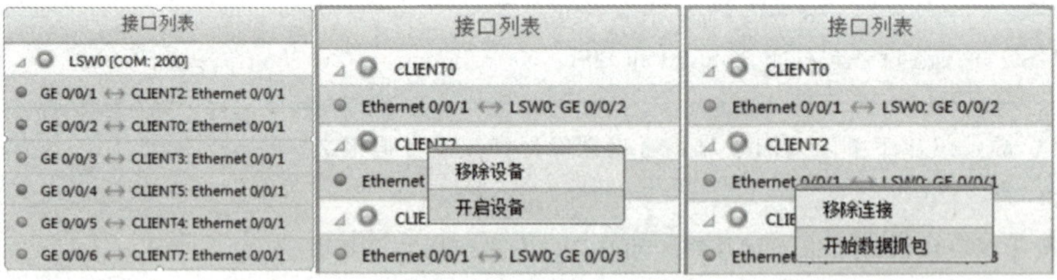

图 6-2-7　设备接口区

任务 5　其他诊断方法

知识链接

各种工具都有应用范围，经验将会告诉网管人员如何在特定的的情况下选择恰当的工具。

1. 工作经验

网络故障检测与维护的过程中最有效的工具就是个人的工作经验。不断地工作和学习是获得经验的保证。往往不少网络管理员都没有充分利用这样的工具，或者不懂得如何使用它。

(1)充分利用经验

丰富的工作经验可以帮助网络管理人员有效地解决同一网络里重复出现的问题。

(2)创建电子文档

网络管理人员即使对网络特别熟悉，也有必要创建电子文档。因为人的记忆力总是有限的，日后遇到同类问题，也许马上能想起当初的解决方案，但很可能记不周全。

2. 网络资源

因特网对于网络管理人员来说，是一件非常好的工具。过去通过电话联系、邮件传递、硬盘拷贝等方法完成一项升级过程需要几天甚至几个星期的时间，现在通过因特网只需要几分钟就可以完成了。通过因特网，可以轻易地找到需要的各种解决网络故障的资源。

(1)网络设备生产商的站点。

(2)网络搜索引擎。

3. 技术支持热线

前面提到的方法和工具都不能解决故障时，可以通过设备生产商的技术支持热线来获得帮助。很多厂商提供了免费热线电话。在拨打热线电话前要做好如下准备工作。

(1)收集相关信息。

(2)对故障要初步判断。

4. 网络文档

这里所说的网络文档属于电子文档的一部分。它包括网络的拓朴结构和网络设备信息两部分。

(1)网络的拓扑结构。

(2)网络设备信息。

巩固练习

一、选择题

1. 通过使用电气原理来检查电缆的连通性所使用的仪器是(　　)。

A. 电缆测试仪　　B. 网络万用表

C. 网络分析仪　　D. 网络模拟器

2. 能够自动 ping 关键设备，识别可用的网络资源，生成报告所使用的仪器是(　　)。

A. 电缆测试仪　　B. 增强型网络万用表

C. 数字万用表　　D. 网络模拟器

3. 可以监视网络的状态、数据流动情况以及网络上传输的信息是(　　)。

A. 电缆测试仪　　B. 网络万用表　　C. sniffer 网络分析仪　D. 网络模拟器

4. 以下(　　)是网络抓包工具。

A. wireshark　　B. xshell　　C. sniffer　　D. ensp

5. 某网络管理员新购买了一台华为 S5700 交换机，分别连接了两台 PC 机，如下图所示，当 PC1 向 PC2 发起 ping 操作时，使用 wireshark 抓包工具可以发现，ARP 请求报文的目的 MAC 地址为(　　)。

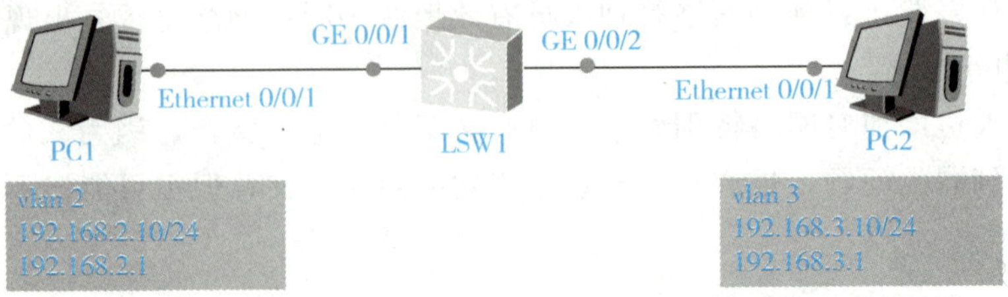

A. FF-FF-FF-FF-FF-FF　　B. PC1 的 MAC

C. PC2 的 MAC 地址　　D. LSW1 的 MAC 地址

6. 在 ENSP 模拟器中，指示灯的颜色不同表示设备不同的物理状态，以下表示接口正在采集报文，指示灯为(　　)。

A. 红色　　B. 橙色　　C. 绿色　　D. 蓝色

7. 在网络故障诊断时，以下哪些方法经常被采用(　　)。

A. 工作经验、网路资源、技术支持热线、网络文档

B. 电缆测线仪、网络万用表、网络分析仪

C. 网络软件 sniffer、wireshark、wincap、ENSP 等

D. 以上都正确

8. Sniffer pro 作为网络软件的代表，其检测网络通信范围不能跨越的设备是(　　)。

A. 交换机　　B. 路由器　　C. 网桥　　D. 集线器

二、简答题

请列举处理网络故障时常用的工具和方法。

项目 3

网络故障诊断基本命令

学习目标

基本知识

掌握网络故障诊断基本命令。

知识点精讲

任务 1　ping

ping 命令是一个基于 ICMP 的实用程序，它的主要功能是检测网络的连通情况和分析网络速度。由于该命令发送的数据包非常小，在网上传递得非常快，所以可以快速地检测出当前的网络故障。

凡是应用 TCP/IP 协议的局域网或广域网络，当客户端之间无法正常进行访问或者网络工作出现各种不稳定的情况时，都可以使用 ping 命令测试网络的通信是否正常，多数情况下是可以一次奏效的。

用法：

```
ping [-t] [-a] [-n count] [-l size] [-f] [-i TTL] [-v TOS]
     [-r count] [-s count] [[-j host-list] | [-k host-list]]
     [-w timeout] [-R] [-S srcaddr] [-4] [-6] target_name
```

选项：

－t	Ping 指定的主机，直到停止。 若要查看统计信息并继续操作 － 请键入 Control-Break。 若要停止 － 请键入 Control-C。
－a	将地址解析成主机名。
－n count	要发送的回显请求数。
－l size	发送缓冲区大小。
－f	在数据包中设置“不分段”标志(仅适用于 IPv4)。

－i TTL　　　生存时间。
－r count　　记录计数跃点的路由(仅适用于 IPv4)。
－s count　　计数跃点的时间戳(仅适用于 IPv4)。
－j host-list　与主机列表一起的松散源路由(仅适用于 IPv4)。
－k host-list　与主机列表一起的严格源路由(仅适用于 IPv4)。
－w timeout　等待每次回复的超时时间(毫秒)。
－R　　　　同样使用路由标头测试反向路由(仅适用于 IPv6)。
－S srcaddr　要使用的源地址。
－4　　　　强制使用 IPv4。
－6　　　　强制使用 IPv6。

网络故障可能由许多原因引起，如本地配置错误、远程主机协议失效、设备故障。下面列出了一个典型的网络管理员排除网络故障的步骤。

① 使用 ipconfig /all 命令观察本地网络设置是否正确。

② ping 127.0.0.1。

127.0.0.1 是回环地址，ping 回环地址是为了检查本地的 TCP/IP 协议有没有设置好。

③ ping 本机 IP 地址，这样可以检查本机的 IP 地址是否设置有误。

④ ping 本网网关或本网 IP 地址，这样做的目的是为了检查硬件设备是否有问题，也可以检查本机与本地网络连接是否正常(在非局域网中这一步骤可以忽略)。

⑤ ping 远程 IP 地址，检查本网或本机与外部的连接是否正常。

任务 2　ipconfig

• 查看和修改网络中与 TCP/IP 协议有关的配置。
• ipconfig /all：显示本机 TCP/IP 配置的详细信息。
• ipconfig /release：DHCP 客户端手工释放 IPv4 地址。
• ipconfig /renew：DHCP 客户端手工向服务器刷新请求 IPv4 地址。
• ipconfig /flushdns：清除本地 DNS 缓存内容。
• ipconfig /displaydns：显示本地 DNS 内容。

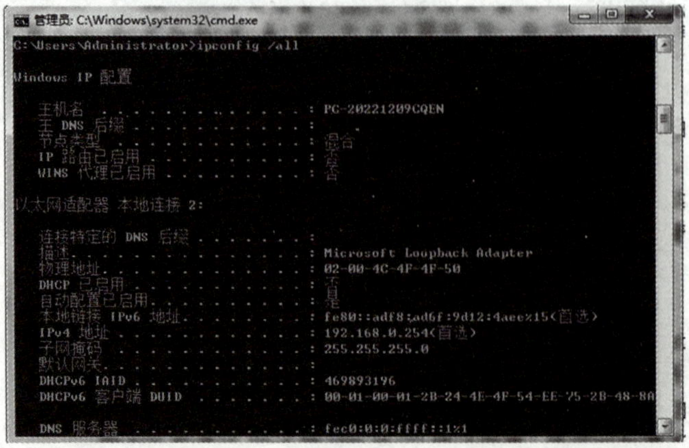
管理员: C:\Windows\system32\cmd.exe
C:\Users\Administrator>ipconfig /all
Windows IP 配置
主机名 . . . . : PC-20221209CQEN
主 DNS 后缀 . . . . :
节点类型 . . . . : 混合
IP 路由已启用 . . . . : 否
WINS 代理已启用 . . . . : 否
以太网适配器 本地连接 2:
连接特定的 DNS 后缀 . . . . :
描述. . . . . : Microsoft Loopback Adapter
物理地址. . . . . : 02-00-4C-4F-4F-50
DHCP 已启用 . . . . : 否
自动配置已启用. . . . . : 是
本地链接 IPv6 地址. . . . . : fe80::adf8:ad6f:9d12:4aee%15(首选)
IPv4 地址 . . . . : 192.168.0.254(首选)
子网掩码 . . . . : 255.255.255.0
默认网关. . . . . :
DHCPv6 IAID . . . . : 469893196
DHCPv6 客户端 DUID . . . . : 00-01-00-01-2B-24-4E-4F-54-EE-75-2B-48-8A
DNS 服务器 . . . . : fec0:0:0:ffff::1%1

任务 3 netstat

netstat 命令用于显示活动的 TCP 连接、计算机侦听的端口、以太网统计信息、IP 路由表 IPv4(对于 IP、ICMP、TCP 和 UDP 协议)统计信息以及 IPv6(对于 IPv6、ICMPv6、通过 IPv6 的 TCP 和通过 IPv6 的 UDP 协议)统计信息。使用时如果不带参数，netstat 命令将显示活动的 TCP 连接。

```
NETSTAT [-a] [-b] [-e] [-f] [-n] [-o] [-p proto] [-r] [-s] [-x] [-t] [interval]
```

选项：

－a　显示所有连接和侦听端口。

－b　显示在创建每个连接或侦听端口时涉及的可执行程序。在某些情况下，已知可执行程序承载多个独立的组件，这些情况下显示创建连接或侦听端口时涉及的组件序列。在此情况下，可执行程序的名称位于底部 [] 中，它调用的组件位于顶部，直至达到 TCP/IP。注意，此选项可能很耗时，并且在你没有足够权限时可能失败。

－e　显示以太网统计信息。此选项可以与 －s 选项结合使用。

－f　显示外部地址的完全限定域名(FQDN)。

－n　以数字形式显示地址和端口号。

－o　显示拥有的与每个连接关联的进程 ID。

－p　显示 proto 指定的协议的连接；proto 可以是下列任何一个：TCP、UDP、TCPv6 或 UDPv6。如果与 －s 选项一起用来显示每个协议的统计信息，proto 可以是下列任何一个：IP、IPv6、ICMP、ICMPv6、TCP、TCPv6、UDP 或 UDPv6。

－q　显示所有连接、侦听端口和绑定的非侦听 TCP 端口。

－r　显示路由表。

－s　显示每个协议的统计信息。默认情况下，显示 IP、IPv6、ICMP、ICMPv6、TCP、TCPv6、UDP 和 UDPv6 的统计信息；－p 选项可用于指定默认的子网。

－t　显示当前连接卸载状态。

－x　显示 NetworkDirect 连接、侦听器和共享终结点。

－y　显示所有连接的 TCP 连接模板。无法与其他选项结合使用。

interval 重新显示选定的统计信息，各个显示间暂停的间隔秒数。按 CTRL+C 停止重新显示统计信息。如果省略，则 netstat 将打印当前的配置信息一次。

- 要显示本机路由表信息(相当于 route print)，执行如下命令：netstat -r
- 要想显示以太网统计信息和所有协议的统计信息，执行以下命令：netstat -e -s
- 要想仅显示 TCP 和 UDP 协议的统计信息，执行以下命令：netstat -s -p tcp udp

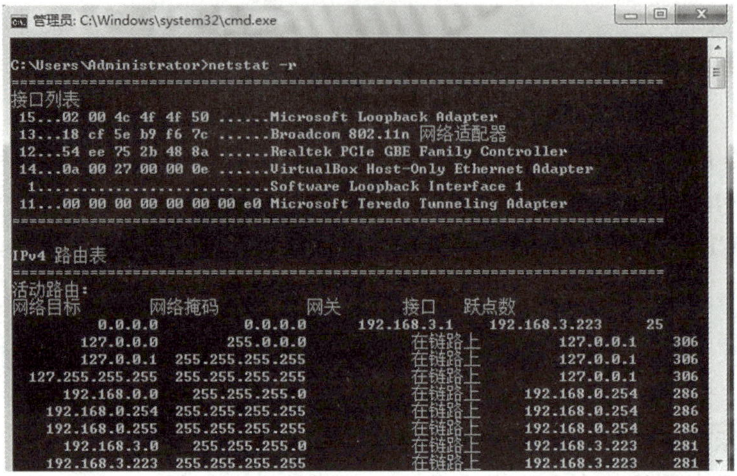

任务 4　Nbtstat

Nbtstat 命令用于显示本地计算机和远程计算机的基于 TCP/IP(NetBT)协议的 NetBIOS 统计资料、NetBIOS 名称表和 NetBIOS 名称缓存。nbtstat 命令可以刷新 NetBIOS 名称缓存和注册的 Windows Internet 名称服务(WNS)名称。使用不带参数的 btstat 命令显示帮助。

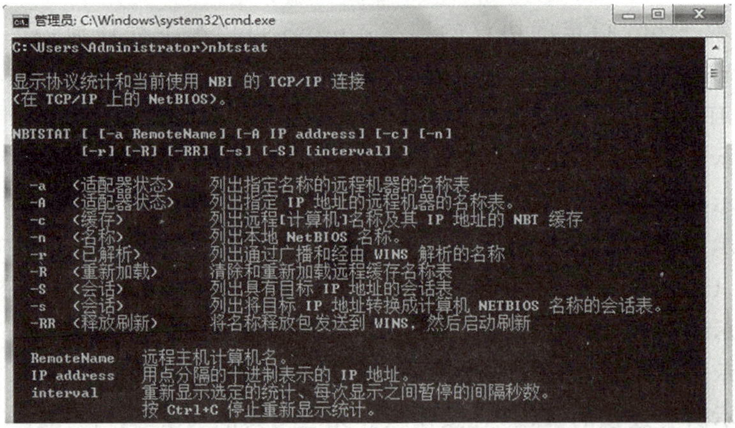

任务 5　Tracert

跟踪路由，默认最多追踪 30 条路由。

Tracert(跟踪)命令是路由跟踪实用程序，用于确定 IP 数据访问目标所采取的路径 tracert 命令用 IP 生存时间(TTL)字段和 ICMP 错误消息来确定从一个主机到网络上其他主机的路由。

通过向目标发送不同 IP 生存时间(TTL)值的“Internet 控制消息协议(IMCP)”回应数据包，tracert 程序确定本机到目标所采取的路由。tracert 先发送 TTL 为 1 的回应数据包，并在随后的每次发送过程中将 TTL 递增 1，直到目标响应或 TTL 达到最大值，从而确定路由。

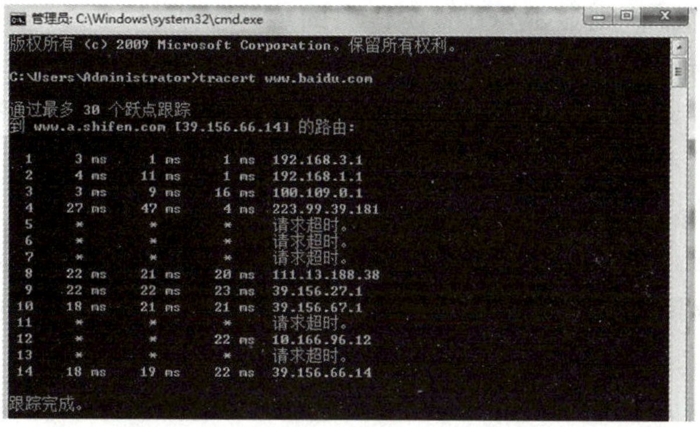
管理员: C:\Windows\system32\cmd.exe
版权所有 (c) 2009 Microsoft Corporation。保留所有权利。
C:\Users\Administrator>tracert www.baidu.com
通过最多 30 个跃点跟踪
到 www.a.shifen.com [39.156.66.14] 的路由:
1 3 ms 1 ms 1 ms 192.168.3.1
2 4 ms 11 ms 1 ms 192.168.1.1
3 3 ms 9 ms 16 ms 100.109.0.1
4 27 ms 47 ms 4 ms 223.99.39.181
5 * * * 请求超时。
6 * * * 请求超时。
7 * * * 请求超时。
8 22 ms 21 ms 20 ms 111.13.188.38
9 22 ms 22 ms 23 ms 39.156.27.1
10 18 ms 21 ms 21 ms 39.156.67.1
11 * * * 请求超时。
12 * * 22 ms 10.166.96.12
13 * * * 请求超时。
14 18 ms 19 ms 22 ms 39.156.66.14
跟踪完成。

任务 6　pathping

pathping 命令是一个路由检查工具，它将 ping 和 tracert 命令的功能，以及这两个命令不能提供的其他信息结合起来。该命令在一段时间内将数据包发送到达最终目标的路径上的每个路由器，然后根据从每个跃点返回的数据包，再统计结果。由于该命令指定了所有路由器和链接的数据包的丢失程度，因此可以很容易地确定可能导致网络问题的路由器或链接。

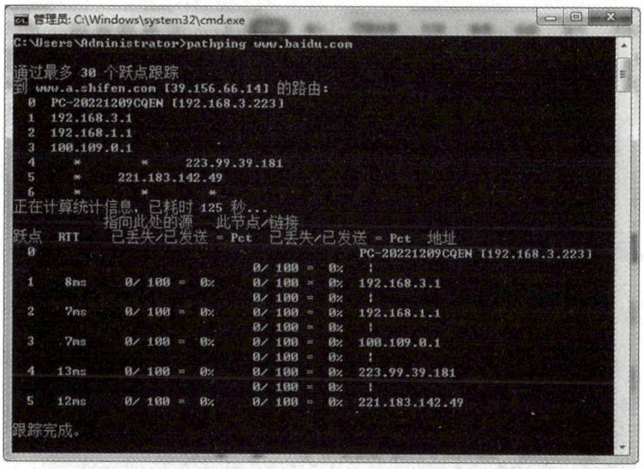
管理员: C:\Windows\system32\cmd.exe
C:\Users\Administrator>pathping www.baidu.com
通过最多 30 个跃点跟踪
到 www.a.shifen.com [39.156.66.14] 的路由:
0 PC-20221209CQEN [192.168.3.223]
1 192.168.3.1
2 192.168.1.1
3 100.109.0.1
4 * * 223.99.39.181
5 * 221.183.142.49
6 * * *
正在计算统计信息，已耗时 125 秒...
指向此处的源 此节点/链接
跃点 RTT 已丢失/已发送 = Pct 已丢失/已发送 = Pct 地址
0 PC-20221209CQEN [192.168.3.223]
0/ 100 = 0% |
1 8ms 0/ 100 = 0% 0/ 100 = 0% 192.168.3.1
0/ 100 = 0% |
2 7ms 0/ 100 = 0% 0/ 100 = 0% 192.168.1.1
0/ 100 = 0% |
3 7ms 0/ 100 = 0% 0/ 100 = 0% 100.109.0.1
0/ 100 = 0% |
4 13ms 0/ 100 = 0% 0/ 100 = 0% 223.99.39.181
0/ 100 = 0% |
5 12ms 0/ 100 = 0% 0/ 100 = 0% 221.183.142.49
跟踪完成。

任务 7　ARP

每个网卡都有一个全球唯一的物理地址，上网时，动态的 IP 地址就是根据这个物理地址进行映射。ARP 命令用于显示和修改地址解析协议(ARP)缓存表的内容，计算机上安装的每个网卡各有一个缓存表，缓存表项是 IP 地址与网卡地址对。如果使用不含参数的 ARP 命令，则显示帮助信息。ARP 命令的语法如下。

```
ARP-s inet_addr eth_addr [if_addr]
ARP-d inet_addr [if_addr]
ARP-a [inet_addr] [-N if_addr] [-v]
```

选项：

—a　　通过询问当前协议数据，显示当前 ARP 项。如果指定 inet _ addr，则只显示指定计算机的 IP 地址和物理地址。如果不止一个网络接口使用

	ARP，则显示每个 ARP 表的项。
-g	与 -a 相同。
-v	在详细模式下显示当前 ARP 项。所有无效项 和环回接口上的项都将显示。
inet _ addr	指定 Internet 地址。
-N if _ addr	显示 if _ addr 指定的网络接口的 ARP 项。
-d	删除 inet _ addr 指定的主机。inet _ addr 可以是通配符 *，以删除所有主机。
-s	添加主机并且将 Internet 地址 inet _ addr 与物理地址 eth _ addr 相关联。物理地址是用连字符分隔的 6 个十六进制字节。该项是永久的。
eth _ addr	指定物理地址。
if _ addr	如果存在，此项指定地址转换表应修改的接口 的 Internet 地址。如果不存在，则使用第一个适用的接口。

示例：

```
> arp -s 157.55.85.212   00-aa-00-62-c6-09....添加静态项。
> arp -a                                    ....显示 ARP 表。
```

ARP 是一个管理网卡底层物理地址的程序。利用该命令可以显示和修改地址解析协议(ARP)缓存中的项目。如果在没有参数的情况下使用 arp 命令将显示帮助信息。

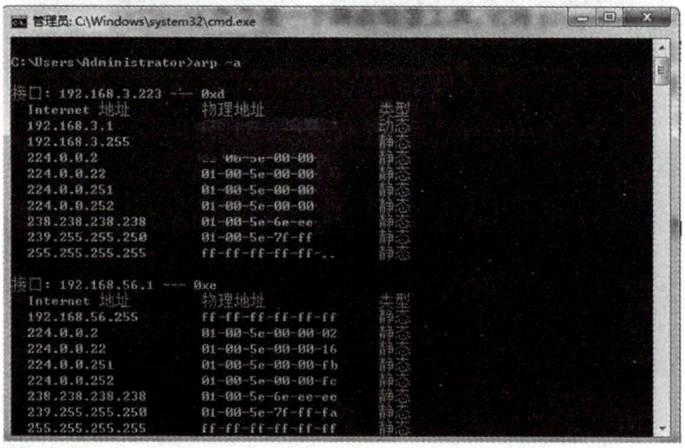
管理员: C:\Windows\system32\cmd.exe
C:\Users\Administrator>arp -a
接口: 192.168.3.223 --- 0xd
Internet 地址 物理地址 类型
192.168.3.1 动态
192.168.3.255 静态
224.0.0.2 静态
224.0.0.22 01-00-5e-00-00 静态
224.0.0.251 01-00-5e-00-00 静态
224.0.0.252 01-00-5e-00-00 静态
238.238.238.238 01-00-5e-6e-ee 静态
239.255.255.250 01-00-5e-7f-ff 静态
255.255.255.255 ff-ff-ff-ff-ff-.. 静态
接口: 192.168.56.1 --- 0xe
Internet 地址 物理地址 类型
192.168.56.255 ff-ff-ff-ff-ff-ff 静态
224.0.0.2 01-00-5e-00-00-02 静态
224.0.0.22 01-00-5e-00-00-16 静态
224.0.0.251 01-00-5e-00-00-fb 静态
224.0.0.252 01-00-5e-00-00-fc 静态
238.238.238.238 01-00-5e-6e-ee-ee 静态
239.255.255.250 01-00-5e-7f-ff-fa 静态
255.255.255.255 ff-ff-ff-ff-ff-ff 静态

巩固练习

一、选择题

1. ping 命令是一个基于 ICMP 协议的实用程序，它运行在(　　)。

A. 数据链路层　　B. 网络层　　C. 传输层　　D. 应用层

2. ping 指定的主机，直到停止，应该使用的参数为(　　)。

A. ping -t　　B. ping -a　　C. ping -n　　D. ping -f

3. ping 127. 0. 0. 1 的作用是(　　)。

A. 检查本地 IP 地址配置是否正确

B. 检查本地网卡驱动及 TCP/IP 协议是否正常

C. 检查本机到网关是否正常

D. 检查本机到远程电脑是否正常

4. 显示本机 TCP/IP 配置的详细信息，应使用(　　)命令。

A. ipconfig /all　　B. ipconfig /release

C. ipconfig /renew　　D. ipconfig /flushdns

5. 清除本地 DNS 内容，应使用(　　)命令。

A. ipconfig /all　　B. ipconfig /release

C. ipconfig /renew　　D. ipconfig /flushdns

6. 清除 DHCP 获取到的 IP 地址，应使用(　　)命令，重新获取新的 DHCP 地址应使用(　　)。

A. ipconfig /all　　B. ipconfig /release

C. ipconfig /renew　　D. ipconfig /flushdns

7. 用于显示活动的 TCP 连接、计算机侦听的端口、以太网统计信息使用(　　)。

A. ipconfig　　B. netstat　　C. nbtstat　　D. arp

8. 命令 netstat-s-p tcp udp 的含义是(　　)。

A. 显示每个协议的使用状态

B. 显示 TCP 和 UDP 协议的统计信息

C. 显示以太网统计信息和所有协议的统计信息

D. 显示所有活动的 TCP 连接以及计算机侦听的 TCP 和 UDP 端口

9. 要显示本机路由表信息(相当于 route print)，需执行的命令是(　　)。

A. netstat -r　　B. netstat -e　　C. netstat -n　　D. netstat -s

10. 要显示所分配 IP 地址为 10.0.0.1 的远程计算机的 NetBIOS 名称表，使用的命令是(　　)。

A. nbtstat -a　　B. nbtstat -c　　C. nbtstat -S　　D. nbtstat -A

11. 跟踪路由，默认最多追踪 30 条路由，使用的命令是(　　)。

A. tracert　　B. ipconfig　　C. netstat　　D. nbtstat

12. 如果有多块网卡，使用(　　)命令可以只显示与该接口相关的 ARP 缓存项目。

A. arp -a　　B. arp -a IP　　C. arp -s IP　　D. arp -d IP

13. 在浏览器中输入某网站 IP 地址能打开网页，而输入域名却不能，原因是(　　)。

A. IP 地址配置不正确　　B. WINS 配置不正确

C. 网关配置不正确　　D. DNS 配置不正确

14. 下列关于 pathping 命令的功能，描述正确的是(　　)。

A. 可以查看 TCP/IP 的相关配置

B. 可以测试与其他计算机的连通情况

C. 可以显示 IP、TCP、UDP 和 ICMP 协议相关的统计信息

D. 在一段时间内将数据包发送到将到达最终目标的路径上的每个路由器，然后根据从每个跃点返回的数据包统计结果

二、简答题

1. 请简述网络管理员使用测试命令排除网络故障的一般步骤。

2. 简述 ipconfig 命令几个重要参数的含义。

3. 简述用 ping 命令排除网络故障的步骤。

第 7 单元
网络设备维护

考纲要求

1. 掌握网络设备配置文件管理方法。
2. 理解网络设备系统备份与升级的方法。

技能要求

能够进行网络设备配置文件的管理。

项目

线缆及网卡常见故障与维护

学习目标

基本知识

(1)了解网络布线常见故障与维护。

(2)掌握传输介质常见故障与维护。

(3)掌握网卡常见故障与维护。

知识点精讲

任务 1　网络布线常见故障与维护

任务描述

许多公司在网络建设上把大部分时间和精力都放在硬件上，但是线缆问题经常会使这一切努力都成为徒劳。布线系统是网络中成本最低的部分，但人们经常会忽视线缆，尽管它是导致网络故障最常见的原因之一。事实上研究表明，60%以上的网络故障与布线系统有关。因此了解网络布线常见故障及其维护就显得尤为重要了。

任务分析

1. 网络布线常见故障与维护

(1)使用了假冒伪劣线缆，导致网络连通性能很差。

(2)网络布线检测显示全部通过，在使用了一段时间后出现网络断开，连接不畅现象。

(3)通过一根网线，选择了 4 芯作为网络传输，另外两芯作为电话传输。但后期使用过程中感觉局域网共享的反应速度很慢。

(4)当网络管理人员进入机房时，发现线缆和相关设备上贴的标识已经脱落，而用户线路信息已无处查找。

2. 布线规划方案

(1)坚持可扩展性原则。

(2)以开放式为基准，尽量与大多数厂家产品和设备兼容。

(3)标准化和规范化原则。

(4)选取适用的传输介质。

3. 布线设计和安装应注意的问题

(1)折叠的干线。

(2)冗余。

(3)物理限制。

(4)电缆走线。

(5)走线图。

(6)电缆标识。

任务 2　传输介质常见故障与维护

任务描述

传输介质是网络通信的基础，为各种通信业务提供传输通道。常用的网络传输介质包括双绞线、光纤等。传输介质的质量对未来的业务发展有着深远的影响，传输介质故障可使整个网络瘫痪。

任务分析

一、双绞线常见故障与维护

故障现象一：关于双绞线造成网速变慢的故障。

(1)选择的双绞线种类不合适导致网速变慢

提到这个原因，首先要了解双绞线的类别及特性。双绞线主要有以下几种：

① 3 类双绞线：指目前在 ANSI 和 EIA/TIA568 标准中指定的双绞线电缆。该双绞线的传输频率为 16 MHz，用于语音传输及最高传输速率为 10 Mbps 的数据传输，主要用于 10Base-T 网络。目前 3 类双绞线正逐渐从市场上消失。

② 4 类双绞线：该类双绞线电缆的传输频率为 20 MHz 用于语音传输和最高传输速率 16 Mbps 的数据传输，主要用于基于令牌的局域网和 10Base-T/100Base-T 网络。4 类双绞线在以太网布线中应用很少，以往多用于令牌网的布线，目前市面上基本看不到。

③ 5 类双绞线：该类双绞线电缆增加了绕线密度，外套一种高质量的绝缘材料，传输频率为 100 MHz，用于语音传输和最高传输速率为 100 Mbps 的数据传输主要用于 100Base-T 和 10Base-T 网络，这是常用的以太网电缆。5 类双绞线是 2005 年以前网络布线的主流。

④ 超 5 类双绞线：与 5 类双绞线相比，超 5 类双绞线的减和扰更小，可提供更坚实的网络基础，满足大多数应用的需求(尤其支持千兆位以太网 1000Base-T 的布线)，给网络的安装和测试带来了便利，成为目前网络应用中较好的解决方案。

⑤ 6 类双绞线：电信工业协会(TIA)和国际标准化组织(1SO 已经发布了 6 类布线标准。6 类布线系统在 200 MHZ 时综合衰减串扰比应该有较大的余量，它提供 2 倍于超 5 类的带宽。6 类线的传输性能远远高于超 5 标准适用于传输速率高于 1Gbps 的应用。6 类与超 5 类的一个重要不同点在于改善了在串扰以及回波损耗方面的性能，对于新一代全双

工的高速网络应用而言、优良的回波损耗性能是极其重要的。

⑥ 超6类双绞线：6A在六类的基础上各项参数都有大幅提高，传输频率也扩展至500 MHz；采用4对芯径23AWG单股、多股优质无氧铜为传输导体(铜导体外具有HDPE材料绝缘)，广泛应用于室内水平布线、局域网布线。

六类网线(双绞线)支持的带宽是250 M，超六类双绞线支持500 M带宽。

⑦ 7类双绞线：ISO/IEC 11801 7类/F级标准中最新的一种双绞线，它主要为了适应万兆位以太网技术的应用和发展。但它不再是一种非屏蔽双绞线了，而是一种屏蔽双绞线，因此它可以提供至少500 MHz的综合衰减对串扰比和600 MHz的整体带宽，是六类线和超六类线的2倍以上，传输速率可达10Gbps。在七类线缆中，每一对线都有一个屏蔽层，四对线合在一起还有一个公共大屏蔽层。从物理结构上来看，额外的屏蔽层使得七类线有一个较大的线径。

⑧ 8类双绞线：8类网线是一代双屏蔽(SFTP)的网络跳线，它拥有两个导线对，可支持2 000 MHz的带宽，且传输速率高达40 Gb/s，但它的传输距离仅有30 m，故一般用于短距离数据中心的服务器、交换机、配线架以及其他设备的连接。

如果在千兆网络设备中采用5类双绞线，就会出现网络性能下降的故障。

(2)网络设备间已超过了该类双绞线最大传输距离的界限造成网速变慢

双绞线内传输的是电信号，虽然双绞线采用铜导体，但它仍有阻抗，因此电流通过时必然产生衰减，如果传输距离过长，信号就会被衰减到无法确认。5类双绞线在两个网络设备间的最大传输距离为100 m，超5类双绞线在两网络设备间的最大传输距离为130 m，如果超过了这个距离，某些信号会被衰减到无法确认地步，根据网络设备的工作原理，当信号不能被正确接收时，网络设备会要求重发数据。当然，在网络中重发数据是很正常的事情。但是如果在网络中有大量的数据要求重发，势必会造成网络性能的下降。

在规划网络方案时，选择的双绞线类型一定要和采用的网络设备相匹配，如百兆交换机、百兆集线器、百兆网卡等网络设备要选取5类或超5类双绞线，否则，将达不到设计的网速。

(3)双绞线制作不规范造成网速变慢

我们知道，双绞线由4对线按严格的规定紧密地绞在一起，用来减少串扰和背景噪声的影响。同时，在T568A标准和T568B标准中仅使用了双绞线的1－2和3－6这4条线，其中，1－2用于发送，3－6用于接收，而且1－2必须来自一个绕对，3－6必须来自一个绕对，只有这样才能最大限度地避免串扰，保证数据传输。如果不按正确标准(T568A/T568B制作网线，就将存在很大的隐患。表现为：一种情况是刚开始使用时网速就很慢；另一种情况则是开始网速正常，但过一段时间后，网速变慢。另外不按正确标准制作的网线引起的网速变慢还同时与网卡的质量有关，如果网卡质量很好也有可能避免该现象发生。

(4)RJ-45连接器与网络设备端口接触不良造成网速变慢

如果RJ-45连接器与网络设备端口接触不良就会导致数据包发送失败，数据包发送失败就会要求发送端重发，如果发送失败率很高，肯定导致网速变慢。造成接触不良的因素一般有端口松动、端口灰尘太多或端口金属触点氧化。

如果是端口松动则重新插紧，如果端口灰尘太多则要用酒精棉球将其擦洗干净，如果端口金属触点氧化则要用砂纸擦去氧化膜，然后用酒精棉球擦洗干净。

(5)网络中存在回路导致网速变慢

一般当网络较小，涉及的节点数不是很多、结构不是很复杂时，这种现象很少发生。但在一些比较复杂的网络中，由于一些原因经常会有多余的备用线路，构成回路，数据包会不断发送和校验数据，从而影响整体网速，这种情况下查找故障原因也比较困难。

为避免这种情况发生，要求在铺设网线时一定要养成良好的习惯，为网线打上明显的标签，有备用线路的地方要做好记录。当怀疑有此类故障发生时，一般采用分区分段逐步排除的方法。

故障现象二：关于双绞线造成网络不通的故障

(1)直通线与交叉线选择不当造成网络不通。

目前大部分设备支持自动反转功能，交叉线和直通线的适用范围如表 7-1-1 所示。

表 7-1-1　交叉线和直通线的适用范围

A 端	B 端	网线选择
计算机	计算机	交叉线
计算机	集线器	直通线
计算机	交换机	直通线
计算机	路由器	交叉线
交换机	交换机	交叉线
交换机	路由器	直通线
路由器	路由器	交叉线
集线器(普通口)	集线器(普通口)	交叉线
集线器(级联口)	集线器(级联口)	交叉线
集线器(普通口)	集线器(级联口)	直通线
集线器(级联口)	交换机	直通线
集线器(普通口)	交换机	交叉线

根据具体情况正确选择直连线与交叉线。一般情况下，同种类型设备之间使用交叉线连接，不同类型设备之间使用直连线连接。例如，如果连接两台计算机，就应该选择交叉线否则会造成网线本身无故障而计算机不能通信的故障。因此，当测得网线无故障而计算机不能通信时，就应该分析设备间的连接方式了。值得说明的是，现在很多网络设备都具有线序自动识别功能，对使用哪种线缆区分没有那么严格了。但是在维护以前的一些网络设备时，必须得考虑直连线和交叉线选择这个问题．特别是网络升级需要重新布线的时候要格外注意。

(2)双绞线线序制作不当造成网络不通

此故障一般是在布线初期即可识别，原因为线缆制作不规范，导致线缆不通。

(3)双绞线物理连接故障造成网络不通

此故障一般是在布线初期或者使用一段时间后发现故障，原因为线缆制作不规范或其他原因导致线缆内部线芯断裂或接触不良，导致线缆不通。

二、光纤故障及维护方法

光纤有很多的优点：可以提供比铜线高得多的带宽；也不受发动机转动、电磁和电源故障的影响；不漏光、抗干扰，很难被窃听，安全性很高。以前光纤多应用于广域网中，现在光纤在局域网中的应用也在逐渐增加。光纤可以大大扩展双绞线局域网中的覆盖范围，5 类双绞线的有效长度是 100 m，而光纤则可以达到 30 km。

光纤故障主要来自光纤端接头处，接插件质量不高、制作接头时操作有误、外部环境对接头的干扰、选用了错误的接插件都可能导致光纤故障。

故障现象一：光纤链路损坏造成网络不通。

故障现象二：光缆接头使用不当造成网络不通。

光纤信号的正常衰减范围为 0～15 dB。

任务 3　网卡常见故障与维护

任务描述

网卡的标准由 IEEE(电气和电子工程师协会)定义。网卡的全名为 Network Interface Card(网络接口卡，简称网卡)，它是连接计算机与网络的硬件设备，是局域网最基本的组成部分之一，是计算机与局域网之间的接口卡。网卡的性能和稳定性对工作站的影响很大。

任务分析

1. 网卡的功能

网卡的功能可分为两个方面：一是整理计算机上的数据，再将数据分解成适当大小的数据帧后送往网络；二是接收网络中发送过来的数据帧，经整合处理后还原为发送前的数据，然后再交给计算机进行处理。

2. 网卡安装常见故障与维护

(1)故障现象一：网卡驱动程序不能正确安装。

(2)故障现象二：网卡与其他设备发生地址冲突。

(3)故障现象三：网卡的 IRQ 值和 I/O 地址与操作系统分配的不一致。

(4)故障现象四：“无法分配网络资源……”的出错提示。

(5)故障现象五：安装网卡驱动程序时正常复制完驱动程序文件后系统死锁。

3. 根据网卡的指示灯判断网络故障

(1)故障现象一：开机后，在已判定网线无故障的情况下，表示网卡活动状态的 LED 指示灯“ACT”(Activity)不亮。

(2)故障现象二：“ACT”指示灯时亮时灭而且间隔时间较长。

巩固练习

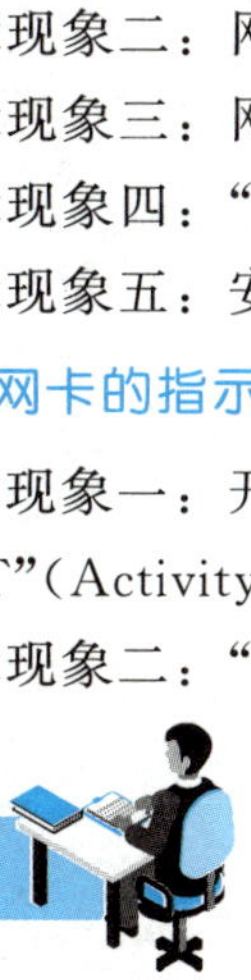

一、选择题

1. 以下不属于网络布线类故障的是(　　)。

A. 使用了假冒伪劣线缆，导致网络连通性能很差

B. 通过一根网线，选择了4芯作为网络传输，另外两芯作为电话传输。但后期使用过程中感觉局域网共享的反应速度很慢

C. 在园区核心机房线缆和相关设备上贴的标识已经脱落，用户线路信息已无处查找

D. 设备间子系统使用集线器代替交换机

2. 传输频率为100 MHz，主要用于10Base-T和100Base-T网络使用的双绞线是(　　)。

A. cat4　　B. cat5　　C. cat. 5e　　D. cat6

3. 传输频率为仍100 MHz，但具有更高的衰减与串扰的比值，主要用于千兆铜缆以太网(1000 Mbps)，使用的双绞线是(　　)。

A. cat4　　B. cat5　　C. cat. 5e　　D. cat6

4. 传输频率可达250 MHz，相对于超五类线缆在串扰以及回波损耗方面的性能更高，适用于传输速率高于1Gbps的应用，使用的双绞线是(　　)。

A. cat4　　B. cat5　　C. cat. 5e　　D. cat6

5. 以下描述不正确的是(　　)。

A. T568B标准中仅使用了双绞线的1—2和3—6这4条线，其中1—2用于发送，3—6用于接收

B. 双绞线制作不规范会造成网速变慢。

C. 在千兆网络设备中采用5类双绞线，不会出现网络性能下降的故障

D. RJ-45连接器与网络设备端口接触不良会造成网速变慢

6. 以下描述不正确的是(　　)。

A. 集线器(普通口)与集线器(级联口)之间直接连接传输数据，应该使用直通线

B. 集线器(普通口)与交换机之间直接连接传输数据，应该使用交叉线

C. 集线器(级联口)与交换机之间直接连接传输数据，应该使用直通线

D. 计算机与路由器之间直接连接传输数据，应该使用直通线

7. “无法分配网络资源……”的出错提示，该故障类型为(　　)。

A. 驱动故障　　B. IP地址设置故障

C. 网卡设备故障　　D. 线缆故障

二、简答题

1. 简述双绞线造成网速变慢故障可能产生的原因。
2. 简述双绞线造成网络不通故障可能产生的原因。
3. 简述光纤造成网络不通故障可能产生的原因。
4. 简述网卡的功能。
5. 简述网卡安装常见故障现象。

项目 2

交换机的常见故障与维护

学习目标

基本知识

(1)掌握常用交换机排错命令。

(2)掌握交换机密码恢复。

(3)掌握利用 TFTP 升级现有交换机操作系统。

(4)掌握利用 XMODEM 方式重写交换机操作系统。

(5)掌握利用 TFTP 备份还原交换机配置文件。

知识点精讲

任务 1 常用交换机排错命令

任务描述

交换机作为局域网中的核心设备之一，它的工作性能直接决定着网络的数据传输性能。可是，在长时间工作之后，交换机难免会遇到这样或那样的故障现象。当出现交换机故障的时候，可以使用一些排错命令来进行故障的查找和定位。

任务分析

1. display version(思科、锐捷命令为：show version)

查看该交换机的系统版本等信息。

```
<Huawei>display version
Huawei Versatile Routing Platform Software
VRP (R) software, Version 5.110 (S5700 V200R001C00)
Copyright (c) 2000-2011 HUAWEI TECH CO., LTD

Quidway S5700-28C-HI Routing Switch uptime is 0 week, 0 day, 0 hour, 0 minute
```

2. display clock(思科、锐捷命令为：show clock)

查看交换机当前的时钟。

```
<Huawei>display clock
2023-03-23 08:25:38-08:00
Thursday
Time Zone(China-Standard-Time) : UTC-08:00
```

3. display ip interface brief(思科、锐捷命令为：show ip interface brief)

查看交换机当前所有接口的 IP 状态信息。

```
<Huawei>display ip interface brief
*down: administratively down
^down: standby
(l): loopback
(s): spoofing
The number of interface that is UP in Physical is 1
The number of interface that is DOWN in Physical is 2
The number of interface that is UP in Protocol is 1
The number of interface that is DOWN in Protocol is 2

Interface                        IP Address/Mask      Physical   Protocol
MEth0/0/1                        unassigned           down       down
NULL0                            unassigned           up         up(s)
Vlanif1                          unassigned           down       down
```

4. display vlan(思科、锐捷命令为：show VLAN)

查看所有已配置的 VLAN 信息。

```
<Huawei>display vlan
The total number of vlans is : 3
--------------------------------------------------------------------------------
U: Up;         D: Down;         TG: Tagged;         UT: Untagged;
MP: Vlan-mapping;               ST: Vlan-stacking;
#: ProtocolTransparent-vlan;    *: Management-vlan;
--------------------------------------------------------------------------------

VID  Type    Ports
--------------------------------------------------------------------------------
1    common  UT:GE0/0/3(D)      GE0/0/4(D)      GE0/0/5(D)      GE0/0/6(D)
                GE0/0/7(D)      GE0/0/8(D)      GE0/0/9(D)      GE0/0/10(D)
                GE0/0/11(D)     GE0/0/12(D)     GE0/0/13(D)     GE0/0/14(D)
                GE0/0/15(D)     GE0/0/16(D)     GE0/0/17(D)     GE0/0/18(D)
                GE0/0/19(D)     GE0/0/20(D)     GE0/0/21(D)     GE0/0/22(D)
                GE0/0/23(D)     GE0/0/24(D)

10   common  UT:GE0/0/1(D)

20   common  UT:GE0/0/2(D)

VID  Status  Property      MAC-LRN Statistics Description
--------------------------------------------------------------------------------
1    enable  default       enable  disable    VLAN 0001
10   enable  default       enable  disable    VLAN 0010
20   enable  default       enable  disable    VLAN 0020
```

在调试网络的时候，也会经常用到命令来测试网络的可达性和连通性。使用 PING 命令的时候一般会有以下反馈结果。

(1)Reply from 192.168.1.2：bytes=56 Sequence=1 ttl=255 time=50 ms：表示收到应答数据包，说明网络是连通的。(思科："!!!!!"表示网络是连通的。)

(2)Request time out：表示连接超时，说明网络不能连通。(思科："......"。表示连接超时，说明网络不能连通；"U.U.U.U.U."。表示数据包不可达，说明网络不能连通)。

任务 2　交换机密码恢复

任务描述

假设你是一个公司的网络管理员，公司使用的是华为 5700 系列和 3700 系列交换机。由于长时间没有对交换机进行管理，不小心忘记了交换机的管理密码，造成无法正常进入到交换机的管理界面对交换机进行设置。现要对交换机进行密码恢复。

任务分析

交换机是网络常用设备之一，作为网络的基础构件，它的安全性非常重要。一般情况下，为了提高网络的安全性，都会对交换机设置管理密码。然而由于网络管理员的更换、密码设置随意、长时间不使用等各种原因，忘记密码的事情会经常发生，这时就要对交换机进行密码恢复了。华为交换机恢复密码具体操作可能因设备型号和版本存在差异，请参考相应的产品文档。

场景一：修改了所有默认密码，还忘记了所有密码

如果忘记了 Console 口登录密码、所有的 STelnet/Telnet 账号及密码、BootROM/BootLoad 菜单密码，并且所有密码都做了修改，不是缺省密码，对于支持 PNP 键的交换机，您可通过长按(6 秒以上)PNP 键，使交换机恢复出厂配置并自动重新启动；对于不支持 PNP 键的交换机，则需返厂维修。

场景二：忘记了默认密码

对于 V200R020 及之后版本的 S 系列交换机，由于未设置任何缺省账号密码，用户登录交换机时必须设置新密码，所以不存在场景二的情形。

但是，对于 V200R020 之前版本的 S 系列交换机，除 STelnet/Telnet 登录没有缺省密码以外，设备对 Console 口登录、BootROM/BootLoad 菜单、Web 网管登录均设置了缺省密码，且不同版本的缺省密码可能不同。如果您一直使用的是设备缺省密码，未曾改过密码，您可以在《S 系列交换机缺省帐号与密码》(企业网、运营商)文档中获取各种缺省帐号与密码信息。

场景三：忘记了 Console 口登录密码，有 telnet 登录密码

通过 STelnet/Telnet 登录设备修改 Console 口密码

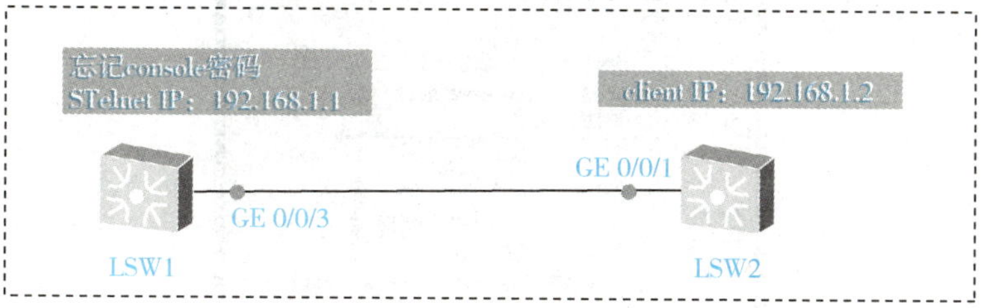

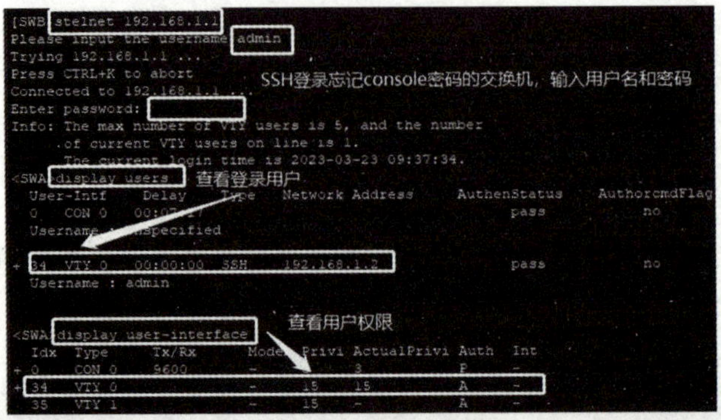
[SWB]stelnet 192.168.1.1
Please input the username:admin
Trying 192.168.1.1 ...
Press CTRL+K to abort
Connected to 192.168.1.1 ...
SSH登录忘记console密码的交换机，输入用户名和密码
Enter password:
Info: The max number of VTY users is 5, and the number
of current VTY users on line is 1.
The current login time is 2023-03-23 09:37:34.
<SWA>display users
查看登录用户
User-Intf Delay Type Network Address AuthenStatus AuthorcmdFlag
0 CON 0 00:07:17 pass no
Username : Unspecified
+ 34 VTY 0 00:00:00 SSH 192.168.1.2 pass no
Username : admin
<SWA>display user-interface
查看用户权限
Idx Type Tx/Rx Modem Privi ActualPrivi Auth Int
+ 0 CON 0 9600 - 3 - P -
+ 34 VTY 0 - 15 15 A -
35 VTY 1 - 15 - A -

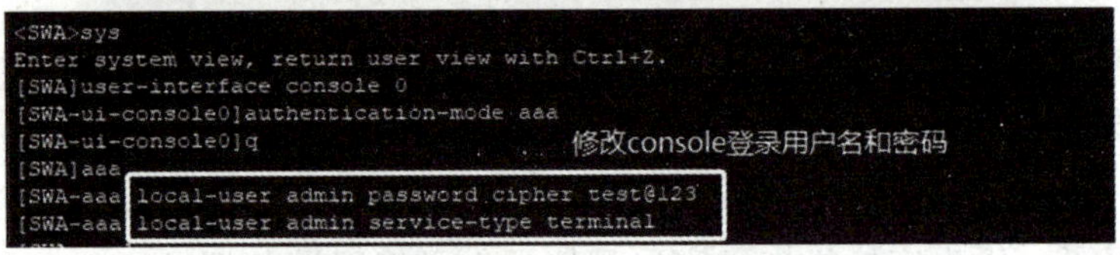
<SWA>sys
Enter system view, return user view with Ctrl+Z.
[SWA]user-interface console 0
[SWA-ui-console0]authentication-mode aaa
[SWA-ui-console0]q
修改console登录用户名和密码
[SWA]aaa
[SWA-aaa]local-user admin password cipher test@123
[SWA-aaa]local-user admin service-type terminal

场景四：忘记了 Console 口登录密码，也忘记了 telnet 登录密码

在 BootROM/BootLoad 下清除 Console 口密码启动后，修改 Console 口密码。要进入到 BootROM/BootLoad 菜单需要重启设备(可以通过将设备先下电再上电的方式进行重启)，会导致业务中断，可能会导致配置、数据丢失。请尽量选择业务量较少的时间操作。设备启动过程中不要对设备进行下电操作。

操作步骤

1. 连接配置线。

CONSOLE
COM

2. 设置超级终端。

在 PC 上打开终端仿真软件，新建连接，设置连接的接口，配置通信参数如下。

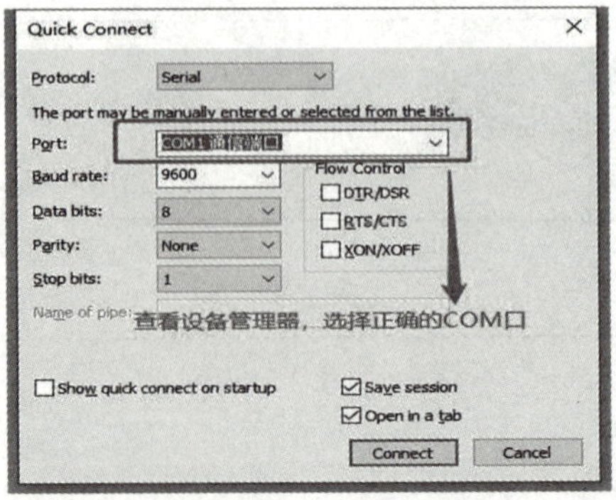
Quick Connect
Protocol: Serial
The port may be manually entered or selected from the list.
Port:
Baud rate: 9600
Flow Control
DTR/DSR
RTS/CTS
XON/XOFF
Data bits: 8
Parity: None
Stop bits: 1
Name of pipe:
查看设备管理器，选择正确的COM口
Show quick connect on startup
Save session
Open in a tab
Connect
Cancel

3. 重启交换机。当界面出现以下打印信息时，及时按下快捷键“Ctrl+B”或者“Ctrl+

E”并输入 BootROM/BootLoad 密码，进入如下 BootROM/BootLoad 主菜单。

```
Press Ctrl+B or Ctrl+E to enter BootROM/BootLoad menu ... 2
```

输入 BootROM 密码：(缺省密码是 Admin@huawei. com)。

4. 在 BootROM/BootLoad 主菜单下选择“Clear password for console user”清除 Console 口登录密码。BOOTROM MENU

```
•    1.Boot with default mode
•    2.Enter serial submenu
•    3.Enter startup submenu
•    4.Enter ethernet submenu
•    5.Enter filesystem submenu
•    6.Modify BOOTROM password
•    7.Clear password for console user
•    8.Reboot
Enter your choice(1-8): 7
Note: Clear password for console user? Yes or No(Y/N): y
```

5. 根据交换机的提示，在 BootROM/BootLoad 主菜单下选择“Boot with default mode”启动设备。注意：此处不要选择“Reboot”选项，否则此次清除密码将失效！

6. 完成系统启动后，通过 Console 口登录时不需要认证，登录后按照系统提示配置验证密码。(V200R009 及之后版本，完成系统启动后，通过 Console 口登录时认证方式为 None，系统启动后不会提示配置验证密码。)

7. 登录交换机后，您可以根据需要修改 Console 用户界面的认证方式及密码。为了防止重启后配置丢失，保存配置。

场景五：忘记了 BootROM/BootLoad 菜单密码，但可以 Console/SSH/Telnet 登录

1. 修改 BootROM 密码：重启，2s 内按住 CTRL＋B 或者 CTRL＋E，进入 BOOTROM 菜单。

```
     BOOTROM   MENU
 • 1.Boot with default mode
 • 2.Enter serial submenu
 • 3.Enter startup submenu
 • 4.Enter ethernet submenu
 • 5.Enter filesystem submenu
 • 6.Modify BOOTROM password
 • 7.Clear password for console user
 • 8.Reboot
Enter your choice(1-  8): 6
PASSWORD SUBMENU
 •    1.Modify bootload password
 •    2.Reset bootload password
 •    3.Return to main menu
Enter your choice(1-  3): 1
```

2. 修改 BootLoad 密码：重启，3s 内按住 CTRL+B 或者 CTRL+E，进入 BOOT-LOAD 菜单。

```
        BootLoad Menu
•   1.Boot with default mode
•   2.Enter startup submenu
•   3.Enter ethernet submenu
•   4.Enter filesystem submenu
•   5.Enter password submenu
•   6.Clear password for console user
•   7.Reboot
    (Press Ctrl+ E to enter diag menu)
Enter your choice(1-7):5
        PASSWORD   SUBMENU
    1.Modify bootload password
    2.Reset bootload password
    3.Return to main menu
Enter your choice(1-3):1
```

任务 3　利用 FTP/TFTP 升级现有交换机/路由器操作系统

任务描述

现有一台华为交换机 S5700，其操作系统版本比较老，已经不能支持网络中新的功能的需要，为了满足网络的需求，要升级交换机的操作系统。

任务分析

本实验以 S5700 交换机为例，交换机命名为 SW1。一台 Server 机通过串口(COM)连接到交换机的控制(Console)端口，通过网卡连接到交换机的 GE0/0/1 端口。Server 作为 FTP 服务器，FTP 服务器和交换机在同一网段，通过 FTP 服务器升级交换机的操作系统。

这里以华为 ENSP 里面的 FTP 服务器为例，真实环境可以采用 Xlight ftp 或是 MobaXterm Professional 软件。

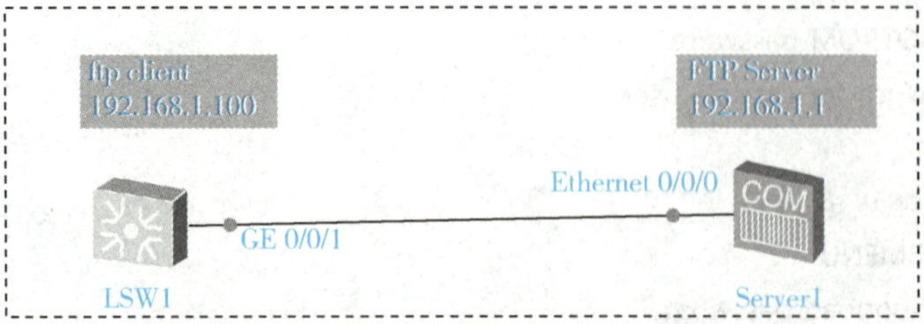

操作步骤

1. 开启 FTP 服务器。

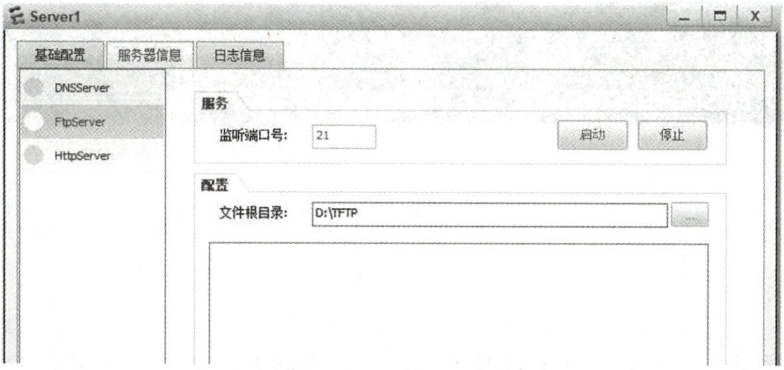

2. 配置服务器和客户端的 IP 地址(这里采用直连在同一网段即可)。

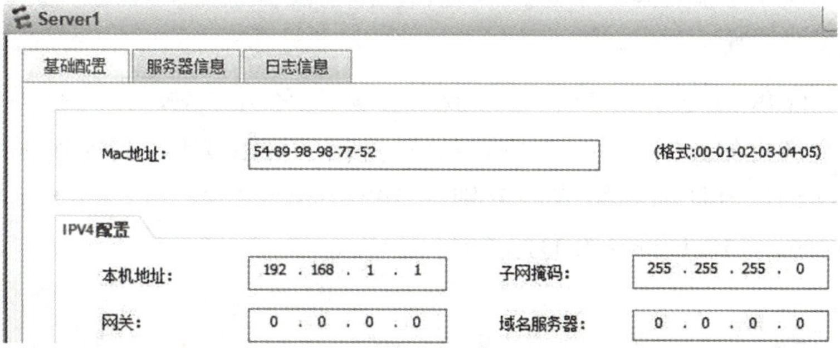

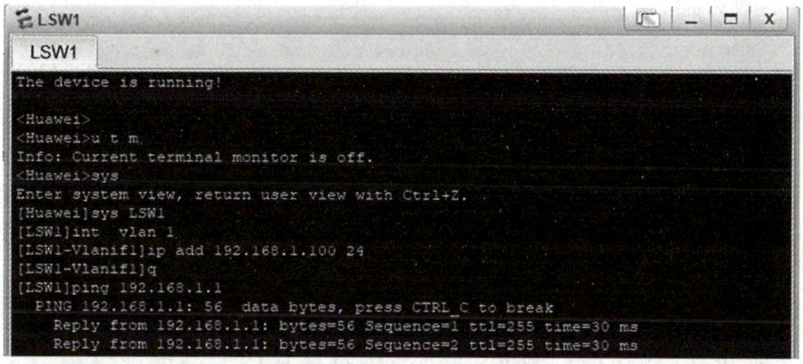

3. 登录 FTP 服务器下载相应的系统文件。

(登录时需要退回用户视图)这里因为是模拟环境没有验证用户名和密码，真实环境可能需要密码，登录完成后使用 DIR 命令查看 ftp 目录下的文件，这里演示使用的是一个测试文件，华为系统文件是.cc 为后缀的。

```
<LSW1>ftp 192.168.1.1
Trying 192.168.1.1 ...
Press CTRL+K to abort
Connected to 192.168.1.1.
220 FtpServerTry FtpD for free
User(192.168.1.1:(none)):
331 Password required for .
Enter password:
230 User  logged in , proceed
```

```
<LSW1>tftp 192.168.1.1 get s5700.cc
Info: Transfer file in binary mode.
Downloading the file from the remote TFTP server. Please wait...|
```

4. 指定设备下次启动时使用的系统文件，重新启动交换机，启动完后检查交换机现在系统的版本。

```
<LSW1>startup system-software S5700.cc
Error: The file flash:/s5700.cc doesn't exist in the main board. (Default direct
ory is flash:/)
<LSW1>reboot ENSP中没有存储空间，未下载成功，真机下载成功后，以新文件启动--重启
```

任务 4　利用 FTP/TFTP 备份还原交换机配置文件

任务描述

作为网络管理员，在交换机配置好了以后，需要将其配置文件做备份，以备将来需要时用。在交换机配置文件出现问题后，利用备份的配置文件还原交换机配置。

任务分析

本实验以一台华为交换机 S5700 为例，交换机名为 LSW1。一台 PC 机通过串口(COM)连接到交换机的控制(Console)端口，通过网卡(NIC)连接到交换机的 GE0/0/1 端口。假设 PC 机的 IP 地址和网络掩码分别为 192.168.1.1/24，PC 机上已安装和打开了 TFTP Server 程序，TFTP 目录为 D:\ TFTP。

操作步骤

1. 开启 FTP 服务器。

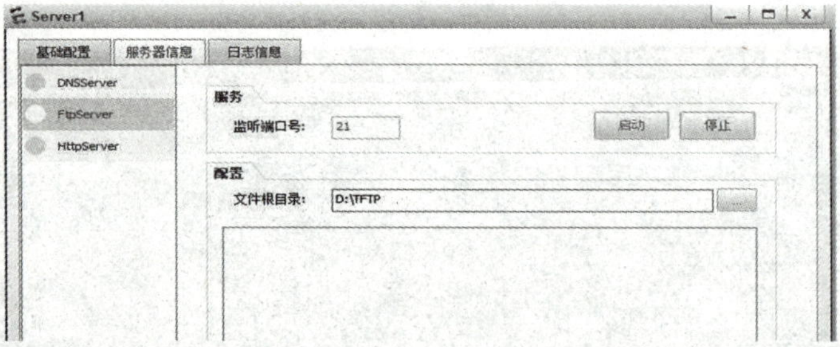

2. 配置服务器和客户端的 IP 地址(这里采用直连在同一网段即可)。

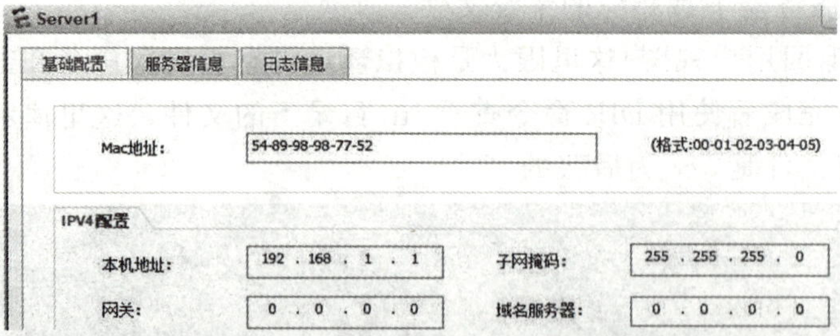


```
LSW1
The device is running!

<Huawei>
<Huawei>u t m
Info: Current terminal monitor is off.
<Huawei>sys
Enter system view, return user view with Ctrl+Z.
[Huawei]sys LSW1
[LSW1]int  vlan 1
[LSW1-Vlanif1]ip add 192.168.1.100 24
[LSW1-Vlanif1]q
[LSW1]ping 192.168.1.1
  PING 192.168.1.1: 56  data bytes, press CTRL_C to break
    Reply from 192.168.1.1: bytes=56 Sequence=1 ttl=255 time=30 ms
    Reply from 192.168.1.1: bytes=56 Sequence=2 ttl=255 time=30 ms
```

3. 备份交换机配置。

```
<LSW1>save
The current configuration will be written to the device.
Are you sure to continue?[Y/N]y
Info: Please input the file name ( *.cfg, *.zip ) [vrpcfg.zip]:
Mar 23 2023 18:21:33-08:00 LSW1 %%01CFM/4/SAVE(l)[0]:The user chose Y when decid
ing whether to save the configuration to the device.
Now saving the current configuration to the slot 0.
Save the configuration successfully.
<LSW1>
<LSW1>dir
Directory of flash:/

  Idx  Attr     Size(Byte)  Date        Time      FileName
    0  drw-              -  Aug 06 2015 21:26:42  src
    1  drw-              -  Mar 23 2023 16:04:26  compatible
    2  -rw-            478  Mar 23 2023 18:21:34  vrpcfg.zip

32,004 KB total (31,968 KB free)
```

```
<LSW1>ftp 192.168.1.1
Trying 192.168.1.1 ...
Press CTRL+K to abort
Connected to 192.168.1.1.
220 FtpServerTry FtpD for free
User(192.168.1.1:(none)):
331 Password required for  .
Enter password:
230 User  logged in , proceed

[ftp]put vrpcfg.zip
200 Port command okay.
150 Opening BINARY data connection for vrpcfg.zip

100%
226 Transfer finished successfully. Data connection closed.
FTP: 478 byte(s) sent in 0.120 second(s) 3.98Kbyte(s)/sec.
```

› 此电脑 › D (D:) › TFTP　　搜索"TFTP"

名称	修改日期	类型	大小
S5700.CC	2023/3/23 17:59	CC 文件	116,981 KB
vrpcfg.zip	2023/3/23 18:23	WinRAR ZIP 压缩...	1 KB

4. 还原交换机配置。

```
<LSW1>ftp 192.168.1.1
Trying 192.168.1.1 ...
Press CTRL+K to abort
Connected to 192.168.1.1.
220 FtpServerTry FtpD for free
User(192.168.1.1:(none)):
331 Password required for  .
Enter password:
230 User  logged in , proceed

[ftp]get vrpcfg.zip
Warning: The size of file vrpcfg.zip is as same as the remote one. Overwrite it?
 [Y/N]:y
Warning: The file vrpcfg.zip is a system resource file that is in use. Overwrite
 it? [Y/N]:y

200 Port command okay.
150 Sending vrpcfg.zip (478 bytes). Mode STREAM Type BINARY
226 Transfer finished successfully. Data connection closed.
FTP: 478 byte(s) received in 0.150 second(s) 3.18Kbyte(s)/sec.
```

```
<LSW1>startup saved-configuration vrpcfg.zip
Info: Succeeded in setting the configuration for booting system.
<LSW1>reboot
Info: The system is now comparing the configuration, please wait.
Info: If want to reboot with saving diagnostic information, input 'N' and then e
xecute 'reboot save diagnostic-information'.
System will reboot! Continue?[Y/N]:y
```

巩固练习

一、选择题

1. 查看系统软硬件版本的命令为(　　)。

A. display version　　B. display current-configuration
C. display hardware　　D. display software

2. 查看交换机当前所有接口的 IP 状态信息的命令为(　　)。
A. display ip brief　　B. display ip interface brief
C. display ip interface　　D. display ip address

3. 下列升级或恢复网络设备 IOS 的方法是(　　)。
A. TFTP　　B. FTP　　C. XMODEM　　D. 以上都正确

4. 忘记了 Console 口登录密码，也忘记了 telnet 登录密码，最简单的设置 console 密码(　　)。
A. 返厂维修
B. 在 BootROM/BootLoad 下清除 Console 口登录密码启动后，修改 console 口密码
C. 重启设备，恢复出厂设置
D. 使用 U 盘，接在 USB 插口上进行 IOS 镜像重装

5. 进入 BootROM/BootLoad 主菜单，需要在设备开始启动时按下(　　)。
A. Ctrl+B　　B. Ctrl+A　　C. Ctrl+R　　D. Ctrl+C

6. display current-configuration 从(　　)里读取信息。
A. ROM　　B. RAM　　C. FLASH　　D. NVRAM

7. display saved-configuration 从(　　)里读取信息。
A. ROM　　B. RAM　　C. FLASH　　D. NVRAM

8. save backup. cfg 命令的含义是(　　)。
A. 将当前配置保存到 backup. cfg 文件中　　B. 保存 backup. cfg 文件
C. 保存交换机的当前配置　　D. 验证已保存配置文件

9. put backup. cfg 命令的含义是(　　)。
A. 删除 backup. cfg 文件　　B. 将 backup. cfg 文件上传至 FTP 服务器
C. 复制 backup. cfg 文件　　D. 加载 backup. cfg 文件

10. startup saved-configuration backup. cfg 命令在(　　)下进行。
A. 用户视图　　B. 系统视图　　C. 标准视图　　D. 接口视图

11. reset saved-configuration 的含义是(　　)。
A. 保存配置信息　　B. 加载交换机的配置
C. 重置交换机的配置　　D. 重新启动交换机

12. 交换机配置文件必须以(　　)作为扩展名，而且必须存放在存储设备的根目录下。
A. . cfg 或 . zip　　B. . zip　　C. . cfg　　D. . RAR

二、简答题

1. 如何将交换机的配置文件进行备份和还原，简述步骤。
2. 交换机系统常用升级方法有哪些？

第 8 单元
网络设备技能练习

项目

技能考试试题解析

学习目标

基本知识

(1)掌握网络拓扑图的绘制、网络设备的基本配置、VLAN 的划分。

(2)掌握变子网掩码划分不同局域网的方法。

(3)掌握 STP、DHCP。

(4)掌握利用三层交换机实现不同 VLAN 间的路由和单臂路由。

(5)掌握 RIP 或 OSPF 实现全网互通。

(6)掌握 ACL、NAT。

(7)掌握无线网络设备 AC、AP 的基本配置。

(8)掌握网络故障诊断工具(ping、tracert 等)排除网络常见故障。

知识点精讲

2023 年山东省春季高考网络技术技能考试样题解析

任务描述

1. 绘制网络拓扑结构图

在 ENSP 模拟器中，按照样图绘制网络拓扑结构图，不需要添加注释(绿色背景部分)。其中路由器使用 Router 设备，交换机使用 S5700 设备，终端使用 PC 设备。

2. 网络设备调试

(1)按照下表中的要求在交换机中完成 VLAN 的配置。

vlan 100：LSW1 的 GE0/0/2—GE0/0/5

vlan 200：LSW1 的 GE0/0/6—GE0/0/10

vlan 300：LSW2 的 GE0/0/2—GE0/0/5

vlan 400：LSW2 的 GE0/0/6—GE0/0/10

vlan 20：LSW1 的 GE0/0/1

vlan 30：LSW2 的 GE0/0/1

(2)按照样图中给出的网络地址配置所有设备接口及 VLAN 的 IP 地址。

(3)使用三层交换机实现 VLAN 间的三层通信。

(4)使用动态路由协议 RIP 或 OSPF 配置实现全网连通。

(5)在交换机 LSW1 上使用 ACL 禁止 vlan100 到 vlan300 的连通。

任务分析

1. 打开 ENSP 软件，找出题目中要求的设备，注意路由器设备为 Router，不是 AR2220 等路由设备，交换机也为 S5700，不能选成 3700 型号，终端为 PC 设备。

2. 按照表中给定的 VLAN 信息，创建 vlan20、30、100、200、300、400，并将对应接口划分到对应 VLAN 中。

3. 设置 VLAN 和路由器接口的 IP 地址。

注意：(1)交换机的接口无法直接设置 IP 地址，需要借助 VLAN 的 IP 地址实现网络的互通。

(2)建议将各接口的 IP 地址在网络拓扑图上加以注释，避免设置错误。

4. 设置 RIP 或 OSPF 实现全网互通。

5. 设置 ACL，实现禁止 VLAN100 访问 VLAN300。

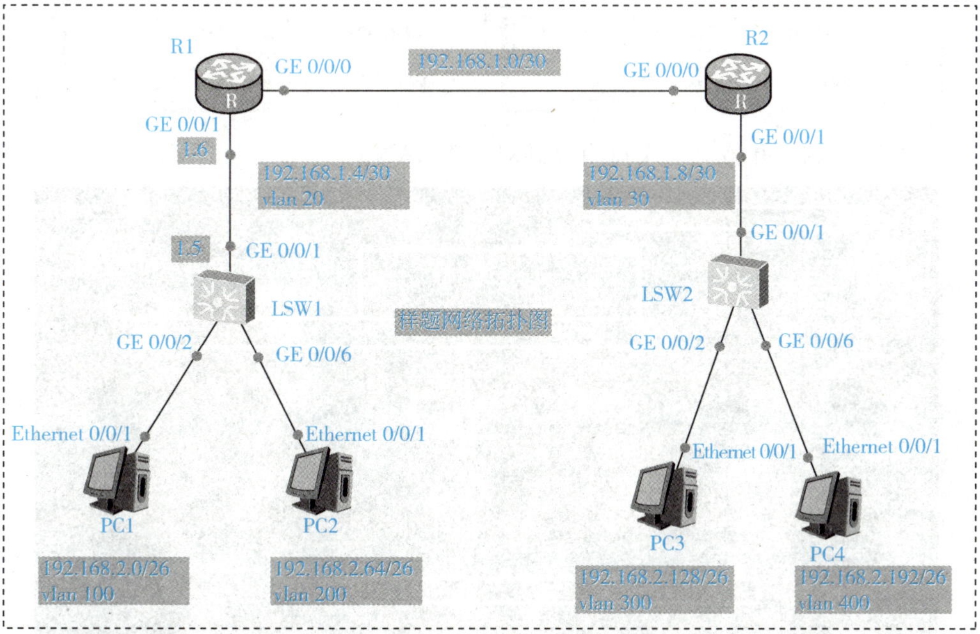

操作步骤

1. 依据网络拓扑图，设置 PC 终端的 IP 地址。

2. 创建 VLAN，并将对应接口换分到对应 VLAN。

```
[LSW1]sysname LSW1
[LSW1]vlan batch 20 100 200
Info: This operation may take a few seconds. Please wait for a moment...done.
[LSW1]interface GigabitEthernet0/0/1
[LSW1-GigabitEthernet0/0/1] port link-type access
[LSW1-GigabitEthernet0/0/1] port default vlan 20
[LSW1-GigabitEthernet0/0/1]port-group group-member gi 0/0/2 to gi 0/0/5
[LSW1-port-group]port link-type access
[LSW1-GigabitEthernet0/0/2]port link-type access
[LSW1-GigabitEthernet0/0/3]port link-type access
[LSW1-GigabitEthernet0/0/4]port link-type access
[LSW1-GigabitEthernet0/0/5]port link-type access
[LSW1-port-group]port default vlan 100
[LSW1-GigabitEthernet0/0/2]port default vlan 100
[LSW1-GigabitEthernet0/0/3]port default vlan 100
[LSW1-GigabitEthernet0/0/4]port default vlan 100
[LSW1-GigabitEthernet0/0/5]port default vlan 100
[LSW1-port-group]quit
[LSW1]port-group group-member gi 0/0/6 to gi 0/0/10
[LSW1-port-group]port link-type access
[LSW1-GigabitEthernet0/0/6]port link-type access
[LSW1-GigabitEthernet0/0/7]port link-type access
[LSW1-GigabitEthernet0/0/8]port link-type access
[LSW1-GigabitEthernet0/0/9]port link-type access
[LSW1-GigabitEthernet0/0/10]port link-type access
[LSW1-port-group]port default vlan 200
[LSW1-GigabitEthernet0/0/6]port default vlan 200
[LSW1-GigabitEthernet0/0/7]port default vlan 200
[LSW1-GigabitEthernet0/0/8]port default vlan 200
[LSW1-GigabitEthernet0/0/9]port default vlan 200
[LSW1-GigabitEthernet0/0/10]port default vlan 200
[LSW1-port-group]q
[LSW1]
```

同理，LSW2 的设置如下。

```
[LSW2]sysname LSW2
[LSW2]vlan batch 30 300 400
Info: This operation may take a few seconds.Please wait for a moment...done.
[LSW2]interface GigabitEthernet0/0/1
[LSW2-GigabitEthernet0/0/1]port link-type access
[LSW2-GigabitEthernet0/0/1]port default vlan 20
[LSW2-GigabitEthernet0/0/1]port-group group-member gi 0/0/2 to gi 0/0/5
[LSW2-port-group]port link-type access
[LSW2-port-group]quit
[LSW2]port-group group-member gi 0/0/6 to gi 0/0/10
[LSW2-port-group]port link-type access
[LSW2-port-group]port default vlan 200
[LSW2-port-group]q
```

3. 设置 VLANIF 的地址，利用三层交换机实现不同 VLAN 间的通信。

```
------------LSW1 VLANIF IP +  OSPF ------------
interface Vlanif20
  ip address 192.168.1.5 255.255.255.252
interface Vlanif100
  ip address 192.168.2.1 255.255.255.192
interface Vlanif200
  ip address 192.168.2.65 255.255.255.192
ospf 1
  area 0.0.0.0
    network 192.168.2.0 0.0.0.63
    network 192.168.2.64 0.0.0.63
    network 192.168.1.4 0.0.0.3
------------LSW2 VLANIF IP +  OSPF ------------
interface Vlanif30
  ip address 192.168.1.10 255.255.255.252
interface Vlanif300
  ip address 192.168.2.129 255.255.255.192
interface Vlanif400
  ip address 192.168.2.193 255.255.255.192
ospf 1
  area 0.0.0.0
    network 192.168.1.8 0.0.0.3
    network 192.168.2.128 0.0.0.63
    network 192.168.2.192 0.0.0.63
```

4. 设置路由器的 IP 地址和 RIP(OSPF)协议，实现全网互通。

```
-----------R1 interface IP +  OSPF -----------
sysname R1
interface GigabitEthernet0/0/0
  ip address 192.168.1.1 255.255.255.252
interface GigabitEthernet0/0/1
  ip address 192.168.1.6 255.255.255.252
ospf 1
  area 0.0.0.0
    network 192.168.1.0 0.0.0.3
    network 192.168.1.4 0.0.0.3
-----------R2 interface IP +  OSPF -----------
interface GigabitEthernet0/0/0
  ip address 192.168.1.2 255.255.255.252
interface GigabitEthernet0/0/1
  ip address 192.168.1.9 255.255.255.252
ospf 1
  area 0.0.0.0
    network 192.168.1.0 0.0.0.3
    network 192.168.1.8 0.0.0.3
```

5. 在 LSW1 上设置 ACL，禁止 VLAN100 访问 VLAN300。(高级 ACL)

```
acl number 3000
  rule 5 deny ip source 192.168.2.0 0.0.0.63 destination 192.168.2.128 0.0.0.63
interface GigabitEthernet0/0/1
  traffic-filter outbound acl 3000
```

2023 年山东省春季高考网络技术技能考试真题解析

任务描述

1. 绘制网络拓扑结构图

在 ENSP 模拟器中，按照样图绘制网络拓扑结构图，不需要添加注释(绿色背景部分)。其中路由器使用 Router 设备，交换机使用 S5700 设备，终端使用 PC 设备。

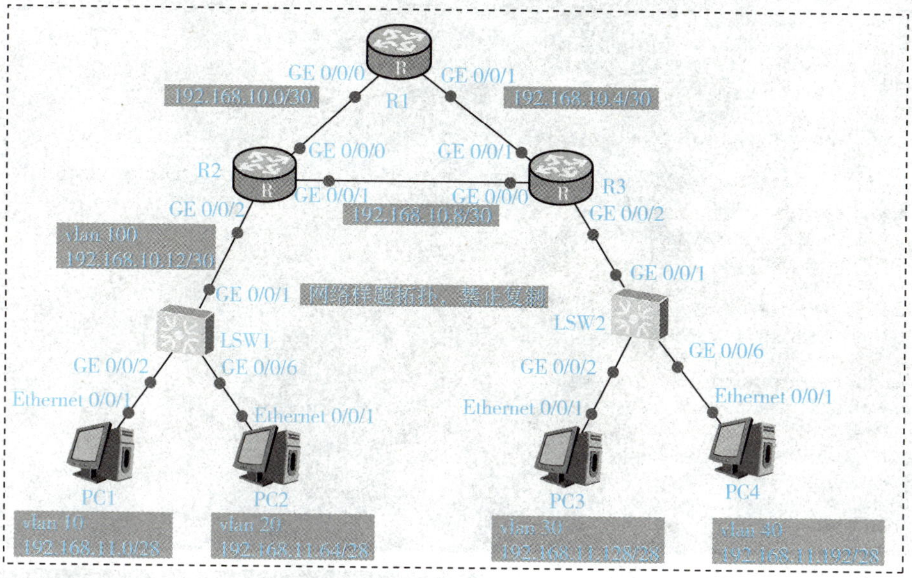

2. 网络设备调试

按照样图中给出的网络地址和下表中的接口，配置所有设备接口 VLAN 及 IP 地址。

VLAN 100: LSW1 的 GE0/0/1

VLAN 10: LSW1 的 GE0/0/2-GE0/0/5

VLAN 20: LSW1 的 GE0/0/6-GE0/0/10

VLAN 30: LSW2 的 GE0/0/2-GE0/0/5

VLAN 40: LSW2 的 GE0/0/6-GE0/0/10

3. 设置 LSW1 为 DHCP Server，为 PC1 和 PC2 分配 IP 地址，实现 VLAN10、20 间的通信。

4. 设置路由器 R3 的单臂路由，PC3、PC4 固定 IP 地址，实现 VLAN30 和 VLAN40 间的通信。

5. 使用动态路由协议 OSPF 配置实现全网连通。

6. 在交换机 LSW1 上使用 ACL 禁止 vlan10 到 vlan30 的连通。

【参考答案】

1. PC 机设置

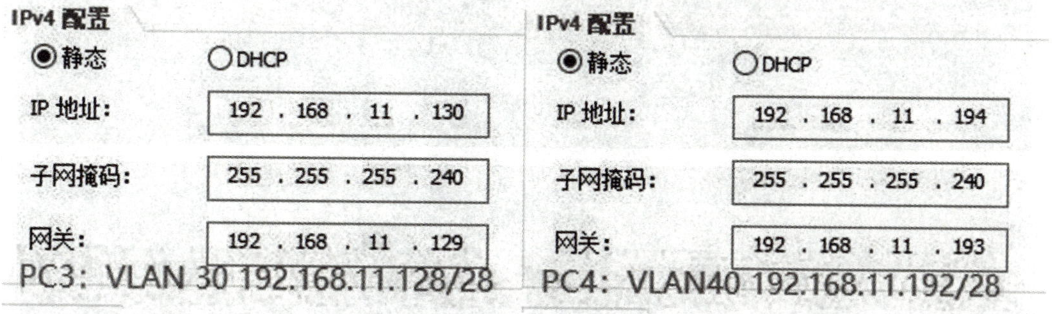

2. 设置交换机、路由器的 VLAN、IP 地址

```
<Huawei>u t m
Info: Current terminal monitor is off.
<Huawei>system-view
Enter system view, return user view with Ctrl+Z.
[Huawei]sysname LSW1
[LSW1]vlan batch 10 20 100
Info: This operation may take a few seconds. Please wait for a moment...done.
[LSW1]int gi 0/0/1
[LSW1-GigabitEthernet0/0/1]p l a
[LSW1-GigabitEthernet0/0/1]p d v 100
[LSW1-GigabitEthernet0/0/1]q
[LSW1]port-group group-member gi 0/0/2 to gi 0/0/5
[LSW1-port-group]p l a
[LSW1-GigabitEthernet0/0/2]p l a
[LSW1-GigabitEthernet0/0/3]p l a
[LSW1-GigabitEthernet0/0/4]p l a
[LSW1-GigabitEthernet0/0/5]p l a
[LSW1-port-group]p d v 10
[LSW1-GigabitEthernet0/0/2]p d v 10
[LSW1-GigabitEthernet0/0/3]p d v 10
[LSW1-GigabitEthernet0/0/4]p d v 10
[LSW1-GigabitEthernet0/0/5]p d v 10
[LSW1-port-group]q
```

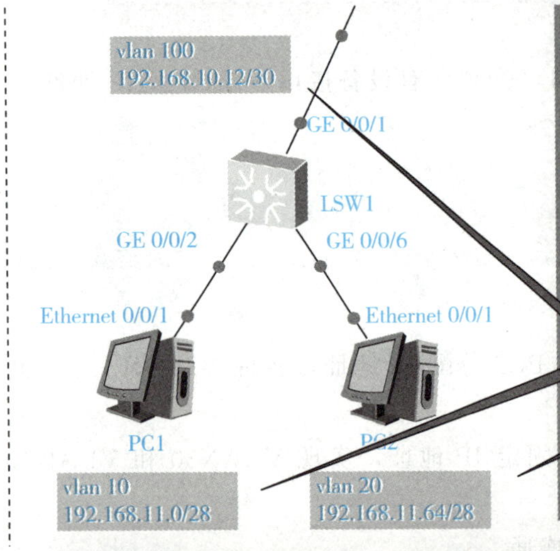


```
[LSW1]port-group group-member gi 0/0/6 to gi 0/0/10
[LSW1-port-group]p l a
[LSW1-GigabitEthernet0/0/6]p l a
[LSW1-GigabitEthernet0/0/7]p l a
[LSW1-GigabitEthernet0/0/8]p l a
[LSW1-GigabitEthernet0/0/9]p l a
[LSW1-GigabitEthernet0/0/10]p l a
[LSW1-port-group]p d v 20
[LSW1-GigabitEthernet0/0/6]p d v 20
[LSW1-GigabitEthernet0/0/7]p d v 20
[LSW1-GigabitEthernet0/0/8]p d v 20
[LSW1-GigabitEthernet0/0/9]p d v 20
[LSW1-GigabitEthernet0/0/10]p d v 20
[LSW1-port-group]q
[LSW1]int vlan 10
[LSW1-Vlanif10]ip address 192.168.11.1 28
[LSW1-Vlanif10]int vlan 20
[LSW1-Vlanif20]ip address 192.168.11.65 28
[LSW1-Vlanif20]int vlan 100
[LSW1-Vlanif100]ip address 192.168.10.13 30
[LSW1-Vlanif100]q
[LSW1]
```

```
<Huawei>u t m
Info: Current terminal monitor is off.
<Huawei>sys
Enter system view, return user view with Ctrl+Z.
[Huawei]sys R2
[R2]int gi 0/0/0
[R2-GigabitEthernet0/0/0]ip add 192.168.10.1 30
[R2-GigabitEthernet0/0/0]int gi 0/0/1
[R2-GigabitEthernet0/0/1]ip add 192.168.10.9 30
[R2-GigabitEthernet0/0/1]int gi 0/0/2
[R2-GigabitEthernet0/0/2]ip add 192.168.10.14 30
[R2-GigabitEthernet0/0/2]q
```

```
<Huawei>u t m
Info: Current terminal monitor is off.
<Huawei>sys
Enter system view, return user view with Ctrl+Z.
[Huawei]sys R1
[R1]int gi 0/0/0
[R1-GigabitEthernet0/0/0]ip add 192.168.10.2 30
[R1-GigabitEthernet0/0/0]int gi 0/0/1
[R1-GigabitEthernet0/0/1]ip add 192.168.10.5 30
[R1-GigabitEthernet0/0/1]q
```

```
<Huawei>u t m
Info: Current terminal monitor is off.
<Huawei>sys
Enter system view, return user view with Ctrl+Z.
[Huawei]sys R3
[R3]int gi 0/0/1
[R3-GigabitEthernet0/0/1]ip add 192.168.10.6 30
[R3-GigabitEthernet0/0/1]int gi 0/0/0
[R3-GigabitEthernet0/0/0]ip add 192.168.10.10 30
```

```
[LSW2]vlan batch 30 40
Info: This operation may take a few seconds. Please wait for a moment...done.
[LSW2]int gi 0/0/1
[LSW2-GigabitEthernet0/0/1]p l t
[LSW2-GigabitEthernet0/0/1]p t a v 20 30
[LSW2-GigabitEthernet0/0/1]q
[LSW2]port-g g gi 0/0/2 to gi 0/0/5
[LSW2-port-group]p l a
[LSW2-GigabitEthernet0/0/2]p l a
[LSW2-GigabitEthernet0/0/3]p l a
[LSW2-GigabitEthernet0/0/4]p l a
[LSW2-GigabitEthernet0/0/5]p l a
```

```
[LSW2-port-group]p d v 30
[LSW2-GigabitEthernet0/0/2]p d v 30
[LSW2-GigabitEthernet0/0/3]p d v 30
[LSW2-GigabitEthernet0/0/4]p d v 30
[LSW2-GigabitEthernet0/0/5]p d v 30
[LSW2-port-group]q
[LSW2]port-g g gi 0/0/6 to gi 0/0/10
[LSW2-port-group]p l a
[LSW2-GigabitEthernet0/0/6]p l a
[LSW2-GigabitEthernet0/0/7]p l a
[LSW2-GigabitEthernet0/0/8]p l a
[LSW2-GigabitEthernet0/0/9]p l a
[LSW2-GigabitEthernet0/0/10]p l a
[LSW2-port-group]p d v 40
[LSW2-GigabitEthernet0/0/6]p d v 40
[LSW2-GigabitEthernet0/0/7]p d v 40
[LSW2-GigabitEthernet0/0/8]p d v 40
[LSW2-GigabitEthernet0/0/9]p d v 40
[LSW2-GigabitEthernet0/0/10]p d v 40
[LSW2-port-group]q
```

3. 设置 LSW1 的 DHCP

```
[LSW1]dhcp enable
[LSW1]ip pool V10
Info:It's successful to create an IP address pool.
[LSW1-ip-pool-v10]gateway-list 192.168.11.1
[LSW1-ip-pool-v10]network 192.168.11.0 mask 28
[LSW1-ip-pool-v10]q
[LSW1]ip pool V20
Info:It's successful to create an IP address pool.
[LSW1-ip-pool-v20]gateway-list 192.168.11.65
[LSW1-ip-pool-v20]network 192.168.11.64 mask 28
[LSW1-ip-pool-v20]q
[LSW1]int  vlan 10
[LSW1-Vlanif10]dhcp select global
[LSW1-Vlanif10]q
[LSW1]int vlan 20
[LSW1-Vlanif20]dhcp select global
[LSW1-Vlanif20]q
[LSW1]
```

PC1

基础配置 命令行 组播 UDP发包工具 串口

```
Link local IPv6 address...........: fe80::5689:98ff:fec0:2555
IPv6 address......................: :: / 128
IPv6 gateway......................: ::
IPv4 address......................: 192.168.11.14
Subnet mask.......................: 255.255.255.240
Gateway...........................: 192.168.11.1
Physical address..................: 54-89-98-C0-25-55
DNS server........................:

PC>ping 192.168.11.78

Ping 192.168.11.78: 32 data bytes, Press Ctrl_C to break
From 192.168.11.78: bytes=32 seq=1 ttl=127 time=63 ms
From 192.168.11.78: bytes=32 seq=2 ttl=127 time=31 ms
From 192.168.11.78: bytes=32 seq=3 ttl=127 time=47 ms
From 192.168.11.78: bytes=32 seq=4 ttl=127 time=47 ms
From 192.168.11.78: bytes=32 seq=5 ttl=127 time=47 ms
```

PC2

基础配置 命令行 组播 UDP发包工具 串口

```
Link local IPv6 address...........: fe80::5689:98ff:fe8a:5
IPv6 address......................: :: / 128
IPv6 gateway......................: ::
IPv4 address......................: 192.168.11.78
Subnet mask.......................: 255.255.255.240
Gateway...........................: 192.168.11.65
Physical address..................: 54-89-98-8A-5B-90
DNS server........................:

PC>ping 192.168.11.14

Ping 192.168.11.14: 32 data bytes, Press Ctrl_C to break
From 192.168.11.14: bytes=32 seq=1 ttl=127 time=31 ms
From 192.168.11.14: bytes=32 seq=2 ttl=127 time=32 ms
From 192.168.11.14: bytes=32 seq=3 ttl=127 time=47 ms
From 192.168.11.14: bytes=32 seq=4 ttl=127 time=31 ms
From 192.168.11.14: bytes=32 seq=5 ttl=127 time=47 ms
```

4. 设置 R3 的单臂路由

```
[R3]int gi 0/0/2.1
[R3-GigabitEthernet0/0/2.1]ip add 192.168.11.129 28      vlan 30的网关
[R3-GigabitEthernet0/0/2.1]dot1q termination vid 30
[R3-GigabitEthernet0/0/2.1]arp broadcast enable
[R3-GigabitEthernet0/0/2.1]q
[R3]int gi 0/0/2.2
[R3-GigabitEthernet0/0/2.2]ip add 192.168.11.193 28
[R3-GigabitEthernet0/0/2.2]dot1q termination vid 40      vlan 40的网关
[R3-GigabitEthernet0/0/2.2]arp broadcast enable
[R3-GigabitEthernet0/0/2.2]q
[R3]
```

```
[LSW2]vlan batch 30 40
Info: This operation may take a few seconds. Please wait for a moment...done.
[LSW2]int gi 0/0/1
[LSW2-GigabitEthernet0/0/1]p l t      路由器单臂路由，此接口应设置为trunk
[LSW2-GigabitEthernet0/0/1]p t a v 30 40
[LSW2-GigabitEthernet0/0/1]q
```

5. 设置 OSPF 实现全网互通

```
[LSW1]ospf 1
[LSW1-ospf-1]area 0
[LSW1-ospf-1-area-0.0.0.0]net 192.168.11.0 0.0.0.15
[LSW1-ospf-1-area-0.0.0.0]net 192.168.11.64 0.0.0.15
[LSW1-ospf-1-area-0.0.0.0]net 192.168.10.12 0.0.0.3
[LSW1-ospf-1-area-0.0.0.0]q
[LSW1-ospf-1]
```

```
[R2]ospf 1
[R2-ospf-1]area 0
[R2-ospf-1-area-0.0.0.0]net 192.168.10.0 0.0.0.3
[R2-ospf-1-area-0.0.0.0]net 192.168.10.8 0.0.0.3
[R2-ospf-1-area-0.0.0.0]net 192.168.10.12 0.0.0.3
[R2-ospf-1-area-0.0.0.0]q
[R2-ospf-1]
<R2>save
```

```
[R1]ospf 1
[R1-ospf-1]area 0
[R1-ospf-1-area-0.0.0.0]net 192.168.10.0 0.0.0.3
[R1-ospf-1-area-0.0.0.0]net 192.168.10.4 0.0.0.3
[R1-ospf-1-area-0.0.0.0]q
[R1-ospf-1]
<R1>save
```

```
[R3]ospf 1
[R3-ospf-1]area 0
[R3-ospf-1-area-0.0.0.0]net 192.168.10.4 0.0.0.3
[R3-ospf-1-area-0.0.0.0]net 192.168.10.8 0.0.0.3
[R3-ospf-1-area-0.0.0.0]net 192.168.11.128 0.0.0.15
[R3-ospf-1-area-0.0.0.0]net 192.168.11.192 0.0.0.15
[R3-ospf-1-area-0.0.0.0]q
[R3-ospf-1]q
[R3]q
<R3>save
```

```
PC>ping 192.168.11.194

Ping 192.168.11.194: 32 data bytes, Press Ctrl_C to break
Request timeout!
From 192.168.11.194: bytes=32 seq=2 ttl=125 time=94 ms
From 192.168.11.194: bytes=32 seq=3 ttl=125 time=93 ms
From 192.168.11.194: bytes=32 seq=4 ttl=125 time=110 ms
From 192.168.11.194: bytes=32 seq=5 ttl=125 time=94 ms

--- 192.168.11.194 ping statistics ---
  5 packet(s) transmitted
  4 packet(s) received
  20.00% packet loss
  round-trip min/avg/max = 0/97/110 ms

PC>ping 192.168.11.130

Ping 192.168.11.130: 32 data bytes, Press Ctrl_C to break
Request timeout!
From 192.168.11.130: bytes=32 seq=2 ttl=125 time=94 ms
From 192.168.11.130: bytes=32 seq=3 ttl=125 time=109 ms
From 192.168.11.130: bytes=32 seq=4 ttl=125 time=110 ms
From 192.168.11.130: bytes=32 seq=5 ttl=125 time=109 ms
```

6. 设置 ACL，禁止 VLAN10 访问 VLAN 30

```
[LSW1]acl 3000
[LSW1-acl-adv-3000]rule 5 deny ip source 192.168.11.0 0.0.0.15 destination 192.1
68.11.128 0.0.0.15
[LSW1-acl-adv-3000]q
[LSW1]int gi 0/0/1
[LSW1-GigabitEthernet0/0/1]traffic-filter outbound acl 3000
[LSW1-GigabitEthernet0/0/1]return
<LSW1>save
The current configuration will be written to the device.
Are you sure to continue?[Y/N]y
```

```
PC>ping 192.168.11.130

Ping 192.168.11.130: 32 data bytes, Press Ctrl_C to break
Request timeout!
From 192.168.11.130: bytes=32 seq=2 ttl=125 time=94 ms
From 192.168.11.130: bytes=32 seq=3 ttl=125 time=109 ms
From 192.168.11.130: bytes=32 seq=4 ttl=125 time=110 ms
From 192.168.11.130: bytes=32 seq=5 ttl=125 time=109 ms

--- 192.168.11.130 ping statistics ---
  5 packet(s) transmitted
  4 packet(s) received
  20.00% packet loss
  round-trip min/avg/max = 0/105/110 ms

PC>ping 192.168.11.130

Ping 192.168.11.130: 32 data bytes, Press Ctrl_C to break
Request timeout!
Request timeout!
Request timeout!
Request timeout!
Request timeout!
```

2024年山东省春季高考网络技术技能考试真题解析(一)

任务描述

(1)网络设备说明

在ENSP模拟器中，路由器使用Router设备，交换机使用S5700设备，终端使用PC设备，服务器使用Server设备。

(2)网络设备调试要求

1)按照网络拓扑图中的要求完成VLAN、VLAN IP地址及接口IP地址的设置。

2)LSW1实现vlan10和vlan20的通信。

3)在R3上配置单臂路由，实现VLAN30和VLAN40间的通信。

4)使用动态路由协议OSPF，实现全网互通。

5)在LSW1上配置ACL，禁止PC1访问PC4，PC2访问PC5。

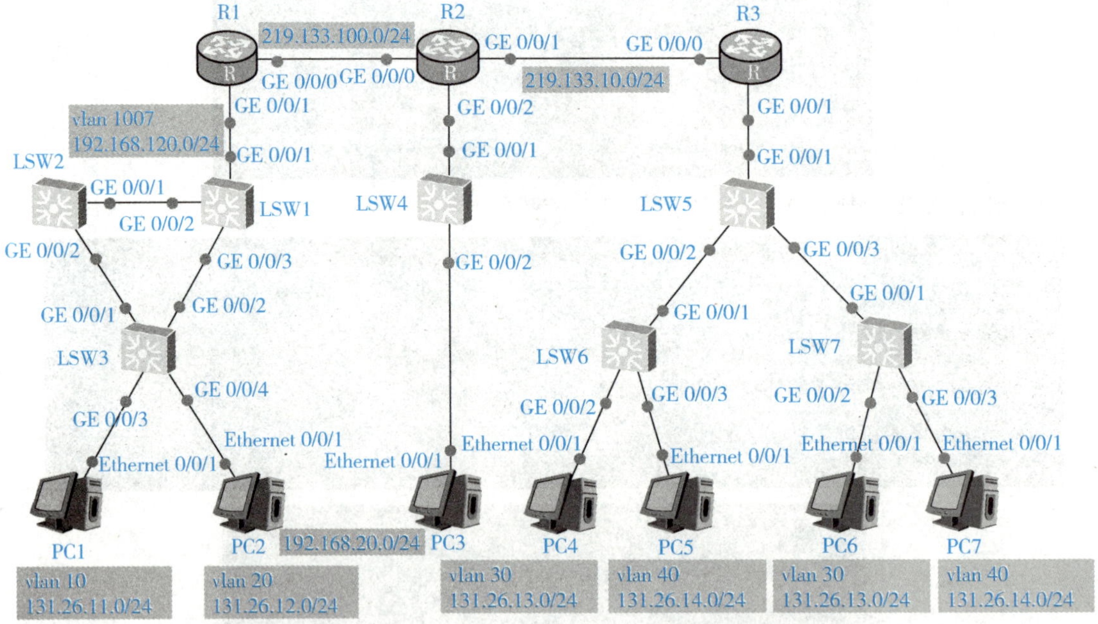

(3)题目上交要求

1)在LSW1上使用：dis vlan

2)在LSW1上使用：dis ip interface brief

3)在LSW5上使用：dis vlan

4)在R1上使用：dis ip interface brief

5)在R2上使用：ospf 1

dis this

6)在R3上使用：dis ip interface brief

7)在LSW1上使用：dis acl all

dis traffic—applied interface outbound

【参考配置信息】

```
------------------------------------LSW1 ------------------------------------
sysname LSW1
undo info-center enable
vlan batch 10 20 1007
#
acl number 3000
rule 5 deny ip source 131.26.11.2 0 destination 131.26.13.2 0
rule 10 deny ip source 131.26.12.2 0 destination 131.26.14.2 0
interface Vlanif10
ip address 131.26.11.1 255.255.255.0
#
interface Vlanif20
ip address 131.26.12.1 255.255.255.0
#
interface Vlanif1007
ip address 192.168.120.1 255.255.255.0
#
interface GigabitEthernet0/0/1
port link-type access
port default vlan 1007
traffic-filter outbound acl 3000
#
interface GigabitEthernet0/0/2
port link-type trunk
port trunk allow-pass vlan 10 20
#
interface GigabitEthernet0/0/3
port link-type trunk
port trunk allow-pass vlan 10 20
#
ospf 1
area 0.0.0.0
network 131.26.11.0 0.0.0.255
network 131.26.12.0 0.0.0.255
network 192.168.120.0 0.0.0.255
------------------------------------LSW2 ------------------------------------
sysname LSW2
undo info-center enable
vlan batch 10 20
interface GigabitEthernet0/0/1
port link-type trunk
```

```
port trunk allow-pass vlan 10 20
interface GigabitEthernet0/0/2
port link-type trunk
port trunk allow-pass vlan 10 20
--------------------------------LSW3 ---------------------------------
sysname LSW3
vlan batch 10 20
interface GigabitEthernet0/0/1
port link-type trunk
port trunk allow-pass vlan 10 20
#
interface GigabitEthernet0/0/2
port link-type trunk
port trunk allow-pass vlan 10 20
#
interface GigabitEthernet0/0/3
port link-type access
port default vlan 10
#
interface GigabitEthernet0/0/4
port link-type access
port default vlan 20
--------------------------------LSW4(无需配置) --------------------
--------------------------------LSW5 ---------------------------------
sysname LSW5
undo info-center enable
vlan batch 30 40
port-group group-member GigabitEthernet 0/0/1 to GigabitEthernet 0/0/4
port link-type trunk
port trunk allow-pass vlan 30 40
--------------------------------LSW6 ---------------------------------
sysname LSW6
vlan batch 30 40

i nterface GigabitEthernet0/0/1
port link-type trunk
port trunk allow-pass vlan 30 40
#
interface GigabitEthernet0/0/2
port link-type access
port default vlan 30
#
```

```
interface GigabitEthernet0/0/3
port link-type access
port default vlan 40
---------------------------------LSW7(通 LSW6)---------------------
---------------------------------R1 -------------------------------------
sysname R1
#
interface GigabitEthernet0/0/0
ip address 219.133.100.1 255.255.255.0
#
interface GigabitEthernet0/0/1
ip address 192.168.120.2 255.255.255.0
#
ospf 1
area 0.0.0.0
network 192.168.120.0 0.0.0.255
network 219.133.100.0 0.0.0.255
---------------------------------R2 -------------------------------------
sysname R2
#
interface GigabitEthernet0/0/0
ip address 219.133.100.2 255.255.255.0
#
interface GigabitEthernet0/0/1
ip address 219.133.10.1 255.255.255.0
#
interface GigabitEthernet0/0/2
ip address 192.168.20.1 255.255.255.0
#
ospf 1
area 0.0.0.0
network 219.133.100.0 0.0.0.255
network 219.133.10.0 0.0.0.255
---------------------------------R3 -------------------------------------
sysname R3
#
interface GigabitEthernet0/0/0
ip address 219.133.10.2 255.255.255.0
#
interface GigabitEthernet0/0/1.1
dot1q termination vid 30
ip address 131.26.13.1 255.255.255.0
```

```
arp broadcast enable
#
interface GigabitEthernet0/0/1.2
dot1q termination vid 40
ip address 131.26.14.1 255.255.255.0
arp broadcast enable
#
ospf 1
area 0.0.0.0
network 219.133.10.0 0.0.0.255
network 131.26.13.0 0.0.0.255
network 131.26.14.0 0.0.0.255
```

2024 年山东省春季高考网络技术技能考试真题解析(二)

任务描述

(1)网络设备说明

在 ENSP 模拟器中，路由器 R1 使用 AR2220，路由器 R2、R3、R4 使用 Router 设备，交换机使用 S5700 设备，终端使用 PC 设备，服务器使用 Server 设备。

(2)网络设备调试要求

1)按照网络拓扑图中的要求完成 VLAN 及接口 IP 地址设置。

2)在 AR1 上配置单臂路由，实现 VLAN101 和 VLAN102 间的通信

3)利用 LSW3 实现 vlan103 和 vlan104 的通信，。

4)使用动态路由协议 OSPF，实现全网互通。

5)在 AR1 上使用静态 NAT，只允许外网访问内网的 server 的 80 服务。

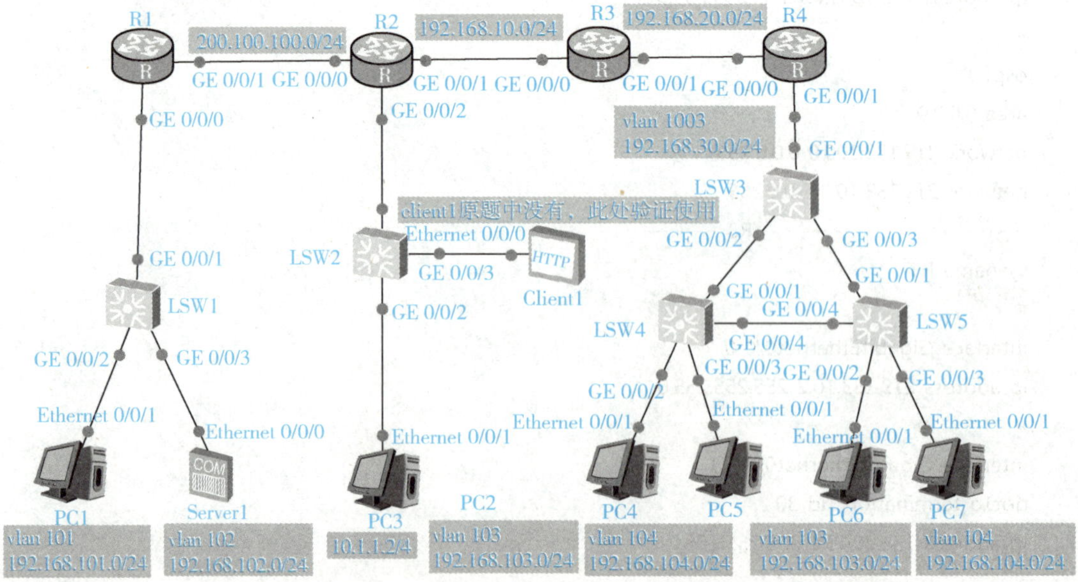

(3)题目上交要求

1)在 LSW1 上使用：dis vlan

2)在 LSW3 上使用：dis ip interface brief

3)在 LSW3 上使用：dis vlan

4)在 R1 上使用：dis ip interface brief

5)在 R2 上使用：dis ip interface brief

6)在 R3 上使用：dis ip interface brief

7)在 R4 上使用：ospf 1

dis this

8)在 R1 上使用dis nat static

dis acl all

【试题分析】

本题目难度较大的地方在于使用静态 NAT，只允许外网访问内网的 server 的 80 服务。可以使用：nat static protocol tcp global 200. 100. 100. 3 www inside 192. 168. 102. 2 www 的命令实现。但是题目中给出要求，显示 ACL 的配置信息，因此本例采用 ACL+静态 NAT 的方法。设置成功后，可以添加一台 client 进行验证：server 的 FTP 服务无法访问，但 WWW 服务可以正常通过公网访问。此题要求 OSPF 实现全网互通，因此，验证的时候是使用的映射出来的公网 IP 地址进行验证，而不能使用 server 本身的 IP 地址，server 本身的 IP 地址是可以全网互通的。这一点大家可以验证。

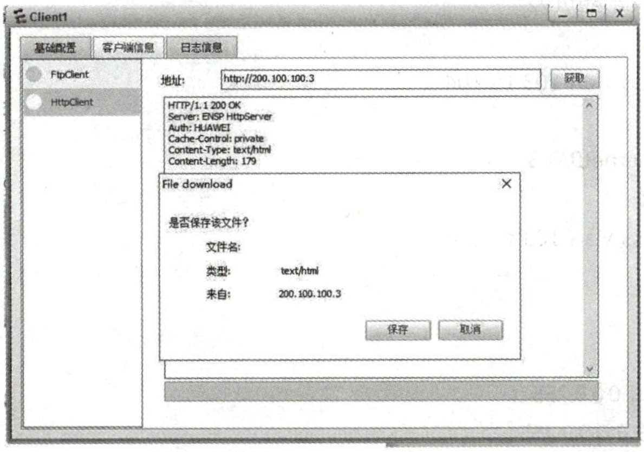

【参考配置信息】

```
----------------------------------LSW1 ----------------------------------
sysname LSW1
#
vlan batch 101 to 102
interface GigabitEthernet0/0/1
port link-type trunk
port trunk allow-pass vlan 101 to 102
#
interface GigabitEthernet0/0/2
port link-type access
port default vlan 101
#
interface GigabitEthernet0/0/3
port link-type access
port default vlan 102
----------------------------------LSW3----------------------------------
sysname LSW3
#
vlan batch 103 to 104 1003
#
interface Vlanif103
ip address 192.168.103.1 255.255.255.0
#
interface Vlanif104
ip address 192.168.104.1 255.255.255.0
#
interface Vlanif1003
ip address 192.168.30.2 255.255.255.0
#
interface GigabitEthernet0/0/1
port link-type access
port default vlan 1003
#
interface GigabitEthernet0/0/2
port link-type trunk
port trunk allow-pass vlan 103 to 104
#
interface GigabitEthernet0/0/3
port link-type trunk
port trunk allow-pass vlan 103 to 104
#
ospf 1
area 0.0.0.0
network 192.168.30.0 0.0.0.255
network 192.168.103.0 0.0.0.255
```

```
network 192.168.104.0 0.0.0.255
-----------------------------------LSW4-----------------------------------
sysname LSW4
undo info-center enable
vlan batch 103 to 104
interface GigabitEthernet0/0/1
port link-type trunk
port trunk allow-pass vlan 103 to 104
#
interface GigabitEthernet0/0/2
port link-type access
port default vlan 103
#
interface GigabitEthernet0/0/3
port link-type access
port default vlan 104
#
interface GigabitEthernet0/0/4
port link-type trunk
port trunk allow-pass vlan 103 to 104
-----------------------------------LSW5-----------------------------------
配置通 PC4,略。
-----------------------------------R1-----------------------------------
sysname R1
undo info-center enable
acl number 3000
rule 5 permit tcp destination 200.100.100.3 0 destination-port eq www
rule 10 deny ip destination 200.100.100.3 0
#
interface GigabitEthernet0/0/0.1
dot1q termination vid 101
ip address 192.168.101.1 255.255.255.0
arp broadcast enable
#
interface GigabitEthernet0/0/0.2
dot1q termination vid 102
ip address 192.168.102.1 255.255.255.0
arp broadcast enable
#
interface GigabitEthernet0/0/1
ip address 200.100.100.1 255.255.255.0
traffic-filter inbound acl 3000
nat static global 200.100.100.3 inside 192.168.102.2 netmask 255.255.255.255 acl 3000
#
ospf 1
area 0.0.0.0
```

```
network 192.168.101.0 0.0.0.255
network 192.168.102.0 0.0.0.255
network 200.100.100.0 0.0.0.255
---------------------------------R2-------------------------------------
sysname R2
interface GigabitEthernet0/0/0
ip address 200.100.100.2 255.255.255.0
#
interface GigabitEthernet0/0/1
ip address 192.168.10.1 255.255.255.0
#
interface GigabitEthernet0/0/2
ip address 10.1.1.1 255.255.255.0
#
ospf 1
area 0.0.0.0
network 192.168.10.0 0.0.0.255
network 200.100.100.0 0.0.0.255
network 10.1.1.0 0.0.0.255
---------------------------------R3-------------------------------------
sysname R3
undo info-center enable
#
interface GigabitEthernet0/0/0
ip address 192.168.10.2 255.255.255.0
#
interface GigabitEthernet0/0/1
ip address 192.168.20.1 255.255.255.0
#
ospf 1
area 0.0.0.0
network 192.168.10.0 0.0.0.255
network 192.168.20.0 0.0.0.255
---------------------------------R4-------------------------------------
sysname R4
#
undo info-center enable
#
interface GigabitEthernet0/0/0
ip address 192.168.20.2 255.255.255.0
#
interface GigabitEthernet0/0/1
ip address 192.168.30.1 255.255.255.0
#
ospf 1
area 0.0.0.0
```

```
network 192.168.30.0 0.0.0.255
network 192.168.20.0 0.0.0.255
```

2024 年山东省春季高考网络技术技能考试真题解析(三)

任务描述

(1)网络设备说明

在 ENSP 模拟器中，路由器使用 Router 设备，交换机使用 S5700 设备，终端使用 PC 设备。

(2)网络设备调试要求

1)按照网络拓扑图中的要求完成 VLAN 及接口 IP 地址设置。

2)在 R1 上配置单臂路由，实现 VLAN10 和 VLAN10 间的通信

3)利用 LSW3 实现 vlan50 和 vlan60 的通信，。

4)使用动态路由协议 OSPF，实现全网互通。

5)在 LSW2 上设置 DHCP，为 PC3 和 PC4 分配 IP 地址，最大连接数 150。

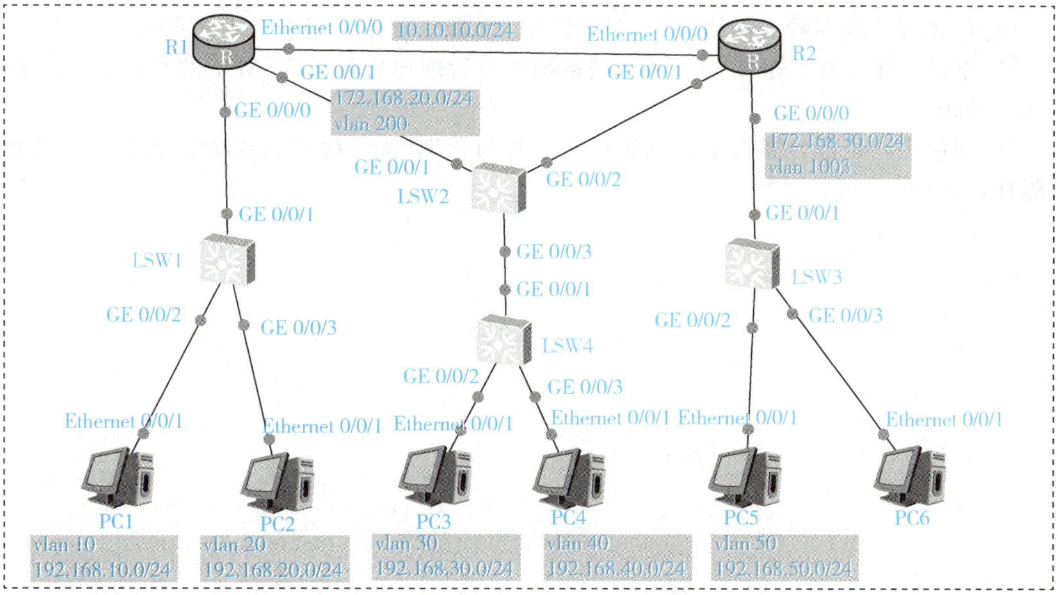

(3)题目上交要求

1)在 LSW1 上使用：dis vlan

2)在 LSW2 上使用：dis ip interface brief

3)在 LSW3 上使用：dis ip interface brief

4)在 R1 上使用：dis ip interface brief

5)在 R2 上使用：ospf 1

dis this

【试题分析】

本题难度较小，注意 DHCP 排除地址范围，假如设置 192.168.30.254 为网关地址，则需要建立排除范围为：192.168.30.1-192.168.30.103(剩余 150 个地址可以分配)。

配置(略)。

参考文献

[1]吴民，林世舒，姜栋．物联网设备安装与调试[M]．北京：电子工业出版社，2023.

[2]张文库．网络设备安装与调试(华为 eNSP 模拟器)[M]．北京：电子工业出版社，2021.

[3]户根勤．网络是怎样链接的[M]．北京：人民邮电出版社，2021.

[4]危光辉，武春岭．网络设备与管理[M]．2 版．北京：机械工业出版社，2023.

[5]李静，张松林，李树波．网络设备配置与管理项目化教程[M]．北京：化学工业出版社，2020.

[6]周俊杰，位磊，裴灿浩．网络设备配置与管理(微课视频版)[M]．北京：清华大学出版社，2020.